Annette Achmus

Handlungsorientierter Mathematikunterricht

Ein Konzept für mehr Motivation und Erfolg ab Klasse 9

Die Autorin:
Annette Achmus ist Lehrerin an der berufsbildenden Schule in Burgdorf bei Hannover und Fachleiterin im Studienseminar für das Lehramt an berufsbildenden Schulen in Hannover und Hildesheim für Mathematik und Pädagogik. Von 2005 bis 2010 war sie Fachberaterin für Mathematik in der Landesschulbehörde Niedersachsen. Zu den Aufgaben der Autorin gehören die Ausbildung von angehenden Lehrkräften, regelmäßige Fortbildungen für Lehrkräfte, die Erstellung und Qualitätsüberprüfung von Prüfungen wie auch die Erstellung von curricularen Vorgaben.

Projektleitung: Maren Krüger, Berlin
Redaktion: Katia Simon, Essen
Umschlaggestaltung: Jule Kienecker, Berlin
Foto (Cover): Shutterstock.com/timigor
Abbildungen und Fotos (Innenteil): Annette Achmus (wenn nicht anders angegeben)
Layout (Innenteil): LEMME Design, Berlin
Technische Umsetzung: Straive, Chennai

HINWEIS WEBCODES
Wird in diesem Buch auf Webcodes verwiesen, können Sie Zusatzmaterialien aus dem Internet herunterladen:

cornelsen.de/codes

www.cornelsen.de

1. Auflage 2023

Druck: AZ Druck und Datentechnik GmbH, Kempten

ISBN 978-3-589-16848-4

PEFC-zertifiziert
Dieses Produkt stammt aus nachhaltig bewirtschafteten Wäldern und kontrollierten Quellen
www.pefc.de

INHALT

VORWORT

Wie oft steht eine Lehrkraft vor ihrer Mathematikklasse, in der sie nur mit wenigen aktiven und interessierten Schülerinnen und Schülern über ihr geliebtes Fach reden und arbeiten kann? Viele Schülerinnen und Schüler sind wenig motiviert, weil sie sich für mathematisch wenig begabt oder sogar für hoffnungslose Fälle in Mathematik halten. Die anfangs so enthusiastische Lehrkraft wird immer unzufriedener und frustrierter und findet einfach nicht den Draht zu allen Anwesenden.

Mathematik ist leider immer noch für viele Schüler und Schülerinnen ein rotes Tuch. Es gibt jedoch eine Form des Unterrichtes, durch die dieses Problem zur Zufriedenheit aller, zumindest aber für die meisten, gelöst werden könnte: die Integration der beruflichen Handlungsorientierung im Mathematikunterricht (BHOM).[1] Dieses Buch soll als Anregung und Unterstützung für wissbegierige und angehende Lehrkräfte verstanden werden, die ihren Mathematikunterricht an den Lernbedürfnissen ihrer Schülerinnen und Schüler ausrichten möchten. Ich möchte zeigen, dass es möglich ist, aus den anwesenden Schülerinnen und Schülern tatsächlich mit Freude und Erfolg Lernende zu machen. Dabei wird nicht nur der theoretische Hintergrund als Fundament gelegt (Kapitel 1 bis 3), sondern anhand vieler realer Klassensituationen und unterschiedlicher Lerninhalte gezeigt, wie eine Umsetzung der beruflichen Handlungsorientierung im Mathematikunterricht möglich ist. Diese Art zu lehren hat sich bereits vielfach bewährt und führt, wenn richtig umgesetzt, zu häufig erstaunlich positiven Ergebnissen, zu motivierten Lernenden und zufriedenen Mathematiklehrkräften.

Vorgeschichte dieses Buches

Im Anschluss an mein abgeschlossenes Studium des Maschinenbaus an der Universität Hannover habe ich zusätzlich mein zweites Staatexamen gemacht. 1994 schloss ich das Referendariat in Hannover (Niedersachsen) im Studienseminar für das Lehramt an berufsbildenden Schulen in der beruflichen Fachrichtung Metalltechnik und im Unterrichtsfach Mathematik ab. Im Anschluss an meine Metalltechnikprüfung wurde ich gefragt, was denn an meinem Unterricht handlungsorientiert gewesen sei. Das wurde damals sehr häufig gefragt, weil die Vorgabe, in den berufsbildenden Schulen handlungsorientiert zu unterrichten, bereits bestand, die Umsetzung aber noch sehr unterschiedlich und sehr fächerabhängig war. In Mathematik wurde ich das nie gefragt! Mathematik kann man nicht handlungsorientiert unterrichten, so war damals der einheitliche Tenor. Allerdings begann man damals, in den berufsbildenden Schulen Mathematik nicht mehr nur als reine Wissenschaft anzusehen, sondern begriff sie auch als „Hilfswissenschaft“ für Naturwissenschaft, Technik, Wirtschaft und vieles mehr. Damit wurde die Anwendungsorientierung eingeführt. Schülerinnen und Schüler sollten lernen, ihre mathematischen Kenntnisse auch auf außermathematische Zusammenhänge anzuwenden, um damit ihre Problemlösefähigkeiten zu entwickeln.

2009 arbeitete ich mit an den Rahmenrichtlinien für die zweijährige Berufsfachschule für das Fach Mathematik in Niedersachsen. Das Kerncurriculum für die Realschule sollte in eine Richtlinie umgesetzt werden, die den Vorgaben der BBS-VO[2] genügte, die die Kompetenzentwicklung der Schülerinnen und Schüler in den Fokus stellten und ermöglichten, dass die Schülerinnen und Schüler durch den Besuch dieser Schulform eine dem Realschulabschluss entsprechende Qualifikation erreichten. Die intensiven Diskussionen über die Vorgaben für diese Richtlinie waren sehr anregend und führten schließlich dazu, dass das **Modell der vollständigen Handlung** in einer Richtlinie für

1 BHOM: Berufliche Handlungsorientierung im Mathematikunterricht (*be home:* Fühl dich zu Hause im Mathematikunterricht.)

2 Verordnung über berufsbildende Schulen (BbS-VO) vom 10.06.2009 (Nds. GVBl. Nr.14/2009 S. 243), geändert durch Art. 1 der VO v. 05.10.2011 (Nds. GVBl. Nr.23/2011, S. 335)

Mathematik festgeschrieben wurde. Dazu wurden die sechs Phasen analysiert und mit den Möglichkeiten des Mathematikunterrichtes abgeglichen. Heraus kam ein erstes Modell von handlungsorientiertem Unterricht[3].

2010 wurde dann das Kerncurriculum für die gymnasiale Oberstufe in Kraft gesetzt und eine Gruppe von acht Kolleginnen und Kollegen entwickelte Unterrichtsbeispiele, Unterrichtsmodelle und didaktische Pläne, sodass alle Mathematiklehrkräfte an beruflichen Gymnasien in der Umsetzung des Kerncurriculums geschult werden konnten. Erstmalig waren in Niedersachsen für die beruflichen Gymnasien im Fach Mathematik die Anwendungsthemen festgeschrieben, wodurch es möglich wurde, konkrete Lernsituationen zu entwickeln. Die Tätigkeit als Multiplikatorin, damals in der Funktion der Landesfachberaterin für Mathematik in Niedersachsen, beflügelte mich, die Handlungsorientierung so weit zu entwickeln, dass sie als Unterrichtskonzept für jede Lehrkraft im Unterrichtsfach Mathematik umsetzbar würde.

Für berufliche Fächer gibt es eine Fülle an Literatur zum Thema, für Mathematik jedoch gibt es diese im Sinne der vollständigen Handlung für die Sekundarstufe II bisher kaum. Daher möchte ich hier die Überlegungen, die wir im Kreise von Fachberatern und Fachleitern sowie enthusiastischen Kolleginnen und Kollegen in Niedersachsen entwickelt haben, zusammentragen und weiterentwickeln. Dabei ist die Zielsetzung nicht, die Begründung für handlungsorientierten Unterricht an sich zu liefern. Die Begründung ist wunderbar nachzulesen bei Herbert Gudjons[4]. Vielmehr soll hier die praktische Umsetzung für den Mathematikunterricht dargestellt werden, sodass eine Grundlage für die Weiterentwicklung und eine Diskussionsbasis geschaffen wird. Als Grundlage des Konzeptes für den Mathematikunterricht dient das sogenannte BHO-Konzept[5], das in Niedersachsen, ausgehend von der beruflichen Fachrichtung Elektrotechnik, verallgemeinert für alle Schulformen und Unterrichtsfächer an berufsbildenden Schulen seit 2013 zur Verfügung steht und Handlungsorientierung detailliert darstellt. Inzwischen wurde auch ein gemeinsamer Rahmen für alle Fächer, die in den berufsbildenden Schulen in Niedersachsen unterrichtet werden, geschaffen. Das schulische Curriculum[6] bildet eine einheitliche Struktur und Nomenklatur, auf der basierend handlungsorientierter Unterricht als Grundprinzip beruflicher Bildung durchgeführt werden soll.

Das in diesem Buch vorgestellte Konzept zur Unterrichtsplanung und -umsetzung kann direkt in der beruflichen Bildung eingesetzt werden, bietet aber auch eine Fülle von Anregungen, die in allgemeinbildenden Schulen zu einer Steigerung des Unterrichtserfolges beitragen können. Der Unterricht nach dem Grundprinzip der beruflichen Handlungsorientierung bietet meines Erachtens eine Antwort auf viele aktuelle Fragen bezüglich des Mathematikunterrichtes. Die Auseinandersetzung mit dieser Thematik beschäftigt mich jetzt seit 30 Jahren und die vielen Erfolgserlebnisse, die die Schülerinnen und Schüler in dieser Zeit in all den Unterrichten, die nach diesem Prinzip durchgeführt wurden, erleben durften, stimmen mich so zuversichtlich, dass ich meine Überlegungen in diesem Buch mit Ihnen teilen möchte.

21.07.2022 Annette Achmus

---

3 Vgl. Niedersächsisches Kultusministerium (Hrsg.) (2010): Rahmenrichtlinien für das Fach Mathematik in der Klasse 2 der zweijährigen Berufsfachschule.

4 Vgl. Gudjons, H. (2008): Handlungsorientiert Lehren und Lernen. 7. aktualisierte Auflage, Bad Heilbrunn: Julius Klinghardt Verlag.

5 Vgl. Niedersächsisches Landesinstitut für schulische Qualitätsentwicklung Inspektion BBS (2013): Handlungsorientierung in der beruflichen Bildung. Ein Konzept zur Umsetzung in der curricularen Arbeit und im Unterricht. https://www.nibis.de/uploads/2bbs-berger/A5_bHO-Gesamtkonzept%20V5.51.pdf (abgerufen am 11.03.2022)

6 Vgl. Niedersächsisches Kultusministerium (o. J.): Schulisches Curriculum Berufsbildende Schulen (SchuCu-BBS) https://schucu-bbs.nline.nibis.de/ (abgerufen am 11.03.2022)

ARBEITEN MIT DEM VORLIEGENDEN BUCH

Das vorliegende Buch richtet sich an interessierte Lehrende und angehende Lehrkräfte. Es soll die Leserinnen und Leser motivieren, den eigenen Unterricht immer weiterzuentwickeln, selbstbewusst und engagiert und mit stets vorhandener Neugierde mit den Schülerinnen und Schülern in den Diskurs zu treten. Mathematik erfolgreich zu unterrichten, stellt mitunter eine ganz besondere Herausforderung dar. Nimmt man diese an, werden die Lehrkräfte und Schülerinnen und Schülern durch zahlreiche Erfolgserlebnisse belohnt.

Das Buch enthält viele Anregungen für den Mathematikunterricht, die an berufsbildenden Schulen in verschiedenen Schulformen erprobt wurden, beispielhaft dargestellte Unterrichte, didaktische Aufschlüsselungen einzelner Unterrichtsaspekte und viele konkrete Anregungen zu Lernsituationen sowie Anleitungen für die Erstellung von Lernsituationen. Das Buch kann daher auch als Nachschlagewerk für Anregungen zur Unterrichtsplanung und Gestaltung genutzt werden.

Auf Bitten meiner Referendarinnen und Referendare hin habe ich versucht, die vielen Diskussionen, die wir im Seminar geführt haben, einfließen zu lassen. Daher greife ich auch auf die Ideen aus den Seminarsitzungen und den Unterrichtsbesuchen zurück. Eine Vollständigkeit der didaktischen Erarbeitung aller für die gymnasiale Oberstufe erforderlichen Themen kann dieses Buch nicht liefern, jedoch enthält es viele Hinweise auf grundsätzliche Vorgehensweisen für die Unterrichtsgestaltung, sodass diese als Anregungen für die eigene Weiterentwicklung angesehen werden können.

Materialien zum Download aus dem Internet, sogenannte Webcodes, ergänzen das Buch. Sie finden Hinweise dazu auf den entsprechenden Seiten.

1 DAS KONZEPT DER BERUFLICHEN HANDLUNGSORIENTIERUNG

1.1 Warum noch Mathematik lernen?

Die Lebenswelt unserer Schülerinnen und Schüler unterliegt einem ständigen Wandel. Die Nutzung von Smartphones, Apps und die allgegenwärtige Präsenz des „allwissenden“ Internets verändert die Einstellung zum Lernen und führt dazu, dass die möglichen Erlebnisse der Heranwachsenden einerseits grenzenlos sind, andererseits aber weitgehend in digitaler und nicht mehr in analoger Form vorliegen. Auswendiglernen von Fakten erscheint überflüssig, wenn man jederzeit und überall in kürzester Zeit auf diese im World Wide Web zurückgreifen kann. Arbeitsprozesse werden immer weiter strukturiert, sodass sie algorithmisch ausgeführt werden können und damit die Tätigkeiten von Computern oder Maschinen übernommen werden. Wissen kann damit problemlos konsumiert werden, Rechenfähigkeiten werden an den Taschenrechner oder besser an das Handy abgegeben, viele algebraische Fähigkeiten werden nicht mehr gebraucht, weil sie viel schneller, effizienter und korrekt von unseren technischen Hilfsmitteln ausgeführt werden können. Warum sollte man da noch das schriftliche Dividieren lernen? Das schriftliche Wurzelziehen kann ja auch kaum noch jemand. Der Logarithmus wird nicht mehr der Tabelle entnommen, auch Binomialtabellen und sogar das Transformieren einer Binomialverteilung in eine Normalverteilung sind mit den heutigen Hilfsmitteln überflüssig geworden. Wird damit die Mathematik für Normalbürger überflüssig? Benötigen dann nur noch Ingenieure und Ingenieurinnen sowie Naturwissenschaftlerinnen und Naturwissenschaftler Kenntnisse der Mathematik?

Diese Frage muss ganz deutlich mit Nein beantwortet werden. Ohne Kenntnisse der Mathematik kann man nicht wissen, dass und wo man sich welche Informationen suchen muss. Ohne mathematische Kompetenzen wird es schwierig, die technologisierte Welt zu begreifen. Die Digitalisierung betrifft uns alle und kritisches Umgehen und Nutzen der digitalen Werkzeuge erfordert mathematisches Verständnis sowie die Einsicht in deren Funktionsweise. Um diese zu erlangen, ist mathematische Grundkenntnis heute wichtiger denn je.

Die Sichtweise auf Mathematikunterricht muss sich weiterentwickeln. Der Unterricht darf nicht nur diejenigen Schülerinnen und Schüler in den Blick nehmen, die im Anschluss an ein Abitur Mathematik studieren möchten, sondern alle sollten aktiv in den Mathematikunterricht eingebunden werden. Sie sollen die grundlegenden Prinzipien der Mathematik und damit die Voraussetzungen für Algorithmik erlernen. Der Mathematikunterricht muss so gestaltet werden, dass es jedem Schüler und jeder Schülerin ermöglicht wird, einen Zugang zu diesem Fach zu finden. Meiner Erfahrung nach ist dies auch möglich, und die Erfolge für die Lehrkräfte ebenso wie für die Schülerinnen und Schüler sind zutiefst befriedigend. Meine Antwort auf die Frage, wie das möglich sein soll, ist die berufliche Handlungsorientierung.

Anschließend an eine theoretische Einführung in die berufliche Handlungsorientierung (Kapitel 1.2) wird an einem alltäglichen analogen Problem die Notwendigkeit grundlegender mathematischer Kenntnisse dargestellt (Kapitel 1.3). Es wird aufgezeigt, wie in einer solchen Situation die vollständige Handlung erfolgt. So wird einerseits deutlich, dass Mathematik selbst in ganz trivialen Lebenssituationen von Bedeutung ist. Andererseits soll auch direkt das Modell der vollständigen Handlung als Systematisierung alltäglicher Handlungen dargestellt werden.

1.2 Das Modell der vollständigen Handlung

Digitalisierung, Berufsberatung, Individualisierung und die Förderung auch von Leistungsspitzen in den Klassen der Mittel- und Oberstufe stellen heute die Schulen vor große Herausforderungen. Eine Antwort auf die sich daraus ergebenden vielfältigen Fragen könnte die berufliche Handlungsorientierung sein, die seit mehr als 30 Jahren in den berufsbildenden Schulen entwickelt wurde. Das Konzept der beruflichen Handlungsorientierung[7] ist in den curricularen Vorgaben für die berufsbildenden Schulen fest verankert und wird für alle Fächer vorgeschrieben.

Ziel des handlungsorientierten Unterrichts ist die Förderung der fachlichen und prozessorientierten Kompetenzen sowie der Selbst- und Humankompetenz eines und einer jeden Lernenden.

MERKE

Berufliche Handlungsorientierung ist keine Methode, sondern ein ganzheitliches Unterrichtskonzept.

Das Unterrichtskonzept umfasst methodische ebenso wie inhaltsbezogene, fächerverbindende und berufsberatende Aspekte. Es basiert darauf, dass sehr viele qualifizierte berufliche Handlungen in sechs Schritte unterteilt werden können, wenn sie nicht nur zu einem Ergebnis, sondern auch zu einer Weiterentwicklung führen sollen. Diese sechs Schritte werden im folgenden Diagramm als Kreislauf dargestellt, da sich im Allgemeinen an eine abgeschlossene Handlung eine weitere, möglicherweise sogar weiterführende Handlung anschließt.

Der Handlungskreislauf

bezieht die gesamte Palette des Handelns mit ein,
welches zum Lösen eines Problems erforderlich ist.

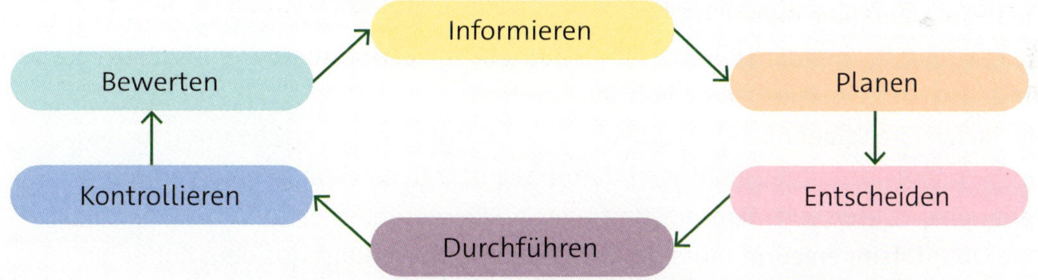

Abbildung 1: Die sechs Phasen der beruflichen Handlungsorientierung

Um in der Schule mit den Schülerinnen und Schülern das strukturierte Arbeiten einzuüben, wird der Handlungskreislauf so häufig wie möglich durchlaufen. Die Grundlage der Handlung ist eine Problemstellung, die sich so oder in ähnlicher Form in einem beruflichen Kontext ergeben könnte. Durch die Handlungssituation wird nicht nur das zu lösende Problem oder die zu bearbeitende

7 Vgl. Ergänzende Bestimmungen für das berufsbildende Schulwesen (EB-BbS) RdErl. d. MK v. 10. Juni 2009 – 41-80006/5/1 (Nds.MBl. S. 538, SVBl. S. 238), geändert durch RdErl. d. MK vom 5.10.2011 (Nds.MBl. Nr.37/2011 S. 691), 21.6.2012 (Nds.MBl. Nr.8/2012 S.425), 20.5.2014 (Nds.MBl. Nr.19/2014 S. 392; SVBl. S. 347), 14.1.2017 (Nds.MBl. 4/2017 S. 136; SVBl. 5/2017 S. 226) und vom 25.1.2019 (Nds. MBl. 6/2019 S. 338) - VORIS 22410 -1. Abschnitt, 7.2 http://www.schure.de/22410/eb-bbs.htm#:~:text=%20%20%20 1.%20%20%20Allgemeine%20,Gesamtwochenstunden%20und%20Gesamtstunden%20%2016%20 more%20rows%20 (abgerufen am 19.07.2022)

Aufgabe oder Fragestellung beschrieben, sondern auch der Arbeitsprozess und der Abschluss der Arbeit sowie ihr Ergebnis. Es handelt sich also um die Beschreibung der Problemstellung und des Prozesses. Da in der Schule nur exemplarisch gearbeitet werden kann und die beruflichen Abläufe kaum real durchgeführt werden können, müssen die Handlungssituationen so aufbereitet werden, dass sie für den Schulalltag verwendbar werden. Die **Handlungs**situation hat ihren Ursprung im beruflichen Umfeld und dient dort im Allgemeinen dazu, dass ein Unternehmen Geld verdient. Aus dieser Handlungssituation wird eine **Lern**situation, die berücksichtigt, dass mit der Ausführung ein Kompetenzzuwachs, also Lernen, entstehen soll. Es handelt sich im Falle der Lernsituation meist um die Simulation einer realen beruflichen Situation. Im Idealfall ist es auch in der Schule möglich, die Lernsituation so nah an die Realität zu bringen, dass tatsächlich existierende Probleme bearbeitet werden. Zu beachten ist dabei jedoch immer, dass der Lernort die Schule und nicht der Betrieb ist. Der Lernzuwachs soll durch die Lernsituation motiviert und erreicht werden.

Das berufliche Problem wird so realistisch wie möglich und soweit reduziert wie nötig von der Lehrkraft in der Art zusammengestellt, dass die wichtigen Lerninhalte, die für die mathematische Kompetenzentwicklung erforderlich sind, daran erarbeitbar sind.

BEISPIEL

An dieser Stelle werden einige beispielhafte reale Handlungssituationen benannt, die Probleme enthalten, die mit mathematischen Mitteln lösbar sind:

- Eine Ingenieurdienstleistungsfirma erhält den Auftrag, Testfahrten mit neuen Fahrzeugen zu planen. Dafür muss der Ingenieur u. a. das Geschwindigkeitsprofil für die Testfahrten festlegen.
- In der Marketingabteilung eines Unternehmens, das Obstsäfte herstellt, soll der Gewinn nach kostentheoretischen Maßstäben optimiert werden.
- Für eine medizinische Testreihe muss eine Ärztin die Dauer, Menge und Häufigkeit der Medikamentengabe planen und die Ergebnisse der Studie auswerten.
- Ein Landwirt möchte den Einsatz seiner Betriebsmittel optimieren, er lässt sich bei der Landwirtschaftskammer wirtschaftlich beraten.
- Ein Sachverständiger muss im Falle eines Unfalls die Unfallursache untersuchen.
- Ein Meinungsforschungsinstitut ist damit beauftragt, das Kundschaftsverhalten anhand von Daten aus Meinungsumfragen zu bewerten.
- Eine Qualitätsingenieurin muss die Verbesserungsvorschläge aus dem Kollegium bewerten, um zu entscheiden, ob und in welcher Höhe Mitarbeiterinnen an möglichen Einsparungen beteiligt werden können.
- Ein Journalist wird auf eine Thematik angesetzt und soll einen Fachartikel schreiben.
- Eine Bürgerinitiative möchte eine eigene Analyse zu einem Umweltthema durchführen.

Diese Beispiele sollen zunächst einen Eindruck von der Vielfalt der möglichen Handlungssituationen schaffen, aus denen im Weiteren – durch didaktische und methodische Überlegungen der Lehrkraft – Lernsituationen für den Unterricht erstellt werden müssen. Die Vorgehensweise im Unterricht wird dann in folgenden Schritten ablaufen:

1. Die Schülerinnen und Schüler erhalten und beschaffen sich Informationen, z. B. über Informationsblätter, Fachbücher, das Internet oder einen Lehrervortrag, und erarbeiten sich das Problem.
2. Sie planen das Vorgehen, um den Auftrag auszuführen.
3. Sie entscheiden sich, wie sie an die Problemlösung herangehen wollen und welches Ergebnis sie anstreben.

4. Sie lösen das Problem.
5. Die Problemlösung wird kontrolliert.
6. Die Vorgehensweise und das Ergebnis werden bewertet, ausgewertet und reflektiert, und die exemplarischen Erkenntnisse verallgemeinert, sodass auch eine fachsystematische Betrachtung gewährleistet ist.

Die Grafik in Abbildung 2 auf der nächsten Seite zeigt die Handlungen während der einzelnen Phasen, kompakt zusammengefasst.

1.3 Die vollständige Handlung in der Realität und im Unterricht, Thema „Renovierung“

Im Folgenden wird eine alltägliche Situation in Bezug auf die erforderliche Handlung analysiert. Eine Aufgabe, die wohl jeden treffen kann, ist die Renovierung einer Wohnung. Diese Tätigkeit erfordert die Fähigkeit, einen Raum auszumessen (Kompetenz: Messen und Raumanschauung), die Fläche des Fußbodens zu berechnen, Menge und Preis für Fußbodenbelag, Tapete und Farbe sowie die Kantenlängen für die Fußleisten zu bestimmen, sodass damit die Waren eingekauft und die Kosten kalkuliert werden können. Preisvergleiche und damit die kritische Auseinandersetzung mit Informationen (z. B. Werbung) sind alltägliche Probleme, die ohne mathematische Kompetenz nicht lösbar sind und das Nachdenken darüber wird wahrscheinlich noch nicht einmal in Erwägung gezogen.

Am Problem der Renovierung werden die sechs Phasen der vollständigen Handlung in ihrer praktischen Umsetzung dargelegt. Dazu wird die Situation auch auf den Unterricht bezogen, sodass deutlich wird, welche Unterschiede zwischen praktischer Durchführung zuhause und theoriegeleiteter Durchführung im Unterricht zu finden sind.

Die Person, die den Fußbodenbelag in einer Wohnung erneuern möchte, befindet sich dabei in der Renovierungssituation. Eine Situation enthält immer Personen in einem bestimmten Umfeld, die eine spezielle Handlung durchführen.

Eine Person, die selbstständig und geplant handeln kann, wird z. B. so vorgehen:

1. Schritt – Die Information: Das betrifft zunächst das Problem. Die Wohnung soll einen neuen Fußbodenbelag erhalten. Damit ist das Problem definiert und Sie als die renovierende Person können sich alle Informationen zusammensuchen, die bereits vorliegen, beispielsweise eine Bauzeichnung, auf der die Maße der Räume eingetragen sind. (Möglicherweise muss der Raum gezeichnet und die Maße müssen eingetragen werden!).

Für die Lernsituation im Mathematikunterricht bringt die Lehrkraft die fertige Bauzeichnung als Informationsblatt sowie Prospekte aus Baumärkten oder dem Teppichfachgeschäft mit. Im Gespräch wird festgestellt, wie viele Räume betroffen sind, welche Formen vorhanden sind und was alles zur Renovierung der Fußböden gehört.

2. Schritt – Planen: Die Wohnung wird gedanklich in einzelne Räume zerlegt, für die jeweils der Bodenbelag, Teppich, Laminat, Parkett oder Fliesen, ausgesucht, kalkuliert und gekauft werden soll. Sie nehmen sich vor, die Flächen zu berechnen und wissen auch schon, welche Formeln Sie für die verschiedenen Formen der Räume verwenden. Zusätzlich möchten Sie auch die Fußleisten kaufen und zuschneiden, damit Sie diese nach dem Verlegen des Fußbodenbelages an die Wand bringen können. Also müssen an den Seiten der Zeichnung die genauen Längen jeder geraden Raumseite eingetragen werden. So können diese anschließend addiert werden.

6. Bewerten und Schlussfolgern
- Schlüsse bezüglich des Problems ziehen
- Entscheidung bzw. Empfehlungen bezüglich der Problemstellung aussprechen
- Schlüsse bezüglich der Mathematik ziehen:
  - Ist der Lösungsweg übertragbar bzw. verallgemeinerbar? → Exemplarität
  - Sind die mathematischen Erkenntnisse übertragbar bzw. verallgemeinerbar? → Exemplarität
  - Welche Grenzen der Anwendung haben die mathematischen Aussagen, unter welchen Voraussetzungen gelten sie?
- Schlüsse bezüglich der Methode ziehen:
  - War die methodische Planung geeignet?
  - Sind die richtigen Entscheidungen zur Vorgehensweise getroffen worden?
  - Welche Erkenntnisse ziehen wir bezüglich zukünftiger Problemlösestrategien?
- Veränderung von Denk- und Lernprozessen ausgehend von gemachten Fehlern
- Welche Ursachen haben evtl. Fehler?
- Formulierung der neuen Erkenntnisse als Veräußerung des geistigen Handlungsproduktes → konstruktivistischer Ansatz

1. Informieren über die Lernsituation
- Intensive Auseinandersetzung mit der Lernsituation
- Sinnentnehmend lesen/ Schlüsselbegriffe kennzeichnen
- Informationen und Daten zusammentragen (Fachbücher, Mitschüler/-innen, Internet, Lehrkräfte)
- Welche sachbezogenen Informationen werden noch benötigt?
- Skizze des Sachverhaltes
- Sachbezogene Lösungswege sammeln
- Keine mathematische Einordnung des Problems durch die Lehrkraft!!
- Formulierung der konkreten sachbezogenen Problemstellung

5. Kontrollieren
- Kritische Bewertung des Handlungsproduktes
- Klärung der folgenden Fragen:
  - Ist die Lösung plausibel?
  - Ist die Lösung richtig?
  - Welche Fehler wurden gemacht?
  - Welche Schwierigkeiten sind aufgetaucht?
  - Sind alle Fragen beantwortet worden?
  - Offene Fragen formulieren
  - Ist das Problem gelöst worden?
  - Muss etwas geändert werden?

Abbildung 2: Die sechs Phasen der Handlungsorientierung, Handlungen und Denkansätze

Im Unterricht wird eine Tabelle erstellt, welche die Liste der Räume, die Fläche mit Maximallängen und Flächenmaßzahl, die Kantenlängen im Raum und deren Summe sowie die Preise und den Gesamtpreis für Bodenbeläge und Fußleisten enthält. Das mathematische Problem, welches von den Lernenden formuliert werden könnte, wäre: „Wie berechnet man den Flächeninhalt, wenn der Raum nicht einfach nur rechteckig ist? Wie berechnet man die exakte Länge der Fußleisten, wenn man einen sauberen Abschluss an den Ecken ohne Eckelemente aus Kunststoff erreichen möchte?“

3. Schritt – Entscheiden: Sie entscheiden sich, ein Stück Papier zu nehmen, jeden Raum zu skizzieren und einen Taschenrechner zur Hilfe zu nehmen, damit Sie sich nicht verrechnen. Am Ende soll die fertige Einkaufsliste stehen, sodass Sie den Fußbodenbelag und die Leisten kaufen und in der

2. Planen

- Wissens-Brainstorming
- Skizze des Sachverhaltes ergänzen
- Mathematisieren, Modell bilden
- Wissen bündeln (Hilfsmittel: Lehrkräfte, Fachbücher, Mitschüler/-innen, Internet)
- Lösungswege sammeln, Vermutungen äußern
  - Welche mathematischen Werkzeuge oder Informationen werden noch benötigt?
- Vorgehensweise zur Problemlösung planen - soweit schon möglich
- Formulierung der konkreten mathematischen Problemstellung

3. Entscheiden

- Entscheidung über die Organisation der Zusammenarbeit: Wer macht was, wann, wie, wo, mit wem, mit welchem Ziel und wie lang?
- Entscheidung über die Art der Dokumentation des Lernprozesses: Überschriften, Zeichnung, Rechnungen, Erklärungen, Tafelbild, Plakat, Arbeitsblatt ...
- Klärung: Welches Material muss noch hergestellt/beschafft werden?
- Festlegung des Handlungsergebnisses, soweit dieses materieller Art ist

4. Durchführen

- Informationsquellen und Hilfsmittel wählen und nutzen
- Mathematische Erkenntnisse erarbeiten und nutzen
- Problem mit mathematischen Mitteln lösen
- Fachsprache und Darstellungen verwenden
- Die gewählte Methode einsetzen
- Handlungsprodukt/ Dokumentation des Lernprozesses erstellen→ Ergänzung in Phase 5/6

Übungen ergänzen den Handlungskreis! Fachsystematische Einordnungen erhöhen die Kompetenz!

Wohnung verlegen können. Möglicherweise müssen Sie das alles alleine durchführen, vielleicht holen Sie sich Hilfe, die Ihre Überlegungen mit absichert und die Rechnungen mit gegenkontrolliert oder alles protokolliert. Auch für den Kauf und das Verlegen organisieren Sie sich vielleicht Unterstützung.

Im Unterricht einigen sich die Lernenden, ob alle Schülerinnen und Schüler die erforderlichen Berechnungen jeweils für jeden Raum durchführen oder arbeitsteilig vorgehen, oder ob ein Raum exemplarisch gemeinsam untersucht wird und dann das neue Wissen auf die anderen Räume z. B. arbeitsteilig übertragen wird. Die Klasse überlegt zusammen, ob kleine Gruppen mit Hilfe des Fachbuches und eines Tafelwerkes die Lösungen finden können, ob eine Beispielrechnung hilfreich wäre, ob also vielleicht mittels der Methoden Placemat[8] oder Lernspirale[9] das fehlende Wissen zusammengetragen werden kann. Möglicherweise können die Schülerinnen und Schüler diese Entscheidungen gar nicht alleine treffen, da ihnen dafür noch die Kompetenz fehlt. Dann sollte die Lehrkraft, gut begründet, die Entscheidungen mitteilen und das passende Material vorbereitet haben.

4. Schritt – Durchführen: Jetzt berechnen Sie die einzelnen Flächen, Rechtecke, Kreisabschnitte etc. Sie legen die größten Längen für den Teppichbelag fest. Sie berechnen die Gesamtfläche, nehmen die Quadratmeterpreise der Angebote und berechnen die Kosten für die Materialien. Sie berechnen die Längen der Fußbodenleisten etc., entscheiden sich für den Kauf und erstellen die Einkaufsliste. Schließlich kaufen Sie den Fußbodenbelag und verlegen ihn. Dazu übertragen Sie die Maße aus der Zeichnung auf den Fußbodenbelag und schneiden diesen passend zu.

Im Unterricht werden die Formeln für die vorliegenden Teilflächen gesammelt. Die Teilflächen und die passenden Formeln werden farbig markiert. Es wird eine Formel für die Summe der Teilflächen aufgestellt. Die Berechnung wird fachlich sauber und korrekt dokumentiert und dabei strukturiert, mit passender farblicher Markierung. Die Teilrechnungen werden inklusive der jeweiligen Einheiten, z. B. Meter (m) (siehe hierzu auch Kapitel 6.2.2) aufgeschrieben. Für die Längenberechnung der Fußleisten werden die Ecken mit dem Lupenblick genauer betrachtet, um die geometrischen Zusammenhänge aufzudecken. Wenn der Raum nur rechte Winkel enthält, wird die geometrische Betrachtung stark vereinfacht. Passend zu der Teilzeichnung der Ecke wird die Bemaßung ergänzt und die erforderliche Länge als Summe vermerkt.

5. Schritt – Kontrollieren: Sie vergleichen vor dem Kauf die erwarteten Werte mit den Überschlagswerten, um sicherzugehen, dass Sie sich weder in Größenordnungen noch bei der Wahl der Einheiten – Meter, Zentimeter oder Millimeter – vertan haben. In jedem Fall werden Sie die Richtigkeit ihrer Berechnungen kontrollieren, während Sie den Bodenbelag verlegen. Wenn der Bodenbelag in allen Räumen sauber verlegt ist, ist das ein wunderbarer Erfolg, der zeigt, dass Sie vorher alles richtig vermessen und berechnet haben.

Im Unterricht wird die Gesamtfläche der Räume mit der Wohnflächenangabe auf der Bauzeichnung verglichen. Es sollte keine allzu großen Abweichungen geben, sonst sollten diese als offene Frage vermerkt werden. Sowohl die Ergebnisse als auch die Rechengänge werden gemeinschaftlich verglichen, sodass es nicht passieren kann, dass ein Ergebnis nur zufällig richtig ist, sondern alles wirklich richtig berechnet wurde.

6. Schritt – Bewerten: Schließlich betrachten Sie den fertigen Raum und freuen sich!

Möglicherweise stellen Sie fest, dass das Sägen der Fußbodenleisten zuerst gar nicht so einfach war, und Sie werden sich merken, dass man an rechtwinkligen Außenecken immer noch die Breite der Fußleisten zur Länge addieren muss, damit diese nach dem Sägen auf Gehrung passen. Dies liegt daran, dass für die Außenecke durch das Gehrungssägen die Länge an der Innenseite der Fußleiste kürzer ist als an der Außenseite. Damit haben Sie eine neue Erkenntnis gesammelt, die Sie sicherlich nicht mehr vergessen und für alle folgenden Renovierungsarbeiten wieder bedenken werden. Diese Erkenntnis ist nur eine der vielen möglichen, die an dieser Stelle beispielhaft genannt werden.

---

8 Informationen über die Methode „Placemat" finden Sie z. B. auf der Website von methodenkartei.uni-oldenburg.de unter „Unterrichtsmethoden von A bis Z".

9 Informationen zur Methode „Lernspirale" finden Sie z. B. in Klippert, H. (2011): Besser Lernen – Kompetenzvermittlung und Schüleraktivierung im Schulalltag. Klett Lernen und Wissen GmbH. Mehr dazu in Kapitel 7.1.1.

Im Unterricht kann sich die Klasse leider nicht darüber freuen, dass der Raum so schön aussieht. Dafür werden sich die Schülerinnen und Schüler freuen, dass sie alle Flächen und Längen selbst berechnen konnten, den Unterschied zwischen Länge und Fläche herausbekommen haben und diesen auch mittels Einheit verdeutlichen können. Sie werden sich freuen, dass sie für den realen Fall die Berechnung schon genau erlernt haben und so saubere Notizen besitzen, in denen sie noch mal nachschlagen können. Insbesondere für die Berechnung der Fußleistenlängen können Sie noch mal genau gucken, welcher Winkel an der Fußleiste für welchen Raumwinkel zu wählen ist und für welchen Fall die Fußleiste länger sein muss, als die Raumseite. Manche neuen Erkenntnisse werden gemeinsam in Form von Merksätzen und Skizzen festgehalten, sodass die Schülerinnen und Schüler das gute Gefühl haben, etwas fürs Leben gelernt zu haben.

Solche Rechnungen werden besonders in Berufseinstiegsklassen oder Berufsfachschulen durchgeführt, in denen häufig zu mangelnder Motivation auch noch mangelnde Anwesenheit zählt. Kann man sogar den Wohnraum eines Schülers oder einer Schülerin der Klasse der gesamten Rechnung zugrunde legen, so ist der persönliche Bezug noch größer und die Mitschülerinnen und Mitschüler könnten sich sogar bereit erklären, bei der Renovierung zu helfen. In jedem Fall wird sich dieser Unterricht positiv auf Motivation und Anwesenheit auswirken, weil die investierte Lebenszeit sinnvoll und befriedigend genutzt wurde.

Erfolgreiches Lernen macht Freude! Erfolgreiches Handeln geschieht bewusst und strukturiert. Dafür muss die Handlungsstruktur zunächst gelernt werden, damit sie in allen erdenklichen Lebenssituationen und vor allem in beruflichen Situationen routiniert erfolgen kann. Es ist daher erforderlich, den Unterricht handlungsorientiert durchzuführen. Die Schülerinnen und Schüler üben auf diese Weise das Handlungsmuster in immer eigenständigerer Weise. Dies geschieht mit dem Ziel, dass sie am Ende eigenverantwortlich und gezielt handeln können. Der Unterricht soll hierbei also den Lernprozess fördern und nicht voraussetzen, dass die Schülerinnen und Schüler bereits vollständig und eigenständig arbeiten können. Zudem kann man an dem Beispiel sehen, wie wichtig es ist, über die eigenen Handlungen nachzudenken, Fehler zu machen und daraus zu lernen. Nur so findet man Fehlerursachen heraus und hat damit einen triftigen Anlass, seine eigene Handlung oder Denkweise zu verändern.

1.4 Genaue Analyse der Phasen der vollständigen Handlung

An dem obigen Beispiel kann man nun die Phasen noch genauer aufschlüsseln. Die **Informieren-Phase** ist geprägt durch die Auseinandersetzung mit dem anstehenden Problem. Eine klare Festlegung des Problems macht es erst möglich, sich an seine Lösung zu begeben.

Nur wer ein Ziel hat, kann dieses auch erreichen. Das Zusammentragen aller bekannten Informationen ermöglicht es, sich in die Situation vollständig einzudenken und das Problem zu seinem eigenen zu machen. Das bedeutet, dass die **Informieren-Phase** dazu dient, sich über die Situation und das Problem zu informieren.

Die **Planen-Phase** beinhaltet das Anfertigen und Nutzen einer Skizze, das Sammeln der vorhandenen Kenntnisse und auch das Feststellen, welche Kenntnisse noch fehlen. Aus dem Sachproblem wird im Mathematikunterricht ein mathematisches Problem. Die Realsituation wird mit Werkzeugen der Mathematik modelliert und damit eine rechnerische Lösung ermöglicht. Es werden also mathematische Fragen gestellt. Soweit es möglich ist, kann in dieser Phase eine Arbeitsstruktur geplant werden. Diese Planung wird jedoch nur eingeschränkt möglich sein, wenn bestimmte Kenntnisse erforderlich sind, die erst erarbeitet werden müssen. Wenn z. B. die Kenntnisse für Flächenberechnungen und Berechnung der Flächenmaßzahl zusammengesetzter Flächen noch nicht bekannt sind, dann können weder Schülerinnen noch Schüler planen, dass sie jede Teilfläche einzeln berechnen, um anschließend die Summe aller Teilflächen zu berechnen. Sie können lediglich planen, dass sie die Fläche aus den vorhandenen Maßen berechnen möchten.

In der **Entscheiden-Phase** werden die methodische Umsetzung des Projektes und das konkrete Handlungsergebnis festgelegt. Welcher Raum bekommt welchen Bodenbelag, wer misst, wer zeichnet, wer rechnet und wer kauft ein, verlegt den Boden und wer putzt? Es wird festgelegt, was alles gemacht worden sein muss, damit die Arbeit vollständig erledigt ist. Hinterher kann man dann feststellen, ob die Arbeitsaufteilung sinnvoll war und ob man das für das nächste Projekt wieder so machen möchte oder aber das Vorgehen ändern wird. Das sollte dazu führen, dass man die Qualität der Arbeit immer weiter steigern wird.

In der **Durchführen-Phase** wird die gesamte Arbeit durchgeführt: Die Kenntnisse, die noch fehlen, werden erarbeitet, bis man zusammengesetzte Flächen berechnen kann. Es wird also noch fehlendes mathematisches Werkzeug erlernt, um im gezeichneten Modell der Realität alle berechenbaren Größen zu ermitteln.

Die Umsetzung in die Realität erfolgt durch den Kauf des Materials und die Verlegung der Bodenbeläge. Möglicherweise muss man auch Handwerkliches erst erlernen, damit man die Arbeit ausführen kann. Der Umgang mit dem Cutter oder mit der Gehrungssäge muss gelernt und geübt werden, sodass die Arbeit sauber ausgeführt werden kann.

Die **Kontrollieren-Phase** wird dann sicherlich nicht nur die Kontrolle des groben Bildes des neuen Fußbodenbelages umfassen, sondern ins Detail gehen. Die einzelnen Flächen werden noch mal genau betrachtet. Die Ergebnisse der Rechnung werden mit der Realität verglichen. Ebenso werden die Probleme, die zwischendurch aufgetreten sind, betrachtet und ihre Lösungen kontrolliert. In der **Kontrollieren-Phase** werden somit die Ergebnisse der Arbeit überprüft und offene Fragen formuliert.

Schließlich wird in der **Bewerten-Phase** die Arbeit nochmals reflektiert. Nun wird über die Entscheidungen geurteilt und es werden Begründungen gesucht, warum etwas wie geklappt hat. Es wird darüber nachgedacht, ob die Fehler systematisch oder zufällig waren, ob die dazu gelernten Aspekte allgemeingültig und damit auf die folgenden Probleme übertragbar sind. Weitere Formen oder Sonderfälle werden zusätzlich erarbeitet, damit die Kenntnisse anschließend umfassend sind. Diese Kenntnisse werden strukturiert, sodass sie in einer geeigneten Ordnung auch jederzeit wiederzufinden sind. Auch die Abgrenzungen dessen, was jetzt lösbar ist, gegen bereits vorher Bekanntes, noch Unklares oder Unbekanntes erfolgt in dieser Phase. Manche Überlegungen müssen dann noch weitergeführt werden.

Als Beispiel sei hier die Längenberechnung der Fußleisten genannt, für die es nicht ausreicht festzustellen, dass man pro Außenkante ein bestimmtes Maß addiert. Vielmehr ist zu klären, wie dieses Maß zustande kommt, damit die Berechnung in zukünftigen Situationen gelingt. Dafür müssen allgemeingültige geometrische Betrachtungen durchführt werden.

Die Abgrenzung der Berechnung von Längen und von Flächen gegen die Volumenberechnung sollte in dieser Phase erfolgen. Am Ende sollten die neu erlernten Kenntnisse und Fähigkeiten als solche formuliert, strukturiert und in den Gesamtzusammenhang einsortiert werden, sodass den Lernenden deutlich wird, was sie eigentlich Neues dazu gelernt haben.

Die **Bewerten-Phase** ist für den Lernprozess das Tüpfelchen auf dem i. Aus den Erlebnissen werden durch Reflexion, Analyse, Fehlerbetrachtung und Schlussfolgerung sowie durch die Synthese zu einem Gesamtbild gesicherte Erfahrungen. Aus Erfahrungen wird Kompetenz, denn die Handlungen und das Denken werden dadurch zielgerichtet und reflektiert und auch der Transfer auf ähnliche Situationen wird möglich. Man entwickelt eine positive Haltung bezüglich der umfassenden Arbeit. Dies wird durch die Freude am fertigen, gelungenen Abschluss der Arbeit gestärkt.

FAZIT

An diesem Beispiel soll deutlich werden, dass Handeln eine gezielt zu durchlaufende Abfolge von praktischen und gedanklichen Tätigkeiten ist. Das Tun alleine reicht nicht aus, um optimale Ergebnisse zu erzielen. Erst wenn Handlungen, Informationen und Gedanken hinterfragt werden sowie aus Fehlern oder nicht optimalen Ergebnissen gelernt wird und die einzelnen Tätigkeiten routiniert und damit sicher sowie schnell ausgeführt werden können, wird die Handlung in Zukunft immer besser und auch einfacher zu bewältigen sein.

1.5 Lernzuwachs in den Phasen der vollständigen Handlung

In der Beschreibung der Bewerten-Phase wird schon deutlich, dass der gesicherte Lernprozess das Ziel des handlungsorientierten Unterrichtes ist. Dafür ist die genaue Analyse des angestrebten Lernzuwachses durchzuführen. Im Folgenden wird dieser deshalb für jede der sechs Phasen analysiert.

Informieren-Phase: Wenn die Schülerinnen und Schüler Informationen aus Informationsblättern, Fachbüchern, dem Internet, einem Lehrervortrag entnehmen und sich auf diese Weise das Problem erschließen, lernen sie dabei den strukturierten und gezielten Umgang mit Informationen. Sie erweitern ihr Textverständnis, aus Tabellen Informationen herauszulesen und Informationen aus umfänglichem Material zu extrahieren.

Planen-Phase: Aus der Planung des Vorgehens und der Modellierung des Sachzusammenhanges mittels mathematischen Werkzeugs lernen die Schülerinnen und Schüler ihre Handlungen zu strukturieren und dabei in sinnvolle Reihenfolgen und Zusammenhänge zu bringen, um gezielt sowie fehlerfrei und möglicherweise auch zeiteffizient zu arbeiten. Sie lernen in Problemsituationen ihre mathematischen Vorkenntnisse zu aktivieren, kreativ und eigenständig auf Fachwissen zurückzugreifen, ohne dass dieses bereits durch die Kategorisierung durch fachsystematische Vorgehensweisen z. B. in Form einer Überschrift vorgegeben ist.

Entscheiden-Phase: Wenn die Schülerinnen und Schüler in die methodische Planung einbezogen werden, erlernen sie, ihren eigenen Arbeits- und Lernprozess selbstständig und selbstverantwortlich zu organisieren. Sie lernen, Arbeit geeignet aufzuteilen und auch anhand von Kriterien geeignete Lösungswege auszuwählen, falls es mehrere Möglichkeiten gibt. Folgende wichtige Grundregel für die Herangehensweise an Probleme ist hierbei zu beachte.

MERKE

Man beginnt mit dem Lösungsschritt, den man schon kennt oder schon kann!

Daraus kann sich dann alles Weitere ergeben, alle Schülerinnen und Schüler können mithalten und sich mit einbringen.

In der **Durchführen-Phase** lösen die Schülerinnen und Schüler schließlich das Problem. Dabei erlernen sie die fachlichen Inhalte, die für die Problemlösung erforderlich sind. Gleichzeitig lernen sie im Team zu arbeiten. Sie erlernen, eine Aufgabe bis zum Ende durchzuführen, und damit steigern sie ihre Beharrlichkeit und ihre Arbeitshaltung. Schließlich lernen sie, Verantwortung für sich, die Gruppe und das Ergebnis zu übernehmen.

Kontrollieren-Phase: Die Kontrolle der Arbeit, der Lösungswege, der Gedankengänge und der Ergebnisse schult die Lernenden darin, eine genaue Qualitätskontrolle durchzuführen. Sie erlernen Kriterien, nach denen sie Qualität messen können, z. B. Sauberkeit der Dokumentation, Genauigkeit der Formulierungen sowohl in Wort als auch in symbolischer Schreibweise. Sie lernen, dass man zu seiner Arbeit steht und konstruktiv Kritik äußert.

Bewerten-Phase: Schließlich haben die Schülerinnen und Schüler in der sechsten Phase die Möglichkeit, ihre Vorgehensweise und das Ergebnis zu bewerten und die exemplarischen Erkenntnisse zu verallgemeinern, sodass auch eine fachsystematische Betrachtung gewährleistet ist. Dadurch erlernen die Schülerinnen und Schüler, dass sie stolz auf ihre Leistung sein können. Sie lernen aus Konkretem auf Abstraktes, vom Exempel auf Allgemeines zu schließen. Sie erlernen eine Metakognition der mathematischen Inhalte, der Lösungsstrategien, der mathematischen Zusammenhänge wie auch der methodischen Vorgehensweise durchzuführen. Auf diese Weise können sie Schlüsse für spätere Lernsituationen und Handlungssituationen ziehen.

MERKE

Durch die Reflexion werden aus Erlebnissen Erfahrungen. Aus Erfahrungen wird Kompetenz, die sich durch Wissen, Können und Haltung äußert.

In der folgenden Tabelle sind die Phasen der vollständigen Handlung, die jeweiligen Aktionen und die daraus folgenden Lernzuwächse systematisiert

Phasen der vollständigen Handlung	Analyse der Aktionen	Lernzuwachs
Informieren	Zusammentragen der Informationen bezüglich der Situation und des sich daraus ergebenden Problems	Strukturierter und gezielter Umgang mit Informationen: beschaffen, sinnentnehmend lesen, Textverständnis, Arbeiten mit Tabellen, Informationen extrahieren, unterschiedliche Medien und Quellen nutzen
Planen	• Zusammenstellen der „Werkzeugkiste“ und Fehlendes erkennen • Mathematisch modellieren	• Strukturierung der eigenen Handlungen: erst denken, dann handeln! • Gezielte Aktivierung mathematischer Vorkenntnisse

Phasen der vollständigen Handlung	Analyse der Aktionen	Lernzuwachs
Entscheiden	Festlegen der Arbeitsorganisation und des Arbeitszieles	• Eigenständige, selbstverantwortliche Organisation der eigenen Arbeit • Verantwortung für sich und die gemeinsame Arbeit übernehmen • Bedürfnisse der Beteiligten wahrnehmen und in die eigene Arbeit einbeziehen
Durchführen	• Erarbeitung fehlender Kenntnisse und Fähigkeiten • Ergebnisse erzeugen • Geplante Arbeit umsetzen	• Erweiterung der fachlichen mathematischen Kenntnisse • Erweiterung der methodischen Kenntnisse • Weiterentwicklung der eigenen Haltung: Arbeitshaltung, Beharrlichkeit, Verantwortung
Kontrollieren	• Arbeit und Arbeitsergebnisse kontrollieren • Mängel feststellen • Fragen formulieren	• Messen der Qualität der eigenen Arbeit • Konstruktive Kritik ertragen und formulieren • Zur eigenen Arbeit stehen
Bewerten	• Reflexion der Ergebnisse • Reflexion und Analyse der Fehler • Reflexion der Arbeitsweise und Methode • Klärung der offenen Fragen • Exemplarität und Allgemeingültigkeit der mathematischen Erkenntnisse klären und erweitern • Fachliche Sicherheit durch Strukturierung schaffen • Wissen, Können und Haltung und damit Kompetenz entwickeln	• Bewertung der Ergebnisse • Neue Erkenntnisse aus Fehlern gewinnen • Vom Konkreten zum Abstrakten: allgemeingültige, mathematische Erkenntnisse • Sonderfälle in Bezug auf die Allgemeingültigkeit charakterisieren • Fachwissen strukturieren und sichern • Fachkompetenz entwickeln • Die eigene Arbeit und Arbeitsweise kritisch reflektieren und Schlüsse für die Zukunft ziehen • Selbstkompetenz entwickeln • Handlungskompetenz entwickeln

Abbildung 3: Aktionen und Lernzuwächse in den Phasen der vollständigen Handlung

Der dargestellte Handlungskreis ist natürlich idealtypisch und als Modell zu verstehen. Es wird in der konkreten Umsetzung jeder Lernsituation klassenspezifisch und abhängig von der jeweiligen Lernsituation Abweichungen geben. Eine Trennschärfe der sechs Phasen ist in der Realität nicht grundsätzlich einzuhalten. Der Handlungskreis darf deshalb nicht als starres System betrachtet werden, sondern soll eine lernförderliche Grundstruktur für den Unterricht bieten.

Die Festlegung der anzustrebenden Kompetenzen erfolgt in abstrahierter Form durch die Kompetenzformulierungen in den curricularen Vorgaben der Kultusministerien.

2 KOMPETENZENTWICKLUNG IM MATHEMATIKUNTERRICHT

Die Kompetenzen, die die Schülerinnen und Schüler innerhalb eines Lehrgangs erreichen sollen, werden durch das Kultusministerium z. B. in Niedersachsen in Form von Rahmenrichtlinien für jede Schulform und für jedes Fach festgelegt. Diese beziehen sich auf das Kompetenzmodell der Kultusministerkonferenz[10]. Daher soll eine eindeutige Definition des Begriffes Kompetenz an dieser Stelle nicht der Fülle verschiedener Definitionsversuche hinzugefügt werden. In den Rahmenrichtlinien für Mathematik werden die Fachkompetenz, Humankompetenz und Sozialkompetenz unterschieden und konkretisiert, sodass für jede Schulform die anzustrebenden Kompetenzen differenziert und klar definiert sind. Im Folgenden wird beispielhaft Bezug genommen auf die Formulierungen in den Rahmenrichtlinien der zweijährigen Berufsfachschule, zweites Jahr Mathematik. Dort wird als Kompetenz immer sowohl die Bereitschaft als auch die Befähigung bezeichnet, welche die Schülerinnen und Schüler im Verlauf eines Lehrganges aufbauen sollen.

2.1 Fachkompetenz

Die Entwicklung der Fachkompetenz bedeutet, dass die Schülerinnen und Schüler in der Lage sein sollen, auf der Grundlage fachlichen Wissens und Könnens, Aufgaben und Probleme zielorientiert, sachgerecht, methodengeleitet und selbstständig zu lösen und ihre Ergebnisse hinsichtlich der Richtigkeit und Plausibilität zu beurteilen. Das bedeutet, dass die Schülerinnen und Schüler im Mathematikunterricht ihr Fachwissen erweitern sollen. Allerdings ist zu bedenken, dass in Zeiten von Smartphones und Internet kaum ersichtlich scheinen kann, wofür man Wissen, das man ebenso schnell aus dem World Wide Web recherchieren kann, noch lernen sollte. Es ergibt daher wenig Sinn, ausschließlich träges Wissen im Gehirn abzuspeichern und in den Gehirnen der Lernenden weitere Nachschlagewerke zu erstellen. Ziel des Mathematikunterrichtes sollte es vielmehr sein, Lernende in die Lage zu versetzen, in Problemsituationen das passende Fachwissen als solches zu erkennen, dieses abzurufen und anzuwenden. Die Problemlösefähigkeit der Schülerinnen und Schüler soll entwickelt werden. Dies bedingt gesichertes Fachwissen, welches als aktives Wissen abgespeichert sein muss. Hinzu kommt, dass die Schülerinnen und Schüler am Ende des Lehrgangs auch die Bereitschaft haben sollen, sich auf Probleme einzulassen und diese mit den ihnen zur Verfügung stehenden mathematischen Mitteln zu lösen. Das bedeutet, dass sie einerseits im Unterricht ihr aktives Fachwissen ergänzen, ihre Haltung verändern und schließlich auch noch in der Lage sein sollen, Probleme zu lösen. Die Lösung von Problemen soll dabei strukturiert, methodisch durchdacht und soweit wie möglich selbstständig erfolgen. Dazu müssen die Schülerinnen und Schüler zusätzlich zum Fachwissen auch noch Strukturen erlernen, die es ermöglichen, Probleme vollständig und selbstständig zu lösen. Damit wird deutlich, dass instruierendes Lehren und das Abarbeiten von wohldurchdachten Aufgaben, deren Lösungen am Schluss verglichen werden, für einen modernen Mathematikunterricht nicht mehr ausreichen können. Meine Antwort auf diese komplexen Forderungen ist die Umsetzung der beruflichen Handlungsorientierung im Mathematikunterricht.

10 Blum, W./Vogel, S./Drüke-Noe, C./Roppelt, A. (2015): Bildungsstandards aktuell: Mathematik in der Sekundarstufe II. IQB (Institut zur Qualitätsentwicklung im Bildungswesen) Diesterweg, Schrödel, Westermann Verlage.

2.1.1 Konkretisierung am Beispiel „Optimierung"

Drei Beispiele zum Thema „Optimierung" sollen verdeutlichen, in welcher Form nicht nur Fachwissen, sondern auch Fachkompetenz entwickelt werden kann.

Ein Thema ist z.B. in der 11. Klasse das Lösen von sachbezogenen Optimierungsproblemen, welches auch als Extremwertaufgabe mit Nebenbedingung gelehrt wird. Üblicherweise wird das lokale Extremum einer Zielfunktion gesucht. Dadurch verfährt man nach der komplexen Aufstellung aller Nebenbedingungen und der Hauptbedingung nach einem „Kochrezept". Es wird nur gerechnet! Auf diese Weise wird die Mathematik auf das Durchführen von Rechenoperationen reduziert! Dabei gibt es zwei gute Gründe, sich die Zielfunktion genauer anzusehen. Es könnte durchaus sein, dass das berechnete Optimum gar nicht das gesuchte ist, da das absolute Optimum gerade ein Randwertproblem und kein Problem der Differentialrechnung ist. Beispielhaft hierfür soll die folgende Aufgabenstellung stehen:

Aufgabe

100 Meter eines Zaunes stehen schon und sollen stehenbleiben!
200 m sollen noch hinzugefügt werden, sodass ein Rechteck möglichst großer Fläche eingezäunt wird.
Ermitteln Sie die Abmessungen für das optimale Rechteck!

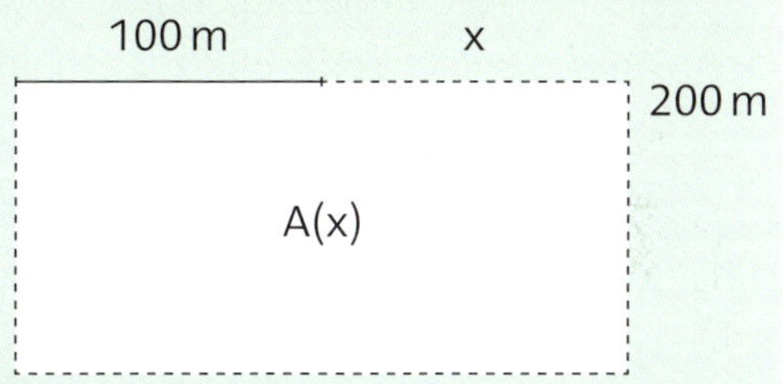

100 m x 200 m A(x)

Abbildung 4: Optimierungsproblem als Randwertproblem

Es wäre auch möglich, dass man zwar die Differentialrechnung zur Lösung eines stetigen Problems heranzieht, das Problem aber nur mit Anteilen oder ganzen Zahlen lösbar ist. Hier lohnt es sich, auch den Bereich um den Extrempunkt zu betrachten und die Auswirkungen einer kleinen Veränderung der berechneten Abszisse auf die zu optimierende Größe qualitativ oder sogar quantitativ zu betrachten. Die Änderungsrate wird hier zum wichtigen Beurteilungskriterium. Insbesondere als grundlegende mathematische Methode kann hier auch über die Güte einer näherungsweisen Betrachtung gesprochen werden.

Die Gedanken bezüglich der Abweichungen der Ordinate vom Maximal- oder Minimalwert können als Vorbereitung auf die Differenzialrechnung und sogar auf das Thema „Vertrauensintervall" in der Stochastik im spiraligen Sinne angesehen werden. Dieses wird in einem Exkurs in Abbildung 5 dargestellt.

Stochastische Überlegungen zum Schließen von der Stichprobe auf die Grundgesamtheit

Die Berechnung des Vertrauensintervalls mittels einer vereinfachten Formel oder der in den Taschenrechnern programmierten Algorithmen wird im Folgenden beispielhaft betrachtet.

Gesucht ist der unbekannte Anteil der günstigen Ergebnisse an der Grundgesamtheit, der mit h bezeichnet wird. Wenn eine Totalerhebung nicht möglich ist, weil die Grundgesamtheit sehr groß ist, muss mithilfe eines Tests eine Rechengrundlage geschaffen werden, um wenigstens eine ungefähre Aussage über h treffen zu können. Wird nur ein kleiner Stichprobenumfang aus der Grundgesamtheit genommen, um damit einen Zufallsversuch durchzuführen, so wird aus dem unbekannten Anteil h die ebenfalls unbekannte Trefferwahrscheinlichkeit p. Hierfür werden die folgenden Formeln aus der Stochastik verwendet und für den jeweiligen Fall durch Gleichungsumstellen angepasst:

1. $\mu = n \cdot p$, welche besagt, dass sich der Erwartungswert μ eines Zufallsversuches mit Zurücklegen und ohne Beachtung der Reihenfolge aus dem Produkt von Trefferwahrscheinlichkeit p und Stichprobenumfang n ergibt.
2. $\sigma = \sqrt{n \cdot p \cdot (1-p)}$. Sigma ist die Standardabweichung, welche sich aus der Wurzel der Varianz ergibt. Und schließlich
3. $H = p \cdot n \pm c \cdot \sigma$, welche der Hoffnung Ausdruck verleiht, dass das im Versuch ermittelte H zumindest am Rand des c-sigma-Intervalls um den Erwartungswert liegen möge.

H ist hierbei die absolute Häufigkeit, die bei einer Testreihe ermittelt wurde, h ist der Anteil der absoluten Häufigkeit bezogen auf den Stichprobenumfang n. Sigma ist die Standardabweichung, die zu dieser Testreihe gehört, wenn p die Wahrscheinlichkeit ist, mit der ein bestimmtes Ergebnis eintritt. Der Wert c hängt ab von der Sicherheit, die wir unserer Aussage verleihen wollen. Das heißt, wir können im Anschluss Aussagen über Zufallsversuche mit der gleichen Stichprobengröße treffen. Man zieht Rückschlüsse auf den gesuchten Anteil h, indem man davon ausgeht, dass die dazugehörige Wahrscheinlichkeit p mit großer Sicherheit im Intervall $\frac{(H \pm c \cdot \sigma)}{n}$ liegt. Das heißt $\frac{(H - c \cdot \sigma)}{n} \leq p \leq \frac{(H + c \cdot \sigma)}{n}$. Hierzu wurde die dritte Gleichung umgestellt und durch n geteilt. Allgemein gilt also für immer gleichbleibende Stichprobengrößen, dass die Wahrscheinlichkeit p dafür, dass ein beliebig herausgegriffenes Teil z. B. defekt ist, in dem Konfidenzintervall (Vertrauensintervall) $p \in \left[\frac{(H - c \cdot \sigma)}{n}; \frac{(H + c \cdot \sigma)}{n}\right]$ erwartet werden kann.

Dies lässt sich auch gekürzt mit $p \in \left[h - c \cdot \frac{\sigma}{n}; h + c \cdot \frac{\sigma}{n}\right]$ beschreiben.

Stark vereinfacht kann man auch mit der Formel $p \in \left[h - c \cdot \frac{1}{2\sqrt{n}}; h + c \cdot \frac{1}{2\sqrt{n}}\right]$ rechnen, dieses gilt aber nur für $0{,}3 \leq p \leq 0{,}7$. Warum?

Vergleicht man die Näherungsgleichung mit der genauen Berechnung, so müsste $\frac{\sigma}{n} = \sqrt{\frac{p(1-p)}{n}} \approx \frac{1}{2\sqrt{n}}$ sein. Veranschaulicht man den vereinfachten Ausdruck $\sqrt{p(1-p)} \approx \frac{1}{2}$ grafisch über die Funktion mit der Gleichung $f(p) = \sqrt{p(1-p)}$, so ergibt sich das folgende Diagramm. Aus diesem ist abzulesen, dass der Wurzelausdruck nur für Werte zwischen etwa 0,3 und 0,7 nahe an 0,5 liegt. Damit gilt die Näherungsformel nur, wenn der gesuchte Anteil der Treffer in der Grundgesamtheit und damit auch p als Wahrscheinlichkeit in einem Zufallsversuch zwischen 0,3 und 0,7 liegt. Für kleinere oder größere Anteile der Treffer in der Grundgesamtheit, welche beispielsweise im Qualitätsmanagement von Bedeutung sind, ist die Näherung wegen der großen Abweichungen ungeeignet. In diesen Fällen muss das Konfidenzintervall genau durch Lösen der aus Gleichung (3) entstehenden Gleichungen ermittelt werden.

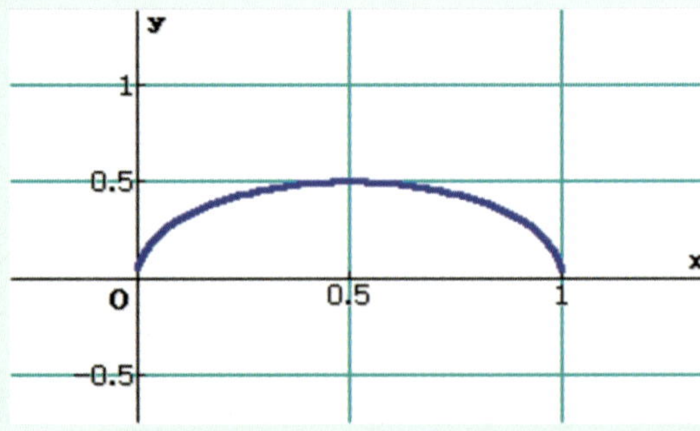

Die Schlussfolgerung aus den vorangehenden Überlegungen kann wie folgt formuliert werden: Ausgehend von der zugrunde gelegten Sicherheitswahrscheinlichkeit, aus der *c* ermittelt wurde, wird erwartet, dass die gesuchte Trefferwahrscheinlichkeit in dem berechneten Konfidenzintervall liegt. Damit wird auch für den Anteil der Treffer in der Grundgesamtheit erwartet, dass dieser in diesem prozentualen Intervall liegen wird.

Abbildung 5: Zusammenfassung: Schließen von der Stichprobe auf die Grundgesamtheit

MERKE

Die Schülerinnen und Schüler erarbeiten sich durch handlungsorientierten Unterricht die Befähigung, Optimierungsprobleme von verschiedenen Seiten zu betrachten, sie genauer zu analysieren und dadurch das geeignete fachliche Wissen begründet einsetzen zu können, um die Lösung eines Problems zu finden.

Eine grundlegende Erkenntnis aus der Bearbeitung von Optimierungsproblemen, die bei den Schülerinnen und Schülern im Unterrichtsgespräch herausgearbeitet werden muss, ist, dass es zur Lösung eines Problems häufig nicht reicht, **eine** beliebige Lösung zu finden, sondern dass sich die Mühe durchaus lohnt, nach einem Optimum zu suchen. Über ein mögliches Optimum nachzudenken, muss durch den Unterricht angeregt werden. Fehlvorstellungen können somit aufgegriffen werden und ein Lernprozess in Gang gesetzt werden.

Üblicherweise erwarten Schülerinnen und Schüler, dass es für die Größe einer Rechteckfläche bei festgelegtem Umfang nicht von Belang ist, welche Seitenlänge das Rechteck haben wird, da diese erwartungsgemäß konstant sein wird. Schon durch Probieren mehrerer Seitenlängenkombinationen wird herauskommen, dass dieses nicht der Fall ist. In Abbildung 6 ist das Tafelbild gezeigt, dass sich aus der folgenden Problemstellung ergab.

Problem:

Meine Nachbarin wollte in ihrem Garten so gerne ein Hochbeet anlegen und dazu Material für eine insgesamt zwei Meter lange Gabionenwand kaufen. (Eine Gabione ist eine mit Steinen gefüllte Drahtkonstruktion, die als Wand im Garten- und Landschaftsbau Verwendung findet.)

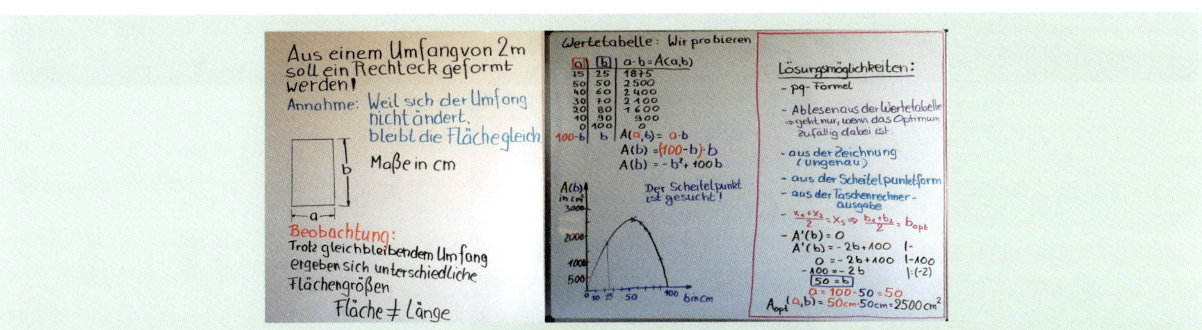

Abbildung 6: Tafelbild zum Thema „Extremwertaufgabe mit Nebenbedingungen"; das Hochbeet

Die Schülerinnen und Schüler erleben einen kognitiven Konflikt, der dazu führt, dass sie ihre hergebrachten Vorstellungen überdenken müssen und durch Nachrechnen ein korrektes Weltbild aufbauen, welches in diesem Fall mittels einer quadratischen Zielfunktion erfolgt. Aus der Berechnung folgt, dass das Quadrat die größte Fläche hat. Diese Schlussfolgerung wird bei den Schülerinnen und Schülern dazu führen, dass wiederum erwartet wird, dass das Quadrat **immer** die optimale Lösung sein muss. Also muss auch diese neue Erkenntnis durch eine etwas andere Problemstellung hinterfragt werden. Im Folgenden ist so eine Problemstellung mit dem daraus entstandenen Tafelbild (Abbildung 7) dargestellt.

Die Schülerinnen und Schüler hatten zunächst schnell eine Lösung parat, diese dann aber doch hinterfragt, indem sie die Abhängigkeiten zusammentrugen. Daraus ergab sich eine neue Zielfunktion mit einem unerwartet anderen Ergebnis.

Problem:

Im Garten soll ein neues Beet mit einem Draht in rechteckiger Form umlegt werden, damit der Rasenmähroboter dieses auslässt. Dabei soll die Fläche des Beets so groß wie möglich werden. Es stehen 1,7 m Draht zur Verfügung!

Nachdem in der vorangegangenen Stunde festgestellt wurde, dass man mit dem Draht ein Quadrat einschließen muss, damit die maximale Fläche umschlossen wird, und dass tatsächlich, trotz gleichbleibender Drahtlänge, die eingeschlossene Fläche nicht konstant bleibt, wurde nun die Problemstellung an die reale Situation weiter angepasst:

Der Draht wird um das Beet geführt. Da das Beet aber am Zaun liegen soll, müssen nur drei Seiten mit Draht umlegt werden.

- *Ist jetzt auch das Quadrat wieder die optimale Form?*
- *Erhält man die gleichen optimalen Maße für das Beet, unabhängig davon, welche Seite in der Zielfunktion als Variable auftaucht?*
- *Wie geht man strukturiert an die Lösung von ähnlichen Optimierungsaufgaben?*

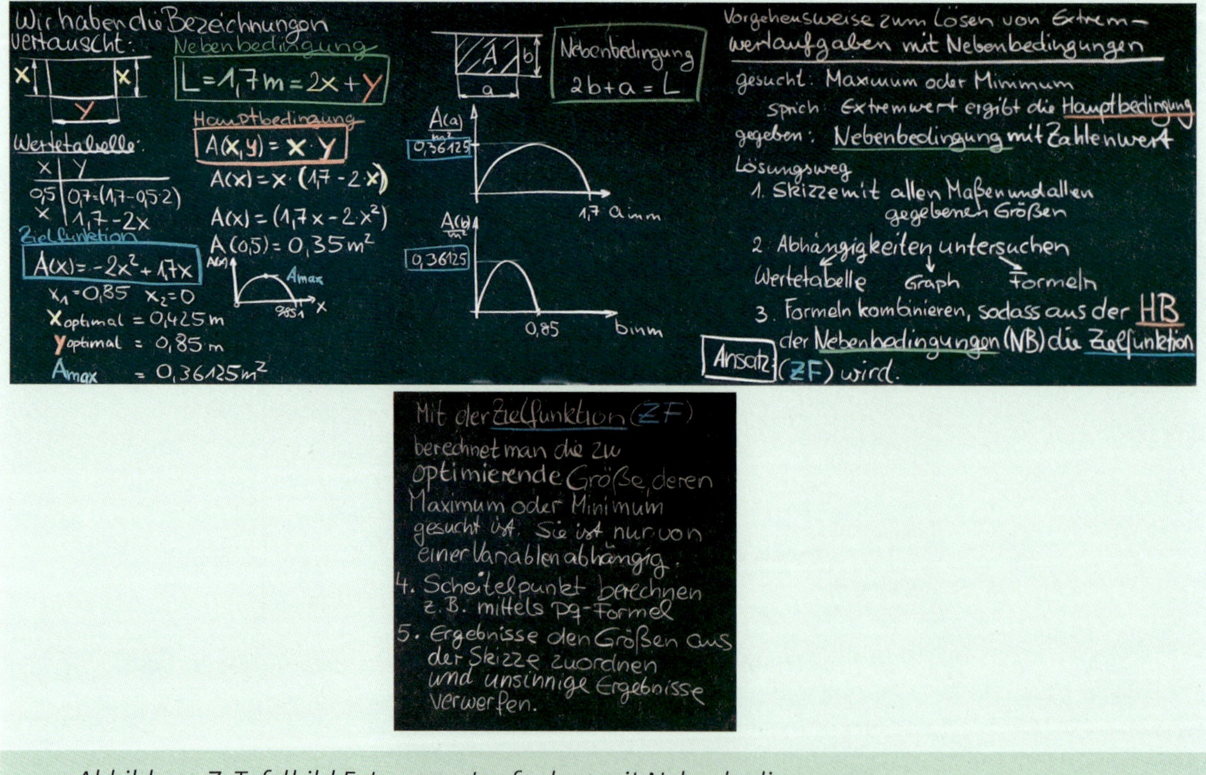

Abbildung 7: Tafelbild Extremwertaufgaben mit Nebenbedingungen

Vorschlag für eine weitere Optimierungsaufgabe:

- *Es stehen 10 m laufende Länge für den Rahmen eines Komposthaufens zur Verfügung, der aber in zwei Abteilungen eingeteilt werden soll.*
- *Die Umrandung ist in der Mitte noch einmal geteilt!*
- *Die Umrandung muss nicht rundherum laufen, weil eine Hauswand mit genutzt werden kann!*
- *Es müsste ein allgemeingültiges Seitenverhältnis geben, sodass man anschließend für jede zur Verfügung stehende laufende Länge sofort die optimalen Maße angeben kann. Dieses ist zu berechnen.*

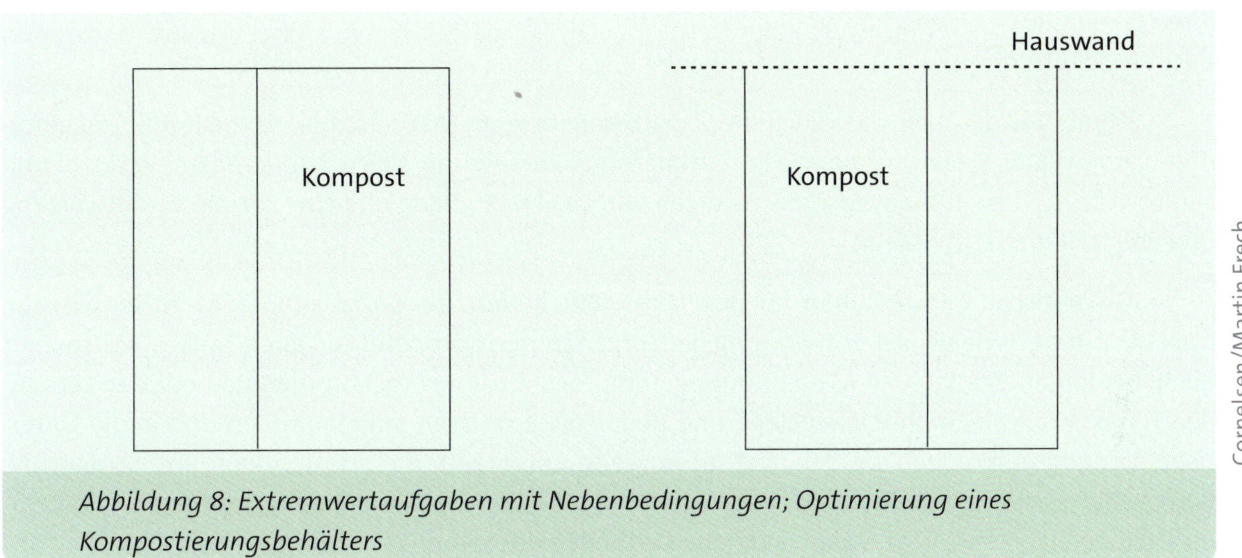

Abbildung 8: Extremwertaufgaben mit Nebenbedingungen; Optimierung eines Kompostierungsbehälters

Solche und weitere im Unterricht behandelte Probleme führen dazu, dass die Schülerinnen und Schüler immer kritischer mit den eigenen Vorstellungen werden und die Bereitschaft entwickeln, über die Welt nachzudenken, präsentierte Lösungen kritisch zu hinterfragen und selber für neue Probleme wiederum Problemlösungen zu finden. Dabei führt jedes weitere, immer selbstständiger gelöste Problem dazu, dass die Schülerinnen und Schüler sich zutrauen, solche Problemstellungen bearbeiten zu können und auch die Bereitschaft entwickeln, optimierte Lösungen für Probleme zu suchen.

Die kritische Auseinandersetzung mit der eigenen Vorstellungswelt wird schließlich auch in anderen Lebenslagen außerhalb des Mathematikunterrichtes stattfinden. Dies weist schon weit über die eigentliche Fachkompetenz hinaus und zeigt die Verknüpfung mit der Kompetenzdimension Humankompetenz.

2.2 Human-, Sozial-, Methodenkompetenz und kommunikative Kompetenz

Die Humankompetenz umfasst z.B. Eigenschaften wie Selbstständigkeit, Kritikfähigkeit, Selbstvertrauen. Die Schülerinnen und Schüler sollen eine Wertvorstellung entwickeln und sich selbst an diese Werte gebunden fühlen. Schon die Fülle der genannten Eigenschaften zeigt, dass es nicht möglich ist, die Entwicklung auf einzelne Schulfächer zu beschränken. Vielmehr sollte sich jede in der Lehre tätige Person daran beteiligen und den ihr möglichen Teil beitragen. Gerade im Fach Mathematik ist es möglich, Selbstständigkeit und Selbstvertrauen zu fördern, da die stringent aufeinander aufbauenden Lernschritte klein sind und der Lernerfolg eindeutig messbar ist. Dadurch ergeben sich besonders viele Anlässe für Erfolgserlebnisse, die es im Unterricht nur deutlich herauszuarbeiten gilt. Die Schülerinnen und Schüler sollten die Gelegenheit erhalten, ihre Gedanken auszuformulieren und ihren Mitschülerinnen und Mitschülern zur Diskussion zu stellen. Dadurch werden weitere Denkvorgänge in der Gruppe angeregt. Fehlvorstellungen können offengelegt, begründet, verworfen und durch Richtiges ersetzt werden. Auf diese Weise wird auch die Kritikfähigkeit entwickelt, da die Schülerinnen und Schüler lernen, konstruktive Kritik zu formulieren. Die Lehrkraft bewirkt durch diese tolerante und offene Gesprächskultur, dass sich eine Fehlerkultur entwickelt, die es in der Klasse ermöglicht, eine Offenheit für sehr unterschiedliche Persönlichkeiten mit ihren persönlichen Eigenschaften und Fähigkeiten zu entwickeln. So kann auch unterstützt werden, dass die Schülerinnen und Schüler ihre eigenen Begabungen erkennen und entfalten.

Somit wird deutlich, dass auch die Sozialkompetenz im Mathematikunterricht intensiv gefördert werden kann. Sie bezeichnet die Bereitschaft und Befähigung, sich z. B. mit anderen rational und verantwortungsbewusst auseinanderzusetzen und zu verständigen und eine soziale Verantwortung und Solidarität zu entwickeln.

Methodische Konzeptionen für den Unterricht helfen, die Sozialkompetenz zu entwickeln. Dabei kommt es, wie bei der Entwicklung der vorgenannten Kompetenzen auch, im Besonderen auf die Reflexion an. Erfolge und Missstimmungen müssen dazu wahrgenommen und mit den Lernenden reflektiert werden. Ihre Vorschläge und Bedürfnisse müssen aufgenommen und in die Unterrichtsplanung einbezogen werden. Auf diese Weise entwickeln die Schülerinnen und Schüler die Bereitschaft, sich aktiv und selbstbewusst an den methodischen Entscheidungsprozessen zu beteiligen und bereit zu sein, neue Wege und neue Methoden des Lernens auszuprobieren.

Ohne die Entwicklung der kommunikativen Kompetenz sind das Veräußern[11] der eigenen Bedürfnisse, die Wahrnehmung und das Verständnis der Bedürfnisse der Partner nicht möglich. Der Redeanteil der Lernenden muss daher im Mathematikunterricht immer größer werden, wodurch sich die Rolle der Lehrkraft im Vergleich zum instruierenden Lehren grundlegend verändert.

Den Schülerinnen und Schülern wird allerdings durch diese Forderungen ebenfalls ein verändertes Lernverhalten im Fach Mathematik abverlangt. Sie müssen dazu bereit sein, selbstständig und gemeinsam mit anderen Zusammenhänge zu analysieren und gedankliche Strukturen offenzulegen und auszuwerten. Der Unterricht muss also dazu beitragen, dass die Schülerinnen und Schüler diese veränderte Lernhaltung erlernen, sodass sie dazu befähigt werden, lebenslang selbstgesteuert und unter Zuhilfenahme verschiedener Lerntechniken und -strategien zu lernen.

2.3 Prozessbezogene Kompetenzen

Im Folgenden sollen die sechs Phasen der vollständigen Handlung mit den prozessbezogenen Kompetenzen, die das Kerncurriculum[12] festschreibt, in Bezug gesetzt werden. Dazu werden die prozessbezogenen Kompetenzen nicht mehr systematisiert nach „mathematisch argumentieren“, „Probleme

11 Veräußern: pädagogischer Fachbegriff, der bedeutet, dass kognitive Strukturen von den am Lernprozess Beteiligten nach außen getragen werden. Ihr Bewusstwerdungsprozess wird dadurch von außen wahrnehmbar, z. B. durch versprachlichen, verbildlichen, symbolisieren oder einfach durch vormachen oder zeigen.

12 Vgl. Niedersächsisches Kultusministerium (Hrsg.) (2018): Kerncurriculum für das Gymnasium – gymnasiale Oberstufe die Gesamtschule – gymnasiale Oberstufe, das Berufliche Gymnasium, das Abendgymnasium, das Kolleg-Mathematik, S. 12. https://cuvo.nibis.de/cuvo.php?p=download&upload=208 (abgerufen am 11.07.2022)

mathematisch lösen", „mathematisch modellieren", „mathematische Darstellungen verwenden", „mit mathematischen, formalen und technischen Elementen umgehen" und „kommunizieren" betrachtet, sondern danach, in welcher der Phasen der vollständigen Handlung hierzu Teilkompetenzen gefördert werden.

1. Informieren über die Lernsituation: Die Schülerinnen und Schüler ...
- erkennen in Sachzusammenhängen kausale Zusammenhänge.

2. Planen: Die Schülerinnen und Schüler ...
- vereinfachen durch Abstrahieren und idealisieren Realsituationen, um sie einer mathematischen Beschreibung zugänglich zu machen und reflektieren die Vereinfachungsschritte.
- beschreiben Realsituationen und Realprobleme durch mathematische Modelle wie z. B. Funktionen, Zufallsversuche, Wahrscheinlichkeitsverteilungen, Matrizen, Koordinaten und Vektoren.

3. Entscheiden: Die Schülerinnen und Schüler ...
- organisieren die Arbeit im Team.

4. Durchführen: Die Schülerinnen und Schüler ...
- erläutern in inner- und außermathematischen Situationen Strukturen und Zusammenhänge und stellen darüber Vermutungen auf.
- vergleichen und bewerten verschiedene Begründungen für einen mathematischen Sachverhalt.
- reflektieren Beweisverfahren.
- variieren Situationen, stellen Vermutungen auf und untersuchen diese.
- finden in inner- und außermathematischen Situationen mathematische Probleme, formulieren diese mit eigenen Worten und in mathematischer Fachsprache.
- wählen geeignete heuristische Strategien zum Problemlösen aus und wenden diese auch unter Nutzung der eingeführten Technologie an.
- verwenden Regressionen zur Ermittlung eines mathematischen Modells.
- führen mit den Verfahren der Infinitesimalrechnung, der Koordinaten- und Vektorgeometrie und/oder der Matrizenrechnung sowie mit der Wahrscheinlichkeitsrechnung Berechnungen im Modell durch und interpretieren die Verfahren ggf. hinsichtlich der Realsituation.
- verwenden verschiedene Darstellungsformen von Funktionen und wechseln zwischen diesen.
- reflektieren mathematikhaltige authentische Texte.
- dokumentieren Überlegungen, Lösungswege und Ergebnisse auch im Hinblick auf die verwendete Technologie und stellen diese verständlich dar.
- verwenden Fachtexte bei der selbstständigen Arbeit an mathematischen Problemen.

5. Kontrollieren: Die Schülerinnen und Schüler ...
- vertreten eigene Problemlösungen und Modellierungen.
- überprüfen die Plausibilität der Ergebnisse.
- beschreiben und vergleichen Lösungswege.
- reflektieren deren Verwendung und übersetzen zwischen symbolischer und natürlicher Sprache.
- erläutern eigene Problembearbeitungen und Einsichten sowie mathematische Zusammenhänge mit eigenen Worten und unter Verwendung geeigneter Fachsprache.
- präsentieren Überlegungen, Lösungswege und Ergebnisse unter Verwendung geeigneter Medien.
- verstehen Überlegungen anderer zu mathematischen Inhalten, überprüfen diese auf Schlüssigkeit und Vollständigkeit und gehen darauf ein.

6. Bewerten und Schlussfolgern: Die Schülerinnen und Schüler ...

- begründen oder widerlegen Aussagen in angemessener Fachsprache mit mathematischen Mitteln und reflektieren die Vorgehensweise.
- reflektieren und bewerten Argumentationen und Begründungen auf Schlüssigkeit und Angemessenheit.
- bewerten Lösungswege.
- reflektieren und bewerten die benutzten Strategien.
- variieren vorgegebene mathematische Probleme und untersuchen die Auswirkungen auf die Problemlösung.
- interpretieren Ergebnisse aus Modellrechnungen in der Realsituation und modifizieren ggf. das Modell.
- reflektieren die Grenzen von Modellen und der mathematischen Beschreibung von Realsituationen.
- ordnen einem mathematischen Modell verschiedene passende Realsituationen zu und reflektieren so die Universalität von Modellen.
- begründen ihre Auswahl von Darstellungen und reflektieren allgemeine Vor- und Nachteile sowie die Grenzen unterschiedlicher Darstellungsweisen.

Abbildung 9: Prozessbezogene Kompetenzen in den Phasen der vollständigen Handlung

Führt man den Mathematikunterricht nach dem Prinzip der Handlungsorientierung durch, so kann man sicher sein, alle prozessbezogenen Kompetenzen intensiv gefördert zu haben, da in jeder der sechs Phasen zwingend die einzelnen Teilkompetenzen erforderlich sind. Als Beispiel sei hier die Kompetenz „Mathematisch argumentieren" genannt, die z. B. besagt, dass die Schülerinnen und Schüler in Sachsituationen „kausale Zusammenhänge erkennen, Begründungen angeben, überprüfen und diese bewerten". Die Analyse der Sachsituation erfolgt in der Informieren-Phase, die Feststellung der kausalen Zusammenhänge erfolgt ebenfalls in dieser Phase, wird aber in der Planen-Phase erweitert. Begründungen, Bewertung und Auswertung der gefundenen Zusammenhänge werden auf der Basis der neuen Erkenntnisse in der Bewerten-Phase ergänzt.

Als weiteres Beispiel sei die Kompetenz „Kommunizieren" genannt: „Die Schülerinnen und Schüler organisieren, beurteilen und bewerten die Arbeit im Team und entwickeln diese weiter". Die Fähigkeit, sich selber zu organisieren, wird durch die konsequente Durchführung der Entscheiden-Phase erreicht, die die Schülerinnen und Schüler dazu befähigt, aus verschiedenen Arbeitsmodellen und Organisationsformen Kriterien geleitet und sachangemessen auszuwählen. Die Beurteilung der Arbeit, unter anderem der Teamarbeit, findet in der Bewerten-Phase statt, in der die Kriterien für gelungene Arbeitsformen anhand der Analyse der Arbeit der Schülerschaft aufgestellt werden, sodass aus dem Erleben einer Gruppenarbeit Teamerfahrung wird. Die Arbeit in unterschiedlichen Teams mit unterschiedlichen Zielen findet wiederum in allen sechs Phasen statt, sodass das Erproben von Unterrichtsmethoden in Verbindung mit der anschließenden Reflexion die Lernenden darin befähigt, Zeitplanung, Arbeitsplanung und Durchführung eigenständig durchzuführen und die Verantwortung für das Gelingen selber in die Hand zu nehmen. Verschiedene Methoden werden in Kapitel 7 und die Bewertung der Mitarbeit in Kapitel 12 näher beleuchtet.

Das gezielte Einbeziehen der prozessbezogenen Kompetenzen in die Kompetenzförderung wird durch die strukturierte Durchführung der Phasen der vollständigen Handlung für die Lehrkraft erleichtert. Sie muss sich dessen allerdings immer bewusst sein. Die prozessbezogenen Kompetenzen werden im Verlauf verschiedener Lernsituationen immer weiter gefördert und beobachtbar werden, sodass sie durch die Wiederholungen zu einem Automatismus werden. Im instruierenden Unterricht können prozessbezogene Kompetenzen nicht umfassend gefördert werden. Gruppenarbeiten,

Abwechslung verschiedener lernförderlicher Sozialformen und die Förderung der Selbstständigkeit und Selbstverantwortung gelingen in einem lehrerzentrierten Unterricht nicht. Auch die Arbeit der Schülerinnen und Schüler an vorgegebenen Aufgaben kann die prozessbezogenen Kompetenzen nicht umfassend fördern. Aufgaben aus dem Schulbuch oder von Internetangeboten zu lösen, kann zum Einüben von Rechenroutinen, zur Steigerung der Rechensicherheit und Rechengeschwindigkeit herangezogen werden, was die Förderung von inhaltsbezogenen Kompetenzen anbetrifft. Da aber der Entwicklungsprozess und der Lernprozess dabei nicht fokussiert werden, ist diese Form des Unterrichtes in Ausschließlichkeit nicht mehr zeitgemäß und sollte aus meiner Sicht lediglich als geeignete Ergänzung für handlungsorientierten Unterricht vorgesehen werden.

Das Kerncurriculum für Mathematik in Niedersachsen[13] bietet als didaktische Antwort auf die erforderliche Veränderung des Unterrichts die sogenannten offenen Aufgaben an, die den Schülerinnen und Schülern mehr Raum für eigene Lösungsstrategien und -ansätze, aber auch für die Formulierung eigener Problemfragen lassen. Offene Aufgaben eröffnen einen großen Handlungsspielraum und bieten damit ebenfalls die Möglichkeit der Entwicklung von Problemlösestrategien und Kreativität sowie der Konstruktion „intelligenten Wissens" und der inneren Differenzierung. Zusätzlich zu den Anforderungen der curricularen Vorgaben für allgemeinbildende Schulen haben die beruflichen Gymnasien laut den ergänzenden Bestimmungen für das berufliche Schulwesen (EB-BbS)[14] den Auftrag der beruflichen Bildung. Das Modell des handlungsorientierten Unterrichtes gilt für alle Schulformen der beruflichen Schulen. Daher sollte auch im Mathematikunterricht der didaktisch-methodische Schwerpunkt auf das hier vorgestellte Modell gelegt werden. Die Verbindung der Lehrkräfte zur beruflichen Bildung ermöglicht in besonderem Maße die handlungsorientierte Herangehensweise, da ihre berufliche Fachrichtung durchgängig auf der Basis der Handlungsorientierung unterrichtet wird. Aufgrund des großen Lehrerbedarfes wurden in den letzten Jahren vermehrt Mathematiklehrerinnen und -lehrer mit sehr unterschiedlichen beruflichen Werdegängen an berufsbildenden Schulen eingestellt. Somit bringt nahezu jede Lehrkraft eigene außerschulische Berufserfahrungen in den Schulalltag mit ein. Dies kann sich sehr positiv auf den Mathematikunterricht sowohl im beruflichen Gymnasium als auch in der Berufseinstiegsklasse und in den Fachschulen auswirken. Jede Lernsituation wird aus einem beruflichen Umfeld, gerne auch aus dem Erfahrungsschatz der Lehrkräfte, entnommen, wodurch die Schülerinnen und Schüler einen Einblick in berufliche Handlungsfelder und damit eine Vorstellung von verschiedenen Berufsbildern erhalten. Dies ermöglicht den Lehrkräften berufsberatend zu wirken und damit die Schülerinnen und Schüler breit gefächert über unterschiedliche berufliche Laufbahnen sowie die erforderlichen Kenntnisse, Interessen und auch Abschlüsse zu informieren. Werden die persönlichen Erfahrungen der Lehrkräfte in den Mathematikunterricht eingebracht, so wird dieser lebendig und realitätsbezogen. Bringt sich die Lehrkraft als vollständige Persönlichkeit mit ein, so kann sie die Haltung ihrer Schülerschaft authentisch fördern, wodurch die Kompetenzentwicklung in besonderem Maße angeregt wird.

---

13 Vgl. Niedersächsisches Kultusministerium (Hrsg.) (2018): Kerncurriculum für das Gymnasium – gymnasiale Oberstufe die Gesamtschule – gymnasiale Oberstufe, das Berufliche Gymnasium, das Abendgymnasium, das Kolleg-Mathematik, S. 7. https://cuvo.nibis.de/cuvo.php?p=download&upload=208 (abgerufen am 11.07.2022)

14 Ergänzende Bestimmungen für das berufsbildende Schulwesen (EB-BbS) RdErl. d. MK v. 10. Juni 2009 – 41-80006/5/1 (Nds.MBl. S. 538, SVBl. S. 238), zuletzt geändert durch RdErl. vom 14. 1. 2017 (Nds.MBl. S. 136, SVBl. S. 226) 1. Abschnitt, 7.2; http://www.schure.de/22410/eb-bbs.htm (abgerufen am 27.07.2022)

3 BEDEUTUNG DES KONSTRUKTIVISTISCHEN ANSATZES FÜR DIE FÖRDERUNG DES LERNPROZESSES

Um die in Kapitel 2 dargestellten Kompetenzen fördern zu können, muss der Lernprozess der Schülerinnen und Schüler in Gang gesetzt werden. Dazu stellt sich einerseits die Frage nach den Möglichkeiten, Lernen zu initiieren und zum anderen, Lernen und Behalten zu fördern. Dafür soll im Folgenden zunächst die Frage geklärt werden, wie Lernen an sich funktioniert. Es kann hier keine vollständige Übersicht über die neuesten Erkenntnisse der Lernforschung zusammengetragen werden, aber es werden die für die Entwicklung handlungsorientierten Mathematikunterrichtes wichtigen Überlegungen aufgezeigt.[15][16]

3.1 Lernprozessförderung

Um jedem Individuum bezüglich seiner individuellen Lernförderung gerecht werden zu können, muss sich die Lehrkraft darüber im Klaren sein, dass es verschiedene Zugänge gibt, die durch den Unterricht angeregt werden können.

Die übliche Form des instruierenden Lehrens im Mathematikunterricht besteht darin, Zusammenhänge zu beschreiben und zu erklären. Dies wird im Allgemeinen verbal durch die Lehrkraft durchgeführt, sodass der auditive Lerntypus angesprochen wird. Die Visualisierung für den visuellen Lerntypus erfolgt dann durch das Notieren der Rechengänge an der Tafel und der haptische Aspekt wird durch das Abschreiben und Abzeichnen erreicht. Eine Schüleraktivierung kann durch den schülerzentrierten fragend-entwickelnden Unterricht erreicht werden. Dieser sorgt dafür, dass die Lernenden selber die Erkenntnisse formulieren, z. B. angeregt durch sokratische, rhetorische Fragen, die die Diskrepanz zwischen der eigenen Vorstellung und der beobachtbaren Realität herausarbeiten, wodurch ein stetiger Lernzuwachs entstehen kann.

Allerdings führt diese Form der Gesprächsführung häufig dazu, dass im Unterricht nur wenige Schülerinnen und Schüler aktiv mündlich beteiligt sind. Zudem kann die Lehrkraft nicht sicher sein, dass nur, weil ein Schüler oder eine Schülerin eine Antwort gefunden hat, diese Erkenntnis auch bei allen anderen angekommen sein muss. Somit muss die Form der Gesprächsführung dahingehend weiterentwickelt werden, dass die Lehrkraft Denkimpulse formuliert, welche die Schülerschaft animiert, selber Fragen zu stellen, selber Hypothesen zu äußern und diese gemeinschaftlich zu diskutieren, bis am Ende tatsächlich Konsens in der Klasse gefunden wurde und damit eine Erkenntnis auch von allen Schülerinnen und Schülern getragen wird.

MERKE

Jede Schülerin und jeder Schüler ist ein Individuum, welches das Bedürfnis danach hat, selber zu denken, selber Erfolge zu haben und als Individuum wahrgenommen zu werden.

Alle möchten gerne ihre eigenen Gedanken bestätigt sehen und müssen daher die Gelegenheit erhalten, eigene Gedanken auch zur Diskussion zu stellen. Die eigenen Gedanken lassen sich manchmal nicht so einfach in Sätze formulieren, sodass die zeichnerische oder modellhafte Darstellung

---

15 Vgl. Vester, F. (1978): Denken, Lernen und Vergessen. Deutscher Taschenbuch Verlag.

16 Vgl. Spitzer, M. (2006): Lernen – Gehirnforschung und die Schule des Lebens. Spektrum Akademischer Verlag.

und das Zeigen an Grafiken oder Modellen ebenfalls bei der Veräußerung der inneren Gedankenwelt helfen können. Damit erhält die Visualisierung ein starkes Gewicht für die Förderung des Lernprozesses, die noch gesteigert werden kann, indem die Fragen, Hypothesen, Behauptungen, Erklärungen und Schlussfolgerungen ebenfalls schriftlich festgehalten werden und Zusammenhänge zwischen Worten, Grafik und symbolischer Darstellung und sogar den Daten farblich konsequent veranschaulicht werden. Modelle und Realien ermöglichen zusätzlich das Erfassen von Zusammenhängen. Die schriftliche Fixierung von Zwischenüberlegungen und Fragestellungen hilft darüber hinaus denjenigen Schülerinnen und Schülern den Faden nicht zu verlieren, die im Unterrichtsverlauf vielleicht noch ihren eigenen Gedanken nachhängen oder ihre eigenen Gedanken notieren und damit nicht pausenlos ihre volle Konzentration auf das Unterrichtsgeschehen im Plenum fokussieren. Damit wird eine binnendifferenzierte Lernzeit berücksichtigt, selbst wenn im Plenumsgespräch gearbeitet wird.

Das folgende Tafelbild (Abbildung 10) soll zum einen die Dokumentation des Lernprozesses veranschaulichen und zum anderen auch den Farbeinsatz, der die Zusammenhänge in den vier Darstellungsformen – Daten, Graph, Symbolik und Text – aufzeigt (siehe auch Kapitel 8.1).

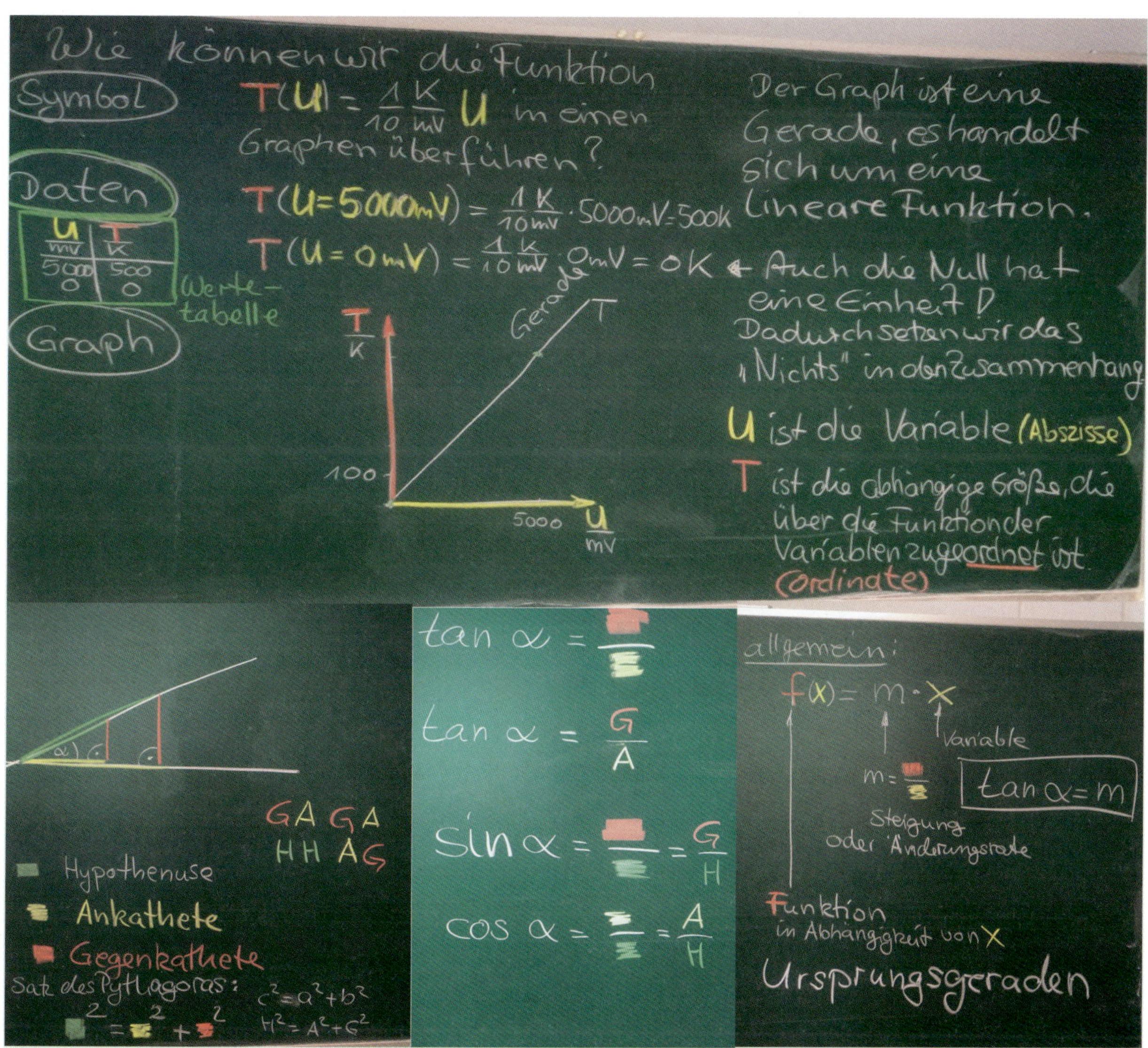

Abbildung 10: Tafelbild als Beispiel für die Nutzung der vier Darstellungsformen für die Dokumentation des Lernprozesses

Für die gezielte Unterstützung des Lernprozesses werden ausgehend von den grundlegenden Überlegungen Vesters nach wie vor die verschiedenen Lerntypen unterschieden. Ein Effekt auf den Lernerfolg wird allerdings in der modernen Lernpsychologie in Frage gestellt. „Denken, Fühlen und Handeln sind weder verschiedene Möglichkeiten noch Methoden des Lernens und Begreifens, sondern ganz unterschiedliche Kategorien in Bezug auf den Prozess des Lernens.“[17] Das Verstehen abstrakter Zusammenhänge erfordert kognitive Anstrengungen. Um das dafür erforderliche Denken anzuregen, können unterschiedliche Problemlösestrategien beschrieben werden. Ich unterscheide dazu die Art und Weise, wie sich ein Individuum mit einer Problemlösung beschäftigt. Ein kleiner Test hierzu soll dies verdeutlichen:

Füllen Sie die folgende Rechenmauer aus. Rechenregel: Die Summe der Zahlen in jeweils zwei benachbarten Steinen ergibt die Zahl in dem darüber liegenden Stein!
Beschreiben Sie genau, wie Sie Ihre Lösung gefunden haben!

____

____

____

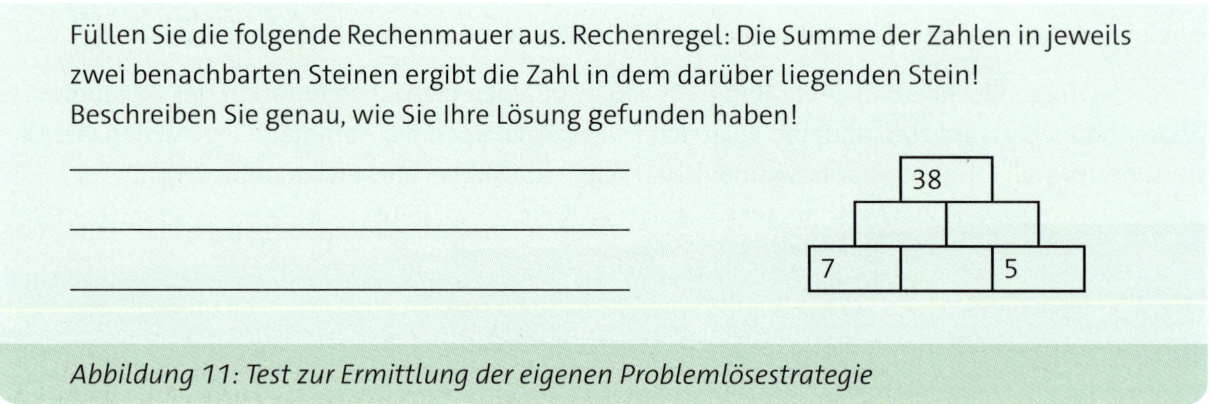

Abbildung 11: Test zur Ermittlung der eigenen Problemlösestrategie

Meine Beobachtungen zeigen, dass es drei unterschiedliche Herangehensweisen gibt, die zur Problemlösung führen:

- Die erste ist das Probieren verschiedener Zahlen, wobei mit einer beliebigen Zahl begonnen wird, häufig ist die Reihenfolge 7, 12 und 13.
- Die zweite Möglichkeit ist die Einteilung der Rechenmauer in zwei ähnliche Teile, dann die Division der Zahl 38 durch zwei und schließlich der Abgleich mit den beiden Zahlen 5 und 7. Da diese sich um 2 unterscheiden, müssen sich auch die Zahlen in der Mitte um 2 unterscheiden, also steht in der Mitte 20 und 18. Durch die Subtraktion der Zahlen in den untersten Steinen erhält man als Lösung für den unteren, in der Mitte liegenden Stein die 13.
- Die dritte Möglichkeit ist die Berechnung aller Zahlen durch die Berücksichtigung der Rechenregel:

$7 + 5 + 2x = 38$
$\Rightarrow 2x = 26$
$\Rightarrow x = 13$
$13 + 7 = 20 \wedge 13 + 5 = 18$

Abbildung 12: Lösung zum Test aus Abbildung 11

Es gibt natürlich auch die Möglichkeit, dass der Kandidat oder die Kandidatin nach kurzer Überlegung aufgibt, weil er bzw. sie gar keine passende Herangehensweise findet.

17 Vgl. Looß, M. (2001): Von den Sinnen in den Sinn. In: Die deutsche Schule., 93 (2001) 2, S. 186–198. http://www.ifdn.tu-bs.de/didaktikbio/content/personal/documents/looss/Von_den_Sinnen...Internet.pdf (abgerufen am 10.03.2022)

Die erste Lösungsstrategie deutet auf den **probierenden Typ.** Er spielt gerne und experimentiert, um damit seine Umwelt zu erforschen. Dadurch werden sehr gute Ergebnisse im Leben oder in der Forschung erzielt.

Die zweite deutet auf den **ganzheitlich denkenden Typ.** Er betrachtet das Ganze genau, erforscht Gleiches und Abweichendes und sucht in Vorhandenem nach einem System, das er dann zur Lösung heranziehen kann. Jeder, der Daten auswerten muss, benötigt gerade diese Fähigkeit.

Die dritte deutet auf den **prozessual denkenden Typ.** Er betrachtet den gesamten Prozess, strukturiert ihn, modelliert diesen, wendet das Werkzeug an, das er dafür benötigt und erhält auf diese Weise Lösungen für seine Probleme.

Was ist mit der vierten Person, dem Typ, der abgebrochen hat?

Wenn wir überlegen, wie in der Schule in großem Stil Mathematik gelehrt wird und wurde, so müssen wir zu dem Schluss kommen, dass dort im Allgemeinen der prozessual denkende Typ angesprochen wird. Das neue Fachwissen wird hergeleitet, eine Rechnung von oben nach unten durchgeführt und wenn das Ergebnis richtig ist, ist auch die Betrachtung des Problems abgeschlossen. Somit lernen jede Schülerin und jeder Schüler von klein an, dass der prozessuale Zugang der richtige Ansatz ist, für alles was mit Zahlen zu tun hat. Eine andere Option hat man scheinbar nicht. Findet man dazu aber keinen Zugang, so gibt man schnell auf, es setzt eine Enttäuschung ein und man entwickelt das Gefühl, dass man eben „zu dumm für Mathe" sei.

Die beiden anderen Methoden führen aber auch zum Ziel und sind für vielfältige Aufgaben im Berufsleben geradezu zwingend erforderlich. Daraus müssen wir für den Mathematikunterricht schließen, dass alle drei Denktypen angesprochen werden müssen, um alle Schülerinnen und Schüler zu fördern. Wir müssen allen den für sie adäquaten Weg zur Lösung mathematischer Probleme eröffnen.

Meine Beobachtungen zeigen, dass sich in unterschiedlichen Berufsgruppen tatsächlich eine Häufung jeweils einer der drei Denktypen findet. Jede Lehrkraft sollte sich darüber im Klaren sein, welches ihre eigene favorisierte Herangehensweise ist, damit sie für sich feststellen kann, wie sie selber mit Problemen im Unterricht umgeht. Ist die Lehrkraft beispielsweise der Typ 2, so wird es ihr schwerfallen, im Unterricht sehr flexibel auf Schülerbedürfnisse einzugehen, während sie eine Herleitung erarbeitet. Diese Herangehensweise liegt ihr selber nicht so gut, da ist Flexibilität besonders anstrengend. Andererseits wird die Typ-3-Lehrkraft ein gutes Gefühl während der Herleitung haben und offen auf Fragen von Schülern eingehen können, vergisst aber möglicherweise, auch die Typen 1 und 2 noch mitzunehmen. Der Typ-1-Lehrkraft wird es besonders leichtfallen, unterschiedlichste Ideen im Unterricht aufzunehmen. Um diese zu strukturieren, muss sie sich wiederum anstrengen. Es stellt sich also die Frage, wie man mit seiner eigenen Denkweise und mit den unterschiedlichen Denktypen in der Klasse umgehen kann. Es erscheint hilfreich, den obenstehenden Test mit allen Lernenden durchzuführen und sie, falls sie aufgegeben haben, zu trösten. Es kann sich anbieten, gar nicht die Lösung an sich in den Mittelpunkt der Untersuchung zu stellen, sondern eben nur nach den spontanen Denkansätzen zu fragen. Anschließend können alle für sich benennen, welcher Denktypus sie sind, unabhängig davon, ob sie die Lösung gefunden haben oder nicht. Die Selbsterkenntnis über die eigene Problemlösestrategie stärkt das Selbstbewusstsein der Lernenden und hilft, auch diejenigen für das Fach zu öffnen, die bisher wenig Erfolg hatten. Mut und Selbstvertrauen sind wichtige Voraussetzungen für das Gelingen des eigenen Lernprozesses. Die Überlegungen zu den verschiedenen Denktypen müssen in unterrichtliche Handlungen übertragen werden.

3.1.1 Konkretisierung am Beispiel der Herleitung der pq-Formel

Die Förderung aller drei Denktypen im Unterricht erfolgt teilweise parallel, oftmals aber auch nacheinander. Daher möchte ich im Folgenden einen komplexen Unterrichtsgang zur Herleitung der pq-Formel ausführlich vorstellen. Ich stelle dazu die didaktische Entwicklung an einem von mir durchgeführten Unterricht vor und zeige auch die mit der Schülerin und den Schülern gemeinsam erarbeiteten Stundenprotokolle. In Metabetrachtungen weise ich immer wieder darauf hin, in welcher Form die drei Denktypen – Probierer, Ganzheitlicher und Prozessualer – Berücksichtigung finden.

Die Erkundung der quadratischen Funktionen führt zu der Notwendigkeit, ein Lösungsverfahren für quadratische Gleichungen zu finden. Quadratische Gleichungen und deren Umformung und Lösung sind in den allgemeinbildenden Schulen bereits Inhalt der Mittelstufe. Für die Erwachsenenbildung jedoch, mit den diversen schulischen Vorerfahrungen, muss man davon ausgehen, dass die Kenntnisse hierzu nur noch rudimentär vorhanden sind. Daher werden alle relevanten Aspekte der quadratischen Funktionen und quadratischen Gleichungen in einem Guss verarbeitet.

Aus einer beruflichen Situation hatte sich das Bedürfnis ergeben, die quadratischen Funktionen näher zu untersuchen. Wir begannen mit der Normalparabel, an der die grundlegenden Eigenschaften zunächst erarbeitet wurden, bevor die Einführung des Formfaktors dazu führte, dass jede parabelförmige Struktur beschrieben werden konnte. Die Schülerin und die Schüler beschrieben die Form und die Eigenschaften der Normalparabel, sowohl bezüglich der Rechenvorschrift, als auch bezüglich ihres Graphen. Sie begründeten den Zusammenhang zwischen der Verschiebung der Parabel in x- und y-Richtung und der dies beschreibenden Funktionsvorschrift, sodass sowohl das Prinzip der Doppelnullstelle als auch die Scheitelpunktform entwickelt wurden. Der dazugehörige Unterrichtsgang wird im Folgenden durch das Tafelprotokoll (siehe auch Abbildung 10) aufgezeigt. Es wurde die grüne Tafel ebenso wie die elektronische Tafel eingesetzt. Die Verwendung der elektronischen Tafel ermöglichte es, auch die Arbeit mit dem verwendeten Taschenrechner zu protokollieren. Das Tafelbild auf der elektronischen Tafel wurde von der Schülerin und den Schülern in Eigenregie erstellt (weißer Untergrund).

Die Nutzung der grafischen Darstellung am eigenen Taschenrechner sollte grundsätzlich durch das Selberrechnen und Zeichnen ergänzt werden, damit der Lernprozess tatsächlich individuell in jedem Kopf ablaufen kann. Dazu dienen vielfältige kleine und überschaubare Arbeitsaufträge, die aneinander gereiht allen Lernenden die Möglichkeit eröffnen, sich umfassend selbstständig mit den vielfältigen Aspekten der quadratischen Funktion auseinanderzusetzen. Die Analyse der zu betrachtenden Aspekte ist in Form einer Mindmap als Webcode im Internet downloadbar (siehe Box). Die Überlegungen wurden jeweils an der Tafel festgehalten, in Worten, Symbolen, mit Daten und Graphen.

WEBCODE

Die Mindmap zur Stoffanalyse der Parabeln finden Sie hier als Webcode zum Download:
cornelsen.de/codes
Code: xumagi

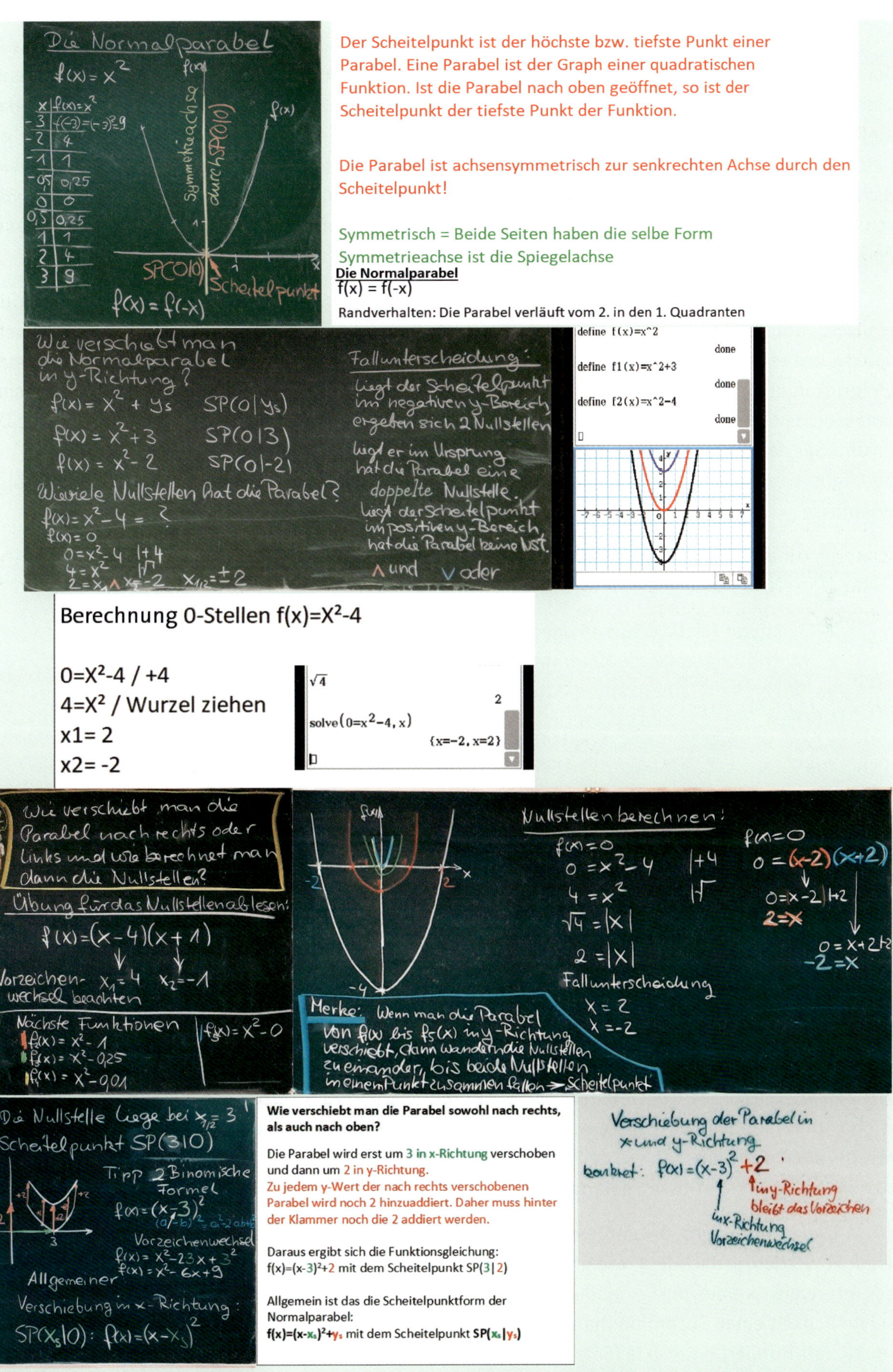

Abbildung 13: Dokumentation der Einführung der Normalparabel

Im Anschluss an die Entwicklung der Scheitelpunkt- und Nullstellenform der Normalparabel, während der die Lage der Nullstellen und des Scheitelpunktes bereits durchgängig thematisiert wurde, wurden Übungsaufgaben erforderlich. Diese Aufgaben werden grundsätzlich so gereiht, dass ein Denkprozess in Gang gesetzt wird, der es den Lernenden ermöglicht, mit vielen kleinen Erfolgen neue Erkenntnisse zu sammeln. Die gewählten Aufgaben sollten zur Sicherung und Routinebildung die vorher entdeckten Zusammenhänge enthalten und gleichzeitig im Erkenntnisprozess voranführen. Ein Vorschlag für die weitere Vorgehensweise mittels lernförderlicher Aufgabenreihung wird im Folgenden dargelegt.

Zunächst wurde anhand einer lernförderlichen Aufgabenreihung mit konkreten Zahlen das Arbeiten mit den binomischen Formeln vorwärts und rückwärts erprobt. Diese Vorgehensweise spricht insbesondere zunächst der Probiertyp an. Er fängt an, mit den Zahlen zu jonglieren. Sobald einige Aufgabenlösungen ausprobiert wurden, kann der ganzheitlich denkende Typ vergleichen und schlussfolgern und die nächsten Aufgaben ebenfalls eigenständig mit großer Freude lösen. Der prozessual denkende Typ wird den Prozess des Vorwärts- und Rückwärtsrechnens analysieren und ebenfalls Lösungen finden. Alle drei Denktypen werden somit angesprochen und haben Erfolgserlebnisse.

Übungen

1. Zeichnen Sie die Graphen der folgenden Funktionen.
2. Multiplizieren Sie die Klammern aus.
3. Tragen Sie alle markanten Punkte zusammen.

$f_1(x) = x^2 - 3$
$f_2(x) = x^2 + 1{,}5$
$f_3(x) = (x - 1)^2$
$f_4(x) = (x + 1)^2$
$f_5(x) = (x + 1)^2 + 4$
$f_6(x) = (x + 1)^2 - 4$
$f_7(x) = (x - 1)^2 - 2{,}25$
$f_8(x) = (x - 4)^2$
$f_9(x) = (x - 4)^2 - 9$
$f_{10}(x) = (x - 1)(x - 7)$
$f_{11}(x) = (x + 4)(x - 4)$
$f_{12}(x) = (x - 1)(x + 2)$
$f_{13}(x) = (x - 3)(x + 1)$

Geht das auch andersherum?

Abbildung 14: Lernförderliche Aufgabenreihung mit dem Ziel der Übung und der Herleitung der pq-Formel

Die Aufgaben werden ergänzt durch quadratische Funktionen, welche die Normalparabel mit unterschiedlichen Nullstellen darstellen. Sie sind in faktorisierter Form oder in der Scheitelpunktform gegeben und sollen von den Lernenden ausmultipliziert werden. Weitere Aufgaben enthalten auf beiden Seiten des Gleichheitszeichens Lücken, die von den Lernenden ergänzt werden sollen (siehe Abbildung 16). Diese sprechen ebenfalls alle drei Lerntypen an, weil man sowohl durch Probieren, als auch durch die Analyse der Struktur, als auch durch das Entwickeln eines Prozesses zu Ergebnissen und zu Erkenntnissen gelangt.

Die in Abbildung 14 dargestellten Funktionen könnten während des Unterrichtes beliebig ergänzt werden, je nachdem, wie groß das Bedürfnis der Lernenden nach Übung und Erfolg ist. Interessanterweise werden die Lernenden schon während der Bearbeitung der Aufgaben mit großer Wahrscheinlichkeit einen Zusammenhang zwischen den Parametern entdecken, den schon François Viète im 16. Jahrhundert entdeckte (Satz von Viëta). Dafür reicht es aus meiner Erfahrung, sie anzuregen, die Parameter zu betrachten und Regelmäßigkeiten zu suchen. Somit haben die Schülerinnen und Schüler eigenständig, unabhängig von ihrer Herangehensweise, Lernerfolge und erfahren sogar den großen Erfolg, einen mathematischen Satz selbstständig gefunden zu haben. Nun sind sie in der Lage, selber Aufgaben zu erstellen oder aber ihre eigenen Lösungen mit dem Satz von Viëta zu überprüfen.

Wählt man im Weiteren Zahlenbeispiele für die in Normalform angegebene quadratische Funktion, für die das „Sehen" der Nullstellen nicht mehr so einfach ist, fordern die Lernenden eine bessere Methode zur gezielten Bestimmung der Nullstellen ein. Dafür könnte es schon reichen, die Funktion $f(x) = x^2 + 6x + 8$ untersuchen. All diejenigen Schülerinnen und Schüler, die den Satz von Viëta nicht spontan anwenden können, werden zu Recht eine sichere Methode zur Nullstellenbestimmung einfordern. Damit ist die Begründung für die Erforderlichkeit der pq-Formel gegeben. Natürlich könnte man diese nun einfach nennen und anwenden lassen. Jedoch würde dies dazu führen, dass die Schülerinnen und Schüler vermehrt Vorzeichenfehler machen werden und die Bedeutung der pq-Formel kaum interpretieren können.

Aus meiner Sicht lohnt es sich, die Zeit für die Herleitung aufzuwenden, weil damit eine eigenständige, selbstbewusste Haltung der Lernenden bezüglich vorgefertigter Regeln entwickelt und eine vertiefte Betrachtung mathematischer Zusammenhänge ermöglicht wird. Zusätzlich kann auf diese Weise erreicht werden, dass auf das Lernniveau des Nennens tatsächlich das Verstehen und erst dann das Anwenden folgt. Das Verstehen entsteht nicht alleine dadurch, dass die Lehrkraft gut erklärt und die Schülerschaft anschließend meint, dies auch verstanden zu haben. Erst wenn die Schülerinnen und Schüler den Sachverhalt vollständig selber durchdrungen haben, indem sie die Herleitungsschritte selber analog zu einem konkreten Zahlenbeispiel entwickeln und anschließend jeweils die einzelnen Komponenten interpretieren, kann ein tieferes Verständnis entwickelt werden. Die Geschwindigkeit, in der dieses Selber-Entdecken und -Verstehen erfolgt, ist aus meiner Sicht bei der Schülerschaft niemals homogen. Im Gegenteil, die Zeit bis der „Groschen fällt" variiert stark. Ich konnte beobachten, dass es Schülerinnen und Schüler gab, bei denen erst ein Halbjahr später, in einem gänzlich anderen Zusammenhang, der erwünschte Aha-Moment eintrat. Die Freude war dann besonders groß.

Als Einstieg in die Herleitung der pq-Formel könnte die Betrachtung einer quadratischen Funktion genutzt werden, deren Scheitelpunkt auf der x-Achse liegt, z. B. $f(x) = (x + 2{,}5)^2 = x^2 + 5x + 6{,}25$.

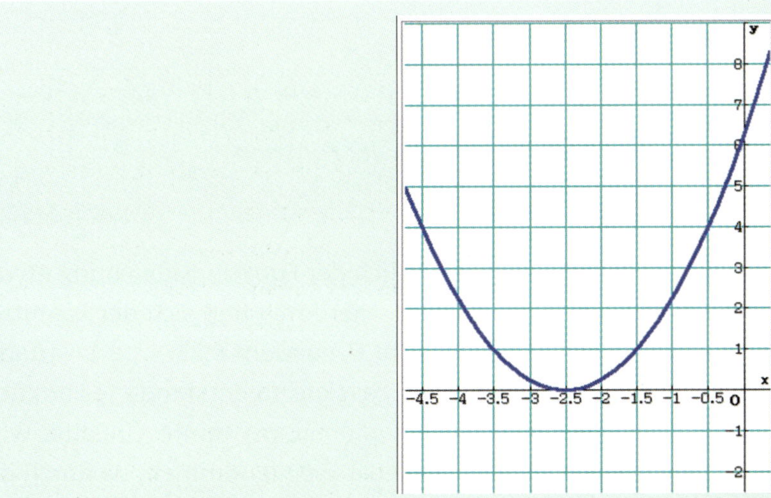

Abbildung 15: Graph der Funktion $f(x) = (x + 2{,}5)^2$

Die Funktionsgleichung wird den Schülerinnen und Schülern nicht vollständig, sondern mit Lücken (siehe Abbildung 16) vorgegeben. Das Weglassen der Zahlen 2,5 und 6,25 führt dazu, dass die Lernenden ihr Wissen anwenden können und die Vorgehensweise noch einmal genau beschreiben können. Sie könnten dies z. B. wie in Abbildung 16 dargestellt formulieren.

$f(x) = (x + \square)^2 = x^2 + 5x + \square$

Ich nehme die Zahl, die vor dem x steht, und ergänze in der Klammer die Hälfte von 5.
Auf der rechten Seite ergänze ich die Hälfte von 5 zum Quadrat.

Abbildung 16: Tafelprotokoll der Schüleraussagen

Ergänzt man dies, ergibt sich das folgende Bild:

$$f(x) = \left(x + \frac{5}{2}\right)^2 = x^2 + 5x + \left(\frac{5}{2}\right)^2$$

Die Wahl eines ungeraden Parameters p ermöglicht es im Folgenden, die Rechenoperationen besonders deutlich zu machen.

In der folgenden Problemstellung werden die Lernenden etwas „geärgert“, also ein kognitiver Konflikt erzeugt, siehe Abbildung 17. Die vorgegebene Funktion heißt nun $f(x) = x^2 + 5x + 6$ und man kann erkennen, dass es die um 0,25 nach unten verschobene Parabel aus der vorangehenden Aufgabe ist. Vielleicht sehen einige Schülerinnen oder Schüler auch gleich die Nullstellen. Dies ist jedoch nicht zwingend erforderlich. Meine Schülerin und die Schüler hatten vorher eine sichere Berechnungsmöglichkeit eingefordert. Daher wurden die Nullstellen im Themenspeicher notiert und wir arbeiteten an dem Beispiel weiter.

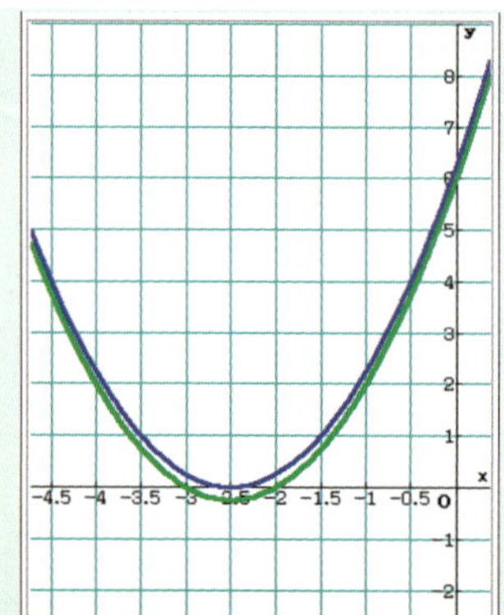

Abbildung 17: Graph der Funktion $f(x) = (x - 2{,}5)^2$ und Graph der Funktion $g(x) = (x - 2{,}5)^2 - 0{,}25$

Ich habe die Schülerin und die Schüler angeregt, sich bezüglich der Funktionsgleichung etwas zu wünschen, das zu dem passen sollte, was sie bereits wussten. Hierdurch ließ sich der kognitive Konflikt scheinbar schnell lösen. Sie wünschten sich, dass da nicht 6, sondern $6{,}25 = \left(\frac{5}{2}\right)^2$ stünde. Bereitwillig habe ich dies dann ergänzt und darauf hingewiesen, dass die so entstandene Funktion nicht mehr mit der im Graph in Abbildung 17 dargestellten Funktion übereinstimmte. Um alles wieder ins Lot zu bringen, wurde das großzügige Geschenk gleich wieder weggenommen, wodurch die Null in geeigneter Weise addiert wurde und damit die Funktion immer noch die ursprüngliche Parabel beschrieb.

Erfahrungsgemäß wird an dieser Stelle der ganzheitlich denkende Typ ein großes Fragezeichen im Gesicht tragen Er kann noch nicht erkennen, wohin die Reise geht und es fällt ihm schwer, quasi blindlings hinterherzutappen. Der Rückgriff auf die Scheitelpunktform ist daher angesagt. Die Erinnerung an schon Bekanntes hilft, in Kombination mit der klaren Formulierung der Zielsetzung, die Motivation aufrechtzuerhalten und Vertrauen dafür zu schaffen, dass in absehbarer Zeit eine Lösung gefunden wird. Gesucht ist immer noch eine einfache Möglichkeit, Nullstellen von Parabeln zu berechnen.

Wird die binomische Formel angewendet, um die vorliegende Gleichung zusammenzufassen, muss sie im Hinblick auf die Lage des Scheitelpunktes untersucht werden. Damit kann auch die zuvor gemachte Überlegung zur Verschiebung der Parabel um 0,25 nach unten überprüft werden. Diese intensive Auseinandersetzung mit jeder einzelnen Umformung ermöglicht es allen Lernenden, die Zusammenhänge zu erkennen und zu verstehen.

Wie hängen die Summanden mit der Lage des Scheitelpunktes zusammen?

$$f(x) = \boxed{x^2 + 5x + \left(\frac{5}{2}\right)^2} - \boxed{\left(\frac{5}{2}\right)^2 + 6}$$

$$\Leftrightarrow f(x) = \boxed{\left(x + \frac{5}{2}\right)^2} - \boxed{\left(\frac{5}{2}\right)^2 + 6}$$

Scheitelpunkt: $S\left(-\frac{5}{2} \,\middle|\, \left(-\left(\frac{5}{2}\right)^2 + 6\right)\right) = S(-2{,}5 \,|\, -0{,}25) = S(x_s \,|\, y_s)$

Cornelsen/Martin Frech

Abbildung 18: Tafelanschrieb zu Scheitelpunktform und Scheitelpunkt

Führt man das Ausmultiplizieren aus und verfolgt damit die Rechnung auch noch einmal rückwärts, ermöglicht dieses, nachzuweisen, dass alles mit rechten Dingen zugeht. Durchläuft man im Unterricht den Rechenweg vorwärts und rückwärts, gibt man besonders dem ganzheitlich denkenden Typ die Chance, die Zusammenhänge zwischen den Koeffizienten der quadratischen Funktion und der Lage der Nullstellen und des Scheitelpunktes in ihrer Komplexität zu begreifen. Diese Vorgehensweise fördert aber auch sehr gezielt die anderen beiden Denktypen darin, ihre eigenen Gedanken noch weiter zu strukturieren, sodass auch ihr Lernerfolg dadurch erhöht wird.

Nullstellen von $f(x) = x^2 + 5x + 6$:

$$f(x) = 0$$

$$0 = \left(x + \frac{5}{2}\right)^2 + \boxed{\left(-\left(\frac{5}{2}\right)^2 + 6\right)}$$

$$-\boxed{\left(-\left(\frac{5}{2}\right)^2 + 6\right)} = \left(x + \frac{5}{2}\right)^2$$

$$\sqrt{-\boxed{\left(-\left(\frac{5}{2}\right)^2 + 6\right)}} = \left(x + \frac{5}{2}\right) \quad \vee \quad -\sqrt{-\boxed{\left(-\left(\frac{5}{2}\right)^2 + 6\right)}} = \left(x + \frac{5}{2}\right)$$

$$-\frac{5}{2} + \sqrt{-\boxed{\left(-\left(\frac{5}{2}\right)^2 + 6\right)}} = x \quad \vee \quad -\frac{5}{2} - \sqrt{-\boxed{\left(-\left(\frac{5}{2}\right)^2 + 6\right)}} = x$$

Cornelsen/Martin Frech

Abbildung 19: Berechnung der Nullstellen der Funktion $f(x) = x^2 + 5x + 6$ mittels quadratischer Ergänzung

Die Berechnung der Nullstellen erfolgt mit dem gleichen Ansatz, wie bei allen vorangehenden Problemen (wie auch bei den Linearen Funktionen!), durch das Nullstellen der Funktionsgleichung. Schülerinnen und Schüler neigen dazu, anstatt die pq-Formel zur Nullstellenberechnung zu verwenden, die Klammern wieder aufzulösen. Damit stoßen sie an die Problematik, dass man aus der Summe keine Wurzel ziehen kann. Dies lässt sich durch ein Beispiel mit didaktischem Zahlenmaterial schnell klären: Wenn man aus der Summe die Wurzel ziehen könnte, indem die Wurzel jeweils aus den Summanden gezogen würde, müsste dies auch für $3^2 + 4^2 = 5^2$ gelten. Dies ist ganz offensichtlich nicht der Fall.

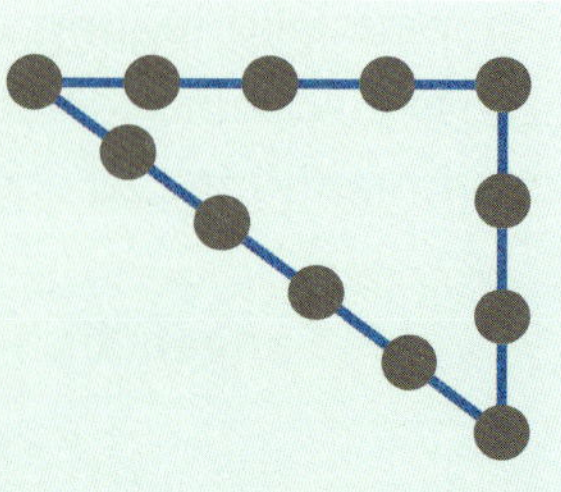

Diese Zahlenkombination wurde von alters her verwendet, um einen rechten Winkel z. B. für Gebäude zu konstruieren! Man nehme einen Faden und markiere gleich lange Abschnitte, z. B. durch Knoten. Dann lege man den Faden dort auf den Boden, wo der Rechte Winkel gefordert ist. Dazu werden Stäbe an den Ecken des Dreiecks in den Boden gesteckt, sodass das Dreieck aufgespannt wird. Zwei Stäbe legen eine Kathete der Länge 4 fest. Der dritte Stab wird so in die Erde gesteckt, dass die zweite Seite genau 3 Einheiten lang ist und die Hypotenuse genau 5 Einheiten. Der rechte Winkel ist konstruiert! Schülerinnen und Schüler sind alleine über diese neue Erkenntnis schon so erfreut, dass sie mit neuer Leichtigkeit auch dem folgenden Herleiten folgen werden!

Cornelsen/Martin Frech

Abbildung 20: Didaktisches Zahlenmaterial zur Frage „Kann man aus der Summe die Wurzel ziehen?"

Damit kann nun die eigentliche Umformung durchgeführt werden. Die zwei möglichen Lösungen für die Nullstellen müssen im Unterricht thematisiert werden. Es ist möglich, mit dem Betrag zu argumentieren oder aber an die Vorkenntnisse zu appellieren, dass es zwei Nullstellen geben muss, weil die Parabel nach unten verschoben wurde. Der Rückgriff auf die Ausgangsfunktion und auf ihren Graphen (Abbildung 17) wirkt sich sehr lernförderlich aus. Aus der Anschauung heraus und dem Vergleich mit den vorangehenden Überlegungen ist jeder und jede Lernende in der Lage, die Zusammenhänge zu erkennen. Aus den so gefundenen Lösungen werden zum einen die Nullstellen konkret errechnet. Zum anderen wird nachgeforscht, wo jetzt die Informationen bezüglich des Scheitelpunktes geblieben sind.

$$x_{1,2} = -\frac{5}{2} \pm \sqrt{-\left(-\left(\frac{5}{2}\right)^2 + 6\right)} \Rightarrow x_1 = -3 \wedge x_2 = -2$$

Scheitelpunkt: $S\left(-\frac{5}{2} \,\middle|\, \left(-\left(\frac{5}{2}\right)^2 + 6\right)\right) = S(-2{,}5 \,|\, -0{,}25) = S(x_s \,|\, y_s)$

Cornelsen/Martin Frech

Abbildung 21: Analyse der ausführlichen Darstellung der Nullstellenberechnungen hinsichtlich der Scheitelpunktkoordinaten

Die Lösung der quadratischen Gleichung liefert damit nicht nur die Lösung derselben, sondern zusätzlich die Lage des Scheitelpunktes der Normalparabel:

- Die negative Diskriminante ist die Ordinate des Scheitelpunktes der Normalparabel.
- Der Wert vor der Wurzel muss die Lage der Symmetrieachse der Parabel darstellen und damit die Abszisse des Scheitelpunktes.
- Die Symmetriebetrachtung ergibt auch, dass die Nullstellen genau um den Wert der Wurzel rechts und links des Scheitelpunktes zu finden sind.

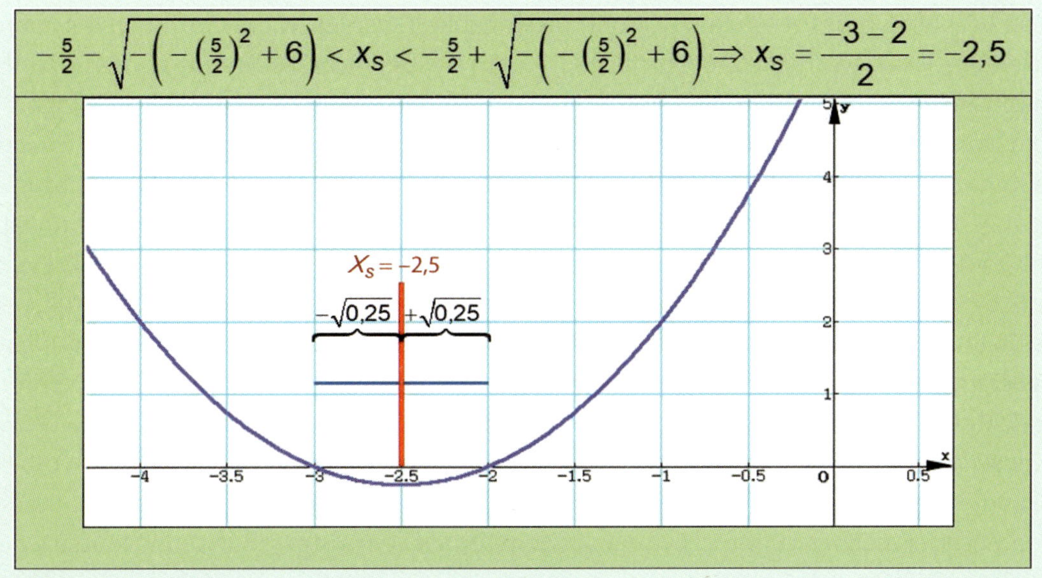

Abbildung 22: Grafische Interpretation der Addition und Subtraktion des Wurzelausdrucks und der Nullstellenberechnung

Allein an dieser didaktischen Aufbereitung der Herleitung der pq-Formel ist zu erkennen, dass bereits mittels konkreten Zahlenmaterials alle Zusammenhänge erfahrbar und begreifbar werden. Es wird auch deutlich, dass ganz im Vorbeigehen sehr viele mathematische Grundlagen vertieft oder aber neu aufgebaut werden können. Für die Schülerinnen und Schüler ist dies so, als wäre ihnen bisher mit einer kleinen Taschenlampe in der Dunkelheit der Weg durch die Mathematik gezeigt worden. Durch diese oben dargestellte Herangehensweise wird plötzlich das große Licht angeschaltet und die Zusammenhänge sind für alle ersichtlich. Dies ist der Grund dafür, dass im Unterricht im Allgemeinen die induktive Vorgehensweise gewählt werden sollte. Ausgehend vom Konkreten werden die abstrakten Zusammenhänge erarbeitet. Im Anschluss rundet die gemeinsame Betrachtung des gesamten neuen Konstrukts den Lernprozess ab.

Die Verallgemeinerung der Vorgehensweise für jede beliebige Normalparabel der Form $f(x) = x^2 + px + q$ wird mit dem vergleichenden Blick auf das konkrete Beispiel erarbeitet.

Dies geht im Anschluss zügig und es können noch kleine verbliebene Unklarheiten auch bei den letzten Schülerinnen und Schülern ausgeräumt werden.

pq-Formel:

$$0 = x^2 + px + q$$

$$x_{1,2} = -\frac{p}{2} \pm \sqrt{\left(\frac{p}{2}\right)^2 - q}$$

Abbildung 23: Vollständige Darstellung der pq-Formel

Die anschließende Übung des Werkzeugeinsatzes ist dringend erforderlich und wird erwartungsgemäß trotz der gemeinsamen Herleitung noch zu Unsicherheiten führen. Die Kompetenz des **Nennens** und das auf die gemeinsame Herleitung folgende **Verständnis** für die pq-Formel ist nicht gleichzusetzten mit der Kompetenz des Anwendens dieses Werkzeuges. Nur weil man genau weiß, wie ein Hammer hergestellt wird, welche Materialien dafür verwendet werden und wie er aussieht, bedeutet noch lange nicht, dass man ihn auch geschickt, schnell und sicher einsetzen kann! Die Übertragung der pq-Formel auf andere Probleme muss als gedankliche Hürde eingeplant werden. Mögliche Probleme können daraus resultieren, dass die Variable t und nicht x enthalten ist oder nicht die Bestimmung von Nullstellen, sondern von Schnittpunkten erforderlich ist. Immer wieder muss die Schülerschaft durch kognitive Konflikte dazu angehalten werden, über ihre Lösungswerkzeuge nachzudenken, um tatsächlich die Mächtigkeit abschätzen zu können. Für die Lösung biquadratischer Funktionen und die Bearbeitung z. B. von Schwingungsproblemen im Studium wird man zusätzlich zur pq-Formel auch noch das Substitutionsverfahren kombinieren. Die Offenheit für die kreative Nutzung von mathematischem Werkzeug muss in der Schule bereits angelegt werden. Dies geschieht dadurch, dass man die kognitiven Konflikte einplant und positiv und lernförderlich damit umgeht, indem man sie im Gespräch gemeinsam auflöst. Einen jeweils geeigneten Merksatz, den die Schülerschaft selber formuliert hat, kann man auch später immer wieder nachlesen. Die Vorgabe einer fertigen Formel wird diese weitreichende Wirkung nur bei wenigen Schülerinnen und Schülern erzeugen. Die etwas aufwendigere Vorgehensweise, die oben beschrieben wurde, kann nahezu alle Schülerinnen und Schüler erreichen und damit eine sehr gute Grundlage für den weiteren, erfolgreichen Unterricht mit einer dem Lernen sehr aufgeschlossenen Klasse legen.

Die obige Darstellung steht exemplarisch für didaktisch kleinschrittig geplanten Mathematikunterricht, der alle drei Denktypen anspricht. Das Probieren wird zum geeigneten Prinzip! Die ganzheitliche Betrachtung führt zu erstaunlichen Erkenntnissen und die Erarbeitung von Fachwissen durch eine systematische prozessuale Entwicklung sichert die Vollständigkeit der Betrachtung ohne innere Widersprüche. Verallgemeinert bedeutet das, dass die Lehrkraft im Unterricht alle drei Denktypen berücksichtigen sollte, auch probierte Lösungen in Klausuren zulassen sollte und vielleicht selber schon in der Vorbereitung immer wieder darüber nachdenken sollte, welcher Lernschritt für welchen Denktyp geeignet sein könnte. Das Vorwärts- und Rückwärtsarbeiten ist einer der wichtigsten Aspekte, um alle Schülerinnen und Schüler erreichen zu können. Ein abgerundeter Lernprozess erfordert im Anschluss an eine Problembearbeitung, die Rückwärtsbetrachtung und Strukturierung, z. B. durch Ergänzung von Erklärungen, Begründungen und Überschriften in der Dokumentation.

3.2 Lernen fördern durch den kognitiven Konflikt

In der didaktischen Darstellung wurde auf das Auftreten von kognitiven Konflikten hingewiesen, deren erheblicher Einfluss auf die Förderung des Lernprozesses von Piaget bis Sander und Hohenstein durch mannigfaltige Untersuchungen nachgewiesen wurde.[18] Die Übertragung dieser Erkenntnisse auf die Durchführung des Mathematikunterrichtes soll im Folgenden dargestellt werden.

Lernen im Sinne von Kompetenzerweiterung erfordert mehrere Schritte:

- wahrnehmen,
- abgleichen mit Bekanntem,
- reflektieren,
- abspeichern und
- verändern der eignen Handlungen und Haltungen.

Wie aber kann man erreichen, dass nach dem Abgleich einer Wahrnehmung mit bekannten Mustern auch ein Reflexionsprozess in Gang gesetzt wird?

---

18 Vgl. Arbeitsgemeinschaft Betriebliche Weiterbildungsforschung e. V. (2006): QUEM-Materialien 73, Kompetenzentwicklung durch Induzierung kognitiver Konflikte mittels Internet und Multimedia in der Weiterbildung – Forschungsbericht. http://www.abwf.de/content/main/publik/materialien/materialien73.pdf (abgerufen am 10.07.2022)

Erst wenn durch den Abgleich eines Erlebnisses mit den vorhandenen Mustern festgestellt wird, dass eine Diskrepanz aufgetreten ist, wird der Mensch dazu angeregt, darüber nachzudenken, ob es sich um einen Zufall handelt, die Diskrepanz systematisch ist, eine Ausnahme von der Regel darstellt oder ob es eine schlüssige Begründung für die festgestellte Abweichung gibt und damit das eigene Weltbild ergänzt werden muss. Das heißt, wenn das gewohnte Bild von der Welt erschüttert wird, ist es erforderlich, mit dem Nachdenken zu beginnen. Dies wiederum bedeutet, dass der kognitive Konflikt, das Gefühl, dass das eigene Bild der Welt nicht umfassend ist und an seine Grenzen stößt, zu aktivem Lernen führt. Für den Unterricht heißt das, dass die Lehrkraft dafür sorgen muss, dass die individuelle Sicht der Lernenden auf die Welt erschüttert wird. Gehen wir zurück auf die Darstellung der Unterrichtsreihe zur Herleitung der pq-Formel: Wir betrachten den Moment, in dem die Schülerinnen und Schüler die gegebene Funktionsgleichung regelmäßig so ergänzen wollen, dass sich wieder die binomische Formel anwenden lässt. Das war die letzte große Erkenntnis, die zur Festlegung der Nullstellen in einem Punkt auf der Abszissenachse führte. In diesem Moment erzeugt die Lehrkraft einfach dadurch bei den Lernenden einen kognitiven Konflikt, dass sie eine andere Zahl als Absolutglied festlegt, als die Schülerinnen und Schüler erwartet hätten. Die Reaktion darauf ist meist sehr deutlich: „Das geht nicht, das ist falsch!". Der kognitive Konflikt wird von den Schülerinnen und Schülern laut und deutlich geäußert und es werden Zweifel an der Lehrkraft laut. Wenn man dann als Lehrkraft trotzdem auf der Veränderung beharrt, entstehen in den Köpfen der Lernenden viele Fragen. Es ist sehr spannend, sich diese anzuhören! Damit fangen die Schülerinnen und Schüler an, zu staunen, sich zu wundern und eben auch nachzudenken. Das Ergebnis des Nachdenkens ist zum einen der neue Graph, der die Veränderung visualisiert, und die Angabe des neuen Scheitelpunktes, der durch logische Verknüpfung angegeben werden kann. Möglicherweise auch die Lage der Nullstellen, wenn Schülerinnen oder Schüler den Satz von Viëta anwenden können. Die Lernenden können die Lage der neuen Parabel in eigenen Worten beschreiben, der formale Nachweis in symbolischer Schreibweise jedoch fehlt noch. Der entstandene kognitive Konflikt ist groß genug, um eine ganze Klasse zum aktiven Nachdenken anzuregen. Er ist wiederum klein genug, sodass das gemeinsame Nachdenken in überschaubarer Zeit zu einem schlüssigen Ergebnis führt. Die didaktischen Überlegungen müssen daher immer dazu führen, dass die mit Bedacht eingesetzten kognitiven Konflikte dem Niveau der Klasse angemessen sind. Sind die Hürden zu klein, so ist das Nachdenken meist zu langweilig und wird daher nicht begonnen. Ist die Hürde zu groß, verliert man zu viele Lernende, weil sie den Überblick verlieren, den Sinn der Überlegungen aus den Augen verlieren oder die abstrakten Gedanken nicht mehr nachvollziehen können. Man kann damit schnell erkennen, woran es im Mathematikunterricht liegen kann, wenn die Schülerinnen und Schüler im Unterricht unkonzentriert oder abgelenkt sind. Die Wahl der richtigen kognitiven Konflikte stellt die Lehrkraft vor eine sehr große Herausforderung.

Betrachtet man den Unterrichtsgang weiter, so treten kognitive Konflikte beispielsweise bei der Frage nach der Umformung nach x aus der quadratischen Gleichung auf, ebenso bei der Frage nach dem Wurzelziehen aus der Summe, bei der Frage nach den zwei möglichen Lösungen für die quadratische Gleichung und bei der Frage nach der Lage der Symmetrieachse und der Ordinate des Scheitelpunktes. Das Lernen ist ein konstruktiver und reflexiver Prozess, der in jedem einzelnen Gehirn in sehr individueller Weise abläuft. In Klassen, die sich sehr intensiv über ihre Gedankengänge austauschen, kann man feststellen, dass sich im Laufe der Zeit die Denkvorgänge angleichen und die Schülerinnen und Schüler auch bei den Mitschülern feststellen können, wann Lernhindernisse auftreten oder welche Erklärungen hilfreich sein könnten. Um möglichst vielfältige Ansätze für Erklärungen zu schaffen, ist die konsequente Verwendung der vier Darstellungsformen von großer Relevanz.

Lernen erfolgt durch Selbermachen. Das bedeutet, dass jede Schülerin und jeder Schüler die eigenen Gedanken in Sätzen formulieren sollte. Das trainiert die Genauigkeit der Ausdrucksweise und damit die Genauigkeit, mit der die Welt wahrgenommen wird. Je genauer die eigenen Gedanken ausgedrückt werden können, desto genauer ist die Richtigkeit überprüfbar und desto genauer ist auch das abgespeicherte, individuelle Bild von der Welt.

Besonders die Bildung in berufsbildenden Schulen sollte die Sprachförderung beinhalten, damit sich die ausgebildeten Menschen im Berufsleben möglichst konflikt- und widerspruchsfrei professionell verhalten können. Das klare und eindeutige Formulieren lässt sich im Fach Mathematik besonders gut einüben.

Ein Lernzuwachs kann nur dann entstehen, wenn man selber denkt. Damit ist es unabdingbar, dass aus den Anwesenden im Klassenraum Mitdenkende werden. Das Ausdrücken der eigenen Gedanken und das zur Diskussion Stellen der eigenen Überlegungen verdeutlicht den eigenen Lernprozess und unterstützt ihn. Der Lehrkraft wird durch die Versprachlichung der Gedanken der Schülerinnen und Schüler ermöglicht, festzustellen, ob alle auch tatsächlich am Denkprozess beteiligt sind und welche Wege ihre Gedanken gehen. Schließlich lernt man aus Fehlern, wenn diese analysiert werden und der Ursache der Fehler auf den Grund gegangen wird. Eine Offenheit für Meinungs- und Gedankenäußerungen und für Fragen im Unterricht sowie die Neugier auf die Begründungen für scheinbar absurde Gedankenwege, gefördert durch die Haltung der Lehrkraft, erzeugt eine Fehlerkultur, die das Lernen beflügelt. Ein Beispiel wurde bereits im Zusammenhang mit der pq-Formel bezüglich der Ziehung von Wurzeln in Summen genannt. Ein weiteres Beispiel soll an dieser Stelle die Neugier auf Fehlerquellen wecken.

<table>
<tr>
<td>

Falsche Schülerlösung, die zur Umformung nach der Größe x durchgeführt wurde:

$22 = 3x + 4 \mid :3$

$\frac{22}{3} = x + 4$

</td>
<td>

Richtige Anwendung der Regel: **Punkt vor Strich** mit der dazugehörigen rechnerischen Erklärung

$f(x) = 3x + 4$

$f(6) = 3 \cdot 6 + 4 = 18 + 4 = 22 \neq 3 \cdot (6 + 4) = 30$

Um einen Term **zusammenzufassen,** muss die Verknüpfung der Punktrechnung (Multiplikation) zuerst durchgeführt werden, danach kann die Strichrechnung (Addition) ausgeführt werden. Eine andere Reihenfolge der Zusammenfassung ergibt ein falsches Ergebnis.

Andersherum kann die Gleichung nur **nach x aufgelöst** werden, wenn alle Summanden durch drei geteilt werden:

$22 = 3x + 4 \mid :3$

$\frac{22}{3} = \frac{3x}{3} + \frac{4}{3}$

$\frac{22}{3} - \frac{4}{3} = x$

$x = 6$

besser:

$22 = 3x + 4 \mid -4$

$22 - 4 = 3x$

$18 = 3x \quad \mid :3$

$6 = x$

Das **Auflösen nach x** gelingt, wenn man erst die „Strich"-Verknüpfung löst und dann die „Punktverknüpfung".

</td>
</tr>
</table>

Abbildung 24: Fehlerquellenanalyse am Beispiel „Punkt vor Strich"

In einer Schülerlösung trat ein typischer Fehler auf. Die Ursachenanalyse ergab, dass der Schüler streng nach der gelernten Regel „Punktrechnung vor Strichrechnung" vorgegangen war. Die hatte er so stark verinnerlicht, dass er sie selbstsicher immer wieder anwendete.

Was beim Erlernen der Regel in der Unterstufe jedoch üblicherweise nicht gesagt wird, ist, dass diese Regel nur gilt, wenn ein Term zusammengefasst werden soll, wenn der Term als Rechenaufforderung aufgefasst wird.[19] Dies ist im zweiten Beispiel in Abbildung 24 dargestellt. Durch die genaue Analyse des Fehlers können zufällig falsch abgelegte Zusammenhänge aufgedeckt und richtiggestellt werden. Jeder auftretende Fehler kann damit als Ausgangspunkt für einen Lernfortschritt genutzt werden. Es obliegt der Lehrkraft, den Nutzen daraus mittels einer geeigneten Fehlerkultur zu ziehen, ohne dabei die curricularen Vorgaben und damit verbunden die Ziele eines jeden Lehrgangs aus den Augen zu verlieren. Ein erhöhter Zeitaufwand zu Beginn des Lehrgangs gleicht sich aus meiner Erfahrung im Verlauf eines Jahres wieder aus, da die Sicherheit aller Schülerinnen und Schüler deutlich erhöht wird und die Bereitschaft, Fragen zu stellen und sich mit Mathematik zu befassen, enorm steigt. Der Unterricht wird entspannter, weil es nicht mehr erforderlich ist, die Klasse in Mitmachende und Anwesende zu unterteilen. Es kommen viel mehr Ideen und mathematische Aktivitäten aus dem Kreis der Anwesenden, die den Unterricht und den Lernprozess aller Schülerinnen und Schüler fördern.

Kognitive Konflikte treten häufig während der Arbeit mit dem Taschenrechner oder digitalem Mathematikwerkzeug auf, deren Benutzung zu Fragen führen sollte. Es soll gezeigt werden, dass falsche Lösungen Anlass zum Nachdenken geben. Sie eröffnen die Möglichkeit, grundlegende Fehler aufzudecken und deutlich zu machen, wie wichtig die eindeutige Darstellung in der Mathematik ist. Deshalb ist im Folgenden eine einfache Aufgabe mit verschiedenen möglichen Schülerlösungen dargestellt. Auf der rechten Seite ist jeweils die Bewertung der Lösungen zu finden.

Aufgabe

$f(x) = -3x^2 + 1$

$f(-5) = ?$

Mögliche fehlerhafte Rechnungen:

$-3 \cdot -5^2 + 1 = -74$

$-3 \cdot -5^2 + 1 = 226$

Fehlerhafte Berechnung mittels Taschenrechner:

$-3 \cdot -5^2 + 1 = 76$

$-3 \cdot -5^{2+1} = 375$

Richtige Eingabe und Lösung mit Taschenrechner:

$-3 \cdot (-5)^2 + 1 = -74$

Bewertungen für die aufgetretenen unterschiedlichen Ergebnisse:

1. Richtige Rechnung, falsche Schreibweise → die Klammer fehlt in der symbolischen Darstellung!
2. Falsche Rechnung, zuerst wurden der Vorfaktor und die Basis mit einander verrechnet (Punktrechnung vor Strichrechnung!), dann erst quadriert.
3. Falsche Eingabe in den Taschenrechner, da die Klammer fehlt. Dadurch entsteht ein Vorzeichenfehler!
4. Falsche Eingabe in den Taschenrechner, die Ebene der Addition ist falsch und die Klammer wurde vergessen.

Schlussfolgerungen:

- Man muss auf die Verknüpfung achten und unterscheidet Potenzieren, Multiplizieren und Summieren.
- Will man eine negative Zahl quadrieren, so muss man deutlich machen, dass das Minus ein Vorzeichen und keine Verknüpfung ist, das macht man mit einer Klammer!

Abbildung 25: Beispielhafte Auswertung von Fehlern im Mathematikunterricht

19 Vgl. Neidhardt, W., Rauch, U. (2014): Warum ist minus mal minus plus? – Wieso Schüler immer die selben Fehler machen – und wie man diese vermeiden kann. Mathematik, Best Practice, Freiburger Verlag.

An diesem Beispiel kann man sehen, dass die Reflexion über Gedankengänge und über resultierende Ergebnisse zu neuen Erkenntnissen führt. In einer heterogenen Klasse, wie wir sie in beruflichen Schulen üblicherweise vorfinden, werden diese Erkenntnisse nicht für alle neu sein. Man erreicht aber durch solche Analysen, dass alle Schülerinnen und Schüler mehr Sicherheit im Umgang mit Zahlen oder der Mathematik erlangen, weil sie selber begründen können, wie sie Berechnungen durchführen und sich anschließend bei weiteren Berechnungen anhand der neuen Erkenntnisse sehr sicher fühlen können. Sie erzielen nicht nur zufällig richtige Ergebnisse, sondern gezielt und bewusst. Es wird auch deutlich, dass das Vergleichen von Ergebnissen nicht das Ende der Betrachtung ist. Der Vergleich von Lösungen und Ergebnissen wird in der fünften Phase der vollständigen Handlung, der Kontrollieren-Phase, durchgeführt. Dies kann und darf nicht der Abschluss der Handlungen sein.

Die Bewerten-Phase muss zwingend folgen, da die Fehleranalyse ebenso zum Lernprozess gehört wie die Betrachtung des Lösungsweges und die Bewertung des Ergebnisses.[20]

Die beiden in Abbildung 25 formulierten Schlussfolgerungen stellen die Veräußerung der neuen Gedankenstrukturen dar. Der Lernschritt scheint dazu nicht erheblich, aber es entsteht eine gesicherte Grundvorstellung von Verknüpfungen und von der Bedeutung von Vorzeichen. Dies muss an weiteren Berechnungen erneut aufgegriffen werden, um ein wirklich umfassendes Bild zu erschaffen.

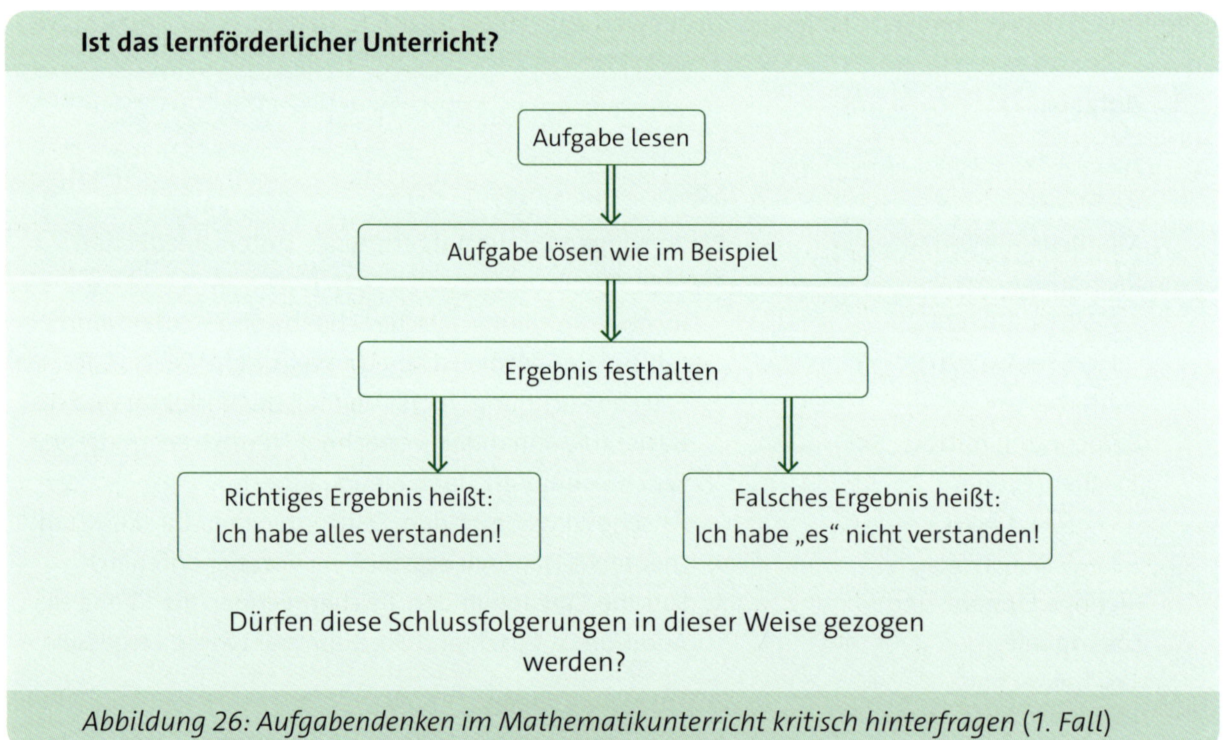

Abbildung 26: Aufgabendenken im Mathematikunterricht kritisch hinterfragen (1. Fall)

Das kleine Beispiel aus Abbildung 25 zeigt, dass im Mathematikunterricht zwischen Ergebnis und Erkenntnis unterschieden werden muss. Das richtige Ergebnis einer Rechnung zeigt nicht, dass auch eine Erkenntnis dahintersteht. Auch zeigt ein richtiges Ergebnis nicht, in welchem Umfang eine Person Mathematik gelernt oder verstanden hat. Schon gar nicht zeigt ein richtiges Ergebnis einer Routinerechnung, ob sie über eine geforderte Kompetenz verfügt. Daher sollte das „Aufgabendenken“, welches in Abbildung 26 dargestellt ist, kritisch hinterfragt werden.

20 Vgl. Krauthausen, G., Scherer. P. (2008): Einführung in die Mathematikdidaktik – Mathematik Primar und Sekundarstufe. 3. Auflage, Spektrum Akademischer Verlag.

3.3 Erkenntnisförderung

Erst die Reflexion der Denkprozesse kann zu neuen Erkenntnissen führen, erfolgreich gelöste Aufgaben verschaffen Schülerinnen und Schülern Erfolgserlebnisse. Selbstsicherheit und Vertrauen in die eigenen Fähigkeiten werden aber nur gefördert, wenn Schülerinnen und Schüler begründet und reflektiert handeln können. Dies bedeutet für den Mathematikunterricht, dass in den Phasen, in denen Neues gelernt werden soll, ein über das Aufgabenbearbeiten hinausgehendes Unterrichtskonzept zugrunde gelegt werden sollte. In Abbildung 27 wird der Ablauf der Denkprozesse dargestellt, der erforderlich ist, um aus der Bearbeitung einer Problemstellung tatsächlich mit Sicherheit einen Lernzuwachs zu generieren. Auf diese Weise werden Erkenntnisse gezielt gefördert, sodass jeder Handlungsschritt lernförderlich ist und als sinnstiftend wahrgenommen wird. Aus den Fragen, die die Lernenden sich zu jedem Schritt stellen, wird deutlich, dass es nicht darum geht, Routinen auswendigzulernen, sondern routiniertes Handeln zu entwickeltn. Im Zentrum des Kreislaufes steht die grafische Darstellung der Situation und des mathematischen Modells sowie die Ikonisierung aller Informationen und die schriftliche Fixierung aller Erkenntnisse, die auf dem Weg zur Problemlösung eingesammelt werden. Die abschließende Rückbesinnung auf den gesamten Prozess findet im handlungsorientierten Unterricht in der Bewerten-Phase statt. Die Unterschiede zwischen dem auf Bearbeitung vieler Aufgaben gestützten Unterricht (Abbildung 26) und dem Unterricht, in dem der Lernprozess im Mittelpunkt steht (Abbildung 27), zeigen sich zum einen darin, dass für die Bearbeitung einer „Aufgabe" im ersten Fall wesentlich weniger Zeit eingerechnet wird, wohingegen im zweiten Fall die Diskussion über die Gedankengänge und Lösungsideen einen wesentlich größeren Raum einnimmt. Die vier Darstellungsformen werden im ersten Fall häufig nicht alle gefordert, während im zweiten gerade das Nebeneinanderstellen von symbolischer, grafischer und sprachlicher Darstellung zum Angeben aller erforderlichen Daten erst ein Ganzes ergibt. Erst dadurch wird der Lernfortschritt der gesamten Gruppe abgerundet und für alle nachvollziehbar und selbsterklärend emacht. Dies kostet Unterrichtszeit, führt jedoch zu gesicherten Lernergebnissen. Dadurch, dass diese Sicherheit im Unterricht geschaffen wird, werden drei weitere Vorteile herausgearbeitet.

Die Schülerinnen und Schüler werden in der häuslichen Nacharbeit weniger Frustration erleben, da sie durch ihre eigene Mitschrift und die Dokumentation des Unterrichtsprozesses vollständige Unterlagen erstellt haben. Diese haben zum Nachschlagen und Nachlesen einen wesentlich höheren Wert, als vorgefertigte Informationen, die man sich aus dem Netz holen kann. Selbst Dokumentiertes zeigt den eigenen Gedankengang und ist daher leichter nachvollziehbar, als von Fremden Erdachtes.

1. Zusätzlich können die Lernenden anhand der notierten Fachbegriffe auch wieder gezielt nach Informationen suchen und auch Lernvideos finden, die sie wiederum in ihrem Lernprozess unterstützen.
2. Außerdem fördert die ausführliche Nutzung der vier Darstellungsformen die Sprachkompetenz und die Dokumentationskompetenz.[21] Dies wird sich sehr deutlich in Klassenarbeiten zeigen, deren Korrektur schneller und sicherer gelingen wird, wenn die Prüflinge ihre Arbeit ausführlich und strukturiert dokumentieren.

21 Vgl. Büchter, A., Leuders, T. (2005): Mathematikaufgaben selbst entwickeln – Lernen fördern – Leistung überprüfen. Cornelsen Verlag Scriptor.

Lernprozessdenken im Mathematikunterricht

Ich lese die Problemstellung.

Ich überlege: Was ist eigentlich das Problem? Was wird eigentlich gesucht?

Ich plane die Lösungsschritte begründet und strukturiere damit die Arbeit.

Ich überlege: Welche mathematischen Prozesse sind zur Lösung erforderlich?

Ich überlege: Weiß ich genau, wie das Berechnen etc. geht?

Ich kläre meine offenen Fragen! Dabei lerne ich mathematisch etwas dazu.

Ich wende die Lösungsverfahren an.

Ich bekomme eine Lösung heraus und überprüfe, ob sie sinnvoll ist, und überlege, was die Lösung bezüglich der Problemstellung aussagt.

Ich verallgemeinere meine Erkenntnisse, sodass ich nächstes Mal schon weiß, ob diese Strategie passt und wie sie genau geht!

Skizze zur Veranschaulichung der Problemstellung und der Erkenntnisschritte

Merksätze und Erklärungen zum Festhalten der Erkenntnisse

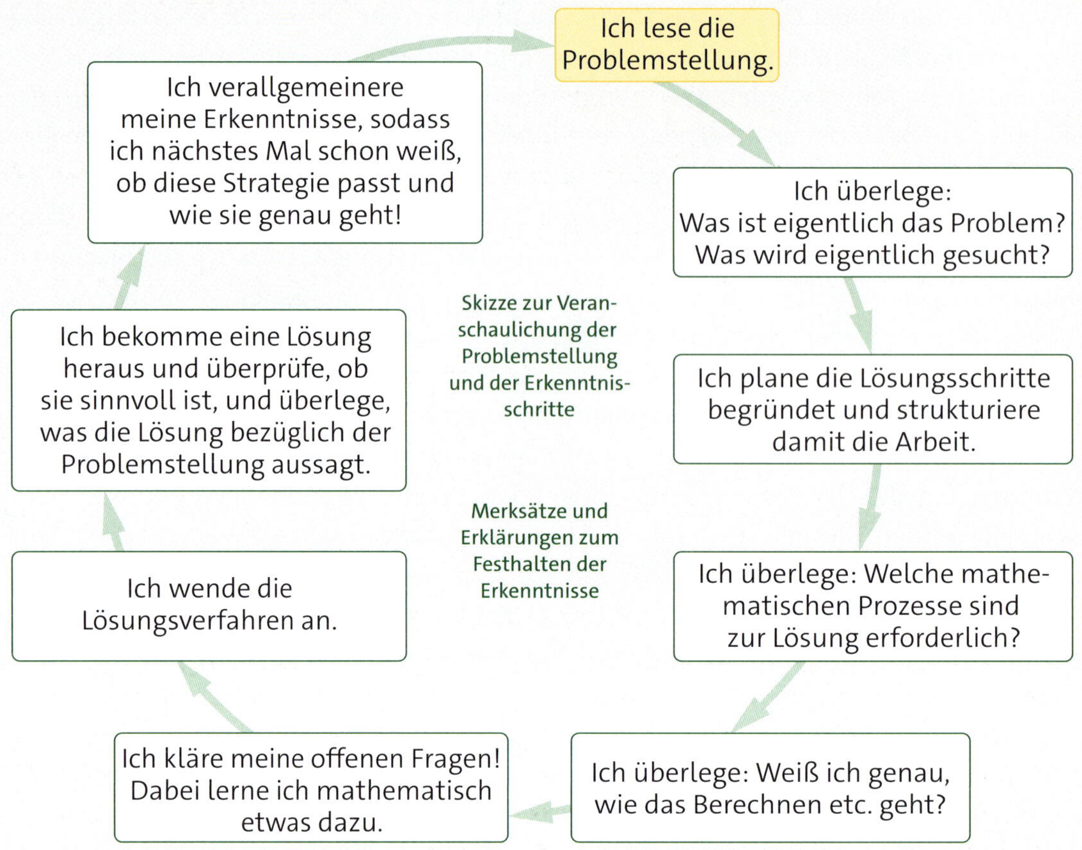

Cornelsen/Martin Frech

Abbildung 27: Lernprozessdenken im Mathematikunterricht (2. Fall)

3.3.1 Was ist eine Erkenntnis?

Im Folgenden soll der Begriff „Erkenntnis" näher beleuchtet werden, damit auch hier Sicherheit bezüglich der Begrifflichkeit entstehen kann. Die Schülerinnen und Schüler sollen Kompetenzen entwickeln. Das bedeutet, dass sie ihr Wissen, Können und ihre Haltung entwickeln sollen. Aber wann weiß man etwas?

Am Anfang steht eine neue Beobachtung oder ein Erlebnis, welches durchdacht wird und damit zur Erkenntnis wird. Diese Erkenntnis sollte wahr und richtig sein, sodass man sie getrost abspeichern kann. Den Wahrheitsgehalt muss man überprüfen. Dies geschieht z. B. dadurch, dass man ein grundlegendes Verständnis entwickelt hat. Auch wenn man einen guten Grund hat, sich auf den Wahrheitsgehalt zu verlassen, weil man demjenigen, der die Wahrheit bestätigt, glaubt, weil er vertrauenswürdig erscheint, nimmt man eine Erkenntnis in sich auf. Es ist auch möglich, dass man den Wahrheitsgehalt selber mit seinen eigenen Sinnen überprüft und es selber ausprobiert hat. Möglicherweise hat man logische Schlüsse gezogen durch Herleitung, Vergleich oder Beweis, um auf die Erkenntnis zu stoßen oder aber man kann sich einfach an etwas wieder erinnern, was man schon mal gelernt hatte. Wichtig ist, dass eine Erkenntnis zu finden nicht allein darauf beruht, dass zufällig Ereignisse auftreten, die dann beliebig miteinander in Beziehung gesetzt werden. Die Erkenntnis muss wahr sein, ganz unabhängig davon, wie sie gefunden wurde. Ein Beispiel für eine auf dem Zufall beruhende Feststellung soll dies deutlich machen:

$$2 + 2 = 2 \cdot 2 = 2^2 = 4$$

Schlussfolgerung eines Schülers: „Es ist doch egal, was zwischen den Zahlen steht, ob mal oder plus oder hoch, das ist immer das Gleiche!". Die Schlussfolgerung für Lehrkräfte aus dieser Fehlannahme des Schülers muss daher zwingend sein, das verwendete Zahlenmaterial genau auf solche „Zufälligkeiten" hin zu untersuchen, um genau diese Kurzschlusserkenntnisse zu vermeiden. Die Zahl 2 wird so gerne eingesetzt und führt fast immer zu Verwirrungen, selbst farbige Kennzeichnungen können Fehlschlüsse kaum verhindern. Möchte man geeignete Erkenntnisse erzeugen, so sollte man die 2 möglichst vermeiden. Dies gilt in der Geometrie für den 45°-Winkel, der ebenfalls immer für Sonderfälle steht und allgemeingültige Schlüsse kaum zulässt. Die didaktische Analyse muss so weit gehen, dass gerade die Sonderfälle vermieden werden, damit Erkenntnisse gefunden werden, die wahr sind und damit einen hohen Gültigkeitsumfang haben. Fehlschlüsse sollten im Unterricht herausgearbeitet werden, sodass Schülerinnen und Schüler sich immer sicher sein können, dass das, was sie abspeichern, tatsächlich neue Erkenntnisse sind. Erkenntnisse sind also wahre Aussagen, die im Kopf eines und einer jeden Lernenden in gleicher Weise abgespeichert werden sollten.

Damit wird deutlich, dass die Erkenntnis sowohl wahre und richtige, vor allem formulierbare Zusammenhänge, als auch den Erkenntnisgewinnungsprozess beinhaltet. Erkenntnis bedeutet, dass es eine Relation zwischen der lernenden Person und der Aussage gibt. Dies geschieht nur dann, wenn die Erkenntnis durch eigenes Nachdenken, Fragenstellen und Schlüsseziehen gefunden wurde. In einem erfolgreichen Mathematikunterricht werden alle Schülerinnen und Schüler zum Denken angeregt, damit der Erkenntnisgewinnungsprozess in jedem individuellen Kopf stattfindet.[22] Dieser konstruktive Prozess des Lernens ist das Ziel guten Mathematikunterrichtes.

Kehren wir gedanklich noch mal zum Beispiel „Hochbeet" aus Kapitel 1 zurück. Die optimalen Maße können durch eine Rechnung gefunden werden. Die Rechnung zeigt, dass trotz gleichen Umfangs die Fläche veränderlich ist, und zwar in Abhängigkeit von der Wahl einer Seitenlänge des Beetes. Es ist auch möglich, die Veränderlichkeit und Abhängigkeit der Fläche von einer Seitenlänge stellvertretend durch ein Seil, welches im Unterricht von den Schülerinnen und Schülern in die unterschiedlichen Formen gelegt wird, zu erfahren. Durch die Berechnung der Fläche aus den am Seil gemessenen Längen wird eine Erkenntnis geschaffen, die stärker haften bleibt, als eine rein durch symbolische und algebraische Umformungen gefundene Lösung. Die Erkenntnis könnte folgendermaßen formuliert werden: „Obwohl die Summe der Kantenlängen für ein Rechteck gleich bleibt, ändert sich die Flächenmaßzahl in Abhängigkeit von einer veränderlichen Kantenlänge. Es ist sogar möglich, dass man keine Fläche umschließt, obwohl die gesamte Umrandung genutzt wird. Damit ist es auch möglich, dass es eine Kombination der Seitenlängen gibt, für welche die Fläche maximal groß wird. Es reicht also nicht aus, eine einzige Seitenlängenkombination zu betrachten, um das Optimum zu finden. Die optimale, rechteckige Form für das Hochbeet ist das Quadrat, welches ein Sonderfall des Rechteckes ist."

Lässt man die Schülerinnen und Schüler noch weiterdenken, so könnten folgende Arbeitshypothesen aufgestellt werde: Ist das Quadrat, welches sich hier als optimale Form ergeben hat, immer das Optimum? Ist das Beet das einzige Problem, bei dem man ein Optimum finden kann, oder gibt es mehr Probleme, die zu der Frage nach Optimierung führen?

Diese Überlegungen sollen aufzeigen, dass das Finden einer Erkenntnis oder hier sogar eines Erkenntnisagglomerats, automatisch zu neuen Fragen der Lernenden führen kann und damit die Lehrkraft herausfordert, mehrere solcher Probleme für die Untersuchung zur Verfügung zu stellen. Für jedes weitere Problem wird dann wieder und dazu immer sicherer der Handlungskreislauf durchlaufen.

---

22 Vgl. Neubert, S. et al. (2001): Lernen als konstruktiver Prozess. In: Hug, T. (Hg.) (2001): Die Wissenschaft und ihr Wissen. Bd. 1. Baltmannsweiler Verlag.

3.3.2 Was ist der Erkenntnisgewinnungsprozess?

Eine Erkenntnis schließt auch immer ihren Erkenntnisgewinnungsprozess mit ein. Was bedeutet das für den Mathematikunterricht?

Die Beschreibung des Zustandes vor dem Lernen und nach dem Lernen nutzt nichts, solange man sich nicht auch über die Lernphase an sich Gedanken gemacht hat. Der gesamte Prozess wird durch die drei Buchstaben EVA beschrieben, die in der Technik für **E**ingabe, **V**erarbeitung und **A**usgabe stehen.

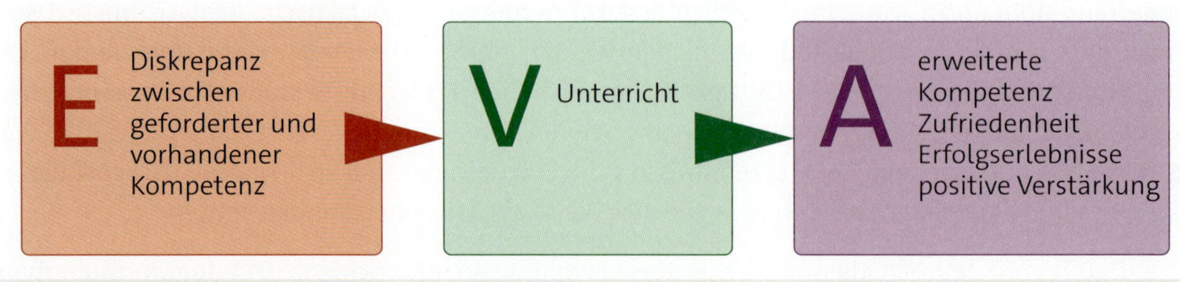

Abbildung 28: EVA-Prinzip für den Mathematikunterricht

Die Schwierigkeit, Lernen zu fördern, besteht darin, das EVA-Prinzip vollständig, also inklusive der **V**erarbeitung zu durchdenken, zu planen und durchzuführen. Schon die in Abbildung 26 dargestellte Bearbeitung von Aufgaben macht deutlich, dass im Mathematikunterricht häufig nur die Eingabe (die Aufgabe wird gegeben) und die Ausgabe (das Ergebnis wird verglichen) berücksichtigt wird. Um nicht nur zufälligen Erkenntnisgewinn zu erzeugen, muss daher die Phase dazwischen im Besonderen analysiert werden.

Dazu werden die **E**ingangsvoraussetzungen (E) erfasst, also der Stand der Kompetenzentwicklung der Schülerinnen und Schüler. Die **V**erarbeitung (V) von Input zu neuen Fähigkeiten, Kompetenzen, Erkenntnissen muss intensiv mit den Mitteln der didaktisch-methodischen Planung vorbereitet und durchgeführt werden. Die **A**usgabe (A) des Lernzuwachses muss anhand einer festgelegten Form der Veräußerung ebenfalls geplant und durchgeführt werden.

Die Eingangsvoraussetzungen werden auf der einen Seite durch die Analyse der curricularen Vorgaben und auf der anderen Seite durch den Abgleich mit den tatsächlich vorhandenen Kompetenzen herausgearbeitet. Hilfreich ist es, genau auf Schüleräußerungen zu achten, denn sie stellen Fragen oder formulieren ihre Gedanken, die möglicherweise nicht ganz richtig sind. Daraus kann dann auf Lernschwierigkeiten und kognitive Konflikte geschlossen werden, die wiederum zum Lernprozess führen sollten. Aus der Diskrepanz zwischen den geforderten Kompetenzen und den tatsächlich vorhandenen ergeben sich die Unterrichtsziele. Deren Erreichung sollte während oder am Ende der Stunde gewährleistet sein. Der Weg dahin verbirgt sich in der Blackbox, dem **V**! Diese zu öffnen, muss der Lehrkraft gelingen. Tatsächlich ist auch das Entdecken des Inhaltes der Blackbox ein Lernprozess, den die Lehrkraft mittels der Fachkenntnisse aus dem Studium, den Schulpraktika, innerhalb der Qualifizierung im Studienseminar und schließlich im Verlauf des gesamten Lehrerdaseins selber durchführen muss. Ein großes Maß an Einfühlungsvermögen, die Bereitschaft, sich auf die Gedankenwelt der Lernenden einzulassen und an Kreativität sind dafür unerlässlich. Jede Lehrkraft muss für sich selber und passend zur Lerngruppe zu der Erkenntnis gelangen, wie der jeweils erforderliche Lernprozess zu gestalten ist.

Hilfreich könnte es sein, den eigenen Lernprozess, z. B. für ein Thema aus der Mathematikvorlesung genau zu analysieren, den Weg der eigenen Erkenntnis genau zu beschreiben und die Erkenntnis als solche treffend und fachlich korrekt zu formulieren. Je häufiger man dies mit den abstrakten Themen der Mathematik durchführt, desto genauer ist man sich selber über sein eigenes Lernen, die eigenen Gedankenhürden und kognitiven Konflikte bewusst. Voraussichtlich wird der eigene Lernerfolg durch diese Vorgehensweise deutlich erhöht. Erst wenn sich die Lehrkraft ihrer eigenen Lernwege, Gedankengänge, Zugänge und Assoziationen bewusst wird und in der Lage ist, diese auch in Worte zu fassen, kann sie sich dafür öffnen, andere Lernwege zu akzeptieren, ja sogar diese zielgerichtet zu fördern und auch einzufordern. In Abbildung 29 werden mögliche Schritte zur Identifikation der erforderlichen Lernschritte zusammengefasst.

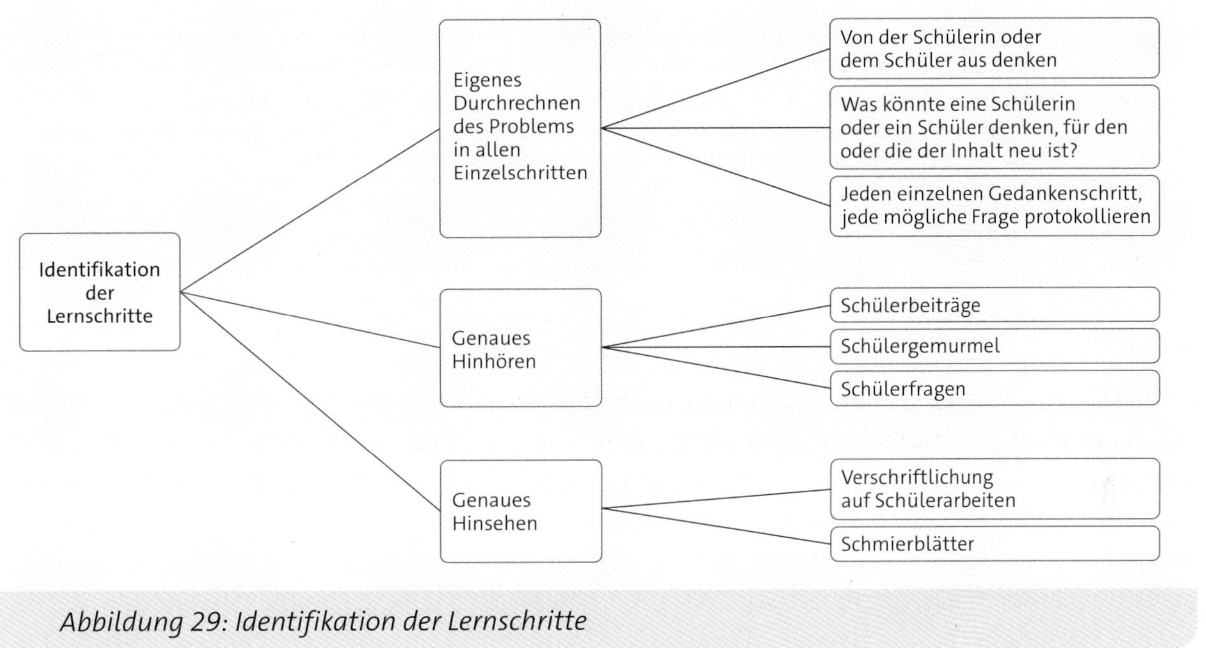

Abbildung 29: Identifikation der Lernschritte

Im Folgenden wird versucht, den Inhalt der Blackbox (V) zu beschreiben. Dies wird zunächst allgemein dargestellt und soll anschließend an einem konkreten Beispiel aus dem Unterricht verdeutlicht werden.

Wie entsteht eine Erkenntnis im Kopf?

Man hat ein überraschendes, zumindest neues Erlebnis. Darum denkt man darüber nach, was man gerade erlebt hat und man sucht eine Begründung für das Beobachtete oder Erlebte. Dies geschieht dadurch, dass man es zunächst beschreibt. Dadurch gerät es nicht gleich in Vergessenheit, sondern gelangt vom Ultrakurzzeitgedächtnis in das Arbeitsgedächtnis.[23] Dann stellt man es in den Kontext zu Bekanntem, vergleicht also Erfahrungen, Muster, Systematiken mit dem Neuen und versucht einen möglicherweise kausalen Zusammenhang zu finden. Anschließend überprüft man, ob der Zusammenhang schlüssig und allgemeingültig ist oder ob es Grenzen gibt. Man wägt also ab, ob es sich nur um einen Zufall, einen Sonderfall oder aber um etwas ganz Allgemeingültiges handelt. Wenn dadurch nun das Erlebte gut gesichert, durchdacht und begründet worden ist, kann man dieses als Erkenntnis formulieren und damit ist die Erkenntnis gewonnen. Je intensiver dieser Denkprozess durchgeführt wird, desto klarer ist das Bild, das im Gedächtnis abgespeichert wird. Wird dann in kurzen und langen Abständen in gleicher oder ähnlicher Weise oder aber auch aus ganz neuer Perspektive wieder auf diese Erkenntnis zurückgegriffen, so gelangt sie auch ins Langzeitgedächtnis. Sie verfestigt sich dort und steht als Teil der Problemlösekompetenz auch für weitere Probleme zur Verfügung. Die folgende Zusammenstellung soll der Lehrkraft helfen, den Erkenntnisgewinnungsprozess und damit den Lernprozess gezielt zu durchdenken.

23 Vgl. Baddeley (2010): Working Memory. In: Current Biology. Ausgabe 20, Nr. 4, 2010.

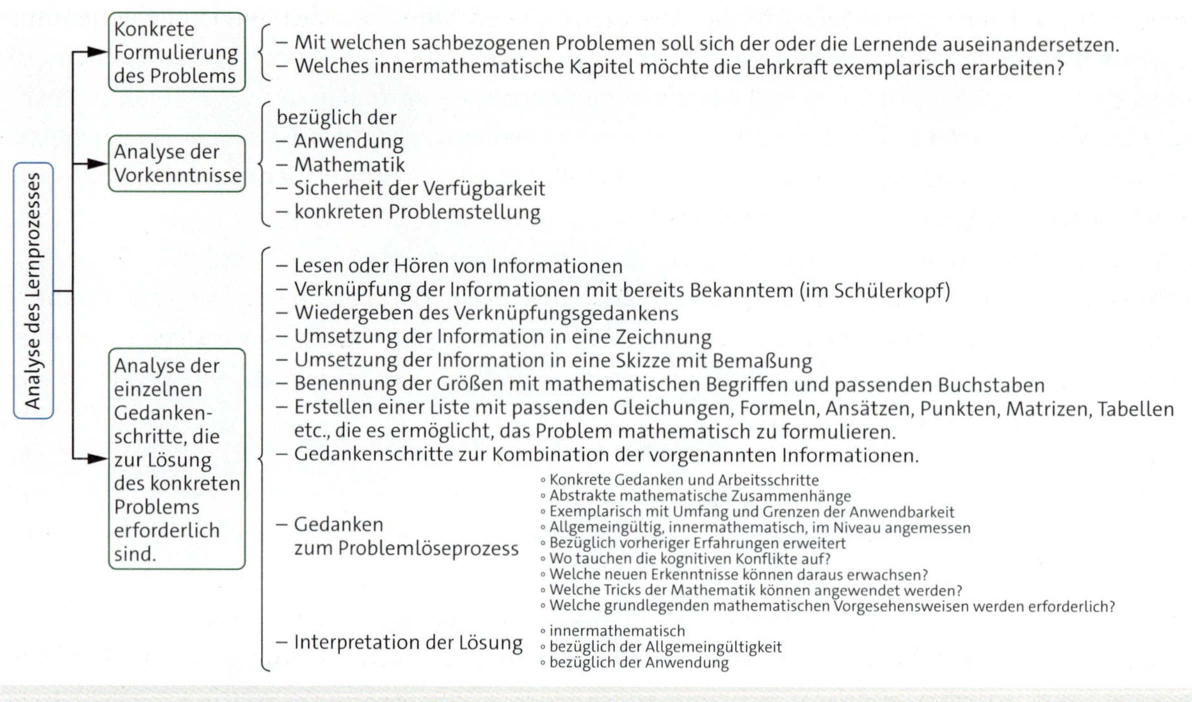

Cornelsen/Martin Frech

Abbildung 30: Analyse des Lernprozesses

Die vielen einzelnen Aspekte zeigen die Komplexität der Planung des Lernprozesses. Es wird ersichtlich, dass auf die Schülerbeiträge, ihre Bedürfnisse und ihre Lernschwierigkeiten sehr genau geachtet werden muss. Außerdem wird der Unterricht in der Planung komplex durchdacht. Es reicht bei der Planung nicht aus, den geraden Weg der Mathematikdidaktik zu bedenken. Jeder und jede Denkende hat in jedem Zusammenhang, der im Raum steht, sehr individuelle Assoziationen, die dazu führen können, dass die Gedanken von der innermathematisch möglicherweise sinnvollen Route abschweifen. Es hat sich daher als hilfreich herausgestellt, schon in der Planung sehr kleinschrittig an der Analyse des gewünschten Lernprozesses und an der konkreten Formulierung der eigenen Zielsetzung zu arbeiten.

3.3.3 Wie fördert man den Erkenntnisgewinnungsprozess?

Am Anfang steht die Problemstellung, die von den Lernenden möglichst genau formuliert wird. Daraus entsteht bereits ein Bedürfnis nach einer mathematischen Bearbeitung mit einer konkreten Zielsetzung. Das Problem sollte so beschaffen sein, dass es tatsächlich zu dem von der Lehrkraft gewünschten mathematischen Kapitel gehört, welches sie mit den Lernenden bearbeiten möchte. Zusätzlich muss deutlich werden, dass es nicht schon wesentlich einfachere Lösungsvarianten gibt, welche die innermathematische Bearbeitung überflüssig machen. Ermöglicht beispielsweise eine zeichnerische Lösung bereits eine ausreichend genaue Lösung, so wird von der Mehrheit der Schülerschaft eine weitere Rechnung als überflüssig empfunden. Damit schwindet die Bereitschaft, sich auf Mathematik einzulassen. Das gewählte Problem muss mit den Bedürfnissen der Schülerschaft in Einklang stehen. Die Notwendigkeit der Nutzung der mathematischen Werkzeuge muss deshalb durch die Problemstellung zwingend gegeben sein.

Der Lernprozess kann nur dann konkret geplant werden, wenn die Voraussetzungen der Lernenden bereits klar analysiert wurden. Muss z. B. im Verlauf der Lösung des Problems die pq-Formel angewendet werden, so muss die Analyse der Vorkenntnisse mit einbeziehen, in welcher Form die pq-Formel bisher angewendet wurde, wie sicher die Schülerinnen und Schüler in der Anwendung sind und ob sie in einem anderen Sachzusammenhang überhaupt erkennen können, dass die pq-Formel als mächtiges mathematisches Werkzeug dienen kann. Des Weiteren ist bei der Planung des Lernprozesses zu berücksichtigen, welche konkreten Gedanken erforderlich sind, um mathematische Umformungen durchzuführen. Die Überlegungen, ob mit konkretem Zahlenmaterial oder mit Parametern gearbeitet wird, sind wichtig und hängen sehr von der Schulstufe und Schulform, aber auch von der Zusammensetzung der Klasse ab. Es sollte überlegt werden, ob es möglich ist, eine grafische Darstellung zur Verdeutlichung zu ergänzen und welcher Farbeinsatz, konsequent verwendet, diese Zusammenhänge noch stärker herausstellen kann. Die Analyse der möglichen kognitiven Konflikte stellt für die Lehrkräfte eine große Herausforderung dar, die mit der steigenden Erfahrung immer kleiner wird. Schließlich muss sich die Lehrkraft darüber im Klaren sein, welche mathematischen Tricks und Kniffe angewendet werden, sodass sie für die Lernenden eine Transparenz schaffen kann. Als Beispiel sei der Satz von Viëta genannt. Muss die Lehrkraft in Verbindung mit der Funktionenlehre schnell Lösungen überprüfen oder neue passende Aufgaben aufgrund von Schülernachfragen erzeugen, so hilft ihr z. B. die Anwendung dieses Satzes. Das kann für die Schülerinnen und Schüler sehr beeindruckend sein. Warum aber sollte die Lehrkraft den Lernenden diesen „Trick" vorenthalten? Auch diese sollten die Möglichkeit kennen, eigene Rechnungen schnell auf Plausibilität zu überprüfen oder sich in Lernrunden eigene Aufgaben selber auszudenken. Je offener über die Lernschritte nachgedacht wird und diese mit den Lernenden besprochen werden, desto größer ist der in einer Klasse erreichbare Erfolg. Aus der Analyse des Lernprozesses ergeben sich die Schlussfolgerungen für die Unterrichtsplanung und Durchführung.

In Abbildung 28 wurde das EVA-Prinzip auf den gesamten Prozess von der Planung bis zum Abschluss des Unterrichtes dargelegt. Abbildung 31 stellt das EVA-Prinzip für die Unterrichtsdurchführung dar und konkretisiert damit das **V** aus Abbildung 28.

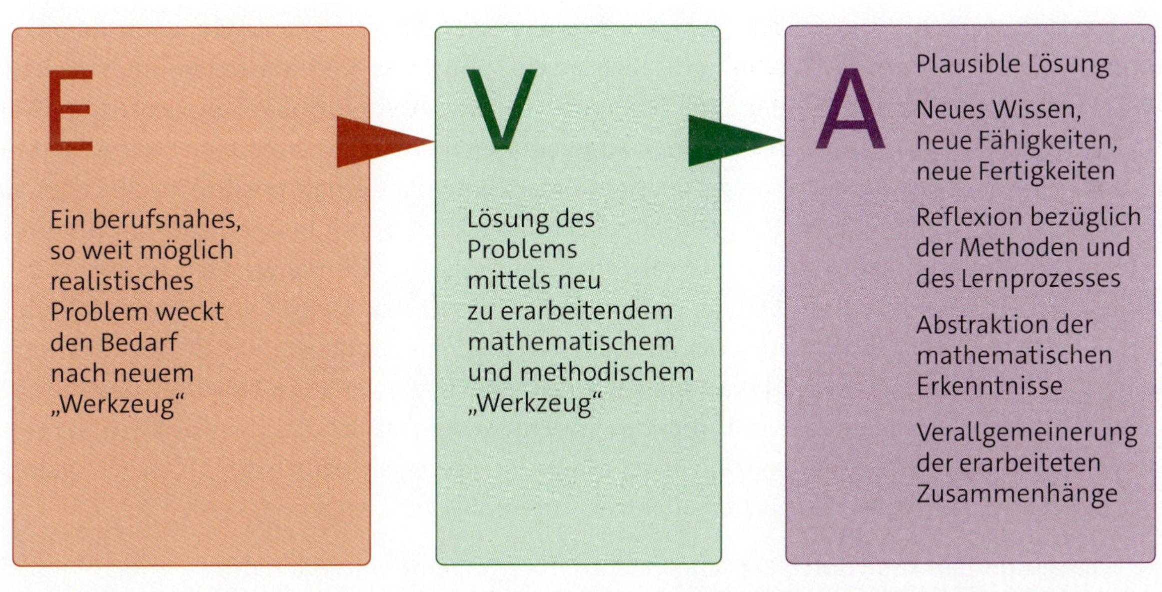

Abbildung 31: Konkretisierung des Ablaufes des Erkenntnisgewinnungsprozesses

Im Folgenden soll konkret auf die Frage eingegangen werden, wie der Lehrer bzw. die Lehrerin diesen in Abbildung 31 dargestellten Prozess initiieren kann.

Zunächst muss die Problemstellung derart gestaltet werden, dass tatsächlich der Bedarf nach Mathematik bei allen Schülerinnen und Schülern entsteht. Dazu muss eine Lernsituation durch den Lehrer erstellt werden, die sowohl die curricularen Vorgaben berücksichtigt, als auch die Lernvoraussetzungen der Schülerinnen und Schüler. In der Sekundarstufe II werden die Schülerinnen und Schüler durch einen berufsnahen und berufsberatenden Ansatz dazu animiert, sich mit ihrer eigenen beruflichen Zukunft auseinanderzusetzen. Sie werden angeregt, ihre eigenen Interessen zu finden, wieder neugierig zu sein und Fragen zu stellen. Sie entdecken, dass es innerhalb der beruflichen Situation ein Problem gibt, das sie zwar formulieren können und auch lösen wollen, dessen Lösung sich aber nicht einfach und offensichtlich ergibt. Die Lösung des Problems mag mit vorhandenen Bordmitteln möglicherweise im Ansatz gelöst werden können, was immerhin ein Anfang sein könnte. Dabei werden die Schülerinnen und Schüler entdecken, dass sie mathematisches „Werkzeug" benötigen, um das Problem zunächst überhaupt fassbar zu machen. Es muss die mathematische Modellierung erfolgen. Schließlich müssen die Lernenden feststellen, dass sie nicht über die erforderlichen mathematischen Kenntnisse verfügen, um ihre eigenen Fragen beantworten zu können. Es bleibt ihnen gar nichts anderes übrig, um an eine Lösung heranzukommen, als sich neues Fachwissen in der Mathematik anzueignen. Die Lehrkraft schafft im Folgenden Erlebnisse durch Beschreibungen, symbolische Darstellungen, Bilder, Graphen, Farben, provozierende Fragen, aber auch gezielte (Denk-) Aufgaben oder die Schülerinnen und Schüler formulieren selber Fragen und Beobachtungen. Neues Fachwissen wird entwickelt. Anschließend muss die Lehrkraft durch eine gezielte Impuls- und Fragetechnik für den Reflexionsprozess sorgen. Dieser kann im Plenum stattfinden oder aber mittels Methoden in die Hand der Schülerschaft gelegt werden. Schließlich wird die Erkenntnis ins Reine formuliert und fixiert. Hierbei muss die Lehrkraft auf Exaktheit achten, damit sie sicher sein kann, dass alle Lernenden eine umfassende und richtige neue Erkenntnis abspeichern. Das sprachliche Niveau dieser Formulierungen sollte so gewählt werden, dass alle diese fassen können. Mit dem Ziel, dass die Schülerinnen und Schüler auch die Fachsprache erlernen, sollten die Formulierungen mit steigendem Niveau auch immer fachsprachlicher werden. Sprachsensible Formulierungen helfen, die Schülerinnen und Schüler da abzuholen, wo sie sind und ihre Sprachfähigkeiten zu fördern. Hier ist das Gleichgewicht zwischen Fördern und Fordern für jede Klasse individuell herzustellen.[24]

Der Unterricht sollte so gestaltet werden, dass alle Schülerinnen und Schüler gerne daran teilnehmen, weil sie merken, dass Lernen glücklich macht! Glücksgefühle entstehen unter anderem durch die Ausschüttung einer Menge an Dopamin, welches wiederum den Lernprozess im Hirn beschleunigt. Die Vorgänge im Gehirn werden angeregt durch etwas Positives, eine neue Erkenntnis oder Erfahrung.[25] Daher verreist man gerne, sieht neue Filme oder erhält positive Nachrichten von Freundinnen und Freunden. Gute Nachrichten machen glücklich. Somit müssen auch im Unterricht immer wieder diese positiven Neuigkeiten bereitgestellt werden. Ein dauerndes Glücklichsein ist natürlich weder möglich noch förderlich. Daher ist auch manchmal etwas Frust beim Lernen nicht verkehrt, solange dieser schnell genug überwunden werden kann. Dann ist das Glücksgefühl besonders hoch und der Lernprozess wird besonders gut gelingen. Dies wiederum bedeutet, dass es nicht sinnvoll ist, einen „Kuschelkurs" im Unterricht zu fahren, bei dem die Schülerinnen und Schüler keine Ecken und Kanten spüren dürfen und wie in der Magnetschwebebahn durch den Unterricht geleitet werden. Kognitive Konflikte ermöglichen effektives, intensives, befriedigendes Lernen.

Der Lernprozess kann durch ein schülerzentriertes, fragend-entwickelndes Gespräch[26] im Plenum angeregt werden, diese Form des Unterrichtes erfordert jedoch von der Lehrkraft ein immenses Maß an Konzentration, Auffassungsgabe, Denkgeschwindigkeit, Flexibilität und fachlicher Vorbereitung. Es ist kaum vorstellbar, dass diese Unterrichtsform über eine ganze Woche, und das über Jahre,

---

24 Vgl. Leisen, J. (2013): Handbuch Sprachförderung – Sprachsensibler Fachunterricht in der Praxis. Ernst Klett Verlag.

25 Vgl. Spitzer, M. (2006): Lernen – Gehirnforschung und die Schule des Lebens. Spektrum Akademischer Verlag, S. 176 ff.

26 Vgl. Gudjons, H. (2007): Frontalunterricht – neu entdeckt, Integration in offene Unterrichtsformen. Julius Klinkhardt Verlag.

wirklich effektiv und für die Lehrkraft gesundheitsförderlich durchgehalten werden kann. Alternativen dazu sollten intensiv durchdacht werden. Auch für Schülerinnen und Schüler ist diese Form des Unterrichtes extrem anstrengend. Sie werden nach einiger Zeit unruhig. Ermahnungen helfen dann eigentlich auch kaum. Schülerzentrierte Methoden und Arbeitsphasen, in denen die Schülerinnen und Schüler ihre eigenen Gedanken in ihrem eigenen Rhythmus und der eigenen Geschwindigkeit denken können, sind zwingend erforderlich. Im Kapitel 7 werden einige Methoden gezielt vorgeschlagen und am Beispiel ihr Einsatz dargelegt.

Der Übergang von der Erarbeitung einer mathematischen Lösung und ihres mathematischen Hintergrundes zur Kontrollieren-Phase sollte den Lernenden deutlich machen, dass sie ihre eigenen Ideen und Ansätze zur Diskussion stellen können und sie auf diese Weise ein Feedback erhalten, das es ihnen ermöglicht, im Anschluss Sicherheit bezüglich ihres eigenen Lernprozesses zu erlangen. Die Lernenden sollten hier gefordert und gefördert werden, ihre z. B. in Gruppen bereits formulierten Gedanken auch im Plenum vorzutragen. Gerade wenn die Schülerinnen und Schüler ihre Überlegungen aus der vorangehenden Unterrichtsphase wiederholen, führt dieses dazu, dass sie sich wertgeschätzt fühlen. Außerdem entwickeln sie ihre Kompetenzen gezielt weiter, argumentieren mathematisch unter Verwendung der Fachsprache und setzen Symbolik und Grafik gezielt ein. Jeder von der Schülerschaft erdachte Ansatz kann in dieser Phase hilfreich sein. Auch scheinbar ungeeignete Ideen sollten auf ihren Gehalt hin abgeklopft werden. Nur so können Schülerinnen und Schüler lernen, ihre eigenen Wege selbstkritisch und unbefangen zu gehen und damit ihren eigenen Lernprozess selbstständig zu fördern.

3.4 Unterrichtsbeispiel „Das Auto im Kirchendach“

3.4.1 Darstellung des Unterrichtsablaufes

Im Folgenden stelle ich ein Unterrichtsbeispiel aus meinem Unterricht vor, welches die Lernprozessanalyse und die Verarbeitung von Gedankenfehlern im Unterricht verdeutlichen soll, um damit den Erkenntnisgewinnungsprozess beispielhaft zu verdeutlichen.

BEISPIEL

Spektakulärer Autounfall in Oberfrohna

Gestern abend landete ein 23-jähriger Autofahrer im Kirchendach in Limbach-Oberfrohna. Das liegt in der Nähe von Chemnitz in Sachsen. Der Fahrer wurde bei diesem aufsehenerregenden Unfall nur leicht verletzt und liegt noch im Krankenhaus. An den genauen Hergang des Unfalls kann sich der Fahrer bisher nicht erinnern. Die Rekonstruktion des Unfalls ergab, dass er in einer Kurve die Kontrolle über sein Fahrzeug verlor und geradeaus über eine Böschung fuhr. Diese wirkte wie eine Abschussrampe für das Fahrzeug. Das Auto flog 35 Meter weit und landete im sieben Meter hohen Dach der Kirche. Der Unfall wird jetzt von Sachverständigen untersucht. Insbesondere die Geschwindigkeit des Fahrzeuges muss ermittelt werden. Hierfür werden Zeugen gehört und die Reifenspuren ausgewertet.

Abbildung 32: Informationsblatt zur Lernsituation „Das Auto im Kirchendach“

Als Kraftfahrzeugsachverständige seid Ihr beauftragt, die Geschwindigkeit des Fahrzeugs zu ermitteln!

Über die elektronische Tafel wurde ein Filmausschnitt[27] aus einer Nachrichtensendung gezeigt. Der gewählte Filmausschnitt enthielt auch eine im Film ergänzte fiktive Flugbahn des Fahrzeugs. Schnell haben die Schüler[28] das Problem formuliert und ihre Annahmen anhand des Filmes getroffen. Eine grafische Darstellung (siehe Abbildung 34) wurde von allen Schülern eigenständig erstellt. Während der Entwicklung der Skizze machten sich die Lernenden klar, dass es sinnvoll wäre, die Lage des Koordinatensystems und die Flugrichtung für die gesamte Klasse einheitlich festzulegen, sodass im Anschluss die jeweiligen Lösungen besser verglichen werden könnten. Diese Überlegungen wurden von Schülern benannt und in der Klasse geklärt. Die Lehrkraft diente hier lediglich als Moderatorin und Protokollantin, die einfach alles zunächst ungefiltert aufnahm, was die Schüler kreativ in den Raum gaben.

In Abbildung 33 wird die Vorgehensweise strukturiert dargestellt.

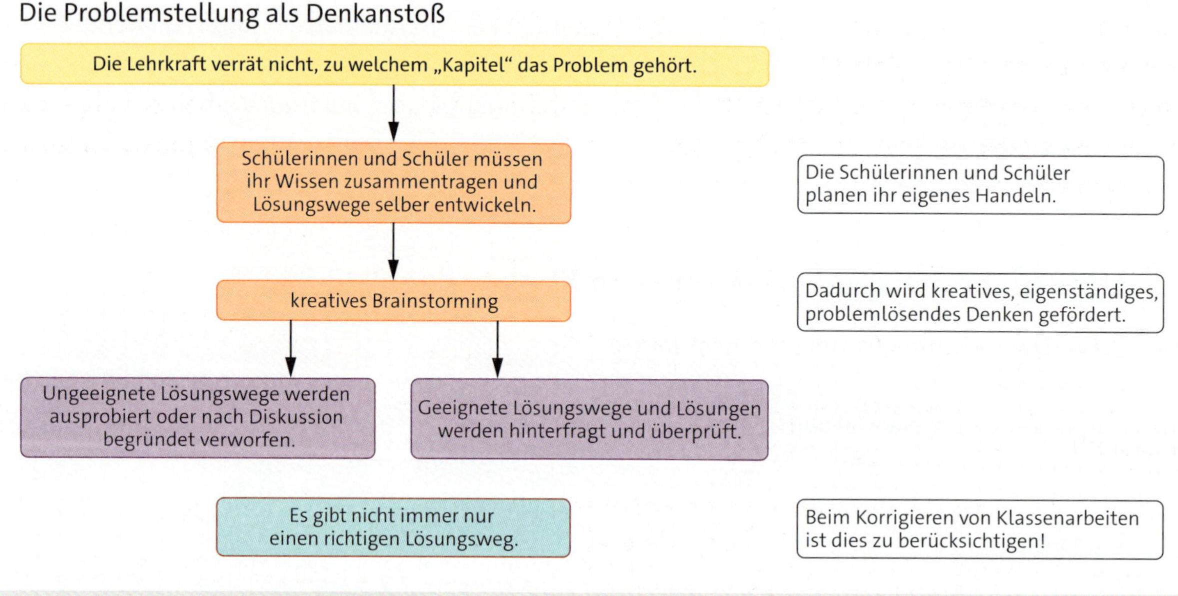

Abbildung 33: Die Problemstellung als Denkanstoß (BHOM)

Alle Schüler zeichneten eine zweidimensionale Ansicht der Situation in ihre Unterlagen. Im Anschluss wurden mehrere Vorschläge mit der Dokumentenkamera in der Klasse von den jeweiligen Schülern vorgestellt. Die Flugbahn in den verschiedenen Schülerlösungen variierte, wodurch sie feststellten, dass nicht eindeutig zu klären war, ob der Landepunkt im Kirchendach zufällig gleich dem Scheitelpunkt der Parabel sein könnte. Eine Schülerlösung wich deutlich von den anderen ab: Der Schüler hatte sich sofort Gedanken gemacht, ob man nicht einfach ein rechtwinkliges Dreieck verwenden und über den geschätzten Winkel der Böschung die Länge der Hypotenuse bestimmen könnte, welche näherungsweise die Länge der Flugbahn angäbe. Auch diese Idee wurde im Plenum vorgestellt und dann von den Schülern gemeinsam verworfen, da es damit unmöglich gewesen wäre, die Fahrzeuggeschwindigkeit einzubeziehen. Eine Verbindung zwischen der vereinfachten Geometrie und der Flugparabel könne nicht hergestellt werden, weil der zeitliche Aspekt fehle. Somit hatte der

27 Das Video mit dem Titel „Auto fliegt ins Kirchendach! (Car flies into Church Roof!)“ ist auf YouTube anschaubar, darin ist die Flugbahn des Autos einblendet.

28 Immer dann, wenn ausschließlich die männliche Form verwendet wird, werden Beispielsituationen beschrieben, in denen tatsächlich auch nur männliche Personen in der Klasse anwesend waren.

Schüler eine gute Begründung, warum sein Ansatz an dieser Stelle unbrauchbar war. Er war nun neugierig auf die anderen Vorschläge und es fiel ihm leicht, diese nachzuvollziehen, da er sich von seiner eigenen Lösungsidee gedanklich lösen konnte. Die Vorkenntnisse der Schüler für diese Situation umfassten sowohl die Kenntnisse über Parabeln inklusive der Ableitung der Parabel zur Berechnung von Steigungen und Winkeln sowie die Lösung für die Berechnung der maximalen Steighöhe im senkrechten Wurf, deren Formel sie selber hergeleitet hatten und die im folgenden Unterricht von dieser Klasse nur noch „Zauberformel“ genannt wurde. Die Erstellung der Parabelgleichung aus drei Gleichungen war ebenso geübt, jedoch nur für den Fall, dass die Informationen aus drei verschiedenen Punkten entnommen wurden. In der vorgestellten Stunde wurden als neue Erkenntnisse erarbeitet, dass Informationen auch über die Eigenschaften der Punkte gegeben sein können und auch für diesen Fall die Lösung eines linearen Gleichungssystems als mathematisches Werkzeug in Frage kommt.

Zum Ende der Unterrichtseinheit war der Geschwindigkeitsanteil in vertikaler Richtung ermittelt worden. Die Schüler stellten jedoch fest, dass der diagonale Geschwindigkeitsanteil zu ermitteln war. Jetzt war die Idee mit dem rechtwinkligen Dreieck wieder nötig. So konnte derjenige Schüler, der am Anfang eine zunächst unbrauchbare Idee hatte, diese am Ende doch zielgerichtet einbringen. Er hatte sich bereits Gedanken zu den Zusammenhängen zwischen den Längen im Dreieck und dem Rampenwinkel gemacht und konnte diese nun darstellen. Dadurch konnten gemeinsam die Ideen aus der Geometrie und aus der Analysis sowie ein Vorgeschmack auf die Vektorrechnung miteinander verknüpft werden. Dies macht kompetenten Umgang mit der Mathematik aus, dass die Schüler eigenständig und flexibel Inhalte unterschiedlicher Unterrichtsthemen miteinander verknüpfen, um Lösungen für Probleme zu finden. Es ist nicht sinnvoll, Probleme bereits durch eine fachsystematische Überschrift eindeutig einer eingegrenzten Unterrichtsthematik zuzuordnen, weil damit die Fähigkeit, komplexe Probleme eigenständig ohne Lehrerimpulse zu lösen, nicht gefördert wird.

Das zur Problematik „Auto im Kirchendach“ entstandene Tafelbild ist in Abbildung 34 dargestellt:

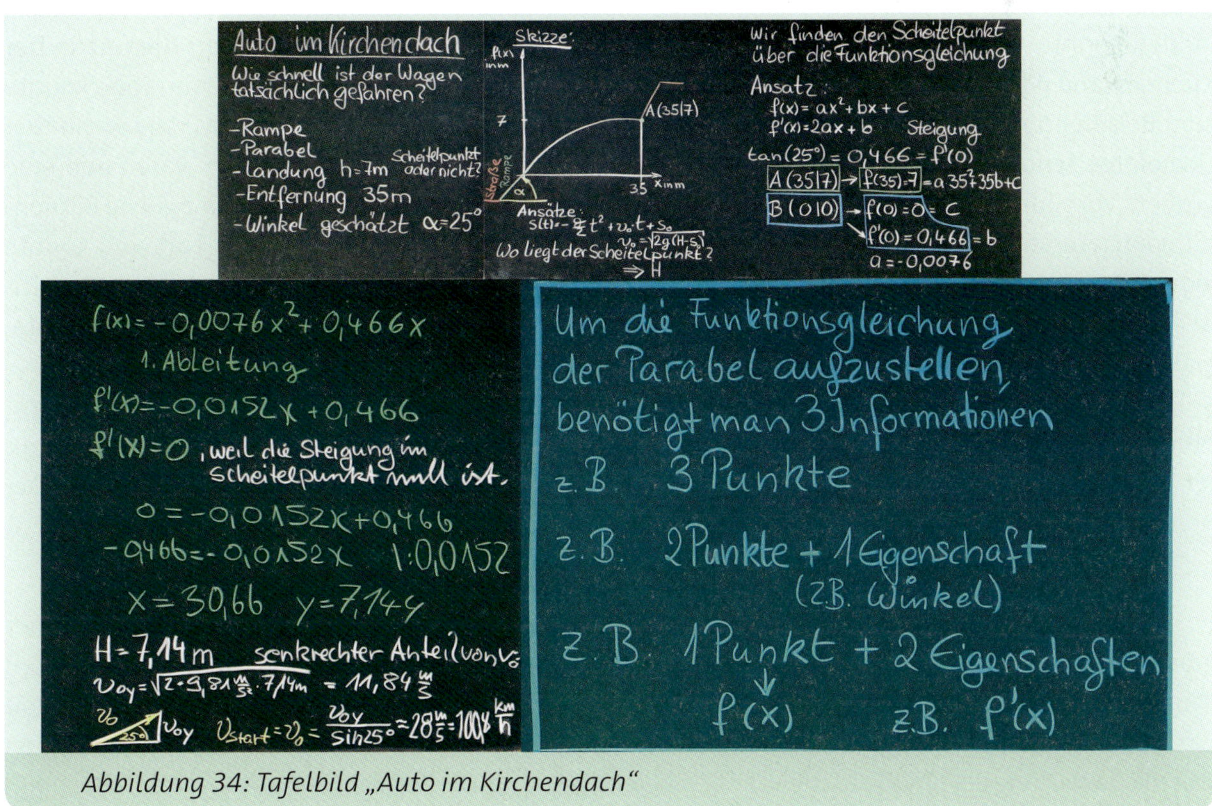

Abbildung 34: Tafelbild „Auto im Kirchendach“

Das beschriebene Unterrichtsbeispiel macht deutlich, dass zunächst scheinbar ungeeignete Überlegungen manchmal aufgespart werden können und an anderer Stelle wieder genutzt werden können. Es zeigt auch, wie der Lernprozess durch die handlungsorientierte Vorgehensweise basierend auf einer Lernsituation in Gang gesetzt werden kann.

In der dargestellten Handlungssituation steckt ein Kraftfahrzeugsachverständiger, der den Unfallhergang für die Versicherung untersuchen muss. Aus dieser Situation wird durch die Aufbereitung für den Unterricht die Lernsituation, in der sich die Schülerinnen und Schüler in die Lage des Sachverständigen hineinversetzen. Die Untersuchung des realen Unfallhergangs wird schon dadurch eingeschränkt, dass sie die Böschung nicht nachmessen können. Zudem kann im Rahmen der Schulmathematik die Flugbahn des Fahrzeuges nur durch eine Punktmasse idealisiert und die Bremswirkung der Böschung nicht berücksichtigt werden. Um diese Problematik im Schulunterricht bearbeiten zu können, müssen also einige vertikale Reduktionen durchgeführt werden. Das bedeutet, dass die gefundene Lösung eine Idee von der tatsächlichen Anfangsgeschwindigkeit geben wird, aber möglicherweise für das Sachverständigengutachten noch nicht genau genug sein kann. Für die Lernenden ist dieses ein wichtiger Aspekt. Sie stellen dadurch fest, dass sie bereits in der Schule erfolgreich Problemlösungen finden können. Andererseits werden sie sich darüber bewusst, dass noch Potenzial besteht, das durch eine anschließende Weiterbildung, z. B. den Besuch einer Hochschule auszuschöpfen wäre. Dadurch wird der berufsberatende Aspekt der Lernsituation deutlich. Den Schülerinnen und Schülern eröffnen sich durch solche Lernsituationen gerade im Mathematikunterricht neue Perspektiven. Je nach Selbsteinschätzung und Interessenlage führt diese Form des Unterrichtes dazu, dass die Lernenden angeregt werden, über ihre beruflichen Ziele nachzudenken. Dies wiederum wird sich durch die erhöhte intrinsische Motivation der Schülerschaft zeigen. Wenn man ein Ziel hat, ist es leichter, sich auf das Lernen einzulassen und auch mal Rückschläge und Frust zu akzeptieren und trotzdem am Ball zu bleiben.

In den folgenden Stunden war es möglich, den Böschungswinkel zu variieren und damit zu klären, in welchen Grenzen der Winkel liegen müsste, damit das Auto überhaupt im Kirchendach landen konnte. Ebenso konnte untersucht werden, welche Geschwindigkeiten zum Absturz in der Kirchenwand oder zum Überfliegen der Kirche hätten führen können. Die Parametervariation konnte zum Beispiel mittels Computer-Algebra-System (CAS) durchgeführt werden. Dieser Frage wendeten sich einige Schüler bereits in der Stunde zu, die schneller zu Lösungen gekommen waren und eine größere Vorbildung mitgebracht hatten. Auch dieses ist wieder ein Beispiel für eine mögliche Binnendifferenzierung. Das Problem der Parametervariation stand von Anfang an in der Luft und konnte jederzeit angegangen werden. Dafür war es sinnvoll, dass die Lehrkraft diejenigen Schüler, die sich bereits damit auseinandersetzen wollten, zueinander brachte, nachdem sie zu Beginn in selbstgewählter Sitzordnung und Kleingruppen gearbeitet hatten. Diese Schüler sorgten dafür, dass die etwas langsameren ebenfalls einen eigenen Erfolg haben konnten. Gleichzeitig hatten sie aber eine komplexe Denkaufgabe, für deren Lösung sie sich wiederum Hilfe oder Austausch bei anderen Mitschülern holten. Sie fanden auf diese Weise eine eigene Unterstützergruppe auf dem ihnen angemessenen Niveau.

3.4.2 Untersuchung des Erkenntnisgewinnungsprozesses

Im Folgenden soll der Erkenntnisgewinnungsprozess innerhalb dieser Lernsituation genauer analysiert werden. Aus den vorangehenden Stunden haben die Schüler Kenntnisse zum senkrechten Wurf mit der Beschreibung der Steighöhe in Abhängigkeit von der Zeit $s(t) = -\frac{g}{2}t^2 + v_0 t + s_0$ und mit der Bestimmung der Anfangsgeschwindigkeit $v_0 = \sqrt{2g(H - s_0)}$ in die Stunde einbringen können. Ihnen war die Bedeutung der physikalischen Größen bereits geläufig. Die Formel für die Anfangsgeschwindigkeit hatten sie in einer früheren Einheit selber unter Nutzung der Differentialrechnung hergeleitet, sodass sie sicher sein konnten, dass sie auch in diesem Falle anwendbar war. Die Selbstverständlichkeit, mit der sie die Lage des Koordinatensystems selbstständig, aber im Plenum, begründet festlegten und auch die Flugrichtung vereinbarten, zeigte die bereits vorhandene Kompetenz, eigenständig eine Lösungsstrategie zu entwickeln, die auf einer geeigneten Modellbildung und Mathematisierung basiert. Die vorangehenden Probleme waren so gefasst, dass diese Kompetenz gezielt gefördert wurde und damit bereits eine sichere Routine für die Modellbildung entwickelt werden konnte. Im Tafelbild links in Abbildung 34 sieht man, welche Überlegungen die Schüler für die Modellbildung formulierten und welche Annahmen sie ihrer Berechnung zugrunde legen wollten. Die Zeichnung resultierte aus den Schülerdarstellungen. Sie wurde an der Tafel festgehalten, sodass sie als Diskussionsgrundlage für den Unterrichtsfortgang zur Verfügung stand und die Schüler mit ihren eigenen Darstellungen weiterarbeiten konnten. Auf der linken Seite der Tafel wurde das Sachproblem festgehalten. In der Mitte wurde zunächst mathematisch modelliert und dann daraus das mathematische Problem formuliert. Das Problem war die Ermittlung der Flugparabel aus den gegebenen Informationen, aus der dann mit bekannten Mitteln die Höhe des Scheitelpunktes ermittelt werden sollte. Damit stand eine Lösungsstrategie, die von den Schülern selber entwickelt wurde. Erst als alle Informationen von jedem Schüler in Ruhe erneut durchdacht und zusammengestellt in den eigenen Unterlagen notiert waren, erlebten die Schüler den kognitiven Konflikt. Ihnen fehlte ein dritter Punkt, um die Parabel zu ermitteln!

Ihre bis dahin angewandte Lösungsstrategie, aus drei Punkten drei lineare Gleichungen aufzustellen und das System anschließend zu lösen, scheiterte. Daraus resultierte ein kognitiver Konflikt.

Daraufhin wurden die Überlegungen der Schüler im Plenum zusammengetragen und der erste Ansatz an der Tafel festgehalten. Die weiteren Überlegungen wurden im Plenum diskutiert und auch hier zeigte sich, dass die Schüler in der Lage waren, bereits vorhandenes Werkzeug zu mobilisieren, auch wenn ihnen nicht durchgängig klar war, ob dieses bereits zielführend sein würde. Der Probiertyp ist in diesem Fall von großem Wert für die gemeinsame Entwicklung neuer Lösungswege. Seine Kreativität regt auch die anderen Schüler an, freier zu denken und auch ohne absolute Sicherheit Ansätze beizusteuern, von denen man hoffen kann, dass sie brauchbar sein werden. Wird im Unterricht immer wieder erlebt, dass diese Offenheit und Bereitschaft, auch möglicherweise Fehlerhaftes beizusteuern, zum Erfolg führt, zeigt sich dieses auch deutlich in der erhöhten Bereitschaft, selbst in Prüfungssituationen Aufgaben ergebnisoffen zu bearbeiten. Dadurch kommen die Schüler in den Klausuren zu wesentlich größeren Erfolgen. Außerdem erhält die Lehrkraft einen besseren Überblick über das Gelernte, weil die Schüler ihre Gedanken notieren, statt von vornherein aufzugeben, wenn der gesamte Lösungsweg noch nicht gleich absehbar ist.

Zurück zum Lernprozess in der dargestellten Unterrichtseinheit. In dieser Stunde wurden im Plenum die Ansätze für das lineare Gleichungssystem gemeinsam herausgefunden. Die Lösung übernahmen die Schüler in Stillarbeit. Diese war so schnell zu finden, dass nur noch die Lösung genannt wurde, mit der dann weitergearbeitet werden konnte. Die Lösung wurde gemeinsam verglichen, der Scheitelpunkt berechnet und, aufgrund von genannten Unsicherheiten, der Lösungsgang von einem Schüler vorgetragen. Die Auswertung der Scheitelpunktsordinate übernahmen ebenfalls die Schüler und berechneten im Rückbezug auf das physikalische Modell den vertikalen Anteil der Anfangsgeschwindigkeit. Die Berechnung der Anfangsgeschwindigkeit über den Winkel und die Sinusfunktion gelang anhand der Überlegungen, die der Schüler zu Beginn zu den Verhältnissen im rechtwinkligen Dreieck vorgestellt hatte. Die Winkelfunktionen waren in dieser Unterrichtseinheit nicht zum ersten Mal erforderlich, sodass die Anwendung in dieser Lernsituation die Kompetenz der Schüler weiterentwickelte. Wirklich neu war die veränderte Ausgangslage für die Erstellung der Funktionsgleichung, die die Verwendung der 1. Ableitung erforderlich machte. Die Eignung der 1. Ableitung wurde von den Schülern in Frage gestellt, was zu einer intensiven Diskussion über die Lösung des Problems mittels des linearen Gleichungssystems führte. Dazu wurde formuliert, dass die Funktion und ihre Ableitung untrennbar zusammengehören. Der zurückgelegte Weg und die dazu gehörige Geschwindigkeit machen dies deutlich. Die Parameter a, b, c, die im Ansatz zur Erstellung der quadratischen Funktion $f(x) = ax^2 + bx + c$ enthalten sind, sind demnach in der Ausgangsfunktion und in ihrer Ableitung identisch. Somit beschreibt das lineare Gleichungssystem, das die Lage und Eigenschaften der Punkte beschreibt, insgesamt die Eigenschaft der gesuchten Parabel. Somit kann das Gleichungssystem als Ganzes betrachtet werden. Es liefert genügend wahre Informationen über die Parabel, sodass seine Lösung die Parameter der Parabel ergibt. Eine ähnliche Überlegung hatte bereits zur Einführung von linearen Gleichungssystemen (LGS) zur Erstellung von Funktionsgleichungen linearer und quadratischer Funktionen stattgefunden. Aus diesem Grund war die Erweiterung der möglichen Ansätze für das LGS für die Schüler zunächst erstaunlich, im Endeffekt aber sehr fassbar. Sie formulierten gemeinsam den in blau gehaltenen Merksatz in Abbildung 34. Auf diesen kann jederzeit zurückgegriffen werden, wenn auch andere Eigenschaften wie die Krümmung und Übergänge bei Problemen von Trassierungen und Splines (Straßen und Bahnstreckenbau) behandelt werden. Damit zeigt sich, dass auch und gerade im handlungsorientierten Unterricht das spiralige Prinzip in den Unterricht eingebunden werden kann. Immer wieder wird bereits Bekanntes aufgegriffen und aufgrund eines kognitiven Konfliktes erweitert. Die Lernschritte sind damit für alle Schülerinnen und Schüler zu erreichen und zu verstehen. Der Lernprozess in dieser Unterrichtseinheit umfasste die Aktivierung bereits vorhandenen Wissens und Könnens, motivierte eine positive Haltung, da die Situation Spannung und Neugier erzeugte. Vorhandenes Wissen aus den Bereichen der Quadratischen Funktionen, der Ableitung Quadratischer Funktionen, der Trigonometrie und der Physik wurde aktiviert und gezielt erweitert. Die Lehrkraft konnte den gesamten Prozess in die Verantwortung der Schülerschaft legen und konnte sich trotzdem sicher sein, dass die neuen Erkenntnisse am Ende der Unterrichtseinheit erreicht werden würden. „Gerade für das Lernen von Mathematik hat sich die Methode ‚problem-solving followed by instruction' bewährt", sagt Elisabeth Stern im Interview[29]. Erst das Bewusstsein für Defizite, der kognitive Konflikt, schafft demnach die Voraussetzung für erfolgreiches Lernen.

Der Handlungskreis wurde vollständig durchlaufen und damit die Problemlösekompetenz der Schüler gefördert. Tatsächlich waren die Schüler während der gesamten 90 Minuten sehr konzentriert bei der Sache und die Diskussionen und Unterhaltungen handelten von der Handlungssituation. Die Schüler hatten das intrinsische Bedürfnis, das Problem so weit wie möglich eigenständig zu lösen. In der Klasse breitete sich eine große Zufriedenheit aus, da gemeinschaftlich und doch sehr eigenständig am Ende jeder eine Lösung gefunden hatte und damit die Ausgangsfrage geklärt werden konnte. Der Lernprozess eines jeden Schülers war sehr individuell. Einzelne Aspekte konnten gesichert oder auch Fehlvorstellungen korrigiert werden. Fragen auf unterschiedlichem Niveau wurden geklärt. Die Problemlösekompetenz wurde weiterentwickelt. Die Schüler konnten als neue Erkenntnis das Erstellen von linearen Gleichungssystemen anhand von Punkten und Eigenschaften mitnehmen. Die Übung des Gelernten bringt Sicherheit im Umgang mit unterschiedlichen Aufgaben und im Erkennen der nutzbaren Eigenschaften. Die Grundlage für diese Übungsaufgaben jedoch wurde durch diese Stunde gefestigt, weil sie von allen intensiv durchdacht wurde und in einen gesicherten kognitiven Zusammenhang gestellt wurde. Bei nächster Gelegenheit wird an das Auto im Kirchendach erinnert und damit dieses Wissen wieder aktiviert.

29 Stern, E. (2018): Lern- statt Leistungsorientierung – Fragen an die Lernforscherin Elsbeth Stern. In: Forschung und Lehre. Deutscher Hochschulverband, Ausgabe 18 Nr. 7, S. 584.

3.4.3 Einordnung der Unterrichtsphasen in die Phasen der vollständigen Handlung

Im Folgenden wird der gesamte Unterrichtsgang hinsichtlich der einzelnen Phasen der vollständigen Handlung untersucht, damit auch an diesem Beispiel die Struktur deutlich wird.

Die Informieren-Phase umfasste die Betrachtung des Filmausschnittes, der im Verlauf des Unterrichts mehrfach angesehen wurde, um noch offene Fragen bezüglich der Geometrie der Straße und der Böschung zu klären. Die Diskussion der Schüler in dieser Phase endete mit der Formulierung des Stundenproblems: Wie schnell ist der Wagen tatsächlich gefahren?

Die anschließende Planen-Phase führte zur mathematischen Modellbildung, die sich an die physikalische Modellierung anschloss. Diese Phase endete mit der Formulierung des mathematischen Problems: Die Höhe des Scheitelpunktes muss ermittelt werden, um die Geschwindigkeit berechnen zu können!

Die Entscheiden-Phase war sehr kurz, da die Schüler, für die diese Lernsituation der Abschluss des Schuljahres war, bereits sehr geübt darin waren, ihre Arbeit eigenständig zu organisieren. Es fanden viele selbstorganisierte Partner- und Kleingruppenarbeitsphasen statt, die unterbrochen wurden durch Schülerpräsentation und Plenumsphasen zur Klärung offener Fragen und kognitiver Konflikte. Die Zusammenfassung erfolgte in einer Plenumsrunde. Aufgrund der geübten Methodenkompetenz der Schüler war eine Steuerung durch die Lehrkraft in diesem Fall nicht nötig.

Die Durchführen-Phase umfasste die Lösung und die Klärung der Fragen bezüglich der Erstellung des linearen Gleichungssystems. Die in Bezug auf Binnendifferenzierung bereits genannten Fragen wurden geklärt und die Schüler arbeiteten sehr eigenständig und individuell. Dafür ließ die Lehrkraft sehr viel Spielraum und hörte in den Raum hinein, um die besprochenen Themen, Fragen oder Probleme wahrzunehmen. Sie unterstützte zurückhaltend, wenn ihre Hilfe eingefordert wurde. Sie regte teilweise dazu an, sich weitergehenden Fragen zu widmen und machte deutlich, wer sich sonst im Raum mit diesen Gedanken gerade auseinandersetzte. Diese Vorgehensweise ist bereits ein Vorgeschmack auf die sogenannten *Communities of Practice*, die das Wissensmanagement in Unternehmen optimieren, indem sich Personen zusammenfinden, die ihre unterschiedlichen Kompetenzen gemeinschaftlich teilen und ergänzen, sodass sie Probleme lösen können, die sie alleine nicht oder nicht so schnell lösen könnten. Es bilden sich Gruppen, die sich über die Grenzen des eigenen Teams oder Projektes hinaus austauschen, um doppelte Fehler zu vermeiden und bisher an bestimmte Personen gebundenes Wissen zu einem Gemeinschaftswissen machen. Der Vorteil einer solchen Vorgehensweise kann im Mathematikunterricht erfahrbar werden.[30]

In der Kontrollieren-Phase wurden die Lösungsgänge verglichen und Fragen formuliert.

In der Bewerten-Phase wurden die Fragen geklärt, die Plausibilität der Lösung besprochen und geklärt, dass mit der Berechnung zunächst nur der vertikale Anteil der Geschwindigkeit berechnet worden war. In dieser Phase wurde die Berechnung vervollständigt. Die Vorgehensweise wurde rückblickend betrachtet und die Schlüsse zur Verallgemeinerung gezogen, die in blau an der Tafel festgehalten wurden. Das Problem wurde daraufhin durch die Fragen nach dem kleinsten und größten Winkel für alle erweitert.

30 Vgl. Resnick, M. L. et al. (2007): Communities of Practice: Knowledge Management for the Global Organization. Proceedings of the 2007 Industrial Engeneering Reseach Conference, Florida International University.

3.5 Erkenntnisgewinnung durch Aufgaben

In Kapitel 3.2 wurde deutlich gemacht, dass das richtige Lösen von Aufgaben noch nicht bedeutet, dass ein vollständiger Lernprozess mit eindeutigen Erkenntnissen durchlaufen wurde. In Kapitel 3.1.1 wurde mit lernförderlichen Aufgabenreihungen gearbeitet, um einen Lernprozess gezielt zu fördern. Das Bedürfnis jedoch, sich mit Mathematik zu befassen, entstand aus einer Lernsituation. Lernsituationen sind dadurch, dass sie ein berufliches Problem zugrunde legen, dessen Lösungsgang und Methode nicht von vornherein durch die Lehrkraft festgelegt ist, auf der einen Seite im Ziel klar definiert, lassen aber den Lernenden trotzdem sehr viel Freiheit für die Lösung mit mathematischen Werkzeugen. Es gibt unterschiedliche Aufgabentypen, mit denen Lernen gefördert werden kann. Die Auswahl der geeigneten Aufgaben obliegt der Lehrkraft. Aufgaben, die zum Üben geeignet sind und Routine schaffen sollen, werden gerne Päckchenaufgaben genannt. Sie sind für einige Schülerinnen und Schüler förderlich, denen häufige Wiederholungen beim Abspeichern neuen Wissens hilft. Lernförderliche Aufgabenreihungen unterscheiden sich von Päckchenaufgaben dadurch, dass jede Aufgabe das bereits Bekannte erfordert und festigt, jedoch einen neuen Lernschritt und damit eine neue Erkenntnis ermöglicht. Sie erzeugen Neugierde, Spannung, Motivation und viele kleine Erfolge (siehe dazu Abbildung 14). Vorsichtig sollte die Lehrkraft mit Aufgabensammlungen sein, die sie nicht selber dahingehend untersucht hat, welche Erkenntnisse zur Lösung jeweils erforderlich sind. Werden bezüglich der erforderlichen Vorkenntnisse oder der Stolpersteine zu große Hürden aufgebaut, kommt es bei den Lernenden zu frustrierenden Erlebnissen, die sie dem eigenen Unvermögen zuschreiben. Damit können die ganze Motivation und das zarte Pflänzchen der Freude an der Mathematik schnell wieder zunichtegemacht werden.

Geschlossene Aufgaben stellen eine Situation dar, für die klar umrissene Aufgaben und Arbeitsaufträge formuliert werden. Das Erfassen der Situation ist kaum gefragt, da es lediglich darum geht, bereits gelernte mathematische Methoden auf eine Anwendung zu übertragen. Offene Aufgaben hingegen enthalten im äußersten Fall nur die Idee einer Situation, jedoch keine vorgegebene Zielformulierung und damit auch keine konkreten Arbeitsaufträge. Das Problem kann von der Lerngruppe selbstständig erdacht werden, indem Fragen zu der dargestellten Situation gestellt werden, welche die Schülerinnen und Schüler an der Situation interessieren. Dadurch wird sichergestellt, dass sich die Lerngruppe tatsächlich für die Lösung interessiert. Diese Form der kreativen Gestaltung des Mathematikunterrichtes kann für die Lernenden besonders motivierend wirken. Für die Lehrkraft jedoch kann es schwierig werden, sicherzustellen, dass der in den Curricula vorgegebenen Lernzuwachs auch tatsächlich erreicht wird.

Eine Handlungssituation hingegen stellt eine (berufliche) Situation dar, die ein typisches berufliches Problem enthält. Im realen Berufsleben werden die Aufgaben an die Berufstätigen in dieser Weise gestellt. Das sachbezogene Problem ist definiert und eine Lösung muss dafür mittels mathematischer Verfahren gefunden werden. Die erforderliche Genauigkeit der Lösung, die durch die Gestaltung der Lernsituation durch die Lehrkraft vorgegeben ist, führt dazu, dass Mathematik in gezielt wählbaren Niveaustufen erforderlich wird. Dadurch ist eine Binnendifferenzierung in der Klasse sehr einfach möglich. Schülerinnen und Schüler, die auf der Basis von einzelnen Zahlenpaaren oder Diagrammen Lösungen finden, können diese genauso gewinnbringend in den Unterricht einbringen wie diejenigen, die auf abstraktem mathematischen Niveau z. B. unter Zuhilfenahme der Infinitesimalrechnung auf Lösungen kommen. Meine Erfahrung zeigt, dass häufig die einfachen Ideen schnelle und verständliche Lösungen bringen und dann oft erst den Blick für die abstrakteren Verfahren eröffnen, da sie die Anschaulichkeit erhöhen und das Ziel transparent machen. In Kapitel 10 wird detailliert dargestellt, wie Lernsituationen konzipiert werden, um den Lernprozess in der beschriebenen Art und Weise zu fördern.

3.6 Konkrete Hinweise für die Unterrichtsführung zur Förderung des Lernprozesses

Ein Beispiel zum Umgang mit Schülerfragen sei zum Abschluss noch betrachtet. Über die beschriebene Klasse ist zu bemerken, dass es sich ausschließlich um junge Männer im Alter zwischen 22 und Mitte 30 handelte, die die Fachschule-Technik mit Schwerpunkt Kraftfahrzeugwesen besuchte. Die Eingangsvoraussetzungen für diese Klasse sind der Hauptschulabschluss und eine abgeschlossene einschlägige Ausbildung, wodurch der Sekundarabschluss I erlangt wird. Somit kamen Schüler mit nur grundlegenden Kenntnissen der Mathematik bis hin zu Schülern, die ein Studium der Technik abgebrochen hatten, in einer Klasse zusammen. Die möglichen Fragen reichten daher von Fragen nach Bruchrechnung bis zu Fragen nach Infinitesimalrechnung und Matrizenrechnung. Eine Frage soll hier speziell herausgegriffen werden: Ein Schüler überlegte (laut), ob man mit der 1. Ableitung der Parabel nicht direkt die Tangentengleichung ermittele. Der schulinterne Arbeitsplan sieht für diese Schulform vor, dass im Anschluss an die Themen „Lineare Funktionen“ und „Quadratische Funktionen“ direkt die Differentialrechnung, lediglich bezogen auf die genannten Funktionen, behandelt werden soll. Dadurch eröffnen sich vielfältige Lerngelegenheiten, ohne dass die Ganzrationalen Funktionen mit allen Nullstellenverfahren und der Kurvendiskussion abgearbeitet werden müssen. Die Frage des Schülers musste sofort aufgenommen werden, da es sinnvoll war, anzunehmen, dass mehrere Schüler auf diese Idee kommen könnten. Die Ursache für diesen fehlerhaften Gedankengang liegt darin, dass die Ableitung mittels Tangentensteigung aus der Sekantensteigung hergeleitet wurde. Damit wurde immer wieder über die Tangente gesprochen und diese auch an die Parabel angetragen. Hinzu kommt, dass sowohl die 1. Ableitung der quadratischen Funktion als auch die Tangente jeweils lineare Funktionen sind. Eine Vermischung von Tangente und 1. Ableitung ist daher beinahe naheliegend. Zur Klärung wurde ein beliebiger Graph einer Parabel mit negativem Formfaktor an die Tafel gezeichnet. Im Folgenden ist beispielhaft die Arbeit an einer elektronischen Tafel dargestellt. Eine konkrete Funktion und eine konkrete Berührstelle wurden ausgewählt.

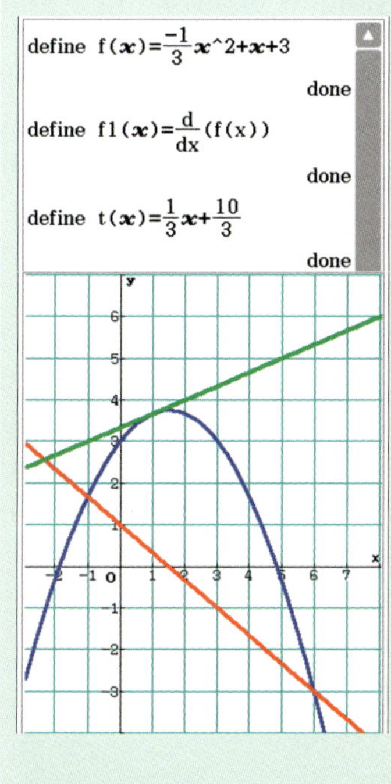

$$f(x) = -\frac{1}{3}x^2 + x + 3$$

$$f'(x) = -\frac{2}{3}x + 1$$

$$t_{x_0=1}(x) = \frac{1}{3}x + \frac{10}{3}$$

MERKE

Die 1. Ableitung unterscheidet sich von der Tangente an den Graphen in einem x-beliebigen Punkt.
In jeden Punkt der Parabel lässt sich eine andere Tangente mit einer jeweils anderen Funktionsgleichung legen, während die 1. Ableitung eindeutig festgelegt ist. Mit der Funktionsgleichung der 1. Ableitung kann die Steigung für jeden Punkt ermittelt werden, sodass damit die Tangentengleichung bestimmt werden kann.

Abbildung 35: Unterschied zwischen Ableitungsfunktion und Tangentenfunktion für die Parabel

Links des Scheitelpunktes wurde eine Tangente eingezeichnet und die Funktionsgleichung soweit wie möglich beschrieben: positive Steigung, Schnittpunkt mit der y-Achse oberhalb der x-Achse. Der Graph der Ableitungsfunktion jedoch musste eine negative Steigung haben, da die Parabel nach unten geöffnet war und der Schnittpunkt mit der y-Achse unterhalb der x-Achse lag. Damit wurde zunächst grafisch anhand eines Gegenbeispiels deutlich, dass die Annahme nicht zutreffend sein konnte. Damit war ein einfacher Beweis durch Widerspruch gefunden. Es wird ersichtlich, wie wichtig es für die Lehrkräfte der Mathematik ist, Beweistechniken erlernt zu haben, um diese kreativ im Unterricht zur Klärung von Schülerfragen einsetzen zu können. Die Erläuterung, dass die Ableitung nur die Rechenvorschrift zur Ermittlung der Steigung der Tangente sei und noch keine Aussage über den Ordinatenabschnitt liefern könne, weil dazu noch die Lage des Berührpunktes auf der Parabel erforderlich sei, rundete diesen kleinen Exkurs ab. Ohne das konkrete Beispiel jedoch wären diese Überlegungen für einige Schüler in dieser Kürze zu abstrakt. Mit der konkreten Darstellung jedoch konnten alle folgen.

Dieses Beispiel zeigt, dass im Verlauf des Unterrichtes immer wieder Fragen auftauchen können, die gerade nicht in eine Fachsystematik passen. Es stellt sich heraus, dass die Schülerinnen und Schüler durch das Nachdenken über die Lernsituation angeregt werden, ihre eigene Wissenskonstruktion immer wieder selbstständig zu überprüfen. Die offene Fehlerkultur hilft allen dabei, keine Scheu zu empfinden, auch Fragen zu möglicherweise bereits länger zurückliegenden Themen zu stellen. Das zeigt, dass der individuelle Lernweg im Mathematikunterricht dringend zugelassen und unterstützt werden muss und Schülerbeiträge genau gehört und geklärt werden müssen. Auf diese Weise kann sichergestellt werden, dass die Kompetenzen, die durch die Curricula vorgegeben sind, auch tatsächlich von allen Schülerinnen und Schülern im Verlauf des Jahres erreicht werden können. Erst diese offenen Schülerfragen ermöglichen es der Lehrkraft, Einblick in die Kompetenzentwicklung zu nehmen. Es erscheint mir daher besonders wichtig zu sein, dass auch zurückhaltende Schülerinnen und Schüler dazu angeregt werden, sich wenigstens in Kleingruppenphasen oder in Partnerarbeitsphasen offen zu äußern. So kann die Lehrkraft aktiv und möglichst unaufdringlich den Lernerfolg der Schülerinnen und Schüler wahrnehmen und zurückspiegeln.

Um den Lernerfolg noch zu steigern, ist im Unterricht besonderer Wert auf die Reflexion zu legen. Beim Reflexionsprozess helfen farbige Markierungen von Analogien zu Bekanntem oder auch das Aufschreiben des Bekannten in geeigneter Sortierung, damit der Vergleich stattfinden kann, aber es helfen auch Bilder, Skizzen, Modelle u. v. a. m.

Um sicherzustellen, dass tatsächlich alle Schülerinnen und Schüler erfolgreich am Lernprozess beteiligt waren, sollten auch alle in diesen Prozess einbezogen werden. Besonderen Wert sollte die Lehrkraft auf die eigenständigen Begründungen der Lernenden legen. Dies regt sie an, nicht nur zu beschreiben oder zu benennen, sondern Zusammenhänge herauszufinden, sodass in folgenden Lernsituationen wieder gezielt auf diese Überlegungen zurückgegriffen werden kann. Die Schülerinnen und Schüler müssen angeregt werden, ...

- nachzudenken,
- zu beschreiben,
- Thesen zu formulieren und
- Bilder in ihrem Inneren sowie
- Bilder und Grafiken als Dokumentation zu erstellen, zu beschreiben und zu begründen.

Sie müssen Vergleiche mit Bekanntem anstellen, ...

- ihre Überlegungen zur Diskussion stellen,
- ihre Thesen hinterfragen,
- die Allgemeingültigkeit hinterfragen und prüfen sowie
- daraus ihre individuellen Erkenntnisse formulieren.

In Abbildung 36 werden die Aspekte, die zur Ingangsetzung des Lernprozesses erforderlich sind, zusammengestellt.

Für die Planung der Lernsituation sollte so genau wie möglich geklärt werden, an welche Vorkenntnisse die neuen Erkenntnisse konkret anknüpfen. Die gewünschten Erkenntnisse müssen dafür ebenfalls sehr konkret formuliert werden. Dies hilft der angehenden Lehrkraft, daraus die Lernziele für die Entwürfe und die erwarteten Merksätze zu formulieren. Je genauer dieses durchdacht ist, desto flexibler kann die Lehrkraft im Unterricht mit den Schülerbeiträgen umgehen. Das Heraushören von falschen Grundannahmen oder Fehlkonstruktionen bedarf hoher Konzentration im Unterricht. Daher sollten die Aspekte des Lernprozesses, die in der Planung berücksichtigt werden können, auch vorgedacht werden. Auf diese Weise werden Konzentrationskapazitäten für den Unterricht bereitgestellt. Der Lehrer oder die Lehrerin kann sich auf der Grundlage der erwarteten Erkenntnisse die Impulse überlegen, die die Schülergehirne dazu verleiten, Bekanntes zu nutzen, Neues zu entdecken und zu formulieren. Impulse können sowohl sprachlich als auch nonverbal sein. Das Zeigen auf einen Teil einer Grafik, eines Modells oder einer Berechnung und die farbliche Markierung können schon viele Gedanken in Gang setzten. Möglichkeiten die Schülerschaft zum Selbstdenken anzuregen, sind, ...

- eine provokante Frage zu stellen,
- ein kritisches Hinterfragen eines Schülerbeitrages
- der Auftrag den Beitrag zu analysieren und
- diesen begründet zu bewerten oder
- noch präziser zu erklären und schließlich
- das Verdeutlichen, dass ein Beitrag teilweise schon brauchbar ist.

Schülerbeiträge direkt zu bewerten, bewirkt hingegen genau das Gegenteil: Wird ein Beitrag durch die Lehrkraft begrüßt, setzen sich die restlichen Schülerinnen und Schüler schnell zur Ruhe. Daher müssen alle angeregt werden, den Beitrag kritisch zu hinterfragen, zu ergänzen, zu bestätigen oder begründet zu verwerfen. Sie sollten z.B. aufgefordert werden, zu entscheiden, ob sie der Aussage des Mitschülers oder der Mitschülerin zustimmen, sie in ihren eigenen Worten wiederzugeben oder aber sie zu ergänzen.

Im Anschluss an die Denkleistung der Schülerinnen und Schüler haben diese einen Anspruch darauf, Sicherheit zu erhalten. Die richtigen Gedanken müssen zusammengefasst werden, abgesichert und schriftlich fixiert werden.

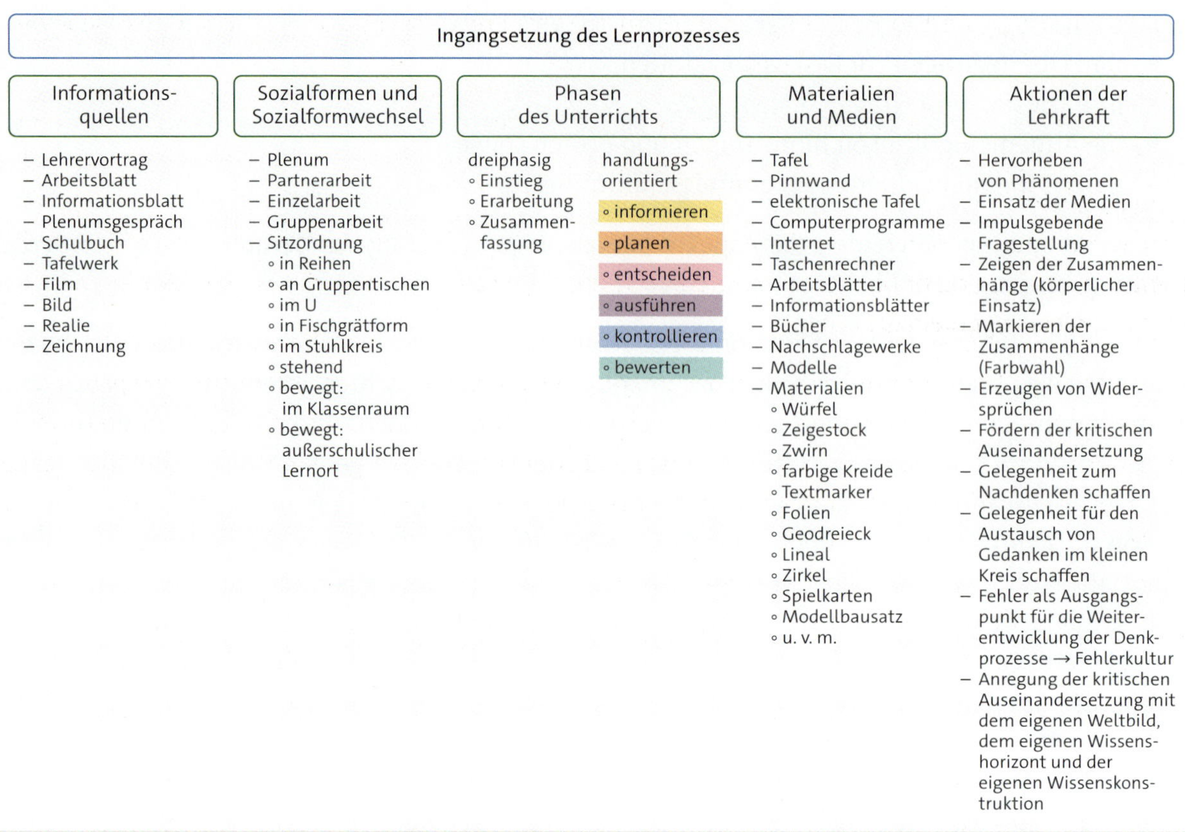

Abbildung 36: Ingangsetzung des Lernprozesses

Um den Lernprozess in Gang zu setzten, müssen die Schülerinnen und Schüler soweit wie möglich intrinsisch motiviert sein. Sie müssen die Hoffnung haben, das Problem selber lösen zu können, einen Anfang zur Problemlösung zu finden und sie müssen vor allem das Problem lösen **wollen.**

Das Problem sollte so beschaffen sein, dass immer wieder während der Unterrichtseinheit darauf zurückverwiesen oder daran erinnert werden kann, sodass immer wieder transparent wird, welches Ziel man sich für die Stunde gesetzt hat und wie weit man schon auf dem Weg der Klärung gelangt ist.

Das neu Erlernte wird dahingehend durchleuchtet werden, ob es allgemeingültig ist. Häufig stellen Schülerinnen oder Schüler selber diese Frage, die dann zur abstrakteren Betrachtung führt. Gerade die Schwächeren stellen sich diese Frage, damit sie eine größere Sicherheit bei der Lösung von Problemen entwickeln können. Je klarer die Anwendbarkeit einer neuen Erkenntnis definiert ist, desto sicherer fühlen sich diese und desto sicherer kann das Gelernte auf andere Situationen übertragen werden.

Auch der Weg vom konkreten Beispiel zur Abstraktion wird von den Lernenden selber eingefordert. Insbesondere, wenn bereits die Sicherheit besteht, dass auch abstraktere Betrachtungen noch einen deutlichen Bezug zu dem konkreten Beispiel haben. Die erfolgreiche Umsetzung der Reflexion kann gezielt dadurch gesteigert werden, dass die Lehrkraft mehrere Schülerbeiträge einfordert, bis die Erkenntnis klar formuliert ist und **mit Begründung** fixiert werden kann.

Im Anschluss an die abstrakten Betrachtungen oder gar zur Erweiterung der Erkenntnisse auf allgemeingültigere Aussagen werden Übungsaufgaben und Transferaufgaben bereitgestellt. Diese sind derart strukturiert, dass die Gültigkeit der vorangehenden Merksätze und Erkenntnisse jeweils überprüft und begründet werden kann.

Grundlegende mathematische Betrachtungen helfen der Lehrkraft, eine klare Richtschnur für die eigene unterrichtliche Aktivität zu finden. Demnach müssen Definitionen vorgegeben und ihre Sinnhaftigkeit geklärt werden. Auch Axiome müssen vorgegeben werden, aber Sätze und Formeln können von oder mit den Lernenden entwickelt werden. Ihr Nutzen muss für alle aus der Problembearbeitung heraus erkennbar sein. Dadurch wird die Bereitschaft der Schülerschaft erhöht, sich auf diese Entwicklungen einzulassen.

Der handlungsorientierte Unterricht steigert bei den Schülerinnen und Schülern das Bewusstsein für die Notwendigkeit eines lebenslangen Lernens, das nicht an Schule oder andere Institutionen gebunden sein muss und dass „Lernen nach konstruktivistischen Vorstellungen als aktiver, selbstgesteuerter, konstruktiver und kooperativer Prozess zu verstehen ist“[31].

31 Pätzold, G. (2004): Zur Komplementarität formellen und informellen Lernens in der beruflichen Bildung. In: Zeitschrift für Berufs- und Wirtschaftspädagogik, 2004, S. 162.

4 SCHÜLERZENTRIERTE STRUKTURIERUNG DES HANDLUNGSORIENTIERTEN UNTERRICHTES

Für den Mathematikunterricht wird im Allgemeinen eine fachsystematische Strukturierung zugrunde gelegt. Auch die Fachbücher sind für gewöhnlich in dieser Weise aufgebaut und den Lernenden werden für jedes angestrebte mathematische Ziel eine Vielzahl unterschiedlichster Aufgaben zum Abarbeiten zur Verfügung gestellt. Es wird angenommen, dass die wunderbare Struktur mathematischer Gebilde auf diese Weise auch den Lernenden erschlossen werden kann. Dabei wird davon ausgegangen, dass der Schüler oder die Schülerin durch das Lösen einer Vielzahl von Aufgaben das Handwerkszeug erlernt und sich dabei automatisch die dahinterstehenden mathematischen Konzepte erschließen wird. Zeigt ein Schüler bzw. eine Schülerin durch die richtigen Ergebnisse das gewünschte Verhalten, müsste daraus geschlussfolgert werden, dass der gewünschte Lernprozess stattgefunden hat.

4.1 Schülerzentrierung im Mathematikunterricht

Die Beobachtung der Schülerhandlungen sollte demnach auf den Erfolg des Lernprozesses schließen lassen. Solche Überlegungen basieren auf dem behavioristischen Ansatz. Dieser wird bereits durch Piaget in Frage gestellt.[32] Aus seiner Sicht führt das Aufeinandertreffen von Mensch und Umwelt dazu, dass jedes Individuum seine eigenen kognitiven Strukturen konstruiert und damit Erkenntnisse gewinnt. Grundlage von erkenntnisbildenden Prozessen ist weitgehend der kognitive Konflikt, also die Diskrepanz zwischen dem vorhandenen Konstrukt im Kopf, dem dort vorhandenen Abbild der (mathematischen) Welt und der sich auftuenden Lücke bei der Bearbeitung einer Aufgabe oder der Lösung eines Problems. Aus seiner Sicht wird der Lernprozess dann erfolgreich durchlaufen, wenn die Lücke überschaubar ist. Das bedeutet, dass die erforderlichen Kompetenzen zur Lösung von aufeinander folgenden Aufgaben nur in kleinen Schritten erweitert werden dürfen. Es reicht demnach nicht aus, Schülerinnen und Schüler eine Fülle von Aufgaben aus Büchern oder aus dem Internet bearbeiten zu lassen, da in dieser Weise durchgeführter Mathematikunterricht leider nur für einen kleinen Teil der Lernwilligen einen merklichen Lernerfolg erzeugt. Auch die Übertragung der Verantwortung für das erfolgreiche Lernen an die Lernenden durch die Vorgabe bestimmter Sozialformen kann nur begrenzt zum Erfolg führen. Die Lehrkompetenz wird wohl auch in Zukunft bei der Lehrkraft und nicht bei den noch lernenden Schülerinnen und Schülern liegen.[33] Der Rest der Schülerschaft, der weder durch die Bearbeitung der Aufgaben, noch durch die dazugehörigen Erklärungen von Mitschülern und Mitschülerinnen und Lehrkraft einen Lernerfolg erfährt, könnte der Einfachheit halber als mathematisch unbegabt eingestuft werden. Die Begabung der Schülerinnen und Schüler für Mathematik lässt sich jedoch aus meiner Sicht auf diese Weise nicht wahrheitsgemäß feststellen. Viele finden den Zugang zur Mathematik nicht alleine, indem sie viele Aufgaben bearbeiten. Ein aufgabenbasierter Unterricht eröffnete für all diejenigen, die auf diese Weise nicht zu gesicherten Erkenntnissen kommen, die für sie leider ungeeignete Tür zur Mathematik. Sie werden dies auch in den folgenden Klassenarbeiten deutlich zeigen.

Dass sich diese Unterrichtsform immer wieder durchsetzt, liegt daran, dass die Lehrkräfte selbst schon auf diese Weise unterrichtet wurden. Sie zählten selber vermehrt zu denjenigen, für die diese instruierende Unterrichtsdurchführung ansprechend und in sich schlüssig war. Anschließend durchliefen sie ein Fachstudium, bei dem sie sich auf einem von der Schulmathematik abgehobenen

32 Piaget, J. (1983): Meine Theorie der geistigen Entwicklung. 2. durchgesehene Auflage, Fischer Verlag.

33 Hattie, J. et al (1996): Effects of Learning Skills Interventions on Student Learning: A Meta-Analysis. In: Review of Educational Research, Ausgabe 66, Nr. 2 1996, S. 99–136.

Niveau mit mathematischen Gebilden und Strukturen befassen konnten. Dies wiederum führte dazu, dass sie in ihrem eigenen Kopf ein Bild der Mathematik erzeugen konnten. Sie lernten die Mathematik als geschlossenes, widerspruchsfreies System kennen, das existiert, unabhängig davon, ob sie darüber selber nachdenken oder nicht. Für die Schülerinnen und Schüler ist die Mathematik jedoch „kein Fertigprodukt“[34], das bereits in ihren eigenen Köpfen vorhanden ist und sich durch Fleiß erschließen lässt. Vielmehr muss sich jede einzelne mathematische Struktur in den Köpfen der Schülerinnen und Schüler erst neu bilden.[35] Die Mathematik kann, wie das Universum, als existent angenommen werden, aber das innere Bild davon existiert nicht von selbst.

Es reicht nicht aus, einzelne Aspekte anzuregen, um das Ganze zu aktivieren, wenn das Ganze im Gehirn noch nicht hinterlegt ist. Deshalb muss zunächst ein konstruktiver Prozess stattfinden, der das innere Abbild der Mathematik schlüssig und abgesichert in jedem einzelnen Schülergehirn entstehen lässt. Dieser konstruktive Prozess muss durch die Lehrkräfte anerkannt, analysiert und möglichst individuell gefördert werden. Ist sich die Lehrkraft darüber im Klaren, dass jeder Schüler und jede Schülerin einen individuellen Zugang zur Mathematik benötigt und dass der Lernprozess nicht den fachsystematisch vorgegebenen Wegen folgt, sondern sehr individuell durch die mathematische Wissenslandschaft mäandert, muss sie einen Weg finden, darauf mittels geeigneter Unterrichtsarrangements zu reagieren.

Die Individualität des Denkens ist in jedem Gespräch zu bemerken, bei dem ein Wort das andere gibt. Die Worte eines anderen rufen in unserem eigenen Gehirn Erinnerungen hervor, die wir mit dem Gesagten abgleichen. Antworten wir, indem wir diese Gedanken, möglichst auf das Gesagte bezogen, äußern, regiert auch das Gegenüber in gleicher Weise. Dadurch wird jedes Gespräch anregend und die eigene Gedankenwelt wird durch das Gesagte erweitert.

Gespräche sind gerade dann besonders anregend, wenn die geäußerten Gedanken möglichst nah am eignen Erfahrungsschatz liegen, jedoch auch etwas Neues enthalten.

Dadurch wird das Gespräch als inspirierend und anregend empfunden. Erzählt uns das Gegenüber etwas, was in unserem Gehirn auf keine vorhandenen Muster stößt, so fällt es uns schwer, an dem Gespräch teilzunehmen. Diese Erfahrungen lassen sich auch auf den Mathematikunterricht und das Gespräch über Mathematik direkt übertragen. Erst wenn man gemeinsam über Mathematik redet, merkt jede Person für sich, welche Aspekte mit eigenen Erfahrungen verknüpft werden können. Das Gespräch wird genau dann interessant, wenn man kognitive Konflikte verspürt, also etwas im Gesagten oder Erlebten nicht genau zu den eigenen Erfahrungen passt. Das weckt die Neugierde und macht das Gespräch interessant. Das Gespräch über Mathematik muss also als zentrales Element des Mathematikunterrichtes eingeplant werden. Im Folgenden möchte ich einen Weg zeigen, der es tatsächlich ermöglicht, individuelle Lernwege im Mathematikunterricht zuzulassen und sich dabei als Lehrkraft jederzeit über den Lernfortschritt nahezu aller Schülerinnen und Schüler bewusst zu sein.

4.1.1 Wie findet man die Lernschritte?

Die Grundlage aller Unterrichtsplanung ist die innermathematische Analyse der durch die curricularen Vorgaben festgelegten Unterrichtsinhalte. Die dort formulierten Kompetenzen weisen zunächst das zu erlernende Wissen, Können und die erforderliche Haltung aus. Die genaue Analyse der im Groben dargelegten Inhalte wird der routinierten Lehrkraft wesentlich leichter fallen als der Junglehrkraft, welche noch wenig Erfahrungen damit sammeln konnte, welche Probleme Lernende

34 Hußmann, S. (2003): Lerntagebücher- Mathematik in der Sprache des Verstehens. In: Hrsg.: Leuders, T.,: Mathematikdidaktik – Praxishandbuch für die Sekundarstufe I und II. Berlin: Cornelsen Scriptor, S. 75.

35 Vgl. Hußmann, S. (2003): Umgangssprache-Fachsprache. In: Leuders, T. (Hrsg.) (2003): Mathematikdidaktik-Praxishandbuch für die Sekundarstufe I und II. Cornelsen Scriptor Verlag, S. 68.

auf dem Weg zur Neukonstruktion mathematischen Wissens haben könnten. Sie kennt noch nicht die Fülle der möglichen kognitiven Konflikte, der fehlerhaften oder unzureichend gültigen Rechenregeln, der vermeintlichen Grundprinzipien, auf welche die Lernenden stoßen könnten oder welche die Lehrkraft während des Lernprozesses entdecken könnte. Will man den Lernprozess jedoch gezielt und effektiv fördern, so ist es unerlässlich, die Fülle der möglichen Lernschritte zu sammeln. Je genauer die Kenntnis der Lehrkraft bezüglich der möglichen Fehler und kognitiven Konflikte ist, desto sicherer kann sie das Lernen der Schülerinnen und Schüler fördern. Hier sei beispielhaft an die Fehlannahme erinnert, dass die 1. Ableitung mit der Tangente gleichbedeutend sei (siehe Kapitel 3.6).

Die Lehrkraft beginnt mit der inhaltlichen Analyse, z. B. durch das Lösen von Schulbuchaufgaben bis hin zu alten Abituraufgaben. Jeder Umformungsschritt und jeder Gedankengang sollte ausführlich notiert werden. Sehr hilfreich ist es auch, jede Überlegung auch grafisch darzustellen. Anschließend ist es erforderlich zu jedwedem Denkschritt zu überlegen, welche mathematischen Regeln und Kenntnisse den Lernenden zur Verfügung stehen müssen, damit sie diesen erfolgreich durchlaufen können. Dazu ist es nicht hilfreich, auf einzelne Aspekte zu verzichten, mit dem Verweis darauf, dass diese bereits Stoff einer anderen Klassenstufe hätten sein müssen. Gerade das Unterrichten nach dem Spiralprinzip[36] erfordert, dass auch in höheren Schulstufen bereits Gelerntes wieder aufgegriffen werden muss, um einen höheren Grad der Verallgemeinerung und gleichzeitig eine größere Sicherheit in der Anwendung zu erreichen. Jeder begründet ausgeräumte Fehler und jede beseitigte Fehlvorstellung führt bei den Schülerinnen und Schülern zu einem Lerneffekt, der es ermöglicht, im Weiteren mit größerer Sicherheit an der Konstruktion neuen Wissens zu arbeiten. Der Frust über Unklarheiten kann auf diese Weise minimiert werden. Damit wird die Bereitschaft der Lernenden, Mathematik zu betreiben, erhöht.

Im Anschluss an die intensive Analyse sollten alle entdeckten Aspekte in strukturierter Form gesichert werden. Mein Vorschlag hierzu ist eine Mindmap. Diese hat den Vorteil, dass sie jederzeit umstrukturiert und ergänzt werden kann, denn wie lange auch immer man sich intensiv damit beschäftigt, man kann doch nicht mit Sicherheit behaupten, dass die Zusammenstellung vollständig sei.

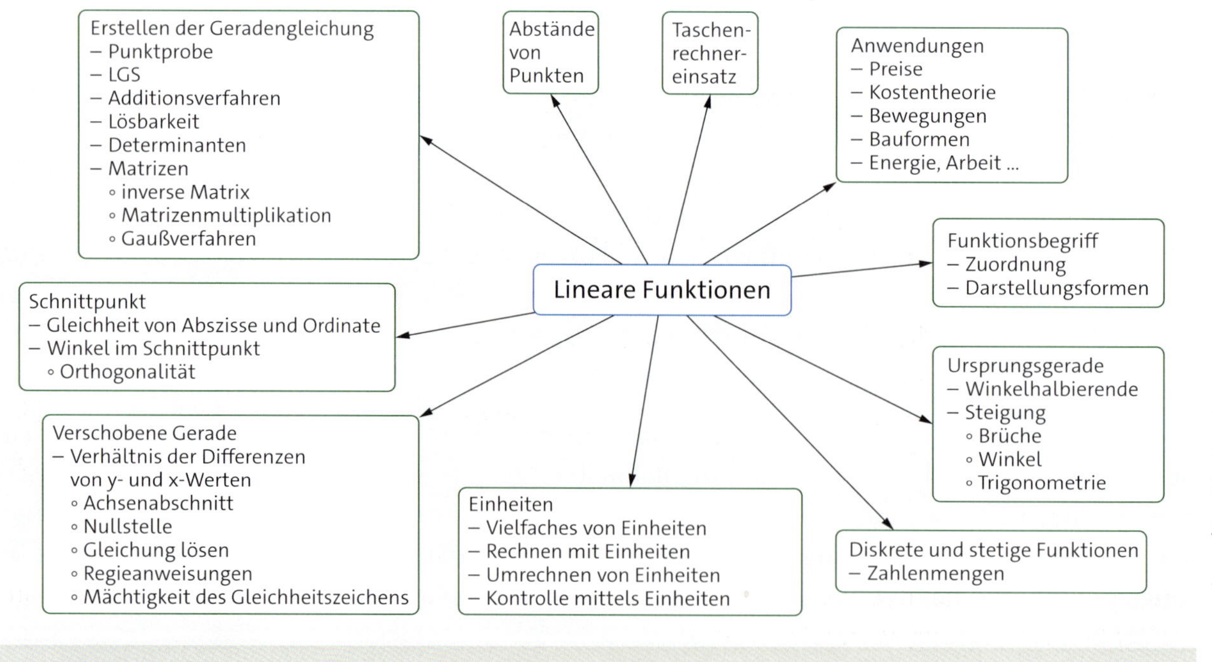

Abbildung 37: Ausschnitt der Sachstruktur zum Thema „Lineare Funktionen“

36 Vgl. Wittmann, E. (1974): Grundfragen des Mathematikunterrichts. Vieweg Verlag, S. 6f.

In jedem zur Thematik stattfindenden Unterricht werden wieder neue Fragen der Lernenden auftreten.

Tipp: Es lohnt sich, die Fragen z. B. auf Karteikarten – analog oder digital – festzuhalten, dazu den Namen der fragenden Person, den Impuls, der die Denkvorgänge in Gang gesetzt hat sowie die Erklärung und Darstellung, welche erfolgreich war, um das Problem zu lösen. Auf diese Weise wird sich die Lehrkraft über die einzelnen Denkschritte ihrer Schülerinnen und Schüler bewusst. Im Unterricht können diese Karten für die Bewerten-Phase geeignet sortiert werden. Im Plenum werden sie dann mit allen gemeinsam ausgewertet und die Erkenntnisse gesichert. Des Weiteren stehen die Karten für die Weiterverarbeitung für zukünftigen Unterricht zur Verfügung.

Im nächsten Durchlauf kann die Lehrkraft auf einen größeren Fundus möglicher Schülerfragen zurückgreifen und diesen in ihre Unterrichtsplanung einbeziehen. Die auf diese Weise gewonnenen neuen Erkenntnisse sollten als vollständige Sätze formuliert und an der Tafel festgehalten werden. Sie bilden eine gute Grundlage für die Erstellung von Klassenarbeiten, da der Lehrkraft genauere Informationen über die erarbeiteten Inhalte und die gesammelten Erkenntnisse schriftlich zur Verfügung stehen und diese daher auch zielgerichtet abgeprüft werden können. Auch die Lernenden haben dadurch Klarheit erlangt, was sie für die Arbeiten lernen müssen. Damit wird es für die Lehrkraft wiederum einfacher, auf die Frage, was denn in der Arbeit drankäme, zu antworten. Im Folgenden ist eine beispielhafte Liste für die Vorbereitung auf eine Klassenarbeit dargestellt, wie sie in ähnlicher Form auch umfangreicher in manchem Schulbuch[37] enthalten ist.

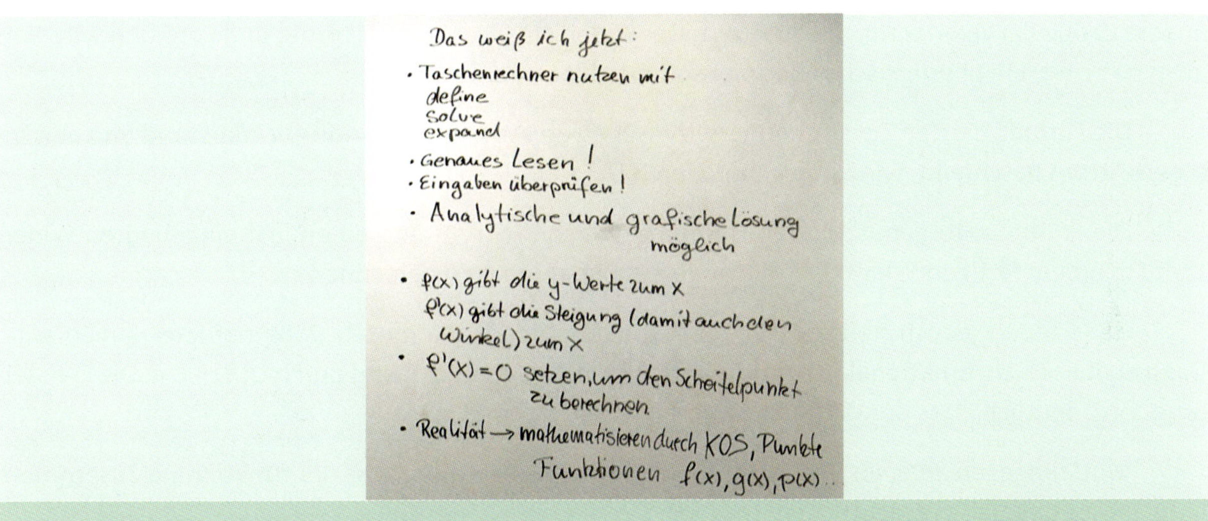

Abbildung 38: Tafelbild, Beispiel für eine Zusammenfassung: „Das weiß ich jetzt."

Ein weiterer Indikator für typische Fehlvorstellungen und Unsicherheiten sind die Fehler in Klassenarbeiten. Es lohnt sich, auch wenn der Korrekturaufwand dadurch zunächst erhöht wird, genauer hinzusehen und die Schülerinnen und Schüler in der Klausurbesprechung nach den Gedankengängen zu fragen, die zu den Fehlern geführt hatten. Im Folgenden wird eine Analyse eines typischen Fehlers in Klassenarbeiten zum Thema „Differentialrechnung" dargestellt.

4.1.2 Beispielhafte Auswertung eines Fehlers

Eine Schülerin leitet z. B. die Funktionen höheren Grades so weit ab, bis die pq-Formel zur Nullstellenberechnung angewendet werden kann.

37 Z. B.: Schöwe, R., et al. (2019): Mathematik. Berufliches Gymnasium Niedersachsen, Wirtschaft – Gesundheit und Soziales. Cornelsen Verlag, S. 109.

Die pq-Formel wird als so mächtig empfunden, dass sie als Werkzeug in jeder Lage nützlich erscheint. Des Weiteren ist das Ableiten so schön einfach, dass es gerne durchgeführt wird. Schließlich waren alle Nullstellenberechnungsverfahren gefühlt so aufwendig, dass es nur sinnvoll erscheint, eine alternative Umformung durchzuführen, um an die gesuchten Nullstellen zu kommen. Damit wird deutlich, dass die Schülerin den Unterschied zwischen den Ableitungsfunktionen und der Ausgangsfunktion noch nicht umfassend begriffen hat. Aber sie hat schon begriffen, dass man im Mathematikunterricht häufig zunächst sehr aufwendige Rechenverfahren trainiert, die im Nachhinein durch deutlich einfachere Vorgehensweisen ersetzt werden können. Sie lernte Vorgehensweisen (auswendig), ohne die Zusammenhänge zu durchschauen. Möglicherweise fehlt das vollständige Bild oder auch die Begriffsbildung fällt nur schwach aus, sodass die Berechnung der Nullstellen der Ableitungsfunktionen, die in dem gelernten Schema einer Kurvendiskussion vorkommt, nicht richtig zugeordnet werden kann. Daraus müssen für den folgenden Unterricht mindestens folgende Schlussfolgerungen gezogen werden:

Die grafische Darstellung aller analysierten Funktionen ist sehr wichtig, um deutlich zu machen, was eigentlich konkret Nullstellen sind und was es bedeutet, wenn der Funktionswert zu Null gesetzt wird. Der Zusammenhang zwischen Funktionsgraph und Funktion muss immer wieder deutlich gemacht werden. Dazu ist die Bedeutung der Funktion als Zuordnungsvorschrift für eine Menge unendlich vieler Punkte genau zu klären und deutlich herauszuarbeiten, dass die Funktionsgleichung die Berechnungsvorschrift für die Ordinate eines jeden x-beliebigen enthaltenen Punktes ist. Deshalb sollte in der Oberstufe auch durchgängig auf die „Ypsilontik" (y = ...) zugunsten der Darstellung durch f(x), v(t), T(t), K(x), P(V) etc. verzichtet werden. So wird deutlich, dass es eine Variable gibt, die eine andere Größe bei Veränderung beeinflusst. Der Unterschied zwischen Formel und Funktion wird herausgearbeitet. Ein physikalisches Beispiel soll dies hier verdeutlichen:

Die Formel, die den Zusammenhang zwischen elektrischer Spannung, Widerstand und elektrischem Strom beschreibt, wird angegeben durch $U = R \cdot I$.

Die Formel wird genutzt, um für **einen** gegebenen Strom und **einen** fest eingebauten Widerstand in einem **fertigen** Schaltkreis, die angelegte Spannung zu berechnen.

Ganz anders jedoch stellt es sich dar, wenn der Widerstand mittels Potentiometer variiert wird. Dann ergibt sich ein **funktionaler Zusammenhang,** der ausgedrückt wird durch $U(R) = I \cdot R$. Die Darstellung zeigt deutlich, dass der Widerstand veränderbar ist.

Wird hingegen an einer Stromquelle der Strom geregelt, so muss der funktionale Zusammenhang dieses ebenfalls verdeutlichen: $U(I) = R \cdot I$.

Schließlich könnte die Spannung auch vom veränderlichen Widerstand und Strom abhängen. Auch dies ist funktional beschreibbar durch $U(R, I) = R \cdot I$.

Der Unterschied zwischen Formel und Funktion ist zu Beginn der Sekundarstufe II ein sehr wichtiger Aspekt, um den prozessualen Charakter von Funktionen deutlich zu machen. Zur Lösung eines Problems ist die eine bestimmte (berechnete) Kombination von Größen (Verwendung einer Formel) nicht unbedingt gleichbedeutend mit einer möglicherweise optimalen Kombination. Es lohnt sich häufig (wie auch sonst im Leben), die verschiedenen Größen leicht zu variieren (Verwendung der Funktion), um ein besseres Ergebnis zu erhalten.

Nullstellenverfahren müssen sehr strukturiert nebeneinandergestellt, in ihrer Anwendbarkeit verglichen und auch die Grenzen der Berechnung ohne Taschenrechner oder digitales Werkzeug ausgelotet werden. Eine strukturierte Aufstellung der Kriterien zur Auswahl des geeigneten Verfahrens mit dazugehörigen Graphen sichert die Vorstellung ab.

Die Herleitung der Differentialrechnung muss durch die grafische Darstellung zwingend systematisch veranschaulicht werden. Zusammenhänge werden grafisch und farblich verdeutlicht. Die Anwendung wird nicht auf die Berechnung von Extrempunkten und Wendepunkten beschränkt. Vorschläge dazu werden in Kapitel 7 dargelegt. Gesuchte oder gegebene Steigungen unterschiedlichster Punkte in unterschiedlichsten Sachzusammenhängen helfen, die Differentialrechnung als eigenes wertvolles Werkzeug zum gezielten Problemlösen kennen und nutzen zu lernen.

Der Unterschied zwischen Nullstelle, Extremstelle und Wendestelle muss immer wieder direkt thematisiert werden und in den Graphen zugeordnet werden.

Eine (be-)greifbare Bedeutung von Steigung bzw. Änderungsrate, aus der erfahrbar wird, dass die Ableitungsfunktionen eine eigene Bedeutung haben, fördert die Entwicklung eines vollständigen Erkenntnisgewinns.

4.1.3 Beispielhafte Auswertung einer Schülerfrage

Im Folgenden wird eine Beispielfrage aus einer Klasse 11 dargestellt, welche in dieser Klassenstufe eher unerwartet auftreten kann. Dennoch ist es wichtig, diese gerade in dieser Klassenstufe neu zu stellen, da sich ganz neue Wege der Klärung eröffnen:

Frage: Warum ist eigentlich minus mal minus plus?

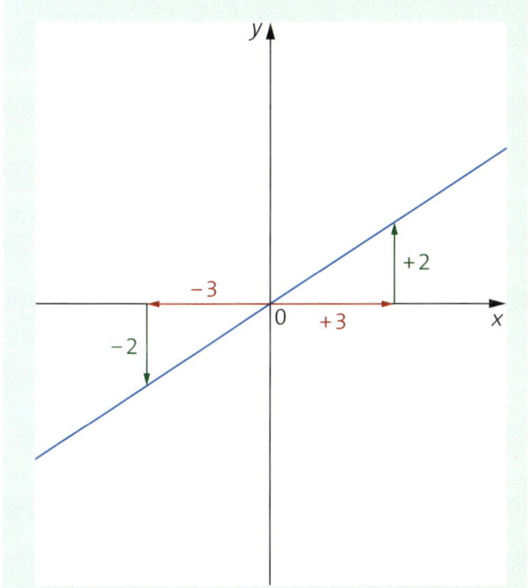

Erkenntnisse:

- Die Steigung einer Geraden ist an jeder Stelle konstant.
- Die Steigung ist gegeben durch das Verhältnis aus $m = \frac{\Delta y}{\Delta x}$.
- Die Steigung ist hier $m = \frac{2}{3} = \frac{-2}{-3}$, da man für $\frac{-2}{-3} = \left(-\frac{1}{3}\right) \cdot (-2)$ schreiben kann.

  Es wird deutlich, dass die Multiplikation (oder Division) von zwei negativen Vorzeichen gleichbedeutend sind mit einem positiven Vorzeichen.
- Ebenso kann der Graph einer Geraden mit negativem Vorzeichen verwendet werden, um deutlich zu machen, dass $-1 \cdot (+1) = +1 \cdot (-1) = \frac{-1}{+1} = \frac{+1}{-1} = -\frac{1}{1}$.

Abbildung 39: Tafelanschrieb zur Frage „Warum ist eigentlich minus mal minus plus?“

An diesem kleinen Beispiel ist erkennbar, dass die Fehler, die in den Leistungsüberprüfungen diesbezüglich gemacht werden, nicht unbedingt darauf hinweisen, dass die Schüler oder Schülerinnen das Thema „Lineare Funktionen“ noch nicht ganz verstanden haben, sondern, dass Unsicherheiten aus früheren Lernvorgängen geblieben sind. Diese können in neuem Zusammenhang mittels einer veränderten Perspektive, z. B. durch die Interpretation einer grafischen Darstellung, ausgeräumt werden und dadurch kann eine sichere Grundlage für das Verständnis von Steigung und Vorzeichen gelegt werden. Die kurze Diskussion und Exkursion im Unterricht lohnt, selbst wenn nur ein einziger Schüler oder eine einzige Schülerin hier Schwierigkeiten äußert. Man trifft mit Sicherheit auch bei einer Vielzahl anderer Lernender auf das gleiche Problem. Leicht entwickelt sich aus einer solchen Diskussion auch eine weiterreichende, welche Grundfragen der Mathematik z. B. über Zahlentheorie, berühren. Die Schlüsselfragen deuten auf kognitive Konflikte der Schüler oder Schülerinnen hin.

Diese mit dem erweiterten Blick der Sekundarstufe II zu thematisieren und sie in die Mindmap zu übernehmen, lohnt sich, weil dadurch eine Fehlerkultur entsteht, die es zulässt, auch kleinste kognitive Konflikte zu klären. Damit wird den Lernenden die Möglichkeit eröffnet, auch dem großen Zusammenhang wieder besser folgen zu können oder ihn gar eigenständig weiterzuentwickeln.

4.2 Fachsystematik im handlungsorientierten Mathematikunterricht

Diese beschriebene aufwendige Analyse sollte jeder Form von Mathematikunterricht zugrunde liegen. Ich konnte im eigenen und in den besuchten Unterrichtseinheiten feststellen, dass der Lernprozess der Schülerinnen und Schüler nicht der **einen** fachsystematischen Spur der Lehrkraft folgt, sondern sehr individuelle Wege einschlägt. Aus meinen Beobachtungen konnte ich schließen, dass den meisten Schülerinnen und Schülern durch die rein innermathematische Strukturierung von Mathematikunterricht die Sinnhaftigkeit der Arbeit verborgen bleibt. Auch am Ende der Betrachtungen können viele Lernende den Sinn in den neuen mathematischen Aktionen nicht erkennen. Daraus muss für den Unterricht geschlossen werden, dass er nicht ausschließlich stringent auf fachsystematischer Reihenfolge basierend erfolgen kann. Die unterschiedlichsten und individuellen kognitiven Konflikte werden im Unterricht regelmäßig ausgelöst. Die Lehrkraft muss damit rechnen, dass diese sie immer wieder vom fachsystematischen Weg wegführen. Für die Lehrkraft bedeutet das, dass sie die kognitiven Konflikte wahrnehmen, sie sich anhören und erklären lassen muss und dann flexibel von ihrem Unterrichtsplan abweichen muss, wenn tatsächlich allen Schülerinnen und Schülern die Chance auf einen vollständigen Lernprozess gegeben werden sollte. Im eigenen und im besuchten Unterricht konnte beobachtet werden, dass eine Konkretisierung der abstrakten mathematischen Zusammenhänge hingegen erkennbar die Entstehung neuer Erkenntnisse bei einem sehr großen Anteil der Schülerschaft förderte.

Zu Beginn dieses Kapitels wurde lediglich der innermathematische Anteil der in den curricularen Vorgaben formulierten Kompetenzen berücksichtigt. Um jedoch Problemlösekompetenz entwickeln zu können, gehört zum Wissen auch das Können, sprich die Möglichkeit, an geeigneter Stelle eigenständig das richtige mathematische Werkzeug zu wählen und gezielt einzusetzen. Schließlich gehört zur Kompetenzentwicklung auch die Haltung. Die Lernenden sollen eine Offenheit für Neues entwickeln und die Bereitschaft zeigen, sich auf Probleme einzulassen. Sie sollen das Durchhaltevermögen entwickeln, bis zum Ende aktiv an der Lösung von Problemen zu arbeiten, ohne zu früh aufzugeben. Sie sollen die Verantwortung für ihr Denken und Handeln übernehmen und sogar die inhaltliche und soziale Verantwortung für die Arbeit der Gruppe übernehmen. Der fachsystematische Mathematikunterricht wird weder bei einer Vielzahl von Schülerinnen und Schülern zu den erhofften Erfolgen beim Lösen der Aufgaben führen, noch die benannten Aspekte der Kompetenzen fördern. Somit ist eine Alternative zwingend erforderlich, welche die Mathematik nicht als fertiges Konstrukt anbietet, sondern einerseits die Schülerschaft zur Eigenständigkeit animiert und andererseits verdeutlicht, dass die mathematischen Inhalte in vielen Lebens- und Arbeitsbereichen unabdingbar sind. So sollen die Schülerinnen und Schüler den Bezug zu ihrem eigenen Leben entdecken können. Für die beruflichen Schulen ist die berufliche Handlungsorientierung die Antwort darauf. Es sei hier ausdrücklich darauf hingewiesen, dass es für die Umsetzung der Handlungsorientierung nicht hinreichend ist, wenn die Aufgabenstellungen anstatt innermathematisch formuliert zu sein, mit einer Scheinanwendung versehen werden. Eine Aufgabenstellung nach dem Motto: „Gegeben sei eine Sprungschanze mit der Funktion $f(x) = ...$“ gaukelt die Anwendung vor, erfordert aber nur, aus einem längeren Satz die typische Mathematikaufgabe herauszulesen.

Die fachlichen Entdeckungen den Schülerinnen und Schülern zu übertragen, indem der instruierende Anteil im Unterricht den Lernenden schriftlich zur Verfügung gestellt wird und diese dann ihre Arbeit eigenverantwortlich durchführen müssen, kann ebenfalls nicht die Antwort auf die oben gestellten Anforderungen an den Mathematikunterricht sein. Erst ein völlig neues Unterrichtskonzept kann die oben aufgeworfenen Probleme lösen. Die häufigste mir gestellte Frage ist, ob mit diesem Konzept tatsächlich alle geforderten Inhalte abgedeckt werden können. Die Antwort heißt aus meiner Sicht ja. Die sehr detaillierte Analyse der geforderten Inhalte unterstützt die Lehrkraft dabei, im Verlaufe des Lernprozesses die Kontrolle und den Überblick zu behalten. Sie sorgt dafür, dass die Inhalte umfassend erarbeitet werden können. Andererseits ist es das Ziel des handlungsorientierten Unterrichtes, dass wirklich alle Schülerinnen und Schüler die Gelegenheit erhalten, den Lernprozess eigenverantwortlich und erfolgreich zu durchlaufen. Die Möglichkeit, den eigenen Lernprozess in den eigenen Bahnen und in der eigenen Geschwindigkeit zu durchlaufen, sich intensiv mit den Mitschülerinnen und Mitschülern auszutauschen und schließlich Sicherheit bezüglich der neuen Kognitionen zu entwickeln, dabei Konkretes mit Abstraktem zu verknüpfen, sind einige Ziele des handlungsorientierten Unterrichtes.

Die grundlegende Änderung des auf beruflicher Handlungsorientierung basierenden Unterrichtes ist, dass der gesamte Lernprozess in eine handlungsorientierte Lernsituation eingebettet ist. Die zugrunde gelegte Problemstellung ist komplex und regt die Lernenden zu zielbewusstem Handeln an. Die Lösung der Problemstellung erfordert die Erarbeitung umfangreichen neuen mathematischen Wissens. Das bedeutet, dass sowohl die mathematischen Inhalte sehr genau geplant werden, als auch, dass der Unterricht konkret von der Lernsituation ausgehend geplant wird. Aus der Lernsituation heraus müssen sich die einzelnen Fragestellungen ergeben, die wiederum eine mathematische Lösung erfordern. Die Liste der möglichen Inhalte und kognitiven Konflikte sollte hierbei der Lehrkraft dazu dienen, den Überblick zu behalten und auch die zeitliche Planung im Blick behalten zu können. Ich schlage vor, diese innermathematische Liste z. B. als Mindmap in den Klassenunterlagen abzuheften und nach dem Unterricht diejenigen Aspekte farbig zu markieren, die angerissen wurden (Unterstreichung) oder vollständig und umfassend geklärt und geübt wurden (mit dem Textmarker durchstreichen). Diejenigen Aspekte, die in dieser Weise nicht markiert wurden, müssen innerhalb einer weiteren Lernsituation oder aber in der fachsystematischen Rückschau und Strukturierung, der Verallgemeinerung und der Reflexion der innermathematischen Thematik in der Bewerten-Phase erarbeitet werden. Nicht jeder innermathematische Aspekt kann mittels einer sachbezogenen Problemstellung erarbeitet werden. Jedoch wird die innermathematische Erarbeitung, die für sich betrachtet auch spannend ist, von den Schülerinnen und Schülern mit wesentlich größerem Interesse erarbeitet, wenn die Sinnhaftigkeit, mathematisch zu arbeiten, über die Lernsituationen bereits erkannt wurde. Die Mindmap sollte den Schülerinnen und Schülern für Klausurvorbereitungen zur Verfügung gestellt werden, sodass sie ihren eigenen Lernprozess auf Vollständigkeit und Sicherheit überprüfen können. Dies fördert ihre Selbstständigkeit und hilft ihnen, sich gezielt auf die Leistungssituationen vorzubereiten. Die Mindmap sollte aus meiner Sicht nach dem dazugehörigen Unterricht ausgegeben werden und nicht ohne ausführliche Besprechung der möglichen Nutzung, da die Fülle unbekannter Begriffe die Lernenden verschrecken könnte.

4.2.1 Wann wird im handlungsorientierten Unterricht fachsystematisch gearbeitet?

Das BHO-Konzept[38] macht deutlich, dass auch die fachsystematische Betrachtung der Inhalte für den vollständigen Lernprozess erforderlich ist, sodass die Lernenden ein Überblickswissen über eine Thematik entwickeln können.

38 Vgl. Niedersächsisches Landesinstitut für schulische Qualitätsentwicklung, Inspektion BBS: Handlungsorientierung in der beruflichen Bildung. Ein Konzept zur Umsetzung in der curricularen Arbeit und im Unterricht. https://www.nibis.de/uploads/2bbs-berger/A5_bHO-Gesamtkonzept%20V5.51.pdf (abgerufen 11.07.2022)

Lernsituationen erfordern häufig spezielles Wissen über einen Sonderfall. Die Betrachtung der Exemplarität und die Erweiterung durch Verallgemeinerung sind Teil der fachsystematischen Betrachtung. Es ist zu beobachten, dass die Schülerinnen und Schüler erst nach dieser abschließenden Betrachtung Sicherheit bezüglich eines mathematischen Lerngebiets entwickeln. Es ist also zu schlussfolgern, dass handlungsorientierter Unterricht nur in Kombination mit einer innermathematischen Systematisierung umfassend erfolgreich sein kann. Dabei ist es der Lehrkraft überlassen, möglicherweise durch das Gespräch mit der Klasse, zu entscheiden, wann im Verlauf der Lernsituation das Fachwissen umfassend und fachsystematisch erarbeitet werden sollte. Das BHO-Konzept eröffnet die Möglichkeit, das Fachwissen vor, während oder am Ende der Lernsituation fachsystematisch aufzubauen. Meine persönliche Erfahrung zeigt, dass die Erarbeitung vor der Durchführung der Lernsituation etwa genauso wenig lernförderlich ist, wie der Unterricht ohne Anwendung. Die Sinnhaftigkeit kann sich der Mehrheit der Schülerinnen und Schüler nicht erschließen, wenn sie nicht direkt konkret über ein Problem zu entdecken ist. Die Information darüber, dass es Anwendungen in verschiedenen Bereichen geben wird, ist an dieser Stelle kaum hilfreich, da die Lernenden nicht selber betroffen sind. Die Lehrkraft würde durch eine solche Vorgehensweise wieder voraussetzen, dass die Lernenden bereits über das mathematische Gesamtkonzept verfügen und dieses nur noch über die Erarbeitung im Unterricht aktiviert werden müsste. Die Neukonstruktion des Fachwissens bliebe durch diese Vorgehensweise unberücksichtigt.

Die Erarbeitung des Fachwissens im Verlauf der Lernsituation ist aus meiner Sicht immer dann möglich, wenn der zeitliche Unterrichtsumfang oder aber die Kapazität der Lerngruppe so groß ist, dass das Problem während der Erarbeitung nicht aus den Augen verloren wird. Andernfalls könnte eine zu große Zeitspanne zur Bearbeitung der Lernsituation dazu führen, dass die Schülerinnen und Schüler irgendwann gelangweilt auf das Problem der Lernsituation reagieren, weil es sich abgenutzt hat. Die Spannweite des roten Fadens muss sehr individuell auf die Lerngruppe abgestimmt werden. Kann das Problem möglicherweise mittels grafischer Lösung oder dem Einsatz von Technologie schnell ermittelt werden, kann das Bedürfnis nach einer Problemlösung schnell befriedigt werden. Wenn die auf diese Weise erreichbare Genauigkeit der Problemlösung jedoch nicht ausreicht oder aber der Aufwand der Lösung noch zu groß ist, um diesen auf andere Probleme übertragen zu wollen, sodass man sich eine vereinfachte Vorgehensweise wünscht, wird das Bedürfnis nach neuem mathematischem Werkzeug geweckt. Auf diese Weise kann die Beschäftigung mit der abstrakten Mathematik als Möglichkeit der Arbeitserleichterung empfunden und für die innermathematische Arbeit im Besonderen motiviert werden. Für die Planung der Vorgehensweise ist es dringend erforderlich, die Schülerinnen und Schüler immer stärker in den Planungsprozess einzubeziehen. Je klarer die Selbstverantwortung für den eigenen Lernprozess den Lernenden übertragen wird, indem sie in die Prozesse einbezogen werden, desto motivierter sind sie, sich mit den Inhalten zu befassen und auch mit Beharrlichkeit am Thema zu bleiben und nicht zwischendurch aufzugeben.

4.2.2 Didaktische Strukturierung am Beispiel Einführung der Differentialrechnung

Im Folgenden soll an einem von mehreren Kolleginnen und Kollegen erprobten Beispiel verdeutlicht werden, wie die didaktische Systematisierung flexibel an die Bedürfnisse der Lernenden angepasst werden kann, ohne dass Inhalte verloren gehen. Im Gegenteil konnte beobachtet werden, dass das innermathematische Verständnis durch die Veränderung der Reihenfolge für nahezu alle Schülerinnen und Schüler erreichbar wird.

Das übergeordnete Thema ist die Differentialrechnung, eingeführt in der Klasse 11 des beruflichen Gymnasiums oder in der Klasse 12 der Fachoberschule. Ich möchte ein Beispiel aus einer Schulform mit technischem Schwerpunkt vorstellen. Das Beispiel wird in erweiterter Form auch im Kapitel 7 wieder aufgegriffen.

Müssen alle ganzrationalen Funktionen mit den Nullstellenverfahren vollständig erarbeitet worden sein, bevor man mit der Differentialrechnung beginnen kann? Die Schülerinnen und Schüler sollten alle Rechenverfahren bereits beherrschen, bevor sie diese zur Bestimmung von Extremwerten anwenden müssen. Kann es denn eine andere Vorgehensweise geben? Die oben beschriebene wurde doch bereits sehr lange in dieser Weise erprobt.

Betrachtet man die Ergebnisse seiner eigenen Klausuren kritisch, so wird man möglicherweise feststellen, dass der Lernerfolg mit dieser Vorgehensweise nur selten besonders hoch war. Eine annähernd normal- oder gleichverteilte Notenvergabe ist nach meiner Erfahrung für diese Vorgehensweise selten gegeben. Ein deutlicher Häufungspunkt liegt bei den Noten von 4, 5 und 6.

Eine mögliche Schlussfolgerung könnte sein, dass eine andere Reihenfolge der Inhalte gewählt werden sollte. Im Folgenden soll dies beispielhaft in Form einer vergleichenden Tabelle dargestellt werden. Die Überlegungen gehen dahin, dass in der üblichen fachsystematischen Strukturierung des Unterrichtes in weiten Teilen zuerst das Fachwissen erarbeitet werden muss, bevor den Schülerinnen und Schülern durch eine Anwendung deutlich gemacht werden kann, dass die von ihnen gelernte Mathematik tatsächlich ‚gebraucht' wird. In der grauen Spalte werden die mathematischen Inhalte aufgelistet, wie sie üblicherweise im Unterricht aufeinander folgen. In der blauen Spalte wird deutlich gemacht, ob es grundsätzlich möglich ist, passende Anwendungen zu finden, ohne diese an dieser Stelle zu konkretisieren. Die grüne Spalte listet parallel die fachlichen Inhalte in veränderter Reihenfolge auf. In der gelben Spalte schließlich wird verdeutlicht, in wieweit Anwendungen für die Entwicklung der Fachkompetenzen zugrunde gelegt werden können.

Besonders eindrücklich wird die Auflistung, wenn man die blaue mit der gelben Spalte vergleicht. Man stellt fest, dass es viele mathematische Aspekte in der blauen Spalte gibt, die keinerlei direkte praktische Anwendung haben. Sie sind abstrakte Konstrukte, die in sich schon die Schönheit der Mathematik bergen. Wie schade, dass so viele Schülerinnen und Schüler diesen Zugang nicht finden. In der gelben Spalte hingegen werden die Anwendungsprobleme den mathematischen Problemen zugrunde gelegt, es gibt ein praktisches Ziel. Daraus ergeben sich die innermathematischen Fragen. Erst deren Klärung macht die Problemlösung möglich. Damit ist das Erlernen der abstrakten Mathematik für die Lösung des Problems erforderlich. Die Frage „Wofür braucht man das?" wird damit überflüssig.

Fachsystematische Struktur (ohne garantierte Vollständigkeit)	**Möglichkeit von Anwendungen**	**Umstrukturierung zur lernförderlichen Reihung der mathematischen Inhalte**	**Anwendungen**
Parabeln	Anwendungen möglich	Parabeln	Viele Anwendungen aus Physik, Technik, Wirtschaft u. v. a. m.
Sekanten und Tangenten als Schnittpunktberechnung	Anwendungen möglich	Sekanten und Tangenten als Schnittpunktberechnung	Aus Anwendungsproblem begründet
Potenzfunktionen mit Randverhalten	Keine Anwendung	Von der Sekante zur Tangente über die mittlere Änderungsrate bis hin zur Schätzung der Steigung in einem speziellen Punkt	Konkrete Bearbeitung eines Anwendungsproblems mit konkreter Bestimmung der Steigung in einem Punkt

Fachsystematische Struktur (ohne garantierte Vollständigkeit)	**Möglichkeit von Anwendungen**	**Umstrukturierung zur lernförderlichen Reihung der mathematischen Inhalte**	**Anwendungen**
Funktionen höheren Grades	Anwendung schwierig	Verallgemeinerung der Vorgehensweise zur Ermittlung der Tangentensteigung in jedem x-beliebigen Punkt: • Differenzenquotient • Differentialkoeffizient • Grenzwert z. B. mittels h-Methode	Innermathematische Betrachtung in Anlehnung an die konkrete Problemlösung
Nullstellenverfahren: • Polynomdivision • Substitution • Ausklammern • pq-Formel	Keine Anwendung	Potenzregel und Faktorregel nur für die Parabel	Abgleich mit der gesuchten Lösung für das Ausgangsproblem
Grenzwerte	Keine Anwendung	1. Ableitung der Parabel über die Betrachtung der Summe aus Parabel und Gerade und der Summe der jeweiligen Steigungen	Rückführung auf das Ausgangsproblem
Mittlere Änderungsrate	Anwendung möglich	Steigung an beliebigen Punkten ermitteln	Anwendungen
Von der Sekantensteigung zur Tangentensteigung	Keine Anwendung	Parabeln erstellen unter Beachtung der Steigung als Information	Anwendungen
Differenzenquotient	Keine Anwendung	Änderungsraten ermitteln und nutzen	Anwendungen
Differentialquotient	Keine Anwendung	Grafisches Ableiten, Beschreiben der Änderungsraten und Feststellen der besonderen Eigenschaft im Scheitelpunkt	Anwendung
Potenzregel	Keine Anwendung	Extremwertaufgaben mit Nebenbedingungen	Anwendungen
Faktorregel	Keine Anwendung	Erweitern der Funktionsklasse auf ganzrationale Funktionen höheren Grades	Anwendung, z. B. Extremwertaufgaben m. Volumenoptimierung
Summenregel	Keine Anwendung	Potenzfunktionen und ihr Randverhalten	Aus Anwendung begründet
1. Ableitungen	Keine Anwendung	Pascalsches Dreieck und Binomialkoeffizienten $(x + h)^n$	Hausaufgabe, Übung zum Ausmultiplizieren von Termen, Erkenntnis über die Struktur des Pascalschen Dreiecks

Fachsystematische Struktur (ohne garantierte Vollständigkeit)	**Möglichkeit von Anwendungen**	**Umstrukturierung zur lernförderlichen Reihung der mathematischen Inhalte**	**Anwendungen**
Grafisches Ableiten	Anwendung möglich	Grafisches Ableiten	Aus Anwendung begründet
Hochpunktbestimmung mittels 1. Ableitung	Keine Anwendung	Erweiterung der Ableitungskompetenz auf Funktionen höheren Grades durch erneute Ermittlung der Differenzen und Differentialquotienten, Verallgemeinerung mittels Betrachtung des Pascalschen Dreiecks	Aus Anwendungsaufgaben begründet
2. Ableitung	Keine Anwendung	Ermittlung spezieller Extrempunkte, z. B. Optimierung	Anwendungen
Wendepunktbestimmung mittels 2. Ableitung	Keine Anwendung	Erweiterung der Betrachtung für Wendepunkte als extreme Änderungsraten.	Anwendungen
Art der Extrema mittels 2. Ableitung	Keine Anwendung	Nullstellenverfahren	Innermathematische Betrachtung
Art der Wendepunkte mittels 1. und 3. Ableitung	Keine Anwendung	Übung	Anwendungen
Vollständige Kurvendiskussion	Keine Anwendung		
Textaufgaben	Viele Anwendungen		

Abbildung 40: Tabelle zum Vergleich unterschiedlicher didaktische Strukturen am Beispiel „Einführung der Differentialrechnung"

Aus der Tabelle in Abbildung 40 wird ersichtlich, dass die Reihenfolge zur Herleitung der Differentialrechnung durchaus variiert werden kann. Die vollständige Kurvendiskussion ist für das Training einer Vorgehensweise erforderlich, nicht aber, um mathematische Erkenntnisse zu fördern. Sicherlich ist es sehr gut, wenn die Rechenfähigkeiten trainiert werden, jedoch ist es nicht lernförderlich, wenn über dem Training die mathematischen Zusammenhänge aus dem Blick verloren gehen. Ein Vorteil der vorgeschlagenen variierten Reihenfolge ist, dass es eine wirklich große Zahl an Anwendungen für Parabeln gibt. Mit Parabeln lassen sich viele Bauformen beschreiben. Ebenso gelingt die physikalische Beschreibung der Flugbahn eines geworfenen Körpers. Auch der senkrechte Wurf als Zusammenhang zwischen Flughöhe und Zeit kann mittels der quadratischen Funktion beschrieben werden. Auch wirtschaftliche Zusammenhänge können mittels Parabel modelliert werden. Das Bedürfnis, eine bestimmte Steigung oder Änderungsrate (z. B. Geschwindigkeit oder Grenzgewinn) zu ermitteln, kann sich direkt aus der Anwendung ergeben. Die Veränderung der Steigung beispielsweise kann mit der Verknüpfung zur Anwendungssituation bereits für die Parabel umfangreich erarbeitet werden. Die 2. Ableitung ist zur Festlegung der Art des Scheitelpunktes einer Parabel nicht erforderlich. Hinreichende Informationen zur Kategorisierung von Hoch- oder Tiefpunkt der Parabel sind, dass die 1. Ableitung an der Extremstelle null ist und das Vorzeichen des Formfaktors. Lediglich die Überlegungen zu Wendepunkten müssen zu einem späteren Zeitpunkt in Bezug z. B. auf ganzrationale Funktionen höheren Grades ergänzt werden. Dann wird auch die 2. Ableitung eingeführt.

Die Unsicherheit von vielen Schülerinnen und Schülern bezüglich der erforderlichen Handlungsschritte in einer Kurvendiskussion sollte auf diese Weise ausgeräumt sein. Die Unklarheiten führen häufig dazu, dass beispielsweise ein Funktion 4. Grades zur Berechnung der Nullstellen zunächst zwei Mal abgeleitet wird, weil die pq-Formel als Lösungsmethode so bequem erscheint. Diese fälschliche Vorstellung, die ein Vermischen von Nullstellen und Extremstellen und Wendestellen erzeugt, entfällt. Somit kann die Vorstellung über die Bedeutung der Ableitung abgesichert werden, bevor die Schülerinnen und Schüler den Überblick über die Zielsetzung ihrer Rechnung durch den Aufwand der Nullstellenermittlung verlieren.

Trotzdem können auch mit der vorgeschlagenen Reihenfolge wiederum Fehlvorstellungen entstehen, wie im Kapitel 3.5 am Beispiel Tangente und 1. Ableitung der quadratischen Funktion beispielhaft beschrieben wurde. Daran wurde bereits die Notwendigkeit der flexiblen Unterrichtsgestaltung dargelegt.

Die Ermittlung des Differenzialquotienten wird durch die Neustrukturierung des Unterrichtes nicht nur einmal im Unterricht behandelt, sondern im Sinne des spiraligen Prinzips im Abstand von wenigen Wochen ein weiteres Mal. Dies erfolgt, wenn es darum geht, die Extremstellen von Funktionen höherer Ordnung zu ermitteln. Die Zieltransparenz ist beim zweiten Mal wesentlich erhöht, sodass die Schülerinnen und Schüler ein tatsächlich vertieftes Verständnis erreichen können.

Das grafische Ableiten ist in Verbindung mit Anwendungen und deren Einheiten besonders einleuchtend. Es entstehen viele ungeahnte kognitive Konflikte, die es auszuschöpfen gilt. (Beispielsweise, dass die Beschleunigung groß sein kann, selbst wenn die Geschwindigkeit zu einem Zeitpunkt gerade gleich null ist. Oder dass die Einheit der Änderung des Grenzgewinns GE/ME^2 ist, siehe Abbildung 76.)

Auch für Extremwertprobleme gibt es sehr viele Anwendungen, die mittels Parabeln beschreibbar sind. Wird ein Extremwertproblem mit Nebenbedingungen zu einem späteren Zeitpunkt im Unterricht wieder aufgegriffen, haben Schülerinnen und Schüler nicht den Eindruck, dass sie sich für diesen Aufgabentyp wieder gedanklich rückwärts bewegen müssten. Im Gegenteil wirkt auch hier wieder das spiralige Prinzip, wenn aus der dem Extremwertproblem zugrunde liegenden Handlungssituation durch die Modellierung Funktionen entstehen, deren Grad $\neq 2$ ist. Zu deren Lösung ist die Bestimmung der Nullstellen und Wendestellen im Allgemeinen nicht nötig, häufig ergeben sich die Nullstellen der Zielfunktion bereits durch die faktorisierte Form, in der sie aufgestellt wird. Die Vielfalt der Perspektiven sollte soweit wie möglich erhöht werden, sodass die Schülerinnen und Schüler die Gelegenheit bekommen, die mathematischen Inhalte in ihrem vollen Umfang zu erkunden.

Werden die Ganzrationalen Funktionen in faktorisierter Form angegeben, können die Nullstellen direkt abgelesen werden. Dies gilt für alle Ganzrationalen Funktionen und kann daher an den Parabeln bereits erkundet werden. Führt man diese Betrachtung in verallgemeinerter Form weiter und lässt die Lernenden die Polynome ausmultiplizieren, so kann dies als Vorbereitung auf die Polynomdivision (Vorwärts- und Rückwärtsrechnung) genutzt werden. Die gezielte Auflösung der Polynome eröffnet zusätzlich einen strukturierten und verallgemeinerbaren Zugang zur Potenzregel der Differentialrechnung. Die in Abbildung 41 dargestellte innermathematische Betrachtung macht den Lernenden besonders viel Freude, weil sie selber innermathematische Strukturen entdecken können.

$(x+h)^0 = 1 =$
$(x+h)^1 = x + h =$
$(x+h)^2 = (x+h)(x+h) =$
$(x+h)^3 = (x+h)(x+h)(x+h) =$
$(x+h)^4 = (x+h)(x+h)(x+h)(x+h) =$
...

x^0
$x^1 + h^1$
$x^2 + 2x^1h^1 + h^2$
$x^3 + 3x^2h^1 + 3x^1h^2 + x^0h^3$
$x^4 + 4x^3h^1 + 6x^2h^2 + 4x^1h^3 + h^4$

Darstellung der Systematik beim Ausmultiplizieren bis zu $(x + h)^4$:

$(x+h) = x + h$
$(x+h)^2 = (x+h)(x+h) = x^2 + 2xh + h^2$ binomische Fomel

$(x+h)^3 = (x+h)(x+h)(x+h)$
$= (x^2 + 2xh + h^2)(x+h)$
$= x^3 + 2x^2h + 1xh^2$
$\quad + 1x^2h + 2xh^2 + h^3$

$= x^3 + 3x^2h + 3xh^2 + h^3$

$(x+h)^4 = (x+h)(x+h)(x+h)(x+h)$
$= (x^3 + 3x^2h + 3xh^2 + h^3)(x+h)$
$= x^4 + 3x^3h + 3x^2h^2 + 1xh^3$
$\quad 1x^3h + 3x^2h^2 + 3xh^3 + h^4$

$= x^4 + 4x^3h + 6x^2h^2 + 4xh^3 + h^4$

...

1
1 1
1 2 1
1 3 3 1
1 4 6 4 1
1 5 10 10 5 1
...

Erkenntnis: Der Exponent über x sinkt um jeweils 1 von links nach rechts, während der Exponent über h von Null beginnend nach rechts um 1 steigt.

Durch das geschickte Untereinanderschreiben beim Ausmultiplizieren (siehe schriftliches Multiplizieren in der Grundschule), wird deutlich, dass die Binomialkoeffizienten der Folgezeile aus der Summe zweier benachbarter Faktoren entstehen. Die Multiplikation wird fehlerfreier dadurch, dass die Produkte genau untereinander geschrieben werden und dabei die Exponenten direkt überprüft werden können.
Das Pascalsche Dreieck entsteht so als Betrachtung einer Folge.
Die Binomialkoeffizienten wie auch die einzelnen Produkte sind gleichzeitig die Vorbereitung auf die Binomialwahrscheinlichkeiten, bei denen $(x + h)$ ersetzt wird durch $(p + q)$, mit p als Prozentsatz der Trefferwahrscheinlichkeit und q als Gegenwahrscheinlichkeit.

$$m_t = \lim_{h \to 0} \frac{f(x+h) - f(x)}{h}$$
$$m_t = \lim_{h \to 0} \frac{x^n + nx^{n-1}h + \cdots + h^n - x^n}{h}$$
$$m_t = \lim_{h \to 0} \frac{nx^{n-1}h + \cdots + h^n}{h}$$
$$m_t = \lim_{h \to 0} \frac{h \cdot (nx^{n-1} + \cdots + h^{n-1})}{h}$$
$$m = \lim_{h \to 0} (nx^{n-1} + \cdots + h^{n-1}) = nx^{n-1}$$
$$f'(x) = nx^{n-1}$$

Aus der Entwicklung der Funktionswerte für $f(x + h)$ wird ersichtlich, dass jeweils der erste Summand durch das Abziehen von $f(x)$ entfällt und durch das Kürzen von h nach dem Grenzübergang jeweils nur der 2. Summand geteilt durch h als Grenzwert zurückbleibt. Somit wird nicht nur entdeckt, dass der Exponent durch die Bildung der 1. Ableitung vor dem x steht und der Exponent um Eins vermindert wird, es wird auch deutlich, warum dies so ist und dass dies für alle Potenzfunktionen mit dem Exponent ≥ 0 gilt. Dass dies auch für negative Exponenten gilt, wird dadurch jedoch noch nicht nachgewiesen!

Abbildung 41: Entwicklung des Pascalschen Dreiecks für die Herleitung der Differentialrechnung

Am Beispiel der Arbeit mit ganzrationalen Funktionen in Verbindung mit der Einführung der Differentialrechnung wurde verdeutlicht, dass es sich lohnt, über die didaktische Reihenfolge im Unterricht, abhängig von der Schülerschaft und der Schulform immer wieder neu nachzudenken. Des Weiteren wurde gezeigt, dass die anwendungsbezogene Herangehensweise abstrakte Zusammenhänge mit konkreten Vorstellungen verknüpfen lässt. In Kapitel 4.1 wird die Durchführung einer Lernsituation dargestellt, aus der beispielhaft zu entnehmen ist, wie diese innermathematische Betrachtung in den Anwendungszusammenhang gebracht werden kann.

4.3 Darstellung eines konkreten schülerzentrierten Lehrgangs am Beispiel Optimierung mittels Differentialrechnung

Im Folgenden wird der vollständige Unterrichtsgang für die Bearbeitung einer Lernsituation zum Thema „Optimierung eines Kästchens anhand eines Unterrichtsprotokolls" vorgestellt. Mit dieser Darstellung möchte ich deutlich machen, dass der handlungsorientierte Unterricht ein klares Ziel verfolgt, in diesem Fall die Berechnung von Extremwerten mittels Differentialrechnung. Andererseits soll hier an einem realen Beispiel deutlich werden, welche Gedankengänge innerhalb einer von mir beliebig herausgegriffenen Klasse durchlaufen werden können. Es geht also nicht darum, einen perfekten Unterricht vorzustellen, sondern vielmehr einen flexibel durchgeführten, schülerzentrierten und handlungsorientierten Unterricht lebendig werden zu lassen. In einer anderen Klasse werden ähnliche Gedanken in anderer Reihenfolge auftreten können. Manche Überlegungen sind für diese Klasse spezifisch, manche wiederum kann ich direkt in meinen Unterrichtsgang einplanen. Die Einstiegssituation stellt sich wie folgt dar:

Für die Lagerung von Kleinteilen in der Werkstatt sollen aus vorhandenen Blechen mit der Größe eines DIN-A4-Bogens Kästchen gebaut werden, welche ein möglichst großes Fassungsvermögen haben. Das Blech wird an der Abkantbank abgekantet (umgebogen) und an den Seiten anschließend verschweißt.

Welche Maße hat das Kästchen? (In einer nicht technisch ausgerichteten Klasse kann das Material des Kästchens variieren und auch der Inhalt für die Kästchen an die Interessenslage der Schülerinnen und Schüler angepasst werden.)

Um das Problem modellhaft bearbeiten zu können, erhielten die Lernenden farbiges DIN-A4-Papier. Auf diese Weise konnte eine günstige Planung durchgeführt werden, bevor das Blech zugeschnitten, abgekantet und anschließend verschweißt werden sollte. Als kleiner Anreiz wurde auch noch ein Preis ausgelobt. Derjenige, der das Kästchen mit dem größten Volumen erzeugte, erhielt einen Riegel Schokolade.

Alle Schüler bastelten eifrig und diskutierten ihre Arbeit. Die Ergebnisse wurden festgehalten:

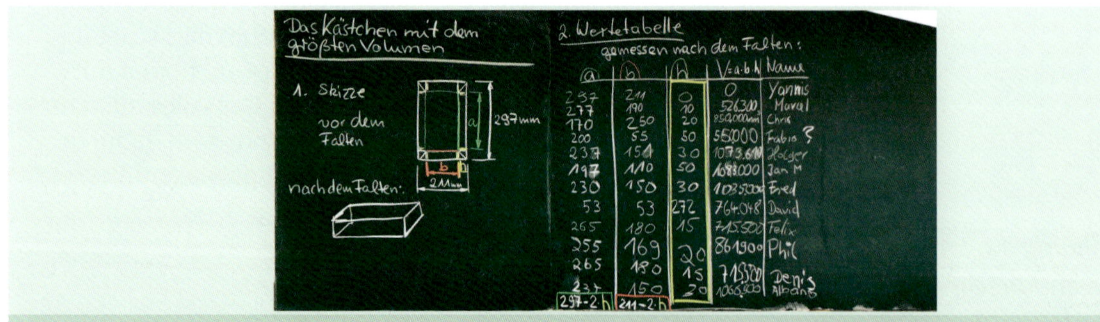

Abbildung 42: Tafelbild zur **Informieren-Phase** *der Lernsituation „Optimiertes Kästchen"*

Man achte auf die eindeutige Farbzuordnung. In der von den Schülern selber erstellten Darstellung des aufgefalteten Kästchens sind die Maße in Millimetern eingetragen. Die noch zu ermittelnden Maße werden durch Buchstaben in jeweils unterschiedlichen Farben bezeichnet. Diese Farben finden sich in der von den Schülern selber erstellten Wertetabelle wieder. Die Wertetabelle ergibt sich aus den teils unterschiedlichen Bauformen für die Kästchen und den teils ungenauen Messungen. Daher findet sich auch wenigstens an einer Zeile ein Fragezeichen, da dieser Wert den Schülern suspekt vorkam. Jan hatte schließlich den Wettbewerb gewonnen, auch wenn dies aus dieser Darstellung noch nicht so genau ablesbar war.

Der folgende Satz deutet auf den kognitiven Konflikt, der aus der Betrachtung der Wertetabelle und des protokollierten Satzes entstand. Der Widerspruch zwischen Erwartung und selbst gemessenen Werten animierte die Schüler dazu weiter zu denken.

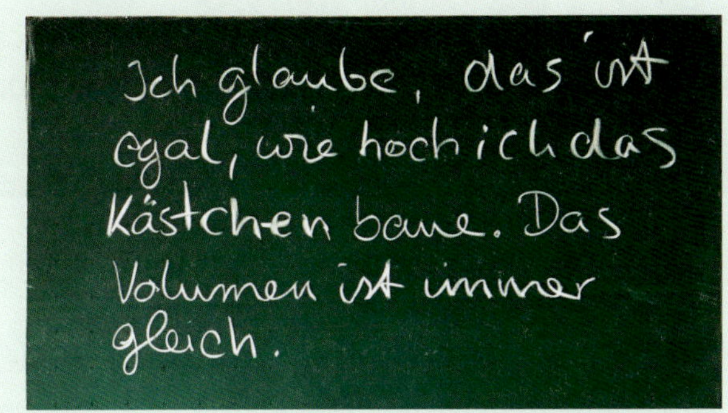

Abbildung 43: Tafelprotokoll des mehrfach in der Klasse geäußerten Zweifels an der Notwendigkeit der Bearbeitung der Problematik

Es begann die Planen-Phase des Unterrichtes, in der das Problem von vielen Seiten her mathematisch beleuchtet wurde. Die Kästchen wurden auf dem Tisch derart angeordnet, dass der Zusammenhang zwischen dem Volumen der Kästchen und der jeweiligen Kästchenhöhe verdeutlicht und auch der entstehende Graph der Volumenfunktion sichtbar wurde (siehe Abbildung 44).

Abbildung 44: Visualisierung des Zusammenhangs zwischen Höhe und Volumen des Kästchens

Da nun deutlich wurde, dass es einen funktionalen Zusammenhang geben müsste, wurde die Wertetabelle genauer betrachtet und die Berechnung der einzelnen Längen thematisiert. Daraus ergab sich die Formulierung der Nebenbedingungen und schließlich die funktionale Beschreibung des Zusammenhanges zwischen Höhe und Volumen: $V(h) = (297 - 2h)(211 - 2h) \cdot h$.

Die Durchführen-Phase des Unterrichtes begann, ohne dass sich die Klasse bereits genauere Gedanken zur Methodik gemacht hätte. Die Entscheiden-Phase entfiel, da die Schüler innerhalb des gesamten Klassenverbandes rege über die Problematik diskutierten. Die Klärung des funktionalen Zusammenhangs erforderte ein individuelles Arbeiten mit der Möglichkeit, sich mit den Nachbarn auszutauschen. Daher fanden sich die Schüler automatisch in kleinen Gruppierungen zusammen. Die Funktion wurde von den Schülern in den Taschenrechner programmiert und grafisch angezeigt. Auf diese Weise konnte die Frage nach dem tatsächlichen Optimum mittels grafischer Lösung sehr schnell geklärt werden.

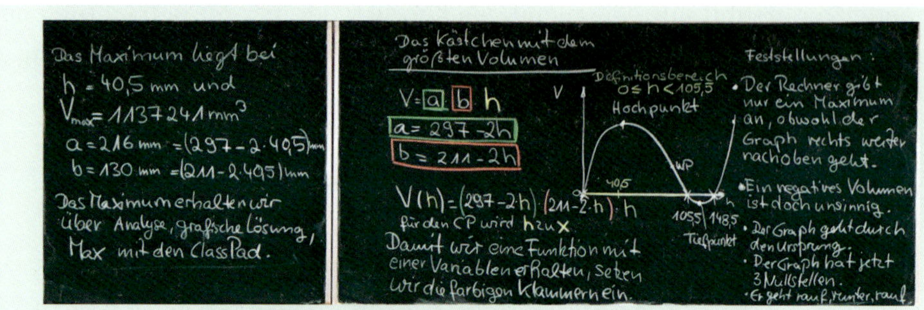

Abbildung 45: Dokumentation der vollständigen Lösung zum optimierten Kästchen

In der Kontrollieren-Phase wurden die Ergebnisse gemeinsam im Plenum zusammengetragen und vervollständigt. In der anschließenden Bewerten-Phase wurden die Beobachtungen und Fragen benannt und dokumentiert.

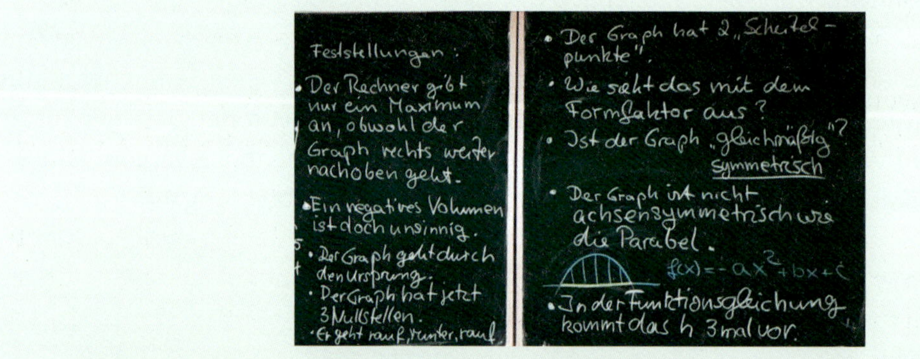

Abbildung 46: Feststellungen der Schüler in der ersten Reflexionsphase

Die vielen Fragen und Beobachtungen, die die Schülerschaft in dieser Phase formulierte, wurden an der Tafel festgehalten, ohne dass diese bereits gewertet wurden. Dadurch entstand eine sehr offene mathematische Unterhaltung, die schließlich dazu führte, dass das mathematische Problem am Ende des ersten Durchlaufes der Phasen der vollständigen Handlung formuliert werden konnte. Das Sachproblem hatten die Schüler schnell gelöst, aber die vielen mathematischen Fragen legten die Grundlage für die Weiterarbeit.

Die Schüler legten das Ziel für die kommenden Unterrichtsstunden fest. Sie planten, sich mit der neuen Funktion – ganzrational, höherer Ordnung – auseinanderzusetzen, um das Problem der Berechnung des maximalen Kästchenvolumens auch ohne Taschenrechner lösen und ähnliche Probleme ebenfalls angehen zu können. Den Einstieg in die nächste Unterrichtseinheit bildete die Reflexion über die Vorgehensweise zur Lösung von Anwendungsproblemen im Allgemeinen. Dafür wurde der Modellbildungskreislauf thematisiert, sodass die Schülerschaft aus einer Metaebene auf ihre eigenen Handlungen blicken konnte. Je bewusster sich Schülerinnen und Schüler über ihre eigenen Gedankenschritte sind, desto sicherer können sie auch in Leistungssituationen zielgerichtet agieren.[39]

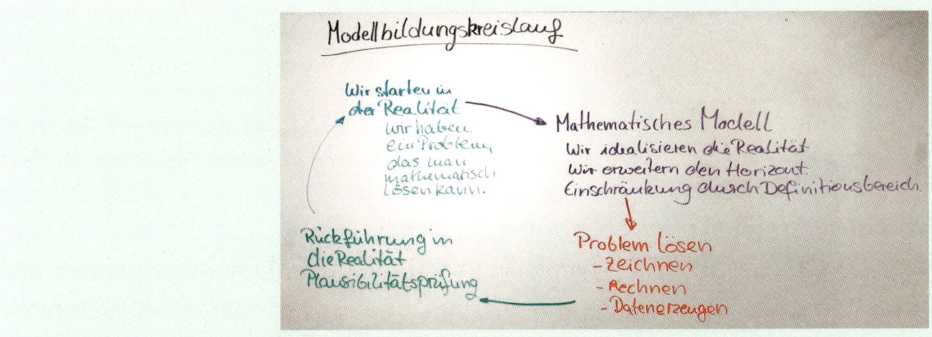

Abbildung 47: Einfache Betrachtung des Modellbildungskreislaufes zur Motivation der reflektierten Betrachtung der Mathematik

In der vollständigen Handlung kann die Metakognition der Schülerschaft bezüglich ihrer Handlungen, ihrer Arbeitsweise, ihrer Haltungen und der Ausweitung der Fachkompetenz der Bewerten-Phase zugeordnet werden. In diesem Unterrichtsgang war diese Phase besonders umfangreich.

Im Plenum wurden Schülerfragen zusammengetragen, aus denen sich die folgenden Tafelbilder ergaben. Ihre Fragen bildeten den Einstieg in den jeweils nächsten Gedankenschritt. Die Berechnungen und grafischen Darstellungen, die der Rechner so schnell übernommen hatte, sollten auch rechnerunabhängig durchführbar werden. Zunächst war dies das Lehrziel, im Verlauf der Unterrichtsbeschreibung wird jedoch deutlich werden, wie daraus Lernziele wurden. Die dargestellte Phase zeigt deutlich, wie die Bedürfnisse der Lernenden in die Unterrichtsplanung einbezogen werden können:

Eine erste Frage wurde von einem Schüler ungefähr wie folgt formuliert: „Wie ändert sich der Verlauf des Graphen, wenn das Format des Papieres geändert wird?“ Sie bildete den Einstieg in die folgende Arbeitsphase.

Dazu untersuchten die Schüler mittels Taschenrechner und eigenen angenommenen Werten die Graphen und verglichen diese im Plenumsgespräch. Die Lage und die Art der Extrempunkte und Nullstellen wurde qualitativ beschrieben. Ein Sonderfall, den sich ein Schüler ausgedacht hatte, wurde gemeinsam herausgegriffen und an der linken Tafelseite fixiert.

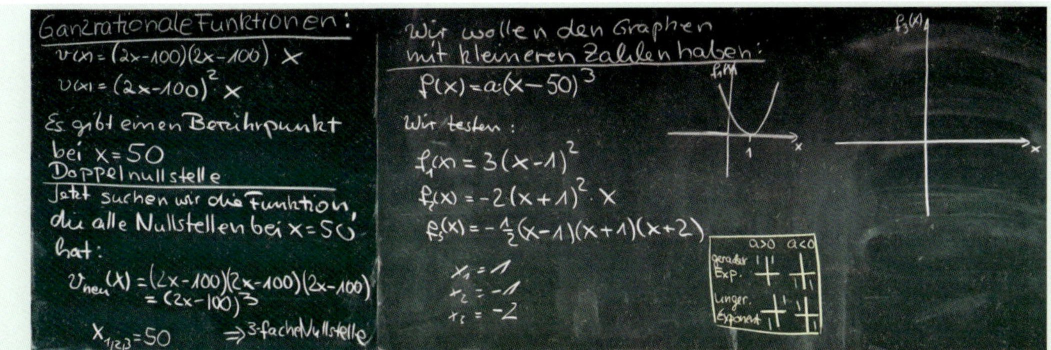

Abbildung 48: Untersuchung des Einflusses der Papierabmessung auf die Berechnung des Kästchenvolumens

39 Vgl. Hefendehl-Hebeker, L. (2003): Erkenntnisgewinn in der Mathematik. In: Leuders, T. (Hg.): Mathematikdidaktik – Praxishandbuch für die Sekundarstufe I und II. Cornelsen Verlag Scriptor GmbH, S. 118.

Aus der Überlegung zum quadratischen Papier und zur beobachtbaren doppelten Nullstelle entwickelte sich die Fragestellung auch nach der Funktionsvorschrift, für die alle drei Nullstellen in einem Punkt zusammenfallen sollten. Diese Überlegung knüpfte an die zurückliegenden Überlegungen zur Lage des Scheitelpunktes der Parabel an. Die Schüler entwickelten ihre Kompetenzen durch ihre eigenen Fragestellungen mittels spiraligem Prinzip weiter.

Aus den Überlegungen zum Verlauf der Graphen ergaben sich auch die Funktionen f_1 bis f_3 in Abbildung 48.

Die Schüler versuchten die Graphen ohne Nutzung des Taschenrechners zu zeichnen, scheiterten jedoch. Daraufhin wurde gemeinsam über ganzrationale Funktionen im Allgemeinen und Potenzfunktionen im Speziellen diskutiert. Das Ergebnis ist in Abbildung 49 dargestellt. Einfache Potenzfunktionen, die dazugehörige Wertetabelle und die jeweiligen Graphen wurden untersucht und visualisiert. Die Vorzeichenregel (minus mal minus = plus) wurde erneut bewusstgemacht. Verwendung fand der Taschenrechner ebenso wie das Kopfrechnen. Unterschiedliche Ergebnisse wurden von der Schülerschaft verglichen und geklärt.

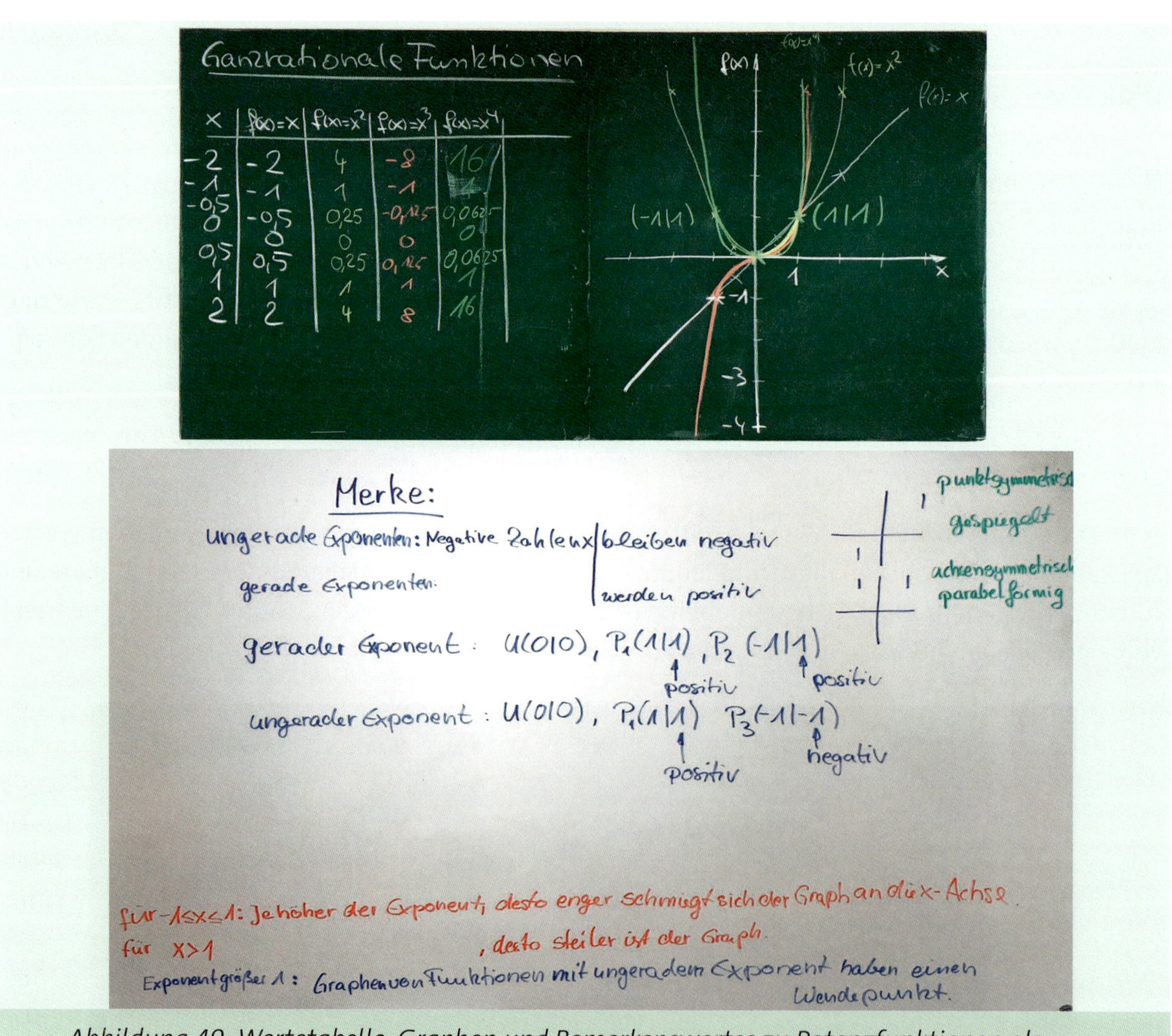

Abbildung 49: Wertetabelle, Graphen und Bemerkenswertes zu Potenzfunktionen als Sonderfälle ganzrationaler Funktionen

Die weiteren Überlegungen zu den Graphen ganzrationaler Funktionen wurden wie folgt festgehalten:

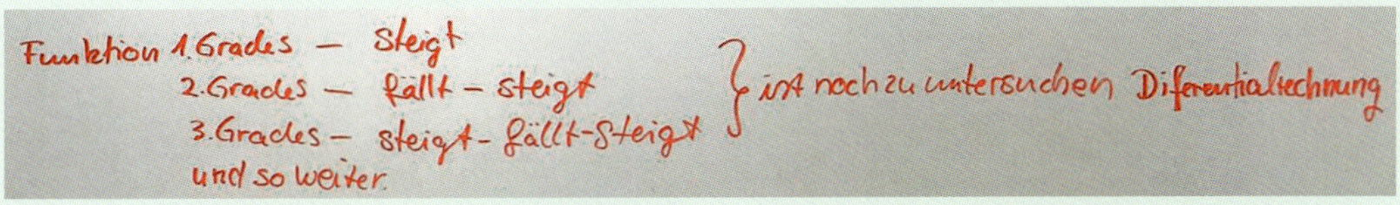

Funktion 1. Grades – steigt
2. Grades – fällt – steigt
3. Grades – steigt – fällt – steigt
und so weiter
} ist noch zu untersuchen Diferentialrechnung

Abbildung 50: Erster Ansatz zur Beschreibung der Kurvenverläufe ganzrationaler Funktionen

In dieser Unterrichtseinheit war es nicht erforderlich, den Unterricht durch von der Lehrkraft erstellte Arbeitsblätter zu strukturieren. Die Schülerfragen wurden dem Unterricht zugrundegelegt und ermöglichten eine tiefgehende und dabei schülerzentrierte Vorgehensweise. Der in Abbildung 50 festgehaltene Schülerbeitrag machte deutlich, dass eine nähere Untersuchung der Kurven mittels Steigungsuntersuchung und Differentialrechnung durchgeführt werden sollte. Die Idee, die Kurvenverläufe über ihr Steigungsverhalten zu beschreiben, wurde fixiert, um die Idee wertzuschätzen. Diese Idee konnte auch im folgenden Unterricht wieder aufgegriffen werden.

Solche Schülerbeiträge sind wahre Schätze, die gewürdigt und festgehalten werden müssen, auch wenn sie nicht sofort ausgewertet werden sollen oder können. Sie liefern geeignete Begründungen für die von der Lehrkraft geplanten gedanklichen Auseinandersetzungen mit Mathematik.

Im weiteren Verlauf des Unterrichtes wollten die Schüler, wie bei Parabeln, die Nullstellen verschieben. Der Vergleich zeigte, dass sich am Grundprinzip der faktorisierten Form nichts ändert. Sie hielten die Erkenntnis fest, dass die Nullstelle aus dem Klammerterm abgelesen werden kann, wenn das Vorzeichen der Zahl in der Klammer umgedreht wird.

Die Lehrkraft fragte anschließend nach der Funktionsgleichung, die die Verschiebungen der Graphen einfacher Potenzfunktionen allgemeingültig beschreibt. Kleine Impulse, die auf bereits Bekanntes hinweisen, regen die Denkvorgänge an.

Die Gedanken werden wieder dort abgeholt, wo sich die Schülerschaft bereits sicher ist. Die Frage lautete: Wie muss die Funktionsgleichung heißen, wenn der Graph um 1 nach rechts verschoben ist?

Die Schüler konnten schnell schließen, dass in der Funktionsgleichung die Variable x durch $(x - 1)$ ersetzt werden musste. Sie stellten fest, dass auch in diesem Fall die Erkenntnisse zu Parabeln wiederum auch für Funktionen höheren Grades Bestand haben. Die Dokumentation zeigt, dass die Erkenntnis nicht durch eine einmalige Betrachtung einer Funktion bei allen Schülern gleichzeitig reifte. Die Schüler erarbeiteten sie sich durch die intensive und auch wiederholte Auseinandersetzung mit der Problematik in immer wieder leicht variierter Form. Damit konnte weiter geschlossen werden, dass aus der faktorisierten Form der Funktion die Nullstellen abgelesen werden können, auch wenn nicht alle in einem Punkt zusammenfallen. Das Randverhalten der Graphen ergab sich aus dem Grad der Funktion über die in Abbildungen 49, 51 und 53 festgehaltenen Bedingungen. Die Schüler beschrieben, dass die Spiegelung an der x-Achse durch das negative Vorzeichen des Formfaktors erreicht wird. Das Tafelbild aus Abbildung 51 verdeutlicht die kleinen didaktischen Schritte, die immer wieder auf Bekanntes zurückgreifen und gleichzeitig einen großen Lernschritt nach vorne bewirken.

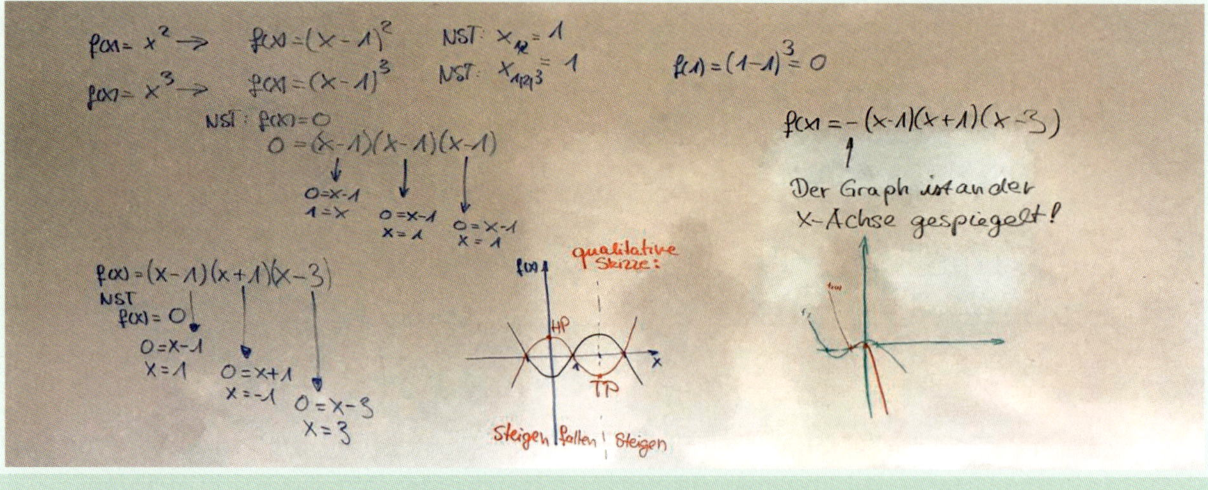

Abbildung 51: Tafelbild: Von der Potenzfunktion zur Ganzrationalen Funktion

Parallel zum gesamten Unterricht wurden die Aspekte, die für die Schüler wichtig sind, am Whiteboard fixiert. Hier wird auch deutlich, dass Fachbegriffe nach dem spiraligen Prinzip wieder aufgegriffen und ergänzt werden (Symmetrieverhalten und Differentialrechnung). Die Schüler weisen mit ihren Überlegungen bereits selber darauf hin, dass die Differentialrechnung weiterentwickelt werden muss. Dazu werden die folgenden Fragen gestellt:

- Wie kann man den Verlauf des Graphen genauer untersuchen?
- Wie kann man feststellen, wo genau der Wendepunkt liegt und wie kann man die Lage der Hoch- und Tiefpunkte genau bestimmen?

Die Antwort der Lehrkraft darauf lautet: Dafür benötigen wir mehr Kenntnisse über die Differentialrechnung.

Für Parabeln wurde diese bereits hergeleitet und umfangreich angewendet. Trotzdem hatten die Schüler hier noch Unsicherheiten, die im Folgenden soweit möglich aufgelöst werden sollten. Um die offenen Fragen nicht zu vergessen wurden diese am Whiteboard festgehalten:

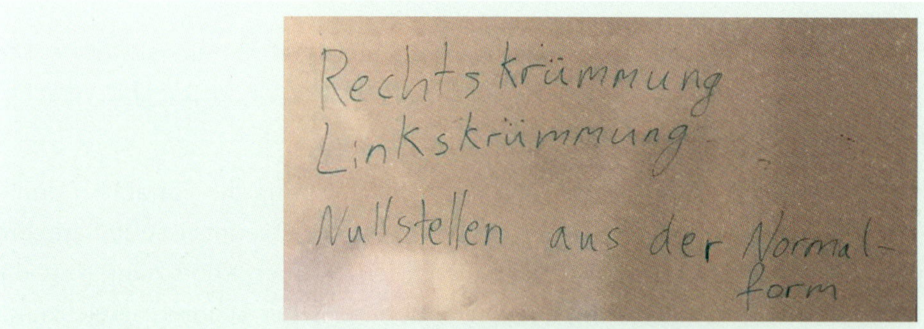

Abbildung 52: Themenspeicher für die folgenden Stunden

Die Schüler erhielten ein Arbeitsblatt mit einer lernförderlichen Aufgabenreihung, welches sie zu Hause weitgehend mit Unterstützung des Taschenrechners bearbeiten konnten. Auf diese Weise war es ihnen zu Hause möglich, die Graphen anhand von Nullstellen und Extrempunkten zu zeichnen. Zur rechnerfreien Analyse waren sie jedoch noch nicht befähigt. Die Schüler formulierten in der nächsten Stunde ihren eigenen Lernbedarf. Die Lehrkraft protokollierte ihn auf der linken Tafelseite. Die Fragenbearbeitung wurden mit dem geschickten Ausmultiplizieren, dargestellt auf der Tafelinnenseite, begonnen.

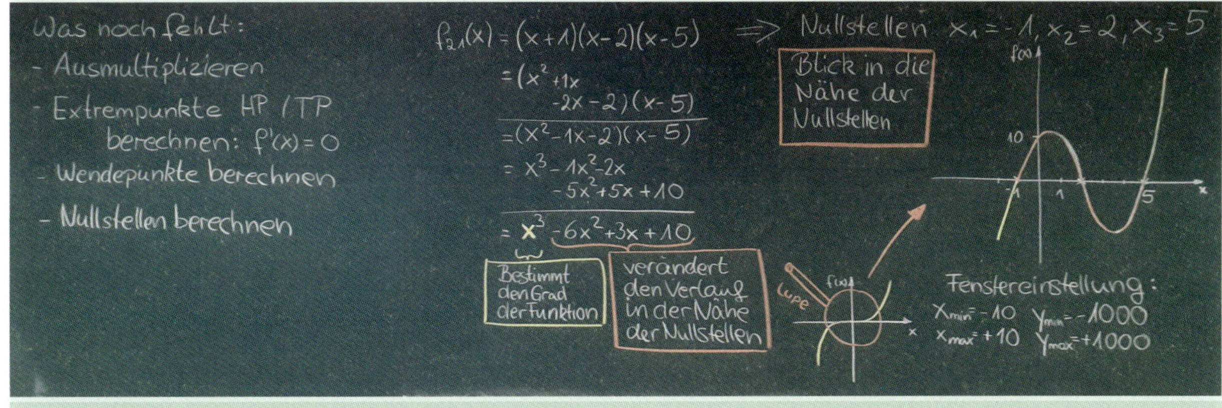

Abbildung 53: Arbeitsplanung der Schüler zur Analyse ganzrationaler Funktionen

Für das Ausmultiplizieren wurde auf die schriftliche Multiplikation von mehrstelligen Zahlen zurückgegriffen. Das geschickte Anordnen der einzelnen Summanden untereinander erleichterte das Zusammenfassen und Sortieren. Siehe auch Abbildung 41: Die Fehleranfälligkeit wird durch diese Multiplikationsmethode deutlich reduziert.

In der vorangegangenen Stunde wurde bereits das Randverhalten angesprochen. Wie jedoch das Randverhalten auch auf die ganzrationalen Funktionen im Allgemeinen zu übertragen ist, sollte im weiteren Unterricht ergründet werden, weil Schüler diese Frage stellten.

Daran ist wieder festzustellen, dass die Kompetenzen auf dem Niveau **Nennen** und **Verstehen** noch nicht gleichbedeutend mit dem Niveau **Anwenden** und **Analysieren** sind.

Die Schüler fragten, welche Informationen man aus der ausmultiplizierten Form der Funktionsgleichung erhalten könne. Dieses wurde als Erkundungsauftrag an die gesamte Klasse weitergegeben, die ihren CAS-Rechner einsetzte. Zunächst unterschied sich das eingestellte Grafikfenster bei allen Schülern. Somit ergaben sich ganz unterschiedliche Betrachtungsmöglichkeiten und Perspektiven auf den Graphen der Funktion f_{21} (siehe Abbildung 53), die im Plenum verglichen wurden. Um eine gemeinsame Grundlage für die Beobachtung zu schaffen, einigten sich die Schüler auf drei unterschiedliche Fenstereinstellungen:

y-Achseneinteilung zwischen $y = \pm 7$, $y = \pm 50$ und $y = \pm 1000$

Das Ergebnis dieser Betrachtungen waren die folgenden Erkenntnisse:

- Das Randverhalten wird durch den Grad der Funktion beschrieben, der sich aus der Potenzfunktion mit der größten Potenz innerhalb des Funktionsterms ergibt.
- Der Restterm innerhalb des Funktionsterms führt zur Veränderung des Kurvenverlaufes in unmittelbarer Nähe zu den Nullstellen. Betrachtet man also nur den kleinen Ausschnitt des Graphen in der Nähe der Nullstellen, so ist dort die Vermutung aus Abbildung 50 für den positiven Formfaktor zu bestätigen. Zoomt man dagegen weit hinaus, so ist nur noch die Form der bestimmenden Potenzfunktion zu sehen. Damit wird deutlich, dass tatsächlich das Randverhalten der ganzrationalen Funktionen durch die Potenzfunktion des höchsten Grades festgelegt ist. Die Erkenntnis wurde über die **Anschauung** und das **Probieren** gewonnen.
- Zusätzlich wurde festgestellt, dass der y-Achsenabschnitt in der ausmultiplizierten Form direkt ablesbar ist. Hier kann die Erkenntnis durch **Schließen** von der linearen und quadratischen Funktion auf die Funktionen höheren Grades gewonnen werden.

Weitere Aufgaben wurden im Anschluss zur Übung gelöst, Funktionsterme ausmultipliziert, mit dem CAS-Rechner überprüft und die Graphen gezeichnet. Auch die Bedeutung des Formfaktors wurde in diesem Zuge gefestigt.

Ein folgendes Arbeitsblatt mit weiteren Funktionen, sortiert in lernförderlicher Aufgabenreihung, führte dazu, dass die Schüler wiederum mittels Taschenrechner die Graphen zeichneten. Die Genauigkeit der Darstellungen war jedoch wenig zufriedenstellend, sodass die Schüler die Funktionen gerne genauer untersuchen wollten. Die Unsicherheit der Lernenden bezüglich der Wahl der geeigneten Fenstereinstellungen, warf die Frage nach einem rechnerischen Weg zur Bestimmung der Nullstellen auf. Sicherlich wäre es auch möglich, diese mittels grafischer Lösung oder z. B. des *Solve*-Befehls zu erhalten. Die Lernenden wollten jedoch ihre eigene Selbstsicherheit weiterentwickeln, indem sie selber wüssten, wie sie eigenständig rechnen müssten. Auf diese Weise könnten sie sich auch erklären, warum welche Lösungen vom Taschenrechner ausgegeben werden.

Als erstes Nullstellenberechnungsverfahren wurde das Ausklammern aufgegriffen, das ein halbes Jahr vorher bezüglich der Parabel Anwendung gefunden hatte. Zu der ersten Aufgabe des Arbeitsblattes überlegte sich ein Schüler gleich eine entsprechende ähnliche zweite, bei der nicht das x^2, sondern gleich x^3 ausgeklammert werden konnte (siehe Abbildung 54). Auch die Vielfachheit von Nullstellen wurde in diesem Zug durch die Schüler aufgegriffen und durch die grafische Darstellung in Abbildung 54 verdeutlicht.

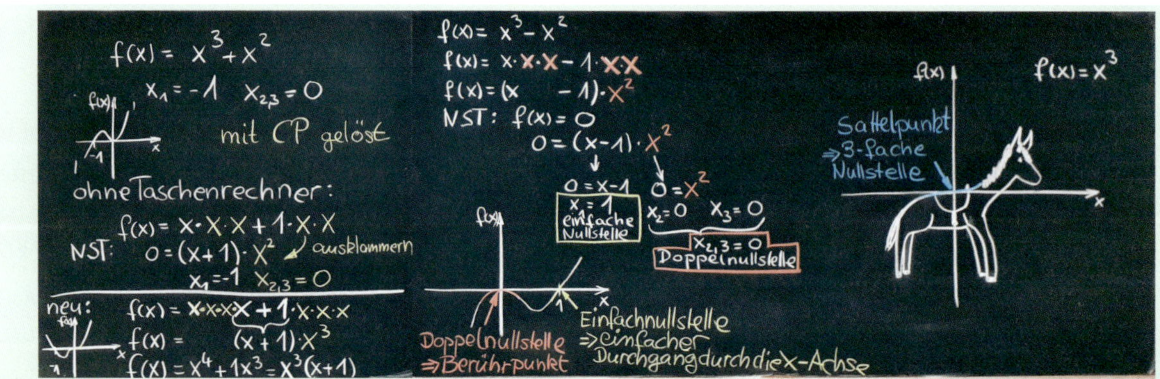

Abbildung 54: Überlegungen zur Vielfachheit von Nullstellen und Auswirkungen auf dem Graphen

Die Diskussion über die Dreifachnullstelle ergab einen weiteren sehr interessanten gedanklichen Exkurs. Der Graph der Funktion aus dem Tafelbild in Abbildung 55 wurde von allen Schülern als einfache Potenzfunktion mit einer Verschiebung lediglich in y-Richtung interpretiert und gezeichnet. Trotzdem stellten sie sich die Frage, ob diese Funktion nicht an der Stelle $x = 1$ eine Dreifachnullstelle hätte und damit ein Sattelpunkt zu erwarten sei. Wir nutzten gemeinsam einfache Überlegungen zu Komplexen Zahlen, um diese Fragestellung zu klären. Die Schüler wurden dazu angeregt, die Lösung mittels CAS-Rechner zu bestimmen und zwischen den Einstellungen „Reelle Zahlen" und „Komplexe Zahlen" zu wechseln. Mit der Einstellung „Reell" wurde lediglich eine Lösung ausgeworfen, der Taschenrechner vermeldete dazu jedoch nicht die Vielfachheit. Daher war die Überraschung groß, als der Rechner durch die Einstellungsänderung zu komplexen Zahlen drei Lösungen ausgab. Die Darstellung der komplexen Lösungen mittels Einheitskreis in der Komplexen Zahlenebene wurde in Form eines Lehrervortrages erläutert und mit den Erfahrungen der Schüler mit Drehstrom und der Phasenverschiebung, den Blindwiderständen von kapazitivem und induktivem Widerstand in Verbindung gebracht. Hierzu wurden in diesem Zusammenhang keine weiteren Übungen durchgeführt und auch das Thema „Komplexe

Zahlen“ nicht weiter thematisiert. Dieser Ausblick wurde in dieser Schulform für alle Interessierten angeboten und dann auf ein mögliches anschließendes Studium verwiesen.

Folgende Erkenntnisse konnten festgehalten werden:

- Im Reellen gibt es in diesem Fall nur eine Lösung, die Frage nach der Vielfachheit ist jedoch immer sinnvoll.
- Die sichere Auswahl der geeigneten Zahlenmenge verbessert die Anwendung des technischen Hilfsmittels.
- Das Ziehen der 3. Wurzel wird als Umkehrung der 3. Potenz abgesichert.

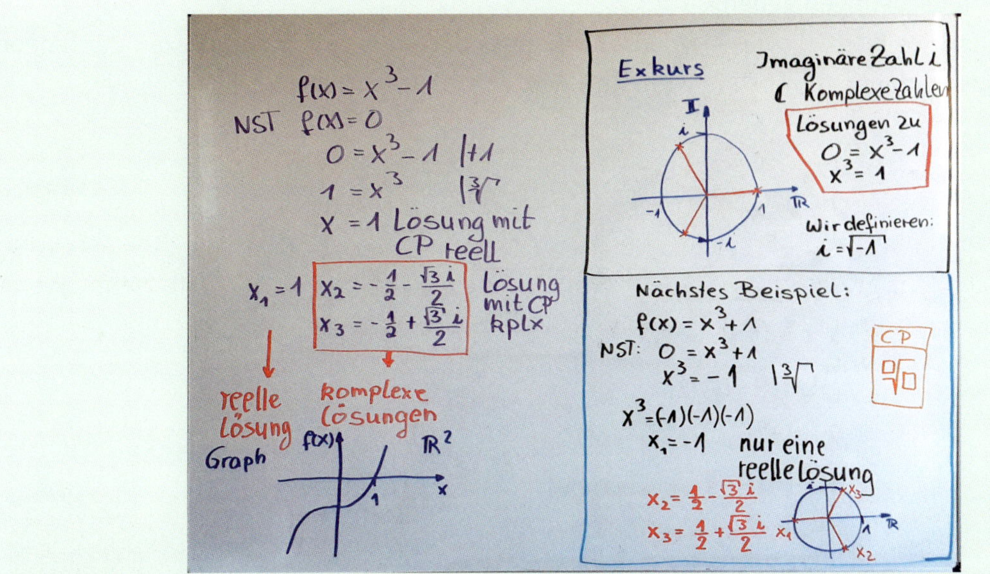

Abbildung 55: Überlegungen zum Thema „Vielfachheit von Nullstellen und komplexe Zahlen“

Die Frage nach der Vielfachheit und der imaginären Zahl stand auch noch in der folgenden Stunde im Raum und wurde daher erneut aufgegriffen. Beharrlich fragten die Schüler solange nach, bis sie mit der Vorstellung der Wurzel aus einer negativen Zahl leben konnten.

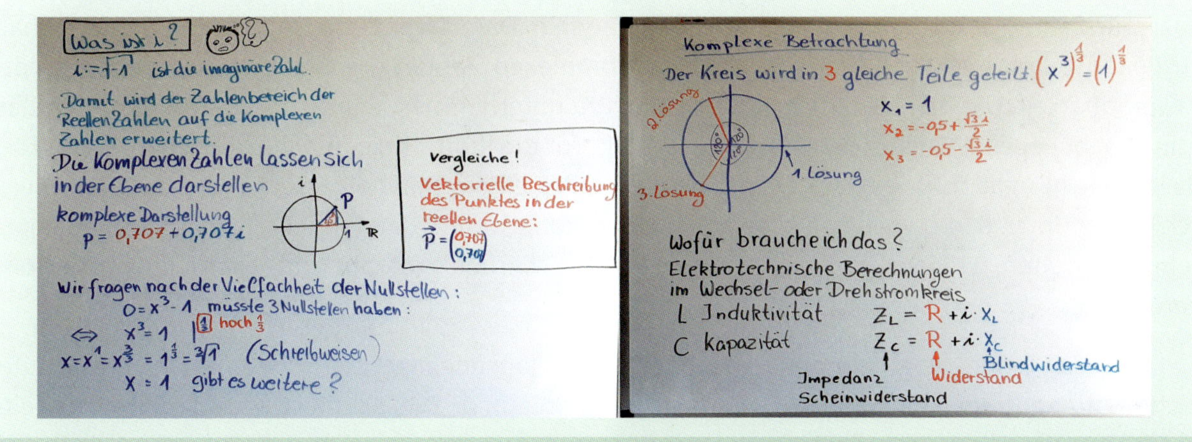

Abbildung 56: Vertiefende Überlegungen zur komplexen Lösung einer Gleichung höherer Ordnung

- Die Schüler sammelten daran Erkenntnisse zur Existenz der imaginären Zahl „i“ und der Darstellung Komplexer Zahlen in der Zahlenebene anstatt auf dem reellen Zahlenstrahl.
- Sie verglichen die Darstellung der Komplexen Zahlen mit der vektoriellen Darstellung, bemerkten jedoch, dass sie über die möglichen Verknüpfungen der Komplexen Zahlen noch keine Kenntnisse hatten.
- Sie fanden heraus, dass die Wurzelschreibweise durch die Potenzschreibweise ersetzt werden kann.
- Sie stellten fest, dass die Anzahl der Nullstellen vom Grad des Exponenten abhängt, dass jedoch für ihre Berechnungen nur die reellen Lösungen von Belang sind, auch wenn es im Komplexen weitere Lösungen geben kann.
- Die Schreibweise hoch ⅓ wies sie darauf hin, dass der Kreis in der komplexen Zahlenebene ausgehend von der ersten Lösung gedrittelt wird.

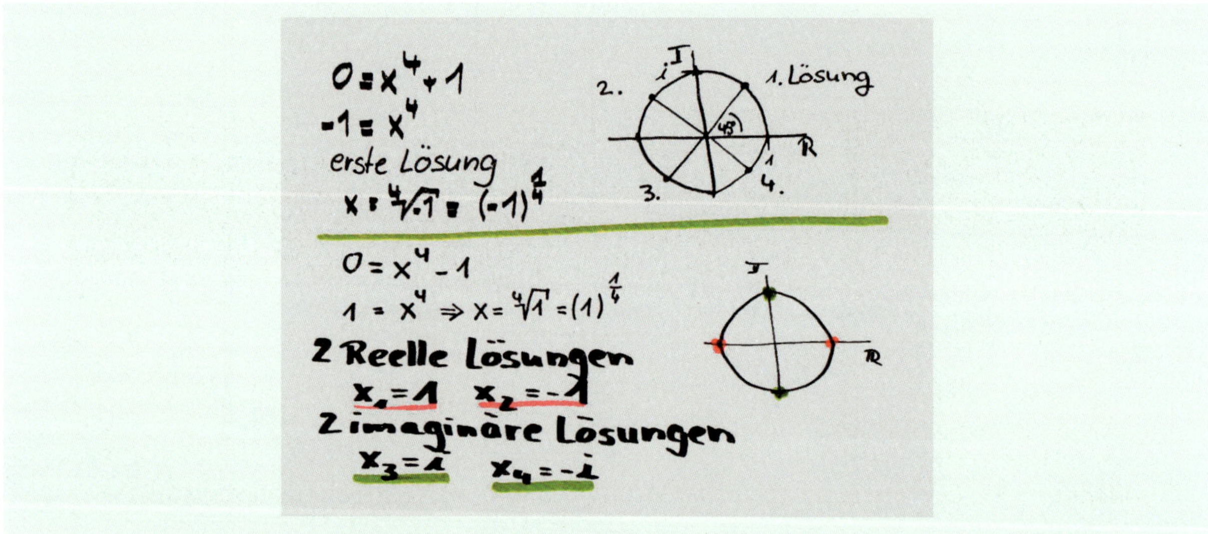

Abbildung 57: Tafelbild: Lösung der Gleichungen $0 = x^4 + 1$ und $0 = x^4 - 1$

Entsprechend können die Lösungen für die 4. Wurzel mit dem Exponenten ¼ aus dem Kreis in der komplexen Zahlenebene ausgelesen werden, indem ausgehend von der ersten Lösung, der Kreis wiederum geviertelt wird. Liegt dann eine Lösung auf dem reellen Zahlenstrahl, so wird symmetrisch dazu auch eine zweite Lösung im Reellen zu finden sein. Damit war diese Frage für die Schülerschaft zufriedenstellend geklärt. Weitere Fragen zu Komplexen Zahlen ergaben sich aus der Frage der Anwendbarkeit. Um hier keinen zu großen Exkurs zu unternehmen, wurde nur das für diese Schülerschaft naheliegende Thema der „Hochvolttechnik“ für die Kraftfahrzeugtechniker genannt und kurz dargestellt. Es gab in der Klasse einige, die sich unter einem Blindwiderstand und der Phasenverschiebung durch den Einbau von kapazitiven oder induktiven Widerständen etwas vorstellen konnten. Für weitere Fragen wurden sie durch den Fächerübergriff auf das Fach „Elektrotechnik“ verwiesen.

Dieser Exkurs zeigt exemplarisch, dass die Gedankengänge der Schülerinnen und Schüler nicht entlang einer fachsystematischen Struktur ablaufen. Die Schülerfragen könnten beiseite geschoben werden, jedoch zeigt dieser beispielhafte Unterrichtsgang, dass gerade das Aufnehmen dieser Fragen zu neuen Erkenntnissen für alle Schülerinnen und Schüler führen kann. Sowohl Leistungsträgerinnen und -träger als auch durchschnittliche und schwächere Schülerinnen und Schüler werden mitgenommen, können ihren Horizont erweitern und damit mehr Sicherheit für die weiteren Fragen bezüglich der Ganzrationalen Funktionen erhalten.

Die weiteren Verfahren zur Nullstellenberechnung wurden zunächst in dieser Klasse nicht weiter thematisiert. Sie wurden auch nicht erfragt! In dieser Schulform wurde der CAS-Rechner eingeführt und somit erschien es zunächst nicht weiter erforderlich, sich mit der Polynomdivision und dem Substitutionsverfahren zu befassen. Die Schülerschaft ahnte auch noch nichts von diesen möglichen Methoden und konnte daher auch nicht danach fragen. Auch Näherungsverfahren waren aufgrund der vorhandenen Technologie zunächst nicht erforderlich. Vielmehr interessierte sich die Klasse für die zweite Frage aus Abbildung 53: Wie berechnet man die Extrempunkte?

Der Weg war geebnet, die Differentialrechnung ausgehend von den quadratischen Funktionen auf Ganzrationale Funktionen im Allgemeinen zu übertragen. Das folgende Tafelbild in Abbildung 58 zeigt, wie noch vor der Herleitung der Potenzregel die Vorkenntnisse zusammengetragen wurden. Die Ergänzung der Grafik schaffte Transparenz für alle, bezüglich der nun folgenden abstrakten Betrachtungen und Herleitung. Die Klarheit über das gemeinsame Ziel war geschaffen und auch zwischendurch konnte während der Herleitung immer wieder gezeigt werden, warum man sich gemeinsam auf die Suche nach einer einfachen Berechnung der Extrempunkte begab.

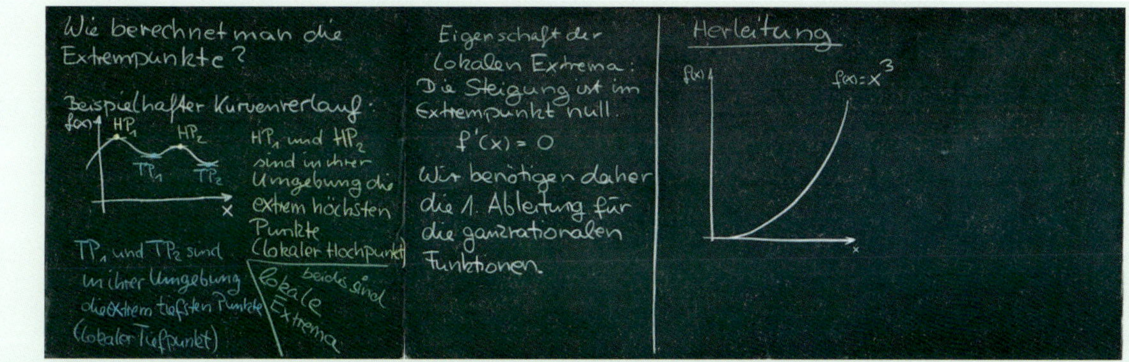

Abbildung 58: Tafelbild: Grundlegende Überlegungen zur Berechnung von Extrempunkten

Aufgrund der durch die Lehrkraft vorgegebenen Idee, die Entwicklung des Ausdruckes $(x + h)^n$ zu untersuchen, stellten die Schüler die Frage nach den Potenzgesetzen, indem sie nach der Begründung für die Aussage $a^0 = 1$ fragten. Schon wieder zeigt sich die Wichtigkeit von Exkursen.

Die Geduld der Schülerschaft wurde jetzt tatsächlich auf die Probe gestellt. Allerdings stellte sie die Fragen selber und diese intrinsische Motivation beflügelte sie, beharrlich bei der Sache zu bleiben. Die Grundlagen zur Herleitung der Differentialrechnung waren im Zuge der Herleitung für quadratische Funktionen teilweise bereits gelegt worden, mussten jedoch erweitert werden. Da aber bereits einmal bezüglich der Parabel ein einfacher Berechnungsweg gefunden worden war, vertrauten die Schüler auch diesmal darauf, dass sich der gedankliche Weg lohnen würde.

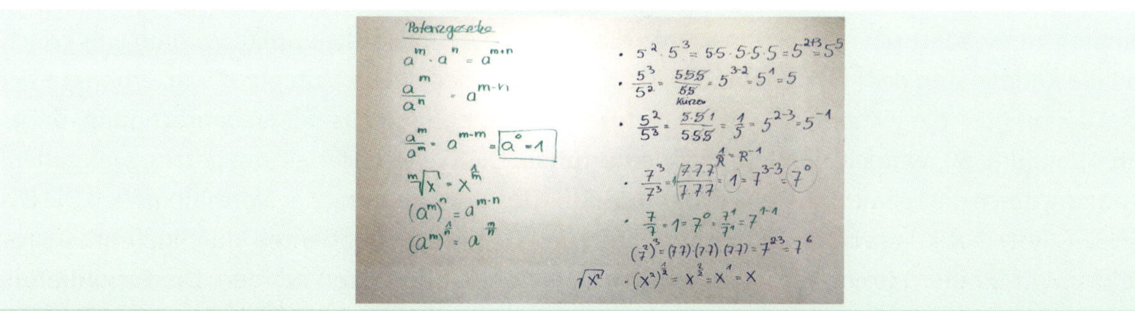

Abbildung 59: Tafelbild zur Zusammenstellung der Potenzgesetze (Vorgehen: erst konkret, dann allgemein zu entwickeln!)

Mit den neuen Kenntnissen konnten die Schüler nun auch anfangen, das Pascalsche Dreieck zu entwickeln. Hierfür haben sie zunächst die ersten vier Zeilen handschriftlich berechnet, danach wurde es ihnen mühsam. Die Lehrkraft wies darauf hin, dass es ein System zu entdecken gäbe:

Die Schüler vermuteten, dass außen immer die 1 stehen müsse. Dass der Exponent über x abnehme, während er über h nach rechts hin zunehme und dass die Summe der Exponenten immer gleich der Hochzahl über (x + h) sei. Sie beobachteten die Symmetrie und folgerten schließlich aus der Betrachtung der schriftlichen Multiplikation auf die Berechnung der roten Zahlen aus jeweils der Summe der schräg darüber stehenden roten Zahlen. Zu dieser Erkenntnis kamen sie in unterschiedlichen Tempi, wobei die Lehrkraft sich in dem Moment völlig zurückzog, als sie bemerkte, dass vier Schüler das System entdeckt hatten. Die gesamte Klasse diskutierte intensiv, bis für jeden das System deutlich wurde. Einzelne Lernende wurden wiederum von der Lehrkraft aufgefordert, jeweils auch mit Unterstützung der Klasse, eine weitere Zeile zu notieren.

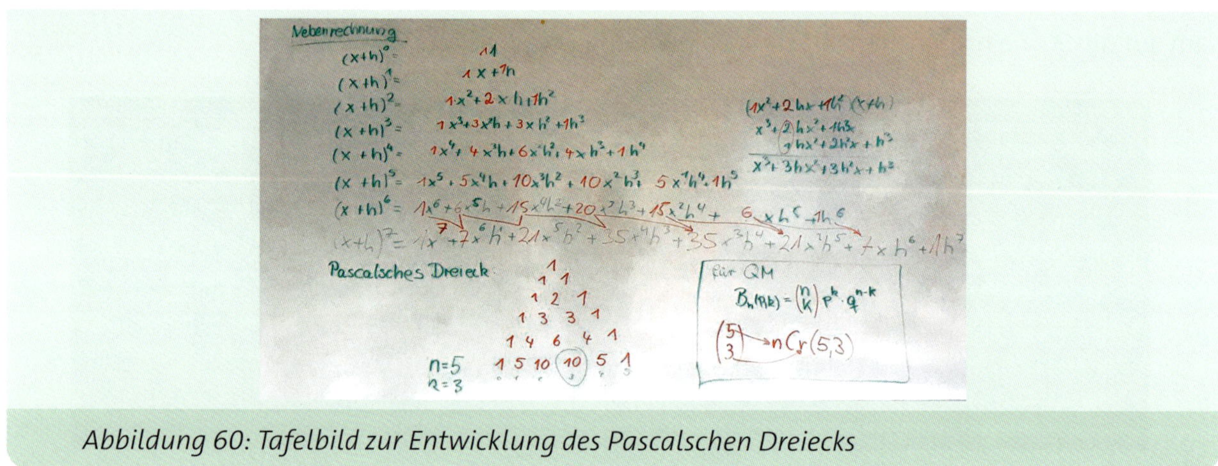

Abbildung 60: Tafelbild zur Entwicklung des Pascalschen Dreiecks

Für diejenigen, die sich noch an ihren Unterricht im Qualitätsmanagement erinnerten, wurde auch noch die Analogie zur Binomialwahrscheinlichkeit dargelegt. Die Schülerschaft hatte ihre neuen Erkenntnisse zum Ausmultiplizieren von Termen eingeübt und auf diese Weise eine wunderschöne Gesetzmäßigkeit selber entdeckt. Sie erhielt zusätzlich den Überblick über die Reichweite ihrer Entdeckung, indem ein Themen- oder Fächerübergriff ermöglicht wurde.

Als Hausaufgabe erhielten die Schüler den Auftrag, in ihren Unterlagen die Herleitung der 1. Ableitung für die Parabel zu recherchieren und analog diese für $f(x) = x^3$ zu entwickeln. Ziel der nächsten Stunde: Herleitung der Potenzregel für die Ableitung ganzrationaler Funktionen. Eine Schülermitschrift wurde von einem Mitschüler der gesamten Klasse über die Messengergruppe zur Verfügung gestellt, sodass in der Folgestunde kein Schüler und keine Schülerin unvorbereitet einsteigen musste (siehe Abbildung 61). Somit konnte in der Folgestunde direkt mit der Herleitung begonnen werden. Ganz analog zur quadratischen Funktion wurde die Funktion definiert, die Punkte wurden eingezeichnet und die Koordinaten der Punkte benannt. Da dies bereits der zweite Durchlauf war, erübrigte sich eine Diskussion über die y-Koordinate des Punktes Q. Die Ergebnisse aus der Nebenrechnung, dargestellt in Abbildung 60, wurden problemlos übernommen. Die weitere Herleitung gelang weitgehend selbstständig durch die Schülerschaft, analog zur Herleitung der Ableitung der Normalparabel. Die Diskussion der Systematik, mit der die Umformungen des Differenzenquotienten durchgeführt wurde, konnte von den Schülern leicht auf weitere Potenzfunktionen übertragen werden. Die Formulierung der Potenzregel gelang schnell, jedoch mussten diejenigen Schüler, die sie benennen konnten, diese auch noch ihren Mitschülern erklären. Sie erläuterten die gesamte Herleitung erneut und verdeutlichten den Zusammenhang mit dem Pascalschen Dreieck. Zwei Aspekte kamen hier zusammen:

- Der erste Summand mit x^n entfällt aufgrund der Differenzbildung.
- Aus dem zweiten Summanden, welcher im Exponenten zu x nur noch (n-1) stehen hat, wird durch Kürzen das h eliminiert, sodass nur noch der Ausdruck nx^{n-1} übrigbleibt. Er erfährt auch durch den Grenzübergang vom Differenzenquotient zum Differentialquotient keine Veränderung, während die weiteren Summanden aufgrund des Satzes vom Nullprodukt entfallen, wenn h null wird.

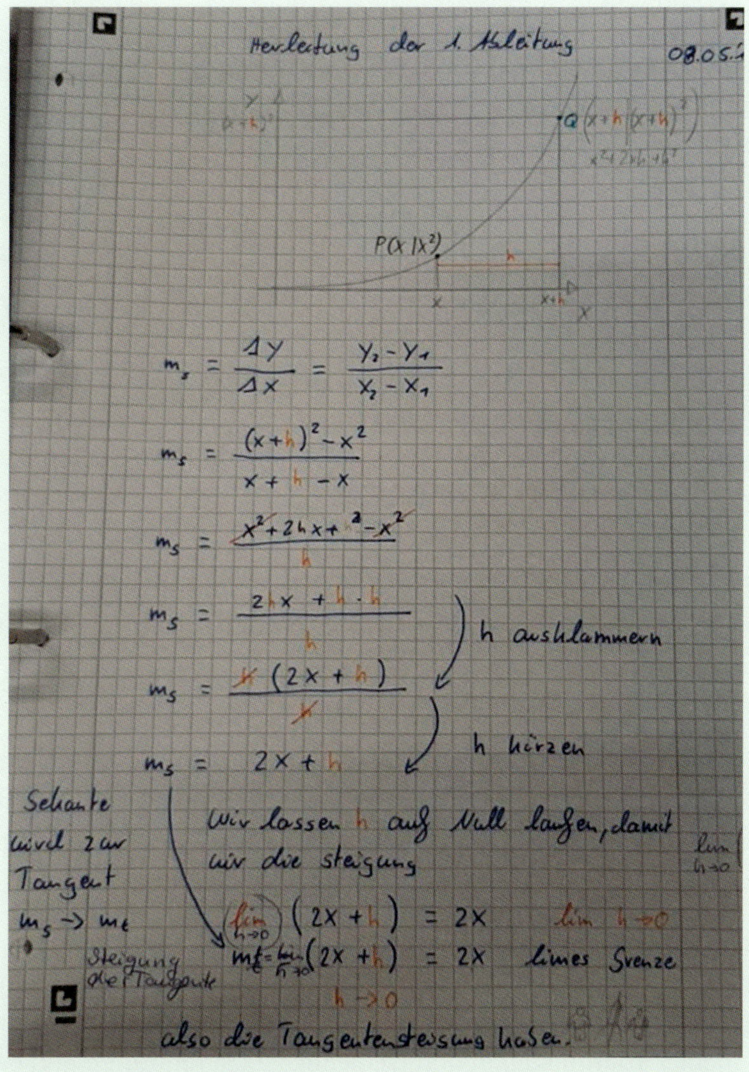

Abbildung 61: Schülermitschrift zur Herleitung der 1. Ableitung der Quadratischen Funktion

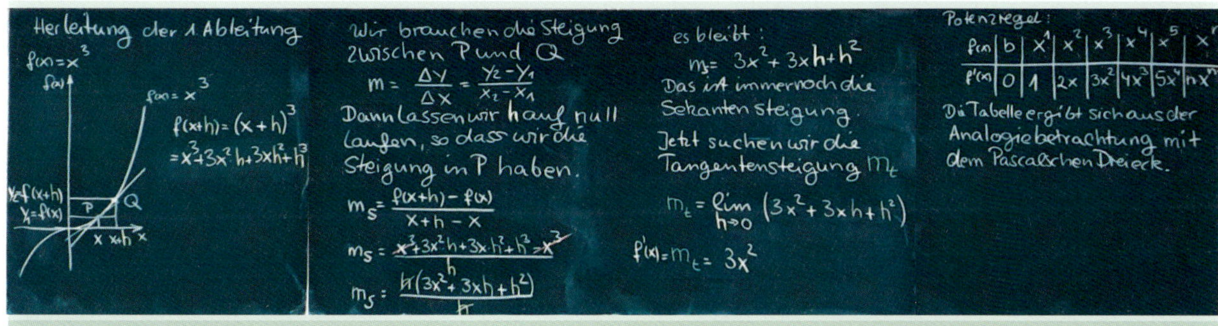

Abbildung 62: Herleitung der Potenzregel für die Ableitung der Potenzfunktionen

Die Faktorregel wurde innerhalb weniger Minuten an der Tafel gemeinsam dadurch ergänzt, dass im gesamten Tafelbild aus der Funktion f(x) die Funktion kf(x) wurde. Die Summenregel und die Konstantenregel waren nicht mehr neu und somit wurden diese Regeln von der Schülerschaft direkt und sicher angewandt.

Das Ziel der gesamten Arbeit durfte natürlich nicht aus den Augen verloren werden. Daher wurde auf die Ausgangsfrage zurückgegriffen. Es wurde geklärt, ob die eingangs gestellte Frage nach der Berechnung der Extrempunkte nun gelöst werden könne.

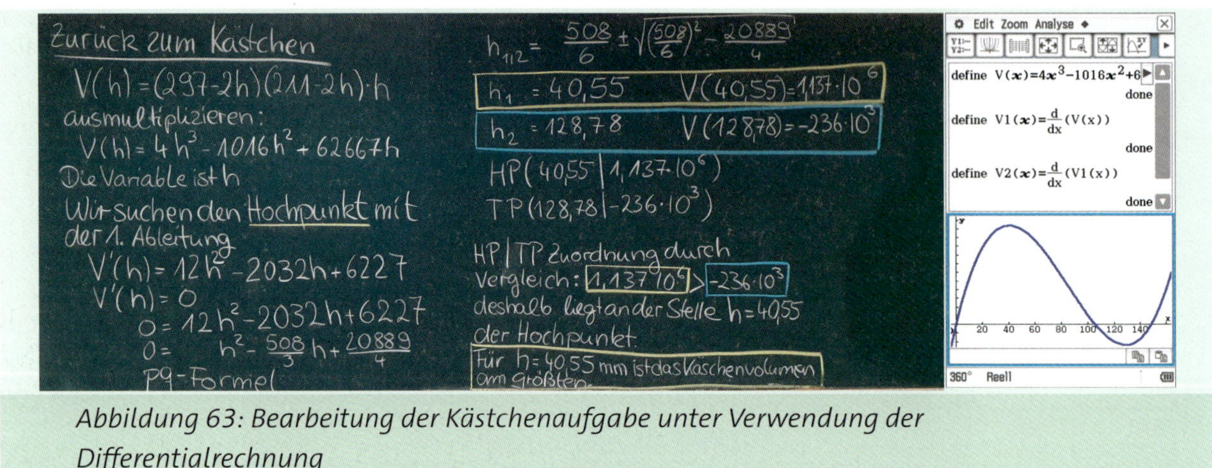

Abbildung 63: Bearbeitung der Kästchenaufgabe unter Verwendung der Differentialrechnung

Die selbstständig ermittelten Werte wurden mit den anhand des Rechners bestimmten verglichen und auch die Nutzung des CAS-Rechners dargelegt. Meine Schüler forderten die Diskussion über die eigenständige, saubere, zeichnerische Darstellung des Graphen. Sie waren nicht damit zufrieden, dass der Taschenrechner ihnen die Arbeit abnahm.

Für solch eine Unterrichtsentwicklung reicht es aus meiner Sicht, wenn eine Person fragt. Aus meiner Erfahrung heraus kommen solche Fragen fast immer aus der Schülerschaft. Wenn es mir selber wichtig ist, kann aber auch ich diese Person sein. In einem Unterricht auf Augenhöhe dürfen alle Anwesenden ihre Fragen stellen, sowohl die Lernenden als auch die Lehrenden.

Die Konsequenz, mit der immer wieder eingefordert wird, die mathematischen Vorgänge rechnerunabhängig durchzuführen, führe ich einerseits darauf zurück, dass Schülerinnen und Schüler mit technischem Schwerpunkt möglicherweise eine größere Neigung für die Mathematik verspüren. Ich gehe aber aufgrund meiner Erfahrungen in unterschiedlichen Schulformen und beruflichen Fachrichtungen davon aus, dass auch die Erfahrung der Schülerschaft, dass in Klassenarbeiten und Prüfungen Handwerkliches geprüft wird, eine Rolle spielt und dass die vielen kleinen Erfolgserlebnisse und das Glücksgefühl größer sind, wenn man eine Leistung tatsächlich selber erbracht hat. Immer wieder stelle ich fest, dass die Schülerinnen und Schüler sich freuen, wenn sie erfolgreich selber gedacht haben. Ich schließe daraus, dass die Schülerinnen und Schüler im Mathematikunterricht trotz des Einsatzes oder möglicherweise gerade aufgrund des Einsatzes von höherer Rechnertechnologie, ein großes Selbstbewusstsein und eine geeignete Selbstsicherheit bezüglich ihrer Problemlösekompetenz entwickeln, sodass sie sich sehr gerne und freudig mit dem Selberdenken befassen. Sie fordern das Wissen ein und lassen nicht locker, bis sie selber zufrieden sind. Hierbei stelle ich auch fest, dass im Verlauf eines Unterrichtsganges die Rolle der fordernden Person durchaus von unterschiedlichen Schülerinnen und Schülern eingenommen wird und nicht von der jeweiligen Leistungsfähigkeit abhängt. Das folgende Tafelbild zeigt die Lösung der Problemstellung. Das maximale Volumen und die dazugehörigen Abmessungen des Kästchens waren gesucht. Auf der rechten Tafelseite wurde der Graph für die

Volumenfunktion gezeichnet und während des Gespräches ergänzt. Die Schüler zeigten sich unzufrieden damit, dass sie den Graphen nicht genau genug zeichnen konnten, weil aus ihrer Sicht die Lage des Wendepunktes noch nicht berechnet wurde. Diese Einwände kamen wieder nur von wenigen, regten aber die gesamte Gruppe an, darüber nachzudenken. Es zeigte sich, dass es Schüler mit Vorkenntnissen gab oder auch Schüler, die zwischendurch in ihrem Fachbuch oder im Internet recherchiert hatten und damit auf die Fachbegriffe gestoßen waren, die sie dann aber im Unterricht gerne klären wollten.

Wieder wurden Vorkenntnisse und Fragen in einer Grafik zusammengetragen. An den mathematischen Drehsinn wurde erinnert und mit ihm begründet, dass die Krümmung im Tiefpunkt positiv und im Hochpunkt negativ sein muss. Wenn man eine Ableitung machen kann, warum auch nicht eine zweite? Die Eigenschaften der 1. Ableitung in Bezug auf die Funktion müssten auch für die 2. Ableitung in Bezug auf die 1. Ableitungsfunktion gelten. Auf diese Weise konnten die Schüler die Grafik selber entwickeln. Der konkrete Rechengang wurde ebenfalls mit der Volumenfunktion des Kästchens durchgeführt. Die Übertragung der Vorkenntnisse aus der Betrachtung der Parabeln auf die Funktionen höheren Grades führte zu einem umfangreichen Lernzuwachs bezüglich der Differentialrechnung. Der gesamte Lernzuwachs entsprang dabei der Problemstellung des optimierten Kästchenvolumens.

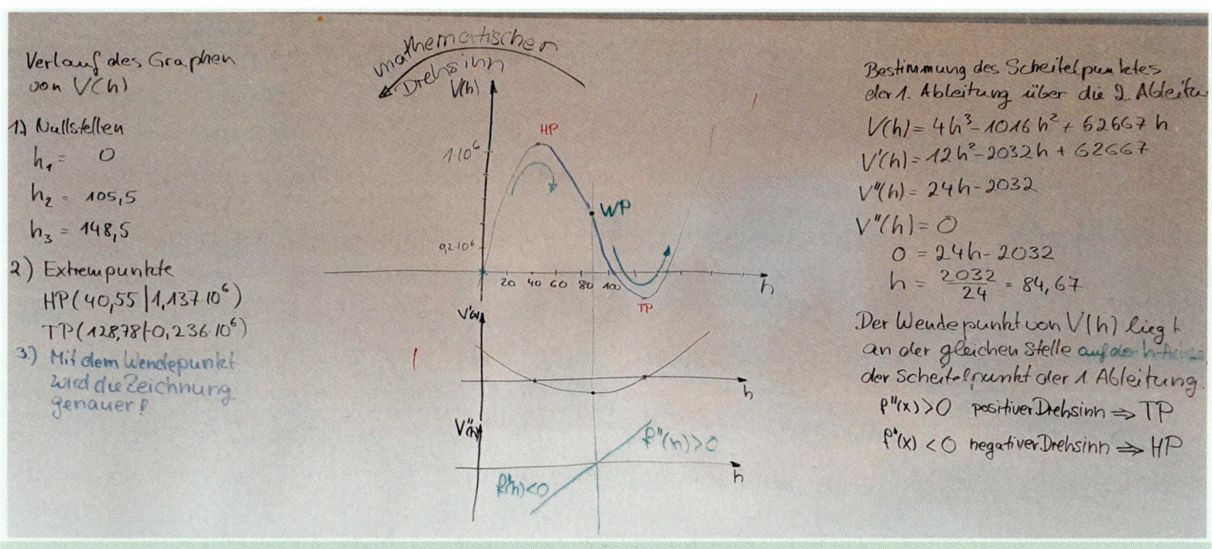

Abbildung 64: Analyse des Graphen der Volumenfunktion und seiner Ableitungsgraphen

Anhand der ausführlichen Darstellung eines Unterrichtsganges konnte ich aufzeigen, wie die Gedankengänge der Schülerschaft den Unterrichtsablauf prägten und wie die Schüler in die Planung des Unterrichtes einbezogen wurden. Auf diese Weise wurden mathematische Erkundungen durchgeführt, die möglicherweise den Rahmen der fachsystematisch geplanten Vorgehensweise sprengen könnten.

Ich ziehe allerdings den Schluss, dass es gelingt, durch flexible Abweichungen von einem festgelegten Plan, die Schülerschaft im Ganzen anzuregen, mitzudenken, beharrlich zu sein und sich wertgeschätzt und wichtig für den gesamten Prozess zu fühlen. Sie übernehmen Verantwortung, nicht nur für ihren eigenen Lernfortschritt, sondern auch für den ihrer Mitschülerinnen und Mitschüler. Sie sind neugierig auf die Ideen der anderen und aktivieren selber ungeahnte Möglichkeiten. Der dargestellte Unterrichtsgang soll als Beispiel für flexiblen, schülerzentrierten Unterricht stehen, auch wenn an verschiedenen Stellen durchaus Optimierungsbedarf zu finden ist. Dieser Unterricht wurde in der dargestellten Form gelebt.

4.4 Lernförderung durch schülerzentrierten Unterricht

Die Bereitschaft der Schülerinnen und Schüler, sich auf Mathematik einzulassen, wird deutlich erhöht, wenn Zusammenhänge selbstständig nacherfunden werden dürfen. Wissen, das sprichwörtlich vom Himmel fällt und dann auch noch ohne Bezug zu Konkretem auf innermathematische Aufgaben angewendet werden muss, schließt eine große Zahl an Lernenden aus. Dahingegen werden auch als schwach eingestufte Schülerinnen oder Schüler durch die Offenheit, mit der die Hintergründe der Mathematik für sie beleuchtet werden, motiviert. Sie lassen sich auf diese ein, stellen Fragen und fassen Vertrauen in sich selbst und die Lehrkraft. Sie merken, dass sie mit ihrem individuellen Lernprozess ernst genommen werden. So wird für sie aus dem ‚seltsamen Gemisch aus Zahlen und Buchstaben' plötzlich ein sinnerfülltes Muster. Die Mathematiklehrkraft ist also dafür da, den Schülerinnen und Schülern nicht nur das Rechnen beizubringen, sondern auch das Sehen und Erkennen von Mustern! Erst darauf kann mathematisches Denken gegründet werden. Der Satz von Viëta ist da schon ein Beispiel für ein mathematisches Muster. Die Summe der Natürlichen Zahlen von 1 bis 100, deren Muster durch den kleinen Gauß[40] entdeckt wurde, ist wohl die bekannteste Schülerentdeckung.

Wenn sich in einer Klasse eine geeignete Frage- und Fehlerkultur entwickelt hat, dann werden die Schülerbeiträge schnell dazu führen, dass sich neue Wege als Zugang zur Mathematik eröffnen. Die Lehrkraft kann daraus auf die geeignete Reihenfolge der Inhalte für die nächsten Stunden schließen. Wenn die Lernenden ihre eigenen Fragen stellen, sind diese zumeist nah genug an der Gedankenwelt der Mitschülerinnen und Mitschüler, sodass daraus genau das interessante Gespräch entsteht, das ich eingangs beschrieben habe. Es werden häufig kleinere Probleme aufgeworfen, die zu neuen Erkenntnissen führen können, wie es im Beispiel im letzten Kapitel vorgeführt wurde.

Der geeignete Lernweg wird häufig durch Schülerbeiträge ‚auf dem goldenen Tablett serviert'. Die Lehrkraft muss sie ‚lediglich' erkennen und aufnehmen. Einige Beispiele sollen das verdeutlichen:

1. Die Tangentenproblematik stand bereits im Raum. Die Schüler hatten mehrere Anwendungsaufgaben zum Thema „Parabeln" bearbeitet, bei denen sich im Anschluss an die Einübung und Sicherung des Erlernten zusätzlich die Frage nach Winkeln und Änderungsraten auftaten. Die Schüler wollten wissen, wie man – ohne zu raten – diejenige Gerade finden könne, die genau die Steigung der Parabel in einem bestimmten Punkt habe. Die Schüler entwickelten daraufhin verschiedene Lösungsansätze, die sie im Anschluss im Plenum vorstellten. Ein Ansatz dazu lautete: Müssen wir nicht ein Steigungsdreieck finden, das so klein ist, dass die Hypotenuse genau in den Bogen der Parabel passt? Damit waren die verschiedenen Stichworte für die folgende Vorgehensweise bereits gefallen und mussten im Weiteren ‚nur noch' ausgewertet werden: Steigungsdreieck, so klein wie möglich, Annäherung des Bogens durch eine Gerade. Daraus ergibt sich der Übergang von der Sekante zur Tangente durch die Reduzierung des Abstandes der beiden Punkte auf dem Graphen der Funktion, bis beide Schnittpunkte der Sekanten in einen Berührpunkt der Tangente zusammenfallen.
2. Ein weiteres Beispiel soll deutlich machen, dass Schülerbeiträge tatsächlich ganze Lernsituationen vorgeben können: Einer meiner Schüler arbeitete neben der Schule noch in einem landwirtschaftlichen Betrieb. Er erzählte eines Tages, dass er darüber nachgedacht hatte, wie er eigentlich den Preis für seine Arbeit genauer berechnen könnte. Darüber dachte er nach, während er auf dem Trecker saß und für einen Auftraggeber ein Feld bearbeitete. Er wollte gerne wissen, wie er einen Kostenvoranschlag für diesen und folgende Kunden

40 Carl Friedrich Gauß (1777-1855): Nach ihm wird die Gaußsche Summenformel für die Summe aller Natürlichen Zahlen von eins bis n benannt.

erstellen könnte. Für einen Festpreis wollte er gerne die bearbeitete Fläche zugrundelegen und nicht die notwendige Zeit. Also habe er darüber nachgedacht, dass er die Anzahl der Streifen, die er bearbeitet hatte, die Breite der Streifen und die Länge dafür berücksichtigen müsse. Daraus ergab sich für den Unterricht im Folgenden die Problemstellung, den Flächeninhalt eines konkreten Flächenstückes zwischen einer Straße und einem Waldstück zu ermitteln. Die Vorgehensweise war durch den Ansatz des Schülers bereits vorgedacht. Im Folgenden legten die Schülerinnen und Schüler in die Landschaft ein Koordinatensystem, vermaßen die Längen und ermittelten mittels Regression die Randfunktionen für das Flächenstück. Die Frage nach der genauen Berechnung des eingeschlossenen Flächeninhaltes war damit noch nicht gelöst, stand aber als gemeinsame Frage im Raum. Damit war der Einstieg in die Integralrechnung gemacht. Die Wahl der Formen der Umrandung hatte ich daraufhin selber beispielhaft vorgegeben. Dem Schüler, der die Ausgangsfrage gestellt hatte, war das recht gewesen, denn er wollte ja gerne eine Berechnungsgrundlage für alle zukünftig zu bearbeitenden Flächen zur Hand haben. Meine didaktische Reduktion sah vor, dass das erste Flächenstück zwischen dem Graph einer linearen Funktion und der Abszissenachse ermittelt werden müsste. Daraus ergab sich im Unterricht die Entdeckung, dass die Fläche mittels der Umkehrung der 1. Ableitung berechenbar würde. Die Idee der Streifen wurde dann aufgenommen, um diesen Zusammenhang zur Integralschreibweise darzustellen. Ein kleiner Hinweis auf die Differentialrechnung konnte auch bereits eingebracht werden. So wurde aus der Idee des Schülers eine komplexe Lernsituation, deren Bearbeitung die Kenntnisse der Integralrechnung bezüglich Flächen unter einer Kurve, unterhalb der Abszissenachse und zwischen zwei Kurven erforderte und gleichzeitig die Grundidee der Streifenmethode bereits vorgab. Dadurch konnte die Schreibweise des Integrals sehr anschaulich eingeführt werden. Die bereits zur Herleitung der Differentialrechnung angestellten Überlegungen zur infinitesimalen Betrachtung der Streifenbreite wurden wieder aufgegriffen. Diese Lernsituation kann für die folgenden Jahre noch genauer ausgearbeitet werden. Sie behält durch die Anschaulichkeit und meinen Bezug zu einer konkreten Person den Reiz auch für die folgenden Schülergenerationen.

3. Das nächste Beispiel zeigt, dass auch rein innermathematische Fragen von den Schülerinnen und Schülern gestellt werden, wenn die Frage- und Fehlerkultur geeignet entwickelt wird. Die Schülerinnen und Schüler sind durch den handlungsorientierten Unterricht nach einiger Zeit darauf geeicht, in allem Muster zu erkennen. Es ergab sich die folgende Fragestellung: Ist das eigentlich immer so, dass der Scheitelpunkt der Parabel die Zahl unter der Wurzel in der pq-Formel ist, nur mit verkehrtem Vorzeichen? Daraufhin wurden die Herleitung der pq-Formel sowie die konkreten Beispiele, die vorher und im Anschluss berechnet wurden, von allen Schülerinnen und Schülern aufs Neue betrachtet. Das Ergebnis zeigt wieder die Schönheit der Muster in der Mathematik (siehe Abbildung 18). Die Berücksichtigung des Formfaktors wurde nach dessen Einführung im Unterricht auch mit in die Überlegung zur Scheitelpunktsordinate einbezogen. Multipliziert man die Funktion einer Normalparabel mit einem Formfaktor, so verändert dieser die Form der Parabel dadurch, dass jeder Funktionswert mit dem Formfaktor multipliziert wird. Allerdings ist festzustellen, dass die Null auch für diesen Fall gesonderter Betrachtung bedarf. Die Lage der Nullstellen bleibt unverändert, da der dazugehörige Funktionswert null beträgt und dieser durch die Multiplikation mit dem Formfaktor nicht verändert wird. Diese Überlegung ist wichtig für die Gedanken zur Normierung der quadratischen Gleichung und kann sehr gut durch grafische Darstellungen verdeutlicht werden.

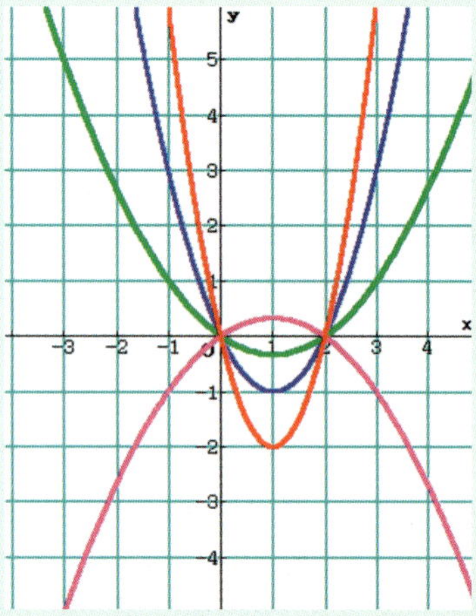

$f(x) = (x-2)\cdot x$	$S(1\|-1)$	$x_{1,2} = 1 \pm \sqrt{1}$
$g(x) = \frac{1}{3}\cdot f(x)$	$S(1\|-\frac{1}{3})$	$x_{1,2} = 1 \pm \sqrt{1}$
$h(x) = -\frac{1}{3}\cdot f(x)$	$S(1\|\frac{1}{3})$	$x_{1,2} = 1 \pm \sqrt{1}$
$t(x) = 2\cdot f(x)$	$S(1\|-2)$	$x_{1,2} = 1 \pm \sqrt{1}$
Schlussfolgerung:	$S(1\|(-1)\cdot a)$	

Abbildung 65: Musterentdeckung bezüglich der Lage des Scheitelpunktes der Parabel

4. Eine weitere Frage wurde schon häufig im Unterricht gestellt: Welche Bedeutung hat eigentlich das b in der allgemeinen Form der quadratischen Funktion? Diese Frage führt automatisch dazu, dass die quadratische Funktion und ihre Ableitung etwas genauer angesehen werden. Mit $f(x) = ax^2 + bx + c$ und der Ableitung $f'(x) = 2x + b$ wird deutlich, dass b die Steigung im Schnittpunkt der Parabel mit der Ordinatenachse angibt.

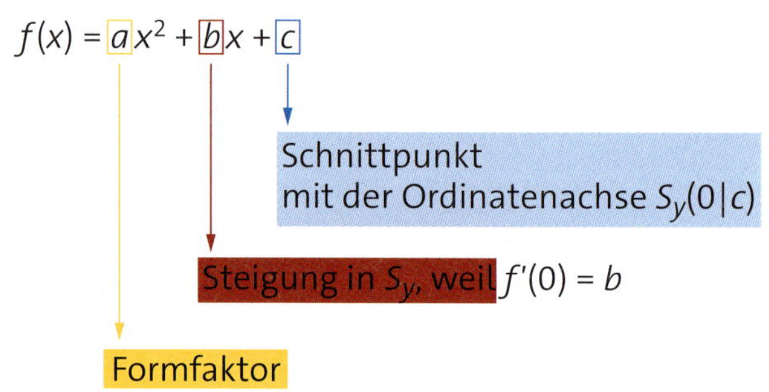

Abbildung 66: Zusammenfassung der Bedeutung aller Parameter der Normalform der Parabel

Damit haben tatsächlich alle Koeffizienten eine nutzbare Bedeutung. Eine Fallunterscheidung könnte dann ebenfalls die Vorstellung der Schüler über die Lage der Parabel erhöhen. Zum Beispiel ergibt ein negativer Formfaktor und ein $b > 0$, dass der Scheitelpunkt rechts der Ordinatenachse liegen muss. Eine weitergehende Betrachtung führt schließlich dazu, dass die Steigung jeder ganzrationalen Funktion im Achsenabschnitt über den vorletzten Koeffizienten a_{n-1} angegeben werden kann. Dies zeigt, dass es sich immer wieder lohnt, Schülerfragen genau anzuhören und nachzufragen, wenn man sie als Lehrkraft nicht sofort einordnen kann. Man sollte sich damit, wenn nicht sofort im Unterricht, so doch zu Hause oder im Gespräch mit den Kollegen auseinandersetzen.

5. In der gymnasialen Oberstufe wurde die Idee des konsequenten Einsatzes von Farben und Darstellungen wie in Abbildung 66, in denen den Parametern jeweils eine Bedeutung zugewiesen wurde, von den Schülerinnen und Schülern genutzt, um diese zur Strukturierung von gebrochenrationalen Funktionen im Unterricht einzusetzen. Sie entwickelten daraus das System, welches in Abbildung 67 dargestellt ist.

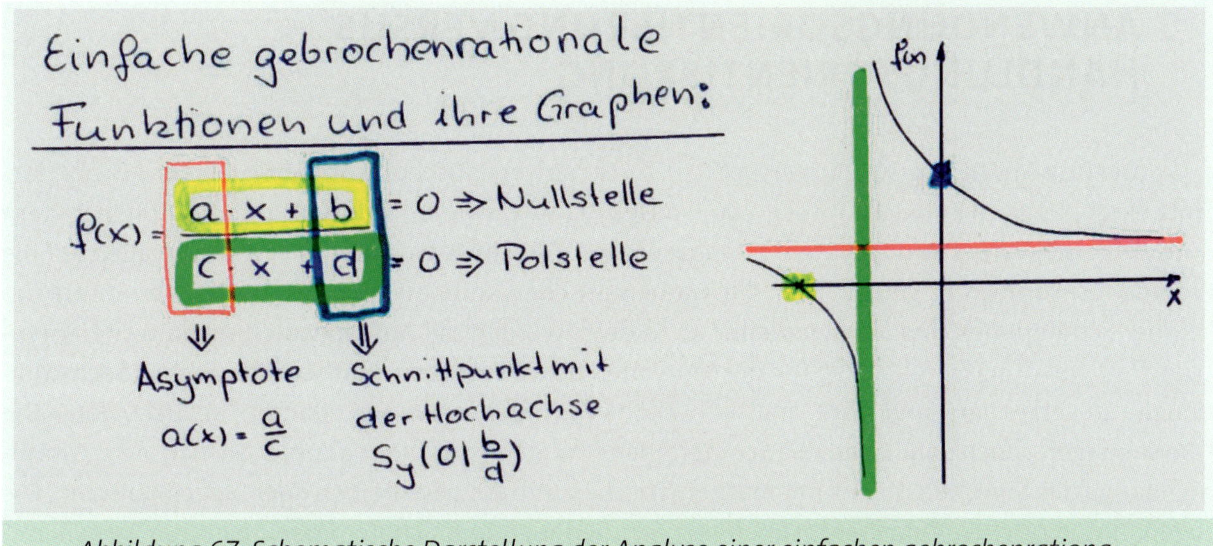

Abbildung 67: Schematische Darstellung der Analyse einer einfachen gebrochenrationalen Funktion

In diesem Kapitel wurde deutlich gemacht, dass eine erfolgreiche Lernförderung der gesamten Lerngruppe durch die genaue Analyse der mathematischen Inhalte und die Loslösung von festen fachsystematischen Strukturen im Unterricht erreicht werden kann. Dafür muss der Unterricht vom konkreten Beispiel zum Abstrakten, vom Speziellen zur Verallgemeinerung geführt werden. Eine schülerzentrierte Fehlerkultur hilft, die Schülerinnen und Schüler immer stärker in den Planungsprozess und in den Lernprozess einzubeziehen. Das spiralige Prinzip führt dabei dazu, dass die mathematischen Inhalte immer intensiver und aus immer detaillierteren Perspektiven heraus begreifbar gemacht werden können. Unterricht unter Beachtung des konstruktiven Prozesses beim Lernen erkennt an, dass Mathematik in den Köpfen der Lernenden nicht bereits als fertige Konstruktion vorhanden sein kann, sondern erst Stück für Stück auf sehr individuellen Wegen, am besten selbstentdeckt, aufgebaut werden muss. Dies führt dazu, dass die Schülerinnen und Schüler eine intrinsische Motivation für Mathematik erleben und danach streben, ihre Kompetenzen weiter auszubilden. Die Handlungsorientierung wurde als Unterrichtskonzept der fachsystematischen Vorgehensweise gegenübergestellt, um deutlich zu machen, dass anhand von Lernsituationen ein konkretes, schülernahes, lernförderliches und zieltransparentes Konstruieren der mathematischen Zusammenhänge für die Lernenden ermöglicht wird. Es ist aus den vorangehenden Überlegungen zu schließen, dass das Entwickeln der mathematischen Kompetenzen auf scheinbaren Umwegen mit der gesamten Klassengemeinschaft gelingen kann. Die Schülerinnen und Schüler werden jedoch spätestens am Ende jeden Lernprozesses das Bedürfnis nach einer Systematisierung äußern, sodass die fachsystematische Einordnung der Lernschritte und Erkenntnisse für den gelungenen, abgeschlossenen Lernprozess elementar ist.

Das Lernen kann, wie in diesem Kapitel gezeigt, insbesondere durch das konkrete Arbeiten mit Anwendungen in Gang gesetzt werden. Anwendungen und Handlungsorientierung werden als Begriffe gerne nebeneinander verwendet. Diese Begriffe sollen im nächsten Kapitel gegeneinander abgegrenzt werden.

5 ANWENDUNGSORIENTIERUNG VERSUS HANDLUNGSORIENTIERUNG

Die Pisa-Studie von 2012 untersuchte u. a. die mathematischen Kompetenzen der 15-Jährigen. Trotz einer positiven Entwicklung seit 2002 in Deutschland wird im Vergleich mit den Spitzenreitern durchaus noch Verbesserungspotential ausgewiesen. Der Fokus wurde zum ersten Mal auch auf die Problemlösekompetenz gelegt.[41] Um die mathematischen Kompetenzen und die Problemlösefähigkeit der Schülerinnen und Schüler weiter zu fördern, wurden die Aufgabenstellungen weiterentwickelt.[42] Anwendungsaufgaben sollen die Lernenden darin trainieren, Mathematik auch in Sachsituationen zu erkennen und ihre mathematischen Vorgehensweisen darauf anzuwenden. Die Überlegungen gehen dahin, dass die Schülerinnen und Schüler lernen sollen, dass man viele Zusammenhänge des täglichen Lebens mit mathematischen Mitteln beschreiben oder berechnen kann. Die sogenannten offenen Aufgaben[43] sollen den Schülerinnen und Schülern den Spielraum geben, mit unterschiedlichen eigenen Ideen an die Lösungen heranzugehen, dabei individuelle Wege einzuschlagen und auch das Probieren als probates Mittel kennenzulernen.[44] Dadurch sollen mehr Schülerinnen und Schüler am Fach Mathematik interessiert werden und ihnen mehr Freiheiten gegeben werden, ihren eigenen Lernprozess zu entwickeln. Die sogenannten Fermi-Aufgaben[45] sind so offen gestellt, dass es nicht einmal eine vom Lehrer oder der Lehrerin vorgegebene Aufgabenstellung bzw. Problemstellung gibt. Die Lernenden sind selbst aufgefordert, sich Aufgaben auszudenken, was ihre Kreativität und ihre Offenheit entwickelt, Mathematik in der Welt zu entdecken. Blütenaufgaben[46] sollen der Schülerschaft ebenfalls die Freiheit verschaffen, verschiedene Aspekte einer Fragestellung zu erkunden. Sie werden danach unterschieden, wie viele Informationen bezüglich der Problemstellung, des Lösungsweges und des Ergebnisses vorgegeben sind. Sie fördern die innermathematischen Kompetenzen ebenso wie die prozessbezogenen Kompetenzen.

Für Lehrkräfte wird es zur Herausforderung, die Lernprozesse im Anschluss an die Problembearbeitung wieder zusammenzuführen und zu überprüfen, welche Lernwege im Einzelnen tatsächlich gegangen wurden. Ein sehr individualisierter Unterricht kann sich schnell zum Einzelunterricht entwickeln, welcher durch den Einsatz von Gruppenarbeiten und Unterrichtsmethoden unterstützt werden sollte. Der Anspruch an die Lehrkraft ist sehr groß, wenn sie tatsächlich das Lernen aller gezielt fördern möchte. Auch das strukturierte und zielgerichtete Herangehen an Probleme kann schwer im Unterricht erarbeitet werden, wenn jede und jeder eigene Wege geht. Lerntagebücher und gemeinsam erstellte Lernlandschaften sind eine Möglichkeit der Überprüfung. Mittels Klausuren oder Tests kann am Ende überprüft werden, ob die Aufgaben nun besser gelöst werden können.

---

41 Prenzel, M. et al. (2013): Pisa 2012, Fortschritte und Herausforderungen in Deutschland. Zusammenfassung, Waxmann-Verlag.

42 Lesen Sie dazu auch: Büchter, A. et al. (2005): Mathematikaufgaben selbst entwickeln – Lernen fördern – Leistung überprüfen. Cornelsen Verlag Scriptor.

43 Siehe dazu auch auf der Website von sinus-transfer.de unter Modul 1: Weiterentwicklung der Aufgabenkultur → SINUS-Transfer: Offene Aufgabenstellungen. → Aufgaben öffnen

44 Vgl. Leuders. T. (2003): Problemlösen. In: Leuders, T. (Hg.): Mathematikdidaktik Praxishandbuch für die Sekundarstufe I und II. Cornelsen Scriptor Verlag, S. 131.

45 Siehe dazu auch auf der Website von KIRA Deutsches Zentrum für Lehrkräftebildung Mathematik: Fermi-Aufgaben. https://kira.dzlm.de/probleml%C3%B6sen-co/prozessbezogene-kompetenzen-f%C3%B6rdern/gr%C3%B6%C3%9Fen-und-messen/fermi-aufgaben (abgerufen 01.07.2022)

46 Vgl. Bruder, R./Linneweber-Lammerskitten, H. (2015): Individualisieren und differenzieren. In: Handbuch der Mathematikdidaktik. Springer Verlag, S. 513–534.

In der Sekundarstufe II muss die Lehrkraft die Kompetenzvorgaben genau im Blick behalten, da am Ende der Lehrgänge üblicherweise eine Abschlussprüfung steht. Die Aufgaben sollten also gleichzeitig die Kreativität anregen und inhaltlich den Lehrplan abdecken. Das Erstellen von offenen Aufgaben und Anwendungsaufgaben ist daher für die Lehrkräfte eine anspruchsvolle Tätigkeit.

5.1 Anwendungsaufgaben

Als Beispiel für eine Anwendungsaufgabe möchte ich einen Ausschnitt aus einer Problemstellung zum Thema Exponentialfunktionen vorstellen, wie sie auch in einer Klausuraufgabe zu finden sein könnte.

Ein Deichquerschnitt kann durch die Exponentialfunktion $f(x)$... beschrieben werden. Die Nulllinie liegt auf Höhe des Meeresspiegels. Der Deich soll bezüglich der Deichsicherheit überprüft werden. Berechnen Sie die Höhe des Deiches über dem Meeresspiegel.

Ermitteln Sie die Breite des Deiches, wenn das Landesinnere 1,3 m unterhalb des Meeresspiegels liegt.

Die Exponentialfunktion soll die Randfunktion eines Deichquerschnittes modellieren. Diese Funktion ist in der Aufgabenstellung bereits gegeben, ohne Bezug zur tatsächlichen Form von Deichen. Aus der gegebenen Funktion soll unter anderem die Deichhöhe mittels Hochpunkt berechnet werden. Betrachtet man die Aufgabe kritisch, müsste man zu dem Schluss kommen, dass es in der Realität nicht nötig wäre, die Höhe des Deiches zu berechnen, da sie in den Bauplänen bereits eingetragen sein müsste. Aus welchen Daten sollte die Randfunktion für den Deich sonst ermittelt worden sein? Ausschlaggebend für einen Deich ist gerade seine Höhe. Hier wird schnell deutlich, dass die Schülerinnen und Schüler eine mathematische Aufgabenstellung aus einem Text herauslesen sollten. Dabei sollten sie lieber nicht zu genau über das Problem nachdenken, sondern sich gezielt mit der Funktionsanalyse befassen. Solche Aufgaben sind ‚Mäntelchen', die verhüllen, welches mathematische Kalkül angewendet werden muss.

Wie geht ein Schüler bzw. eine Schülerin an so eine Aufgabe? Er bzw. sie wird sich zunächst den Deich vorstellen. Dann muss der Prüfling aber feststellen, dass eine Funktionsgleichung angegeben wird, mit der er weitere Berechnungen auszuführen hat. Er muss jetzt noch herausfinden, von welcher Ordinate aus die Höhe des Deiches gerechnet werden soll. Ist diese Ordinate gerade Null, so ist die Abszissenachse die Nulllinie. Das Wort „Höhe" muss er übersetzen in „Maximum" der gegebenen Funktion und dann rechnen wie immer. Eine gezielte, reflektierte Modellierung musste nicht durchgeführt werden. Ein kritisches Hinterfragen der Aufgabenstellung einer Klassenarbeitsaufgabe kann von den Prüflingen nicht erwartet werden. Sie vertrauen ganz auf die Kompetenz der Prüfungsersteller.

Dieses Beispiel zeigt, wie schwer es ist, schlüssige Aufgaben zu erstellen, wenn die fachlichen Kompetenzen der Prüfungsersteller in der Mathematik zu finden sind und nicht in Wissenschaftsbereichen, aus denen die Anwendungen entnommen werden sollen. Die Mathematiklehrkraft betrachtet ihre Umwelt durch die mathematische Brille und sieht überall Formen, die sie mathematisch modellieren kann. Für den **Anwendungsbezug** reicht das häufig aus.

Die Aufgabenerstellung erfordert ein hohes Maß an Kreativität und Engagement, welche viele Lehrerinnen und Lehrer mitbringen, um immer wieder neue Aufgaben zu erstellen. So entstehen sehr vielfältige Anwendungsaufgaben, die die Lebenswelt der Schülerinnen und Schüler ebenso berücksichtigen, wie auch die jeweilige Alters- und Niveaustufe.

Es ist sehr aufwendig, für jedes mathematische Problem eine neue Anwendung zu finden. Nicht jede mathematische Erkenntnis lässt sich anhand einer Anwendungsaufgabe sinnvoll üben. So muss die Lehrkraft im Alltag wieder auf Schulbuchaufgaben zurückgreifen.

Die Schülerinnen und Schüler zeigen sich sehr erfreut, wenn zur Abwechslung von innermathematischen Aufgaben auch Aufgaben gestellt werden, die ihre Fantasie anregen und sie animieren, in ihrer Umgebung nach Formen zu suchen, die sie mit ihren mathematischen Mitteln beschreiben können. Dadurch wird die Motivation der Schülerschaft, sich mit Mathematik zu befassen, gesteigert und die Fasslichkeit erhöht.

Für die berufsbildenden Schulen wurden Anwendungsaufgaben entwickelt, die z. B. für den wirtschaftlichen Schwerpunkt die Kostentheorie zugrunde legen, um allgemeingültige Aussagen über wirtschaftliche Zusammenhänge zu formulieren. Für die Schulen mit dem Schwerpunkt Gesundheit und Soziales wurden Aufgaben entwickelt, die sich z. B. mit dem Abbau von Medikamenten, der Ausbreitung von Krankheiten oder dem Testen von Erkrankungen befassen. Sie beziehen sich auch auf die Planung von Festen oder Spielplätzen in Kindertagesstätten. In den Schulformen mit technischer Ausrichtung werden vielfältige Aufgaben zusammengestellt, die technische und physikalische Inhalte mathematisch bearbeiten lassen. Daraus ergeben sich vielfältige Möglichkeiten, grafische und rechnerische Darstellungen zu erarbeiten und damit Fachkenntnisse bezüglich der Mathematik und der Technologie zu entwickeln.

Der Unterricht wird häufig weiter anhand der Fachbücher durchgeführt und fachsystematisch strukturiert. Erst im Anschluss an die Erarbeitung von innermathematischen Inhalten erhält die Klasse Aufgaben, für deren Lösung die gelernten mathematischen Werkzeuge gezielt auf eine Anwendung übertragen werden.

Die Schülerinnen und Schüler sollen beispielsweise für eine Brücke mit parabelförmigem Bogen die passende Funktionsgleichung erstellen. Ein Bild ergänzt die Aufgabe. Möglicherweise sind die Maße in Form von Punkten, die einem festgelegten Koordinatensystem zugeordnet sind, gegeben. Die Schülerinnen und Schüler sollen also das Erstellen von Funktionsgleichungen üben. Außerdem werden sie angeregt, Parabelbögen in ihrer eigenen Umgebung zu sehen. Der Vorteil der Anwendungsaufgabe ist es, dass die Lernenden dazu angeregt werden, wie die Lehrkraft, Formen ihrer Lebensumwelt wahrzunehmen und diese mathematisch einzusortieren.

Anwendungsaufgaben ermöglichen es, eine Lösungsstrategie zu trainieren und frisch gewonnene mathematische Erkenntnisse direkt auf eine sachbezogene Fragestellung anzuwenden. Der Nutzen der Berechnung muss dabei nicht hinterfragt werden, denn das grundlegende Ziel ist es, Mathematik mit Anwendungen zu verknüpfen.

5.2 Unterscheidung Anwendungsaufgaben und Lernsituationen

Im Folgenden wird der Unterschied zwischen einer Anwendungsaufgabe und einer Lernsituation herausgearbeitet. Innerhalb der Lernsituation können die gleichen Anwendungen zu finden sein, wie in Anwendungsaufgaben. Der Unterschied zwischen Anwendungsaufgabe und Lernsituation ist vordergründig der, dass die Anwendungsaufgabe vorhandenes Wissen und den Transfer auf die jeweilige Anwendung erfordert.[47] Die Lernsituation hingegen initiiert und entwickelt den Lernprozess. Aus einer realen, meist beruflichen Situation heraus ergibt sich ein konkretes Problem. Das Problem ist vielschichtig und komplex und erfordert sowohl Kenntnisse aus dem beruflichen Umfeld, als auch aus der Mathematik. Die Lehrkraft führt eine geeignete didaktische Reduktion der Realsituation – Handlungssituation – durch, sodass die verbleibende Problemstellung mit den Mitteln des Schulwissens angemessen lösbar wird und für die Lernenden motivierend wirkt. Die mathematischen Erkenntnisse müssen sich die Schülerinnen und Schüler entlang der Problembearbeitung aneignen. Dadurch sollte sich die Nutzenfrage während der Erarbeitung mathematischer Kenntnisse nicht stellen. Um den scheinbar kleinen Unterschied zwischen Anwendung und Lernsituation deutlich zu machen, wird der Brückenbogen erneut betrachtet. Warum sollte die Parabelgleichung für den Bogen erstellt werden, wenn doch die Brücke schon fertig gebaut ist?

Die Schülerinnen und Schüler sind meist froh, dass sie nun eine Bedeutung für Nullstellen und Scheitelpunkt haben und fragen nicht weiter. Sie wenden ihr mathematisches Werkzeug an und die Lösung der Aufgabe kann mit richtig oder falsch bewertet werden. Die Lernenden befinden sich ganz offensichtlich in der **Schul**situation.

Versetzt man sie in eine **Lern**situation, so wird angeregt, sich mit einer anderen Lebenssituation auseinanderzusetzen, sich in eine andere Person hineinzuversetzen oder selbst in seinem Leben in die Zukunft zu denken. Wer also würde tatsächlich die Funktionsgleichung für die Brückenbogenparabel aufstellen wollen? Die fertige Brücke erfordert die Gleichung nicht.

Eine reale Situation muss gefunden werden, z. B. soll ein Modell für das Miniaturwunderland in Hamburg[48] nachgebaut werden. Die Modellbauerin möchte die Brücke in verkleinertem Format nachbauen. Dazu muss sie die Form in einen anderen Maßstab bringen und benötigt mehrere Informationen, um die Brücke tatsächlich originalgetreu nachbauen zu können.

Auch mögliche Reparaturaufträge könnten dazu führen, dass die Form berechenbar gemacht werden muss. Dann würde zur Kostenabschätzung in einem Malerbetrieb auch die Querschnittsfläche und die Bogenlänge sowie möglicherweise auch die Steigungen am Brückenbogen für die Durchführung von Malerarbeiten (Sicherung des Malers bzw. der Malerin) von Interesse sein. Auch für die Schifffahrt könnte es wichtig sein, den Brückenbogen unter einer Brücke funktional zu beschreiben, um die Höhe und Breite für durchfahrende Schiffe zu ermitteln. Dies könnte für Hochwasserzeiten von Bedeutung sein oder für die logistische Planung für den Einsatz größerer Transportschiffe. Für die Übertragung der Anwendung in die Lernsituation ist Phantasie und Lebenserfahrung erforderlich. Die Betrachtung der Umwelt auf der Suche nach geeigneten Formen für den Mathematikunterricht reicht noch nicht aus. Die Lernsituation umfasst auch das Leben und Arbeiten mit diesen ‚Formen' und bringt damit den tatsächlichen Lebensweltbezug mit in den Unterricht. Zudem stecken in der Lernsituation viele zusätzliche Aspekte, die mathematisch bearbeitet werden müssen, um die beruflichen Aufträge vollständig erledigen zu können. Sie reichen damit weiter, als dies die Anwendungsaufgaben tun.

Der aus meiner Sicht große Vorteil der Arbeit mit Lernsituationen ist die Reduktion des Vorbereitungsaufwandes. Der Aufwand, für jede Unterrichtsstunde und jedes mathematische Problem

47 Tatsächlich umfasst der Begriff „Lernsituation" zusätzlich zur Handlungssituation und den didaktischen Planungen auch ein methodisches Konzept, die Planung der Sequenzierung des Unterrichtes und schließlich die Planung des angestrebten Kompetenzzuwachses. Schließlich wird auch geplant, welches Handlungsergebnis am Ende der Lernsituation entstanden sein soll und wie die Leistungen der Klasse bewertet werden.

48 Sehen Sie hierzu auch auf der Homepage vom Miniatur Wunderland Hamburg.

eine Anwendung zu finden, auszuarbeiten, die Daten aufzubereiten, damit die Aufgabe mit den vorhandenen technischen Mitteln im Unterricht lösbar wird, ist erheblich. Der Aufwand, eine komplexe Lernsituation zu erstellen, ist auch sehr groß! Allerdings ergibt sich aus der Lernsituation das Bedürfnis nach einem komplexen, mathematischen Handwerkszeug, das entlang der Lernsituation erarbeitet wird. Das bedeutet, dass mittels der vielschichtigen Überlegungen der Schülerinnen und Schüler neue Kapitel der Mathematik geöffnet werden (siehe auch Kapitel 4.3). Schritt für Schritt, vom Einfachen zum Komplexen, wird die Fachkompetenz induktiv aufgebaut, ohne dass eine deduktive Einführung der neuen Inhalte erforderlich ist.

5.2.1 Konkretisierung am Beispiel Lernsituation „Wirtschaftliche Kalkulation des Türstopps"

Im Folgenden wird an einem konkreten Unterrichtsbeispiel gezeigt, dass der Vorbereitungsaufwand für eine Lernsituation möglicherweise geringer ist, als dies für mehrere Anwendungsaufgaben der Fall wäre. Die genaue Darstellung der Lernsituation erfolgt in Kapitel 8.4. Dort befindet sich auch das Arbeitsblatt zur Einführung in die hier vorgestellte Situation.

Die Absolventinnen und Absolventen unserer Technikerschule präsentieren am Ende der zweijährigen schulischen Ausbildung Projekte, mit denen sie ihre umfassenden Kompetenzen unter Beweis stellen sollen. Das Ergebnis eines dieser Projekte war ein Nachrüstsatz eines automatischen Türstopps. Dieser soll verhindern, dass Personen beim Öffnen der Tür mit der selbigen gegen etwas stoßen und damit Schaden anrichten. Eine wirtschaftliche Betrachtung der Vermarktung ist nicht Inhalt der schulischen Projekte.

Ein weiterer Absolvent betreibt ein Maschinenbauunternehmen in Mecklenburg-Vorpommern, welches die Produktion und den Vertrieb für den Nachrüstsatz übernehmen könnte. Er möchte, bevor er sich darauf einlässt, wirtschaftlich den Preis und Umsatz sowie den möglichen Gewinn kalkulieren. Die auftretenden Kosten der Produktion sind ihm bekannt, da er den zeitlichen Aufwand und die Materialkosten schnell kalkulieren konnte. Wenn er als Monopolist für diesen Nachrüstsatz auftritt, kann er im Grunde den Preis selber so festlegen, wie er möchte. Daher nimmt er zunächst einen Festpreis an. Dadurch können eine Kostenfunktion, eine Erlösfunktion und eine Gewinnfunktion, die jeweils durch lineare Funktionen beschrieben werden, erstellt werden. Der Break-Even-Point (BEP) kann einfach mit den vorhandenen Mitteln als Schnittpunkt zwischen Kosten- und Erlösfunktion berechnet werden. Er besagt, welche Menge mindestens produziert und verkauft werden muss, damit der Betrieb Gewinn macht. Zudem gibt die zweite Koordinate des Punktes die Kosten und den Erlös für diese Menge an.

Diese Situation wird den Schülerinnen und Schülern präsentiert und ihnen die Verantwortung für die Preisplanung übertragen. Die Lernenden können sich vorstellen, dass nicht alle Autobesitzer oder -besitzerinnen sofort losgehen und nur, weil ein automatischer Türstopp auf den Markt gebracht wurde, auch einen einbauen lassen. Das ist sicherlich eine Frage der Werbung, des Preises und des Bedarfes. Wer regelmäßig in engen Tiefgaragen parken muss, hat sicherlich einen größeren Bedarf als jemand, der immer genügend Platz zum Parken findet. Ein altes Auto, das schon Dellen hat, wird eher seltener umgerüstet werden, als ein neues, das vielleicht breiter ist als das Vorgängerauto und nun weniger Platz in der Garage findet. Man kann sich vorstellen, dass die absetzbare Menge immer kleiner wird, je teurer der Nachrüstsatz ist. Sie kann bis zu einem gewissen Maß gesteigert werden, wenn der Preis nur niedrig genug ist. Das muss über eine Befragung und Marktanalyse in Erfahrung gebracht werden, aus der man dann auf einen preisabhängigen Absatz pro Monat schließen kann. Wenn man hier einen linearen Zusammenhang zur Modellierung verwendet, müssen die Lernenden jetzt eine lineare Funktion aus zwei Punkten erstellen. (Man bedenke für die Vorgabe der Punkte, dass man in einer Umfrage mit Sicherheit den sogenannten Höchstpreis nicht ermitteln kann, da man nicht null

Personen einem bestimmten Preis zuordnen kann. Auch die Sättigungsmenge wird wohl kaum innerhalb einer Umfrage erfragt werden können. Sie gibt an, welche Menge maximal an die Kundinnen und Kunden gebracht werden kann, selbst wenn das Produkt verschenkt würde.) Aus einer realen Umfrage wird sich ergeben, dass mehreren Preisen jeweils eine bestimmte Anzahl von absetzbaren Türstopps zuzuordnen ist. Daraus ließe sich mittels einer linearen Regression eine Geradengleichung als Ausgleichsgerade ermitteln. Die Thematik der Regression könnte an dieser Stelle im Unterricht erarbeitet werden. Es obliegt der Lehrkraft dies didaktisch abzuwägen.

Die vorgestellte Situation kann im Unterricht eingesetzt werden, wenn die Thematik der linearen Funktionen erarbeitet werden soll. Sie kann aber auch diese Thematik abrunden und erscheint dann wie eine Anwendungsaufgabe zum Thema „Geraden“. Werden allerdings die wirtschaftlichen Überlegungen weitergeführt, ergibt sich beinahe automatisch eine komplexe Lernsituation, die es ermöglicht, die quadratischen Funktionen als Erweiterung der ganzrationalen Funktionen 1. Grades auf 2. Grades mit den Schülerinnen und Schülern zu erarbeiten. Eine weitere Recherche zu wirtschaftlichen Daten und Zusammenhängen entfällt. Der Handlungskreis kann ohne weiteren Aufwand begonnen werden.

Aus der Preis-Absatz-Funktion kann die Erlösfunktion durch Multiplikation mit der verkauften Menge errechnet werden. (Der Erlös ist gleich Menge mal Preis: $E(x) = x \cdot p(x)$)

Es entsteht eine Funktion, die die Kenntnis des Distributivgesetzes erfordert; Ausmultiplizieren von Klammern ist jetzt tatsächlich sinnvoll und nötig!

Die ausmultiplizierte Funktion enthält einen quadratischen Anteil, da die Preis-Absatz-Funktion durch eine lineare Funktion modelliert wurde.

Auch wenn die Curricula der Mittelstufe das Thema „quadratische Gleichungen und Potenzfunktionen“ vorsehen, kann man in der Oberstufe häufig davon ausgehen, dass das Thema „quadratische Funktionen“ für die Schülerinnen und Schüler weitgehend neu sein wird. Für diejenigen, die bereits Vorkenntnisse zu Parabeln haben, ist der wirtschaftliche Zusammenhang in jedem Fall neu und damit weiter interessant. Tatsächlich haben die Schülerinnen und Schüler selber einen neuen mathematischen Zusammenhang gefunden, den sie untersuchen wollen. Das Handwerkzeug, das sie bisher für lineare Funktionen gelernt haben, reicht jetzt nicht mehr aus, um den Graphen zu zeichnen. Jetzt ist die Lehrkraft didaktisch gefordert. Es bietet sich an, alles was zur Lösung der Frage nach Kosten, Erlös und Gewinn bisher bekannt ist, in allen vier Darstellungsformen festzuhalten und zusammenzufassen.

Selbst die grafische Darstellung der Erlösfunktion mittels Rechner kann noch dazu führen, dass die Schülerinnen und Schüler weiterhin von linearen Zusammenhängen ausgehen, vorausgesetzt die Fenstereinstellung des Grafikfensters und damit der gewählte Definitionsbereich ist zu klein gewählt. Falls einzelne Lernende bereits passende Fenstereinstellungen wählen, kommt hier der oben beschriebene kognitive Konflikt zustande, der die Schülerinnen und Schüler hinterfragen lässt, welche Form denn für den Graphen der Erlösfunktion richtig ist. Damit eine Wertetabelle erstellt werden kann, ist die Berechnung vieler Werte zu Preis, Absatzmenge und Erlösfunktion erforderlich. Das anschließende grafische Darstellen auf dem eigenen Papier eröffnet neue Horizonte. Die Schülerinnen und Schüler werden anfangen, Fragen zu stellen:

- Was bewirkt die Krümmung des Graphen?
- Was bewirkt das x^2?
- Was bewirken die Parameter?
- Wie viele Nullstellen gibt es und wie berechnet man diese?
- Wo schneidet der Graph die Ordinatenachse?
- Kann man aus den Zahlen die Form des Graphen ablesen, so wie bei den linearen Funktionen?

Damit stellen die Schülerinnen selber alle nötigen Fragen, um die vorhandene komplexe quadratische Funktion in ihre Einzelteile aufzuteilen, sodass in induktiver Form die quadratischen Funktionen erarbeitbar werden. Dabei bleibt die Erlösfunktion immer präsent, sodass für jeden Lernschritt festgestellt werden kann, ob die Fragen zur Preisoptimierung mit den jeweiligen mathematischen Hilfsmitteln bereits lösbar sind. Sobald die Schülerinnen und Schüler feststellen, dass der Funktionsgraph eine Parabel mit einem Scheitelpunkt ist, wird zu den oben notierten die Frage nach einem möglichen optimalen Preis und der dazugehörigen optimalen abgesetzten Menge an Türstopps ergänzt. Auch die Frage nach dem zweiten Schnittpunkt zwischen Kostenfunktion und Erlösfunktion wird erst im Verlauf der innermathematischen Arbeit gestellt werden.

An diesem Beispiel einer Lernsituation wurde gezeigt, dass sich der Aufwand, die Grundlagen für eine Situation zu entwickeln, auf das einmalige Finden eines geeigneten Problems und der dazugehörigen Datensätze beschränkt. Aus der Situation heraus werden die Fragen zu einem innermathematischen Thema in großem Umfang durch die Schülerschaft selber gestellt. Es gibt so viele mögliche Fragen, dass alle eigene Fragen stellen können, die dann durch eine geschickte didaktische Aufbereitung des Unterrichtes nach und nach geklärt werden können. Hier kommt wieder ins Spiel, dass sich die Erarbeitungsreihenfolge weitgehend nach der Interessenlage der Schülerschaft richtet. Sie kann und sollte jedoch vom Lehrer auch gesteuert werden, damit die Lernschritte überschaubar bleiben. Jede neue innermathematische Erkenntnis wird durch Übungen abgesichert. Auf diese Weise erstreckt sich für die oben beschriebene Lernsituation die Durchführen-Phase über mehrere Unterrichtseinheiten. Die immer wiederkehrende Betrachtung der Erlösfunktion und der Abgleich des Wissensstandes mit der Lösbarkeit der Ausgangsfragen hilft, den Bogen zu spannen. An diesem Beispiel wird auch deutlich, dass innerhalb einer Lernsituation durchaus lange, innermathematische Phasen durchlaufen werden.

Der Unterschied zur rein mathematischen Vorgehensweise ist, dass die Schülerinnen und Schüler die mathematischen Fragen selber aufgeworfen haben und zusätzlich einen direkten Bezug zu einer Anwendung haben, sodass die Sinnhaftigkeit der mathematischen Erarbeitungen immer präsent ist.

Der Unterschied zur Anwendungsaufgabe ist dadurch gegeben, dass die Situation so komplex aufgebaut ist, dass eben nicht nur ein Teilaspekt einer Anwendung mittels bereits vorhandenen Wissens bearbeitet wird, sondern sich das Fachwissen erst durch die Bearbeitung der gesamten Situation ansammelt.

Der Umfang der Lernsituation muss sich nach den Möglichkeiten der Schülerschaft richten. Eine Klasse, die nur einen sehr kurzen Behaltenszeitraum hat oder in der es mehr um Erziehungsaufgaben, denn um die Vermittlung von Inhalten geht, wird auch nur kleine Lernsituationen mit überschaubarem Arbeitsaufwand bearbeiten können. Je kompetenter die Schülerschaft bereits ist, desto umfangreicher kann auch die Lernsituation ausgelegt werden. Anwendungsaufgaben sollten sich zur Übung an die Bearbeitung von Lernsituationen anschließen, sodass sowohl das Wissen als auch das Können und auch die Bereitschaft, sich erfolgreich mit Problemen auseinanderzusetzen, gefestigt werden kann.

Die Anwendungsaufgabe beinhaltet einen klaren abgegrenzten Berechnungsauftrag, wohingegen die Lernsituation eine komplexe Problemstellung aus der – beruflichen – Praxis enthält, die eine Modellierung erfordert, um überhaupt zu dem mathematischen Kern vorzudringen. In dem oben beschriebenen Beispiel zum Türstopp würde im Falle einer Anwendungsaufgabe direkt die zentrale Frage gestellt werden. Der Arbeitsauftrag würde fordern, dass die gewinnmaximale Ausbringungsmenge zu ermitteln ist. Diese Aufgabenstellung würde voraussetzen, dass die Schülerschaft bereits wirtschaftliche Kenntnisse mitbringt, die wirtschaftlichen Fachbegriffe bereits mit Sinn erfüllen kann und auch bereits weiß, dass es ein Maximum der Gewinnfunktion geben wird. Daher müssen die Schülerinnen und Schüler schon vor der Bearbeitung der Problemstellung diejenigen Fachkompetenzen, die für die Aufgabenstellung nötig sind, erlernt haben.

In der Lernsituation wird dies nicht vorausgesetzt, da um Unterstützung bei der Kostenplanung für den ehemaligen Schüler gebeten wird. Alles dazu Erforderliche ergibt sich erst im Verlauf der Problembearbeitung. Die Lernenden bemerken im Verlauf der Bearbeitung, welche Kenntnisse ihnen noch fehlen, drücken dies aus und haben das Bestreben diese Kenntnisse zu erlangen. Das liegt auch daran, dass sie zunächst mit den vorhandenen Kenntnissen zu Ergebnissen kommen können. Sie stellen also fest, dass bereits mathematisches Werkzeug vorhanden ist und können damit sicher arbeiten oder aber dieses noch weiter absichern. (Zunächst sind alle wirtschaftlichen Zusammenhänge durch lineare Funktionen modellierbar.) Meiner Erfahrung nach entsteht dadurch ein so starkes Bedürfnis nach der Auflösung der kognitiven Konflikte, dass sich auch diejenigen Schülerinnen und Schüler, die der Mathematik nicht besonders zugetan sind, öffnen und eine Bereitschaft für die Auseinandersetzung mit Mathematik entwickeln. Als Abschluss an die Bearbeitung der Lernsituation kann eine komplette Kostenkalkulation dokumentiert werden, die alle erforderlichen Graphen, Datensätze, Berechnungen und Erklärungen auch zu den Auswirkungen von möglichen Abweichungen von der gewinnmaximalen Ausbringungsmenge und dem geeigneten Definitionsbereich in $\mathbb{N}$ enthält. Diese kann als Vorlage für ähnliche Probleme genutzt werden, weil sie alle nötigen Erklärungen enthält, die auch dann noch hilfreich sind, wenn z. B. die zur Modellierung herangezogenen Funktionen komplexer werden. Die Schülerinnen und Schüler haben dadurch selbst ein inhaltlich klar abgegrenztes Bild der Mathematik einerseits und der wirtschaftlichen Grundlagen andererseits entwickelt, welche in direktem Bezug zu ihren eigenen beruflichen Situationen stehen könnte. Das Handlungsergebnis könnte ebenfalls an den ehemaligen Schüler geschickt werden. In dem beschriebenen Fall habe ich bei einem gelegentlichen Treffen mit diesem darüber gesprochen und im Nachgang zur Lernsituation die reale Situation aller beteiligten ehemaligen Schülerinnen und Schüler im Unterricht vorgestellt. Die angehenden Technikerinnen und Techniker entwickelten daraus ein großes Interesse daran, selber ein Projekt in der Art durchzuführen, an dessen Ende etwas Patentierbares herauskommen könnte oder welches zumindest ihre Chancen auf einen guten Job erhöhen würde. In Kapitel 8.4 werden die Lernsituation, das Arbeitsblatt und die dazugehörige Lernprozessdokumentation abgerundet vorgestellt.

5.3 Entwicklung einer Lernsituation aus einer Anwendungsaufgabe

Viele Anwendungsaufgaben sind dafür geeignet, zu komplexen Lernsituationen weiterentwickelt zu werden. Das möchte ich am folgenden Beispiel verdeutlichen. Eine Referendarin hatte als Grundlage für einen Unterrichtsbesuch eine Anwendungsaufgabe formuliert, für die sie sehr aufwändige Recherchen durchgeführt hatte. Diese Informationen lediglich für eine kleine Aufgabe zu nutzen, wäre im Verhältnis von Aufwand und Nutzen ungünstig gewesen. Daher wurde daraus eine komplexe Lernsituation entwickelt.

5.3.1 Darstellung der Anwendungsaufgabe „Festlegung der Anbauflächen für verschiedene Kartoffelsorten"

Tanjas Vater, ein Landwirt, plante ein Feld mit Kartoffeln zu bestellen. Da er die Wahl zwischen Speisekartoffeln für den Verzehr und Stärkekartoffeln für die Energiegewinnung hatte, wurde der Klasse die Aufgabe gestellt, die optimale Mengenkombination zu berechnen. Dafür sollten die Lernenden aus einem in Tabellenform dargebotenen Datensatz Geradengleichungen aufstellen und eine lineare Optimierung durchführen. Für diese Anwendungsaufgabe wurde vorausgesetzt, dass die

Lernenden bereits sicher in der Bewältigung von linearen Optimierungsaufgaben waren. Dadurch konnten sie die konkrete Aufgabe erhalten, die optimale Mengenkombination zu ermitteln. Die Datensätze basierten dafür auf den realen Preisen und dem Arbeitsaufwand, den der Landwirt aus Erfahrung heraus sehr gut einschätzen kann. Die Aufgabe war für die Schülerinnen und Schüler sehr ansprechend und motivierend, da sie einen engen Bezug zur Realität zeigt. Um Zeit zu sparen, wurden alle möglichen Fragen bereits in der Aufgabenstellung geklärt. Dadurch konnten die Schülerinnen und Schüler schnell die Zahlen in Form von Gleichungen interpretieren, das Planungsvieleck zeichnen und die optimale Mengenkombination mittels Parallelverschiebung der Zielfunktion ermitteln. Entstanden war eine sehr gelungene Anwendungsaufgabe, für deren Lösung die Schülerinnen und Schüler ihre Kompetenzen anwenden mussten. Für die Lösung der Aufgabe wurden etwa zwei Schulstunden angesetzt. Die Schülerinnen und Schüler wendeten Gelerntes an und entdeckten Zusammenhänge zwischen Mathematik und landwirtschaftlicher Planung.

5.3.2 Weiterentwicklung zur Lernsituation

Im Folgenden wird dargestellt, wie aus der Anwendungsaufgabe eine Lernsituation erstellt werden kann. Die Situation des Landwirts wird im Gegensatz zur Anwendungsaufgabe nicht an das Ende der Erarbeitung neuer mathematischer Inhalte gesetzt, sondern an den Anfang. Die Klasse erhält ein Informationsblatt, aus dem die wichtigen Daten bereits zu entnehmen sind. Das Problem jedoch wird nicht genannt. Die Lernenden sollen die Problemstellung selbstständig formulieren. Die Schülerinnen und Schüler müssen sich zunächst intensiv mit der Problematik auseinandersetzen, bis sie die einzelnen Randbedingungen identifizieren können. Die Zusammenhänge müssen sie dann mathematisieren und grafisch verdeutlichen. Erst im Anschluss an die grafische Erarbeitung der Relationen kann auch der Begriff der Funktion erarbeitet werden. Daraus erst folgt, dass diese erstellt, interpretiert und gezeichnet werden müssen. Die Lernsituation ermöglicht daher, die Begriffe „Relation“ und „Funktion“ einzuführen und klar voneinander abzugrenzen. Zudem lassen sich die Fachkenntnisse zum Thema „lineare Funktionen“ erarbeiten. Lediglich der Steigungswinkel spielt für diese Problematik keine Rolle.

Name: Datum: Klasse:

Welche Kartoffelsorte soll in welcher Menge angebaut werden?

Foto: Shutterstock.com/timigor, Bearbeitung: Cornelsen/Martin Frech

Im nächsten Jahr will der Landwirt eine 8 Hektar große Ackerfläche zum Anbau von Kartoffeln nutzen. (1 ha = 100 m · 100 m)
Er überlegt, ob er Speisekartoffeln oder Stärkekartoffeln oder beide Kartoffelsorten anbauen soll.
Die Speisekartoffeln sind für den menschlichen Verzehr, die Stärkekartoffeln für die Energiegewinnung vorgesehen.
Seine Entscheidung hängt von mehreren Faktoren ab.
Alle Kartoffelsorten müssen regelmäßig gedüngt werden. Dies beginnt bei der Bodenvorbereitung und endet kurz vor der Ernte mit einer Blattdüngung.
Stärkekartoffeln haben den großen Vorteil, dass sie nicht so oft beregnet werden müssen. Auch bei der Ernte und der Einlagerung sind Stärkekartoffeln wesentlich unproblematischer als Speisekartoffeln.
Speisekartoffeln hingegen bringen nach der Ernte einen höheren Erlös. Sie sind aber verhältnismäßig pflegeintensiv.
Für die Entscheidung müssen die folgenden Faktoren berücksichtigt werden.
Der monatliche Arbeitsaufwand für einen Hektar Speisekartoffeln beträgt durchschnittlich 4 Stunden und der für ein Hektar Stärkekartoffeln 3 Stunden.
Er möchte für die Bearbeitung der gesamten Fläche monatlich nicht mehr als 28 Arbeitsstunden investieren, da er natürlich noch weitere Aufgaben hat.
Wichtig ist ihm jedoch, dass auf einer Fläche von mindestens 1,5 Hektar Speisekartoffeln angebaut werden, da er diese an einige befreundete Familien verkaufen möchte.
Die Kosten betragen für Speisekartoffeln für Saatgut, Düngemittel etc. 1785,00 € pro Hektar und für die Stärkekartoffeln 1150,00 € pro Hektar. Die Gesamtkosten sollten aber einen Maximalwert von 12050,00 € nicht überschreiten.
Nach den heute üblichen Marktpreisen bekommt ein Landwirt für die Ernte von einem Hektar (ha) Speisekartoffeln 3863,00 € und für diejenige von einem Hektar Stärkekartoffeln 3090,40 €.
Helfen Sie dem Landwirt bei der Entscheidung!

Abbildung 68: Informationsblatt zum Thema „Kartoffelanbau“, lineare Funktionen

Die Kosten ergaben sich aus einer Recherche und der Befragung eines Landwirts. Dadurch stehen sehr realistische Datensätze für den Anbau und die Ernte von Speise- und Stärkekartoffeln zur Verfügung.

Wird die Problematik als Anwendungsaufgabe gestellt, so geht es in der Unterrichtseinheit um das Einüben der linearen Optimierung. Die Ausgangsfrage kann unter Auslassung vieler möglicher mathematischer Aspekte schnell gelöst werden. Sie könnte wie folgt formuliert werden:

Berechnen Sie die optimale Mengenkombination der Speise- und Stärkekartoffeln unter Berücksichtigung der genannten Randbedingungen.

Stellt man die Optimierungsproblematik jedoch an den Anfang, z. B. der Thematik „lineare Funktionen“ in der Einführungsphase, dann enthält die Problematik so viele neue Aspekte, dass auch diejenigen, die schon vorher lineare Funktionen im Unterricht behandelt haben, trotzdem einen für sie neuen und interessanten Zugang finden können. Aus der Anwendungsaufgabe wird die Lernsituation. Sie umfasst den gesamten Lernprozess, ausgehend von der Situation des Landwirtes über die Mathematisierung, die Entwicklung neuer mathematischer Kenntnisse und Fähigkeiten bis hin zur Problemlösung. Die Lernsituation wird didaktisch und methodisch durch die Lehrkraft geplant.

Das Problem soll zu Beginn durch die Lernenden festgehalten werden: Es gibt mehrere Bedingungen, die für die Festlegung der Anbaumengen und des erzielbaren Umsatzes berücksichtigt werden müssen. Im Anschluss an die Problemklärung könnten folgende Aufgaben auf einem Arbeitsblatt stehen.

1. Formulieren Sie Ihre Bedingung in eigenen Worten!
2. Übersetzen Sie ihre Formulierung in eine mathematische Formulierung!
   Verwenden Sie z. B. ≤ oder ≥ und legen Sie für jede Größe einen passenden Buchstaben fest.
3. Überprüfen Sie, ob die Mengenkombinationen, die durch die Punkte P_1 bis P_{23} gegeben sind, die von Ihnen formulierte Bedingung erfüllen.
   P(Anbaufläche der Speisekartoffeln | Anbaufläche der Stärkekartoffel)

P_1(0 | 1),
P_2(0 | 2,5),
P_3(0 | 6,5),
P_4(0 | 7,5),
P_5(1 | 1),
P_6(1 | 3,5),
P_7(1 | 6),
P_8(1 | 6,5),
P_9(2,5 | 2,5),
P_{10}(2,5 | 5,5),
P_{11}(2,5 | 6,5),
P_{12}(4 | 1,5),
P_{13}(3,5 | 4),
P_{14}(5 | 2,5),
P_{15}(5 | 3,5),
P_{16}(5 | 4,5),
P_{17}(6 | 2),
P_{18}(6 | 0,5),
P_{19}(6 | 3,5),
P_{20}(7 | 1,5),
P_{21}(7 | 2,5),
P_{22}(7 | 5,5),
P_{23}(8,5 | 1,5),

4. Kleben Sie für jeden Punkt einen Klebepunkt auf das Plakat! Beachten Sie dabei:
Blaue Klebepunkte: Die Bedingung wird nicht erfüllt.
Gelbe Klebepunkte: Die Bedingung wird erfüllt.
Blaue Klebepunkte dürfen nicht überklebt werden!

Abbildung 69: Vorschlag für Aufgaben auf einem Arbeitsblatt mit dem Ziel, die Problemstellung zu modellieren

Die Informationen, die die Schülerinnen und Schüler erhalten, bleiben für die Anwendungsaufgabe und für die Lernsituation die gleichen. Jedoch wird die Lernsituation zu einem früheren Zeitpunkt im Unterricht eingesetzt. Dadurch werden Fragen zur Rechnung mit Ungleichungen und grafischen Darstellung derselben in einem geeigneten Koordinatensystem geklärt. Das Koordinatensystem kann thematisiert werden und die Lage des Ursprunges geeignet und begründet festgelegt werden. Fragen zu Zahlenmengen ergeben sich aus der Problemstellung, ebenso wie die Festlegung zulässiger Teilmengen der Zahlenmengen, als Vorüberlegungen zum Thema „Definitionsbereich“. Auch der Unterschied zwischen Relation und Funktion kann erarbeitet werden. Ebenso eröffnet sich eine neue Möglichkeit, sich dem Thema „lineare Funktionen“ zu nähern. Dazu wird die Bedeutung des Ordinatenabschnittes hier besonders augenfällig. Dadurch, dass es sich um fassliche Größen handelt (Preis für Dünger, Abmessung eines Feldes, Erntemenge, Erlös auf dem Markt, etc.), bleiben alle innermathematischen Aspekte greifbar. Das Rechnen in $\mathbb{R}$ ist in diesem Falle nicht zwingend erforderlich und auch nicht wirklich sinnvoll. (Die Einführung der Zahlenmengen wird in Kapitel 8.4.6 gezeigt.) Wenn die Anwendung der Differentialrechnung erforderlich wird, muss der Zahlenbereich zwingend auf $\mathbb{R}$ erweitert werden. Das vorliegende Beispiel ermöglicht es, die lineare Funktion als Beschreibung von Punkten in einer geometrischen Fläche zu deuten und gleichzeitig auch als Beschreibung eines Zusammenhangs zweier nicht geometrischer Größen, die voneinander abhängen. Es wird ein Zugang zum Funktionsbegriff geschaffen, der mehr darstellt, als eine Gerade im Koordinatensystem. Die Abhängigkeit der Größen von einander, die dazu führt, dass sich eine Größe ändert, wenn die andere variiert wird (Variable), ist für die Schülerinnen und Schüler in dem Jahr der Einführung der Analysis von besonderer Bedeutung. Es ist der Weg ausgehend von der Formel und einem statischen Bild eines Graphen hin zur prozessualen Betrachtung von Zusammenhängen.

Zusammenfassend lässt sich festhalten, dass Anwendungsaufgaben die Schülerschaft motivieren, sich mit Mathematik zu befassen, die Anwendbarkeit der Mathematik zum Lösen von Sachproblemen einzuüben und damit die Problemlösefähigkeit zu vertiefen. Die Lernsituation legt die Anwendung ebenfalls zugrunde! Jedoch unterscheidet sich der handlungsorientierte Unterricht in der Mathematik (BHOM), der auf Lernsituationen basiert, dadurch, dass die Schülerinnen und Schüler durch die Bearbeitung einer beruflichen Situation von Beginn an das Bedürfnis nach dem Erlernen mathematischer Kompetenzen entwickeln. Damit ist die Sinnhaftigkeit der Mathematik durchgängig gegeben. Das außermathematische Ziel, die Problematik, die sich aus der Handlungssituation ergibt, zu lösen, liegt über der gesamten Bearbeitung. Auch die innermathematischen Ziele sind immer transparent, weil sie von den Schülerinnen und Schüler selber festgelegt werden. Aus einem anwendungsbezogenen Unterricht wird durch wenige Veränderungen ein handlungsorientierter Unterricht, der die sechs Phasen der vollständigen Handlung beinhaltet. Kurz gesagt, lässt die Anwendungsaufgabe die Schülerinnen und Schüler mathematisches Wissen anwenden, um damit das Können und die positive Haltung zur Mathematik zu verbessern. Hingegen versetzt die Lernsituation die Schülerschaft in die beruflich begründete Situation, sich mathematische Kompetenzen, neues Wissen, das Können und die erforderliche Haltung aneignen zu wollen. In den Abbildungen 70 und 71 sind Vorschläge für Tafelbilder dargestellt, die die inhaltliche Umsetzung für den Unterricht verdeutlichen sollen.

Wie groß soll die Anbaufläche im optimalen Fall für Speisekartoffeln (x) und Stärkekartoffeln (y) sein?
[x] = ha, [y] = ha   x-Fläche für Speisekartoffel, y-Fläche für Stärkekartoffel

Aspekte	**Sätze**	**Ungleichungen**
Ackerfläche	Die mit der Kartoffelsorte A und die mit der Kartoffelsorte B bepflanzte Fläche beträgt maximal 8 ha!	$8\text{ha} \geq x + y$
Arbeitsaufwand	Der Arbeitsaufwand, der für die Kartoffelsorte A und für die Kartoffelsorte B aufgewendet werden muss, darf im Monat 28 Stunden nicht überschreiten. Der Arbeitsaufwand für die Kartoffelsorte A beträgt 4h/ha. Der Arbeitsaufwand für die Kartoffelsorte B beträgt 3 h/ha	$3\frac{h}{ha} \cdot x + 4\frac{h}{ha} \cdot y \leq 28\,h$
Produktionsmenge	Für den Eigenbedarf sollen Speisekartoffeln auf mindestens 1,5 ha angebaut werden.	$x \geq 1{,}5\,\text{ha}$

Kosten	Die Kosten für Saatgut, Düngemittel und Pflanzenschutz, die für die Sorten A und B anfallen dürfen, betragen zusammen maximal 12050 €. Die Kosten für die Sorte A betragen: 1785 €/ha und für Sorte B 1150 €/ha.	$1785\frac{€}{ha}\cdot x + 1150\frac{€}{ha}\cdot$ $y \leq 12050€$
Erlös	Es soll der maximale Erlös für die Kartoffeln erzielt werden. Er setzt sich aus 3863 €/ha für Sorte A und 3090,4 €/ha für Sorte B zusammen.	$E = 3863\frac{€}{ha}\cdot x + 3090{,}40\frac{€}{ha}\cdot y$

Umformen der Ungleichungen nach y

I. $8\,ha \geq x + y$

$y \leq 8\,ha - x$

II. $28\,h \geq 3\frac{h}{ha}\cdot x + 4\frac{h}{ha}\cdot y + 4\frac{h}{ha}\cdot$

$y \leq 28\,h - 3\frac{h}{ha}\cdot x \Rightarrow$

$y \leq \frac{28\,h}{4\frac{h}{ha}} - \frac{3\frac{h}{ha}}{4\frac{h}{ha}}\cdot x$ Kürzen

$y \leq -\frac{3}{4}\cdot x + 7\,ha$

MERKE

Es werden durchgängig die Einheiten mitgenommen!
Dadurch wird einerseits deutlich, wie man mit Einheiten rechnet, (Rechenregeln anwenden!) andererseits werden die verwendeten Größen fassbarer!

III. $x \geq 1{,}5\,ha$

IV. $12050€ \geq 1785\frac{€}{ha}\cdot x + 1150\frac{€}{ha}\cdot y$

$1150\frac{€}{ha}\cdot y \leq -1785\frac{€}{ha}\cdot x + 12050€ \Rightarrow$

$y \leq -\frac{1785\frac{€}{ha}}{1150\frac{€}{ha}}\cdot x + \frac{12050\frac{€}{ha}}{1150\frac{€}{ha}}$ Kürzen

$y \leq -\frac{1785}{1150}\cdot x + \frac{12050}{1150}\,ha$

$y \leq -1{,}55\cdot x + 10{,}48\,ha$

V. $E = 3863\frac{€}{ha}\cdot x + 3090{,}40\frac{€}{ha}\cdot y$

$3090{,}40\frac{€}{ha}\cdot y = -3863\frac{€}{ha}\cdot x + E$

$y = -\frac{3863}{3090{,}40}\cdot x + \frac{E}{3090{,}40€}\,ha$

$y = -1{,}25\cdot x + \frac{E}{3090{,}40€}\,ha$

MERKE

Der Taschenrechner kann im CAS-Menü nur mit **eindeutigen** Informationen arbeiten.
Ungleichungen sind nicht eindeutig: Jedem x-Wert werden unendlich viele y-Werte zugeordnet → **Relation.**
Der Taschenrechner benötigt also Funktionen: Jedem x-Wert ist genau ein y-Wert zugeordnet!

Abbildung 70: Vorschlag für ein Tafelbild zum Thema „Kartoffelanbau", Modellierung

Die Relationen können anhand der farblich markierten Flächen verdeutlicht werden, wohingegen die Funktionen als Geraden, welche die Flächen begrenzen, dargestellt werden. Die Zielfunktion ist in Abbildung 71 schwarz dargestellt und muss grafisch so weit nach unten verschoben werden, dass sie den äußersten Punkt des Planungsvieleckes trifft. Das Planungsvieleck enthält alle diejenigen Kombinationen zwischen der Anbaufläche der Speise- und Stärkekartoffel, die alle vorgenannten Bedingungen enthält. Die Zielfunktion hingegen ergibt sich aus dem Bedürfnis heraus, dass der Erlös insgesamt maximiert wird, wodurch der Achsenabschnitt der Zielfunktion erst nach dem Prozess des Verschiebens festgelegt werden kann.

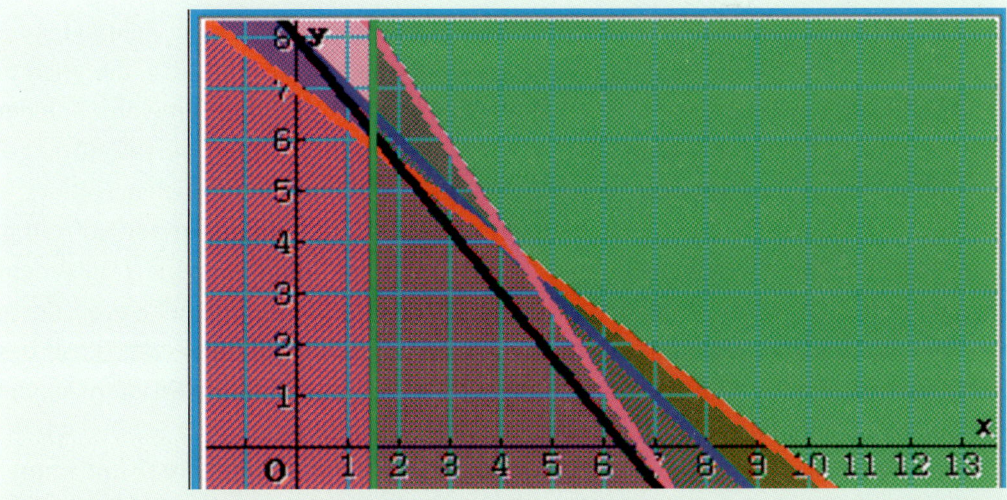

Abbildung 71: Grafische Darstellung des Planungsvielecks zum Thema „Kartoffelanbau"

5.3.3 Schlussfolgerung zur Arbeit mit Lernsituationen im Unterricht

Ich schlage vor, die Problemstellungen, die den Lernsituationen zugrunde liegen, zunächst sehr nah an der beruflichen Situation zu formulieren, sodass sich tatsächlich ein Sachproblem ergibt. Dieses sollte so weit gefasst werden, dass für erste Lösungsschritte bereits bekanntes Wissen angewendet werden muss. Die Kenntnisse müssen anschließend weiterentwickelt werden, weil die bisherigen noch nicht ausreichen, um das Problem vollständig in der erforderlichen Genauigkeit oder Allgemeingültigkeit zu lösen. Von einfachen noch greifbaren Lösungsansätzen kann durch die Modellierung der Weg in komplexere oder auch abstraktere mathematische Ebenen gegangen werden. Insbesondere sollte auf die sechste Phase Wert gelegt werden. Es lohnt sich die Unterrichtszeit zu investieren und nicht zu kurz über die Sicherungsphase hinwegzugehen. Selbst wenn das Anwendungsproblem gelöst ist, kann der Handlungskreis noch nicht abgeschlossen sein. Es kommt also im handlungsorientierten Unterricht zur Sicherung des Lernerfolges nicht in erster Linie darauf an, dass am Ende ein fertiges Ergebnis vorhanden ist. Vielmehr kommt es darauf an, dass der Lösungsweg sowohl methodisch, als auch inhaltlich reflektiert wird. Erst wenn diese beiden Aspekte intensiv von allen Lernenden durchdacht und kritisch betrachtet werden, kann ein Lernerfolg verzeichnet werden. Erst wenn sich die Schülerinnen und Schüler über ihre eigene Art des Lernens, des Entdeckens und Fragens im Klaren sind, werden sie selbstverantwortlich lernen können. Erst wenn sie die mathematischen Inhalte in einen größeren Zusammenhang gestellt haben und die Allgemeingültigkeit auf dem ihnen angemessenen Niveau durchdacht und sich einen Überblick über die Zusammenhänge verschafft haben, können sie auch im Falle eines anderen Anwendungsproblems wieder das passende mathematische Werkzeug wählen.

Damit wird deutlich, dass es sich bei dem handlungsorientierten Unterricht im Mathematikunterricht (BHOM) um ein Gesamtkonzept von Unterricht handelt, welches nicht auf methodische Überlegungen beschränkt ist. Didaktische und methodische Planungen müssen hier zusammengeführt werden.

Allen beschriebenen Überlegungen liegt zugrunde, dass man nicht davon ausgehen kann, dass die Lernenden allein durch die Bearbeitung von Aufgaben auch die dahintersteckenden mathematischen Strukturen herausfinden und verinnerlichen können.

Im handlungsorientierten Unterricht muss sich die problemlösende Person in vielen kleinen Schritten einem Problem nähern, bis sie es am Ende lösen kann. Diese vielen Schritte, die auch in Abbildung 27 in Kapitel 3.3 dargestellt sind, müssen jedes Mal bewusst durchlaufen werden. Jeder einzelne Schritt kostet natürlich Zeit und auch für den Bewusstwerdungsprozess muss Zeit eingeplant werden. Hier treffen wir genau auf den Widerspruch, den es zu lösen gilt. Bisher sollen die Schülerinnen und Schüler möglichst viele unterschiedliche Aufgaben bearbeiten, in der Hoffnung, dass sie dadurch die Mathematik erlernen werden. Die These, die dem konventionellen Unterricht zugrunde liegt, ist, dass je mehr Anwendungen die Schülerinnen und Schüler gerechnet haben, desto besser werden sie im Anschluss die Mathematik beherrschen. Meine dagegengesetzte These des BHOM besagt, dass die Schülerinnen und Schüler an einem schlüssigen, fasslichen Problem so viel Mathematik lernen sollten, wie es das Problem hergibt, angepasst an das Niveau der Schülerschaft; mit Zeit zum Entdecken, Fragenstellen, Ausprobieren, Nutzen der vier Darstellungsformen und immer mit einem selbstgestellten Ziel vor Augen. Das Problem ist durch die Lehrkraft derart didaktisch und methodisch aufbereitet, dass die Schülerinnen und Schüler damit die mathematischen Ziele auch selber formulieren und erreichen können. Übungsaufgaben und Anwendungen, ebenso wie weiterführende innermathematische Aufgaben ergänzen den handlungsorientierten Unterricht zu einem lernförderlichen und erfolgreichen Unterricht.

Zusammenfassung:

Anwendungsaufgabe

- Konkrete Aufgabenstellung, die auf einer Anwendung beruht
- Überschaubare Aufgabenstellung mit konkretem, möglicherweise verstecktem, mathematischen Arbeitsauftrag
- Erlerntes wird angewendet und eingeübt.
- Problemlösekompetenz wird trainiert.
- Transfer des Erlernten wird geübt.

Lernsituation

- **Der Lernsituation** liegt eine Anwendung, möglichst aus dem beruflichen Alltag, zugrunde.
- Die Lernsituation erfordert komplexes Fachwissen.
- Die Lernsituation umfasst Unterricht für mehrere Einheiten.
- Während der Bearbeitung einer Lernsituation erarbeiten die Schülerinnen und Schüler die erforderlichen mathematischen Kompetenzen.
- Eine Problemstellung steht am Anfang aller Überlegungen.
- Die Problemstellung muss analysiert werden.
- Die Problemstellung muss definiert werden.
- Das Problem muss mathematisch modelliert werden.
- Mathematische Lösungsstrategien müssen entwickelt und erlernt werden.
- Fachwissen muss erlernt werden, sodass Werkzeuge zur Lösung des mathematischen Problems zur Verfügung stehen.
- Das Problem muss gelöst werden.
- Die Lösung muss bezüglich der Problemstellung interpretiert und auf seine Plausibilität hin überprüft werden.
- Die Lernsituation bildet den Rahmen für die Planung mehrerer Unterrichtseinheiten.
- Zur Lösung des Problems, das sich aus der Lernsituation ergibt, sind vielfältige mathematische Fähigkeiten und Kompetenzen erforderlich.
- Mathematisches Wissen wird erarbeitet, **weil** es für die Lösung des Problems erforderlich ist.
- Der Handlungskreis und der Modellbildungskreis werden während der Bearbeitung der Lernsituation durchlaufen.

Erkenntnisanalyse

- Die Lernsituation wird schon in der Planung hinsichtlich ihrer außermathematischen Aspekte analysiert.
- Die Lernsituation wird hinsichtlich ihres mathematischen Potentials analysiert.
- Jeder Schritt der Problemlösung wird hinsichtlich möglicher mathematischer Erkenntnisse analysiert, sodass diese im Unterricht erarbeitet und formuliert werden können.
- Ein Vergleich der möglichen Erkenntnisse mit einer Sachanalyse der mathematischen Thematik ergibt die im Anschluss an die Lernsituation noch zu erarbeitenden mathematischen Inhalte.

Unterrichtsdurchführung:

<u>Die sechs Phasen der vollständigen Handlung:</u>

1. Informieren
2. Planen
3. Entscheiden
4. Ausführen
5. Kontrollieren
6. Bewerten

<u>Modellbildung:</u>

- Realsituation
- mathematisches Modell
- Lösung des innermathematischen Problems
- Rückführung der mathematischen Lösung auf die Realsituation

<u>Kompetenzförderung:</u>

Die Schülerinnen und Schüler erlernen Eigenständigkeit, Verantwortung für das eigene Lernen und Handeln zu übernehmen.

<u>Die prozessbezogenen und die mathematischen Kompetenzen der Lernenden werden gefördert:</u>

- Analyse und Lösung des Problems
- Analyse der mathematikspezifischen Erkenntnisse
- Erarbeitung mathematischer Kompetenzen
- Reflexion der Vorgehensweise bezüglich der Lösung der Problemstellung
- Kommunikation
- Nutzung mathematischer Symbol- und Fachsprache
- Entwicklung der Medienkompetenz
- Entwicklung von Problemlösekompetenzen
- Reflexion der methodischen Vorgehensweise während der Lernsituation
- Entwicklung von Lernstrategien und Arbeitstechniken
- Reflexion der gewonnenen mathematischen Erkenntnisse und Diskussion der Exemplarität
- vom Speziellen zum Allgemeinen
- Transfer der gewonnenen Erkenntnisse auf andere Probleme
- Ergänzung der gewonnenen Erkenntnisse durch mathematische Weiterentwicklung
- vom Konkreten zum Abstrakten
- vom Bekannten zum Neuen

Abbildung 72: Zusammenfassung: Abgrenzung Anwendungsaufgabe und Lernsituation

6 MODELLBILDUNG UND HANDLUNGSORIENTIERUNG

Dass das Modellbilden ein zentraler Aspekt des handlungsorientierten Unterrichtes ist, wurde immer wieder betont. Allerdings wurde bisher nicht deutlich gemacht, was das konkret für den Unterricht bedeutet. Zunächst kann man vom Modellbildungskreislauf nach Henn[49] ausgehen. Danach startet man in der Realität. Diese wird mittels eines mathematischen Modells beschrieben, das Problem wird dann mathematisch gelöst und die Lösung wieder auf das reale Problem übertragen.

Infolge diverser Unterrichtsbeobachtungen und Reflexionen konnte ich feststellen, dass die Trennschärfe, mit der im Unterricht bezüglich der Modellbildung gearbeitet wird, den Lernprozess positiv beeinflussen kann. Daraus habe ich geschlussfolgert, dass es sinnvoll ist, den Modellbildungsprozess in kleinere Schritte zu unterteilen.[50] Daher möchte ich im Folgenden versuchen dieses genauer herauszuarbeiten.

Am Anfang steht die Handlungssituation, in der man sich in der Realität, z.B. im Berufsleben, befinden kann. Diese wird durch die Lehrkraft didaktisch überarbeitet und als Lernsituation den Schülerinnen und Schülern vorgestellt. Dadurch ist bereits ein Teil der Modellbildung durch die Reduktionen der Lehrkraft erfolgt. Thematisiert die Lehrkraft diese Überlegungen weder zu Beginn der Lernsituation noch am Ende mit den Schülerinnen und Schülern, wird es den Lernenden schwerfallen, den Bezug zwischen Realität und unterrichtlicher, künstlicher Situation zu schaffen. Die Lehrkraft sollte die Schülerinnen und Schüler in die Vorüberlegungen einbeziehen oder sogar die Lerngruppe auffordern, die ersten Reduktionsüberlegungen selber zu formulieren. So kann der erste Schritt zur Problembewältigung und damit zur Problemlösekompetenz mit den Lernenden gemeinsam erarbeitet werden. Die Kompetenz wird entwickelt, in realen Handlungssituationen einen ersten Problemlöseansatz selbstständig zu finden. Es wird gelingen, die Lernenden gezielt darin zu fördern, ein Problem konkret zu fassen und Rahmenbedingungen oder Randbedingungen eigenverantwortlich festzulegen. Die Absolventinnen und Absolventen unserer Schulen sollten in beruflichen Situationen instinktiv auf die Idee kommen, das jeweilige Problem zunächst genau zu analysieren und begründet Modellannahmen zu treffen. Daraus könnte sich im folgenden Schritt ergeben, dass Rechenansätze gesucht und gefunden werden, mit denen man der Lösung näherkommt. Es obliegt der Lehrkraft, sich bereits in der Planungsphase für ihren Unterricht Gedanken darüber zu machen, welche Informationen sie selber vorbereiten möchte und welche sachbezogenen Reduktionen bereits automatisch durchgeführt wurden. Dafür muss sich die Lehrkraft selber sehr genau darüber im Klaren sein, welche Modelle sie wann verwendet und wie weit diese auf das von ihr formulierte Problem passen. Verwendet man Schulbuchaufgaben, so ist es dringend erforderlich, genau zu überlegen, welche Vereinfachungen der Autor bereits stillschweigend voraussetzt. In einigen Fällen wird eine Ausgestaltung der Problematik aus dem Schulbuch helfen, die Aufgabe realistischer zu formulieren und damit als Idee für eine Lernsituation zu nutzen. Dabei sei bedacht, dass die Schulbuchaufgaben zum Einüben bestimmter Fertigkeiten oder Fähigkeiten formuliert wurden. Für die Gestaltung der eigenen Lernsituationen muss sich jede Lehrkraft zunächst genaue Gedanken zu ihrer eigenen Klasse machen, um die Situation angemessen und im Kontext der Lerngruppe realitätsbezogen zu erstellen.

Nachfolgend möchte ich die Überlegungen an einem Unterrichtsbeispiel in der Einführungsphase im beruflichen Gymnasium Wirtschaft bezüglich der Modellbildung vorstellen.

---

49 Vgl. Henn, H. W. et al. (2013): Von der Welt ins Modell und zurück. In: Mathematisches Modellieren für Schule und Hochschule. Springer Spektrum Verlag, S. 202–220.

50 Vgl. Greefrath, G. et al. (2013): Mathematisches Modellieren, eine Einführung in theoretische und didaktische Hintergründe. In: Mathematisches Modellieren für Schule und Hochschule. Springer Spektrum Verlag, S. 11–37.

6.1 Modellbildung

Für den Unterricht wird eine Lernsituation zum Thema „lineare und quadratische Funktionen" geplant. Die Handlungssituation bezieht sich auf die Jungunternehmerin, welche den Wirtschaftsplan für ihr geplantes Schokoladengeschäft aufstellen muss, um z. B. Kredite beantragen zu können. Sie möchte im Ortskern ein Spezialgeschäft für Schokolade eröffnen. Die Schokolade soll von besonderer Qualität und sehr kreativ sein.

Die erste Frage, die sich für den Unterricht stellt, ist die Menge der Schokolade, die z. B. wöchentlich oder monatlich umgesetzt werden kann. Im Unterricht soll daher die Preis-Absatz-Funktion (PAF) für die Schokolade als Grundlage für die Preiskalkulation behandelt werden. Wie geht man hier im Unterricht geschickt vor?

6.1.1 Überlegungen zur wirtschaftlichen Modellierung

In der Realität wird eine Umfrage durchgeführt, um die erforderlichen Daten für die Preisgestaltung zu ermitteln. Die Lehrkraft muss daher klären, ob das Thema „statistische Erhebungen" bereits im Unterricht thematisiert wurde. Wenn dies nicht der Fall sein sollte, kann hier kaum auf Vorkenntnisse zurückgegriffen werden. Daher könnte die Klasse diese Umfrage im Selbstversuch beispielhaft durchführen. Die Schülerinnen und Schüler werden nach ihrem eigenen Kaufverhalten gefragt. Aus den gewonnenen Daten kann auf das allgemeine Verhalten der Preis-Absatz-Funktion p(x) geschlossen werden. Die Schülerinnen und Schüler können formulieren, dass der Preis sinken muss, wenn der Umsatz erhöht werden soll. Je-desto-Formulierungen helfen dabei den Zusammenhang zu erfassen. „Je höher der Preis, desto weniger Schokolade kann verkauft werden. Je niedriger der Preis, desto mehr Schokolade kann verkauft werden. Wenn der Preis auf null Euro sinkt, kann man nur eine begrenzte Menge an Schokolade an die Bevölkerung verteilen, weil diese dann irgendwann an Schokolade gesättigt ist." Daraus kann man schließen, dass die PAF eine negative Änderungsrate haben muss. Für den Unterricht ist es dann wichtig, die eigene Umfrage zu reflektieren. Die auf diese Weise erhaltenen Daten können nicht direkt auf das Problem angewendet werden, da eine geringe Anzahl von Personen befragt wurde. Man könnte daraus eine geeignete Hochrechnung machen, wenn die befragte Personengruppe repräsentativ für die Bevölkerung in dem Ort wäre. Schon allein aus Gründen der Altersstruktur und der Einkommenssituation in der Klasse ist das jedoch nicht möglich. Im Unterricht müsste das Problem repräsentativer Umfragen zumindest im Ansatz mit den Schülerinnen und Schülern besprochen werden. Wenn im Unterricht auch nicht abschließend darüber gearbeitet werden kann, so hilft der Verweis auf nachfolgende Ausbildungszeiten oder Ausbildungsgänge. Bis hierhin wird mit den Schülerinnen und Schülern lediglich die Sachsituation geklärt. Von Mathematik wird bis jetzt noch gar nicht gesprochen. Lediglich die wirtschaftlichen Zusammenhänge werden geklärt. Ein erster Schritt hin zur mathematischen Modellbildung ist die grafische Auswertung der Daten in einem Diagramm. Jetzt beginnt die mathematische Modellbildung. Das Koordinatensystem wird korrekt beschriftet und die Punkte, die aus der eigenen Befragung gewonnen werden konnten, werden eingezeichnet. Als Ergebnis dieser ersten Unterrichtseinheit sollte der Schülerschaft klarwerden, dass man die (PAF) näherungsweise durch eine Gerade modellieren könnte, weil dies der einfachste mathematische Ansatz ist. Damit ist der Ansatz für das mathematische Modell gefunden. Mit der Geraden kann weiterhin wirtschaftlich diskutiert werden. Sie schneidet die Ordinatenachse oder besser die p(x)-Achse. Diesen Schnittpunkt kann man wirtschaftlich als Höchstpreis definieren. Das ist der Preis, für den gerade niemand mehr die Schokolade kaufen würde. Aus dieser Betrachtung ergibt sich sofort, dass dieser Preis nicht erfragt werden kann, denn null Personen können nicht einen Preis nennen. Die Frage in der statistischen Erhebung müsste positiv formuliert lauten: „Welchen Preis wären Sie bereit, für eine Tafel dieser Schokolade auszugeben?" Dieses könnte als Ergebnis jedoch nicht den Höchstpreis ergeben, denn dann würde ja noch Schokolade gekauft. Negativ formuliert: „Welcher Preis wäre Ihnen für eine Tafel dieser Schokolade zu hoch?“ Hier würde man aller Voraussicht nach sehr unterschiedliche Antworten von den Befragten erhalten.

Auch eine gezielte Abfrage nach der Menge der Schokolade, die zu einem bestimmten Preis gekauft werden würde, kann kein eindeutiges Ergebnis für den Höchstpreis ergeben.

Eine statistische Auswertung einer echten Umfrage könnte eine Menge von Daten ergeben, die, in einem Diagramm dargestellt, eine Punktewolke ergeben würde. Um die Preis-Absatz-Funktion daraus zu ermitteln, wäre z. B. die Nutzung der linearen Regression vorzuschlagen. Daraus folgt, dass es nicht möglich ist, eine realistische Aufgabe zu stellen, bei der der Höchstpreis angegeben wird, bevor die Preis-Absatz-Funktion bekannt ist. Auch der weitere Schnittpunkt mit der Achse der absetzbaren Menge (Abszissenachse) kann in dieser Weise nicht erfragt werden. Die Frage nach der Sättigungsmenge muss daher anders ermittelt werden. Betrachtet man also nur die Sachsituation, dann gehört in der Realität eine Umfrage und deren Auswertung dazu. Dazu wird ein Koordinatensystem verwendet und man macht sich Gedanken über die wirtschaftlichen Zusammenhänge und die Interpretationsmöglichkeiten der zugrundeliegenden Umfrage. Es bleibt am Schluss festzuhalten, dass mehr Ware verkauft werden kann, wenn der Preis niedriger angesetzt wird. Hinzu kommt die Überlegung, dass es eine Menge an Schokolade geben wird, die nicht mehr nachgefragt ist, weil die Kundschaft bereits gesättigt ist. Außerdem ist anzunehmen, dass es einen Preis geben wird, für den der Absatz der Schokolade nicht mehr möglich ist, weil dieser Preis für die mögliche Kundschaft zu hoch ist. Die wirtschaftlichen Überlegungen werden in Form eines Diagrammes (siehe Abbildung 73) dargestellt und die wirtschaftlichen Fachbegriffe eingeführt.

6.1.2 Überlegung zur mathematischen Modellierung

Es geht immer noch darum, einen geeigneten Preis für die Schokolade festzulegen. Daher ist festzuhalten, dass der Preis erst im Anschluss an die Preisplanung festgelegt werden kann und damit in den folgenden Überlegungen noch als variabel angenommen werden muss. Die absetzbare Menge an Schokolade sollte anschließend über den Monat oder das Quartal etc. ungefähr konstant bleiben, damit sich der Verkauf lohnt. Um diese Menge jedoch kalkulieren zu können, müssen alle wirtschaftlichen Zusammenhänge rechnerisch untersucht werden und dazu wird der Preis p(x) in Abhängigkeit von der noch nicht festgelegten absetzbaren Menge x als veränderlich angenommen. Man geht also davon aus, dass für die Preisplanung die absetzbare Menge noch nicht festliegt und variabel bleibt, bis alle Überlegungen abgeschlossen sind und man eine möglichst optimale Preisgestaltung geplant hat.

Das wirtschaftliche Ziel ist definiert und die Problematik erfordert eine Berechnung. Damit kann man zum mathematischen Teil übergehen. Das Koordinatensystem, beschränkt auf den 1. Quadranten, hat sich aus der wirtschaftlichen Analyse ergeben. Das wirtschaftliche Modell nimmt die Form der PAF der Einfachheit halber als Gerade an. Die Daten der Umfrage liegen auch vor und können im Folgenden weiterverarbeitet werden. Mathematisch wird die Gerade durch eine lineare Funktion beschrieben. Diese kann aus den hochgerechneten Daten (mindestens zwei Punkte im Koordinatensystem müssen sich daraus ergeben) ermittelt werden. Das mathematische Problem ist die Erstellung der linearen Funktion, die durch zwei Punkte gegeben ist. Gesucht sind des Weiteren die Schnittpunkte mit den Achsen.

6.1.3 Lösung der mathematischen Problemstellung

Gilt es, das Vorwissen zu linearen Funktionen, z. B. zu Beginn der Einführungsphase oder in der Fachoberschule zu aktivieren, so folgt jetzt der innermathematische Teil des Unterrichtes. Dafür sind die genaue didaktische Analyse und die Planung für diese Thematik in der Unterrichtsplanung durchzuführen. Der Umfang der mathematischen Betrachtungen hängt vom Niveau der Schülerinnen und Schüler und den didaktischen Entscheidungen der Lehrkraft ab. Diese berücksichtigen die Frage, wie lange die Schülerinnen und Schüler sich mit einer Thematik beschäftigen können, ohne das Interesse zu verlieren. Ebenso hängt der Umfang von der Jahresplanung der Schule ab, in der festgehalten wird, wann das Thema „PAF" innerhalb des Jahres bearbeitet werden soll. Es ist notwendig, sich mit den Kolleginnen und Kollegen auf eine sinnvolle Jahresplanung zu einigen, sodass die Lernsituationen und die Jahresplanung in sich schlüssig auf einander abgestimmt sind.

Für die Beschreibung des Modellbildungskreislaufes lassen wir es dabei bewenden, dass die lineare Funktion ermittelt wurde. Anhand der Funktionsgleichung kann der Schnittpunkt mit der Ordinatenachse direkt abgelesen werden. Der Schnittpunkt mit der Abszissenachse kann als Nullstelle berechnet werden.

6.1.4 Rückführung der Ergebnisse auf die wirtschaftliche Situation

All diese Überlegungen sind rein innermathematisch. Nun kommt der nächste Schritt des Modellbildungskreislaufes. Die mathematische Beschreibung und der dazugehörige Graph können nun wieder mit der Ausgangssituation in Verbindung gebracht und der Höchstpreis benannt werden. Ein Satz wird formuliert, z. B.: „In einem Monat könnte für einen Preis p_H keine Ware verkauft werden! Man könnte, würde man diesen Preis festlegen, keinen Erlös erzielen, da ja niemand etwas kaufen würde. Das wäre unsinnig!". Auch die Sättigungsmenge kann jetzt angegeben werden und ebenfalls erklärt werden, z. B.: Würde man die Schokolade in dem Spezialgeschäft verschenken, dann müsste man nicht mehr als die Menge $x_{\text{Sättigung}}$ im Monat herbeischaffen. Allerdings würde man dann auch keinen Erlös haben, da man die Schokolade ja nicht verkauft, sondern verschenkt. Das wäre also unsinnig! Das Geschäft würde pleitegehen.

Damit sind wir wieder zu der reinen wirtschaftlichen Betrachtung zurückgekehrt, die für die Schülerinnen und Schüler nun anschaulich und verständlich ist. Gleichzeitig ist auch der innermathematische Zusammenhang von Änderungsrate, Erstellung von linearen Funktionsgleichungen, Schnittpunkten mit den Koordinatenachsen, Nullstellenberechnung für die Schülerinnen und Schüler sinnvoll und fassbar im Kopf zu verankern.

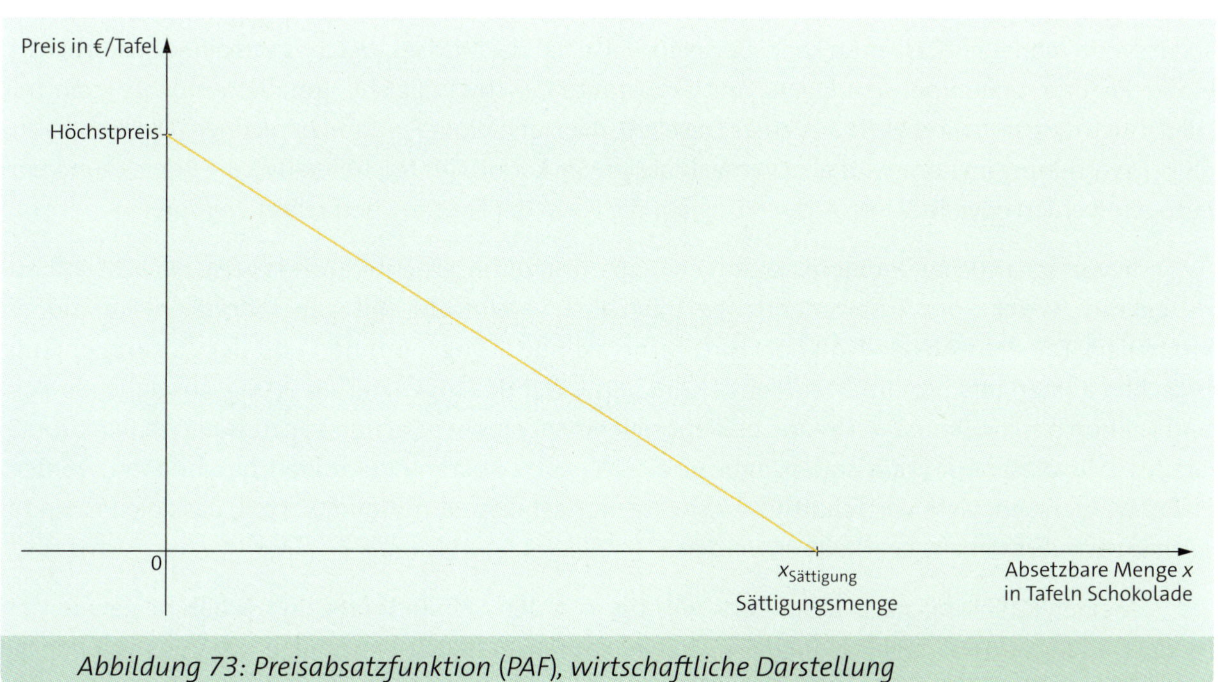

Abbildung 73: Preisabsatzfunktion (PAF), wirtschaftliche Darstellung

In dieser Darstellung des Unterrichtes wird deutlich, dass die wirtschaftlichen Überlegungen und die Berechnungen gedanklich voneinander getrennt betrachtet wurden. Für die Schülerinnen und Schüler ist es dadurch einfacher, mathematische Fachbegriffe innermathematisch zuzuordnen und wirtschaftliche Fachbegriffe losgelöst von der konkreten Rechnung zu verwenden. Trotzdem wird der Zusammenhang sauber herausgearbeitet, sodass die Verknüpfung von wirtschaftlichem Modell und Mathematik fassbar wird. Gerade die Kostentheorie, welche in der Schule nur in Form eines stark vereinfachten Modells der wirtschaftlichen Realität behandelt wird, ist für die Schülerinnen und Schüler sehr abstrakt. Die Trennschärfe zwischen Wirtschaft und Mathematik im Unterricht hilft den Schülerinnen und Schülern, das abstrakte Gebilde der Wirtschaftstheorie zu begreifen. Auch das Begreifen mathematischer Zusammenhänge erfordert von den Schülerinnen und Schülern ein hohes Maß an Abstraktion. Ich schlage daher vor, dass die wirtschaftlichen **Lern**situationen so fassbar wie möglich sind und auch die verwendeten Geldeinheiten und Mengeneinheiten klar definiert sind. Mit vorstellbaren Größen wie mit Euro, Yen oder Dollar und Stück oder Masse in Tonnen oder Kilogramm etc. können die Lernenden die Situationen genauer beschreiben und besser begreifen. Sie können eine Vorstellung von den wirtschaftlichen Größen entwickeln. Eine wirklich realitätsnahe Lernsituation mit greifbaren Produkten und Größen hilft den Schülerinnen und Schülern, die innermathematischen Aspekte leichter zu begreifen. Sie können einen Zugang zur Mathematik finden, den sie möglicherweise mit rein innermathematischen Überlegungen nicht oder nur schwer finden würden. Lernsituationen sollten immer unter dem Aspekt der Lernförderlichkeit gewählt werden, um den Zugang zur Mathematik zu verbessern.

6.2 Reflexion der Modellbildung

In der Lernsituation, die die Lehrkraft angemessen für die eigene Klasse entwickelt und angepasst hat, ist zunächst ein sachbezogenes Problem enthalten. Dieses kann nur dann erfolgreich bearbeitet werden, wenn es genau beschrieben wird. Außerdem muss das Ziel der anschließenden Arbeit genau definiert werden.

In naturwissenschaftlichen und technischen Fällen wird zunächst z. B. ein physikalisches Modell herangezogen. Dafür müssen die real auftretenden Umstände möglicherweise vereinfacht werden, sodass man modellhaft arbeiten kann. Beispielsweise hat das Wasser, welches aus einer Düse austritt, in der Realität keine über den Querschnitt konstante Geschwindigkeit. Trotzdem möchte man mit „der" Austrittsgeschwindigkeit aus einer Düse z. B. die Höhe einer Fontäne berechnen. Die Geschwindigkeitsverteilung im Rohr wird also vernachlässigt. Sie könnte im Nachhinein in die Berechnung einbezogen werden oder aber ihre Auswirkung auf die Form der Fontäne betrachtet werden.

In wirtschaftlichen Problemstellungen wird im Schulunterricht üblicherweise die Kostentheorie gelehrt, welche die Zusammenhänge möglichst vereinfacht mit ganzrationalen Funktionen modelliert. Die Preis-Absatz-Funktion wird gerne als linear angenommen und der Zusammenhang zwischen Kosten und produzierter Menge wird gerne mit der sogenannten ertragsgesetzlichen Kostenfunktion beschrieben. Die Theorie bedient sich hierzu einer einfachen ganzrationalen Funktion 3. Grades. Mit dieser Funktion sollen nahezu alle Mengen-Kosten-Funktionen beschrieben werden. Dabei werden sehr viele wirtschaftliche Aspekte vernachlässigt, mit dem Vorteil, dass die Probleme auch im Schulunterricht bearbeitbar werden.

Meiner Erfahrung nach ist es sehr wichtig, mit den Schülerinnen und Schülern gerade den Modellbildungsprozess fachlich fundiert zu durchlaufen. Dadurch wird ihnen der Zugang über die Sachproblematik ermöglicht. Lässt man im Unterricht diesen Modellierungsschritt aus, so kann es passieren, dass die Lernenden Widersprüche zu ihren eigenen Erfahrungen unausgesprochen empfinden. Dieses hält sie möglicherweise davon ab, sich vollständig auf das Problem einzulassen. Die Schülerinnen und Schüler sollten in der Informieren-Phase also selber die Informationen verarbeiten und das Sachproblem so genau beschreiben, dass sie selber die Vereinfachungen formulieren und Gedanken, die dazu „quer" laufen ebenfalls einbeziehen. Die Modellbildung muss dementsprechend bereits in der Betrachtung der Anwendung stattfinden. Erst wenn die Anwendungsproblematik genau analysiert und gemeinsam auf den Kern reduziert und auch formuliert wurde, kann der nächste Schritt stattfinden:

6.2.1 Die Modellbildung und die mathematische Beschreibung

Um das Sachproblem mathematisch zu modellieren, setzen die Schülerinnen und Schüler ihren Ideenreichtum ein und sammeln alles, was ihnen passend erscheint. Dazu gehören Wertetabellen, Formeln, Zeichnungen des Sachverhaltes oder die grafische Darstellung der gegebenen Daten, damit überhaupt ein Modell gewählt werden kann. Erst daraus kann sich dann eine mathematische Fragestellung ergeben. Dieses Vorgehen an sich trainiert die Planungskompetenz der Schülerinnen und Schüler.

Wird die mathematische Bearbeitung begonnen, noch bevor der Modellierungsprozess abgeschlossen ist, führt dies dazu, dass diejenigen Lernenden, die sich intensiv gedanklich mit der Sachsituation auseinandersetzen, abgehängt werden. Für sie entsteht ein Bruch. Ihre Aufmerksamkeit liegt noch auf der Sachsituation. In der Folge arbeiten nur noch diejenigen Lernenden mit, die diese Lücke für sich selbst schließen können oder die sich einfach auf den von der Lehrkraft eingeschlagenen Weg einlassen. Sie sind in der Lage, das eigentlich interessante Problem an die Seite zu schieben. Sie werden als starke Schülerinnen oder Schüler wahrgenommen. Sie werden zu Stichwortgebern für den Unterrichtsgang, sodass die Lehrkraft fortfahren kann. Insgesamt führt dies dazu, dass die Sachprobleme von den Lernenden in Zukunft nicht mehr für wichtig erachtet werden. Die Motivation, sich mit sachbezogenen und beruflichen Problemen im Mathematikunterricht auseinanderzusetzen, würde dadurch deutlich sinken. Werden die Schülerinnen und Schüler jedoch intensiv in den vollständigen Modellierungsprozess einbezogen, ist die Ausgangsidee nicht mehr nur eine „Mäntelchenaufgabe" nach dem Motto, „Guckt mal, man kann Mathematik auch anwenden!". Das Problem wird interessant, vielseitig und vielschichtig und motiviert die Schülerschaft im Ganzen, sich mit der erforderlichen Mathematik auseinanderzusetzen.

Meiner Meinung nach kann die Lernsituation in einem handlungsorientierten Unterricht nicht mit dem Auftrag „Berechnen Sie ..." beginnen. Die Problemlösekompetenz kann nicht dadurch erreicht werden, dass den Schülerinnen und Schülern gleich zu Beginn der Problemstellung gesagt wird, welche mathematische Schublade sie öffnen sollen. In kaum einer Realsituation wird dieses so konkret gefordert werden. Wenn die Schülerschaft das Problemlösen erlernen soll, um im weiteren Lebensweg Probleme sinnvoll und strukturiert bearbeiten zu können, dann bietet sich der Mathematikunterricht dazu an, gerade diese umfassende Kompetenz zu entwickeln.

Wir halten fest, es muss zwei Modellierungsschritte geben, die eindeutig für die Lernenden zu den Überlegungen bezüglich der Ausgangssituation auf der einen Seite und zur Mathematik auf der anderen Seite zuzuordnen sind. Die Informieren-Phase sollte mit der Formulierung des sachbezogenen Problems oder Auftrages abschließen. Die Planen-Phase wiederum sollte mit der Formulierung der innermathematischen Fragestellung abschließen. Im Anschluss an die innermathematische Problemformulierung geht es an die Lösung, für die man sich noch einiges Fachwissen erarbeiten muss. Trennt man diese beiden Modellierungsschritte sauber voneinander, so sind die Zuordnungen für die Schülerinnen und Schüler deutlicher und die vereinbarten Vereinfachungen klar zuzuordnen. Das erhöht die Transparenz der Problembearbeitung und hilft dabei dieses Vorgehen auch allgemein umzusetzen.

6.2.2 Arbeiten mit Einheiten

Ein weiteres Thema für die Modellbildung ist das Arbeiten mit Einheiten. Grundsätzlich ist es gut, wenn die Schülerinnen und Schüler das Arbeiten mit Einheiten lernen. Die Änderungsrate in einem einfachen t-s-Diagramm beispielsweise, mit s(t) als linearem Zusammenhang, ist das Verhältnis von Strecke zu Zeit. Die Einheit dafür ist Längeneinheit durch Zeiteinheit. Dies wiederum ist die Einheit der Geschwindigkeit. Damit wird für die Schülerinnen und Schüler deutlich, dass es sich bei der Änderungsrate um die dazugehörige Geschwindigkeit handelt. Durch die Verwendung von Einheiten wird bereits aus den Informationstexten leichter ersichtlich, welche Größe von welcher abhängig ist und welche Größe die Änderungsrate darstellt. Gerade zur Erarbeitung der linearen Funktionen ist es daher ratsam, die Einheiten mitzunehmen. Auch wenn mit den trigonometrischen Funktionen oder mit der Exponentialfunktion gearbeitet wird, ist es hilfreich, mit Einheiten zu rechnen, um zu verdeutlichen, dass die inneren Funktionen insgesamt einheitenfrei sein müssen! Dies ist notwendig, da eine Zahl nicht mit einer Einheit potenziert werden kann. Aus einer Einheit kann auch kein Logarithmus gezogen werden. Das Verhältnis aus Seitenlängen ist einheitenfrei, sodass die Umkehrfunktionen Arkussinus, Arkuscosinus und Arkustangens verwendet werden können, ebenso ist das Bogenmaß an sich einheitenfrei. Der Arkussinus z. B. kann nur aus einer einheitenfreien Größe gezogen werden.

Die Spannung u ist beim Entladevorgang abhängig von t: $u(t) = 10\,\mathrm{V} \cdot e^{-\frac{t}{\tau}}$ mit $[\tau] = \mathrm{s}$ Die Zeit t wird in Sekunden verwendet und durch Tau geteilt, sodass sich die Einheit wegkürzt. Damit ist die innere Funktion $g(t) = -\frac{t}{\tau}$ einheitenfrei.
Die eckigen Klammern bedeuten: Die Einheit von ... ist[51]...

Abbildung 74: Beispiel für die Arbeit mit Einheiten im Mathematikunterricht

Werden beide Modellbildungsschritte eindeutig voneinander getrennt, so kann im innermathematischen Teil der Problemlösung auf das Arbeiten mit Einheiten dann verzichtet werden, wenn dieses voraussichtlich den Erkenntnisgewinnungsprozess erschweren würde. Es kann sein, dass die innermathematische Bearbeitung z. B. von ganzrationalen Funktionen höherer Ordnung übersichtlicher ist, wenn die Einheiten nicht mitgeführt werden. Dafür muss jedoch jede Größe sauber definiert sein. Sie muss einen Namen haben, ein Symbol, einen Wert und eine Einheit. Auch muss in der mathematischen Modellierung genau festgelegt werden, welche Grundeinheiten verwendet werden. In der Technik sind dies im Allgemeinen die sogenannten SI-Einheiten. Die Bezeichnung kommt aus dem Französischen, *Système International d´Unités,* und bedeutet internationales System der Einheiten. Durch dieses System sind die sogenannten Basiseinheiten festgelegt, aus denen sich alle anderen Einheiten direkt berechnen lassen. Am bekanntesten sind

- m (Meter) für die Strecke *s*,
- kg (Kilogramm) für die Masse *m*,
- s (Sekunde) für die Zeit *t* und
- K (Kelvin) für die sogenannte thermodynamische Temperatur *T*.

In wirtschaftlichen Problemstellungen wird insbesondere in Schulbüchern häufig mit den wenig fassbaren Begriffen ME (Mengeneinheiten) und GE (Geldeinheiten) gearbeitet, anstatt mit fassbaren Einheiten wie kg (Kilogramm) oder € (Euro). Dies erleichtert das Erstellen von Anwendungsaufgaben, da nicht direkt nachprüfbar ist, ob der Zusammenhang zahlenmäßig realistisch ist. Dafür lassen sich Aufgaben erstellen, die weitgehend ohne den Einsatz von Technologie lösbar sind. Es ist nicht so einfach, an realistische Daten von Wirtschaftsbetrieben zu kommen, da diese oft dem Betriebsgeheimnis

51 DIN 1301-1 und DIN 1313 Deutsches Institut für Normung e.V., externe elektronische Auslegestelle-Beuth-Technische Informationsbibliothek (TIB)

unterliegen. Deshalb ist es schwierig, lernförderliche Anwendungsaufgaben zu erstellen, die realistische und fassbare Größen erfordern. Für die Übung sind Aufgaben mit allgemeinen Einheiten geeignet. Die Erstellung von realistischen Problemen erfordert möglicherweise eine eigene Markterkundung. Beispielsweise die Recherche der Preise für Edelschokolade. Viele Informationen können im Internet gefunden werden, z. B. zur Beliebtheit und zur Absatzmenge von Schokolade. Damit ist es dann möglich, Zahlenmaterial für eine realitätsnahe Problemstellung zu konstruieren.

Wirtschaftliche Problemstellungen enthalten auch Größen mit der Einheit GE/ME^2 (Geldeinheiten durch Mengeneinheiten zum Quadrat). Dies führt unweigerlich zu Unsicherheiten bei den Lernenden, welche gesondert thematisiert werden sollten. Die Verwirrung bei den Lernenden muss in der Planung mit eingerechnet werden. In dem oben beschriebenen Beispiel hat die Änderungsrate des Preises eben diese Einheit. Der Preis wird z. B. in Euro pro Tafel Schokolade (€/(Tafel Schokolade)) angegeben. Die Änderungsrate hätte dann die Einheit € pro Tafel Schokolade pro zusätzlich abgesetzter Tafel Schokolade. Im Folgenden soll ein Beispiel das Arbeiten mit den Einheiten zu Beginn einer Lernsituation deutlich machen. Hierfür wird zunächst mit einem physikalisch-technischen Beispiel begonnen.

Gegeben:
Geschwindigkeit des PKW: $v_{PKW} = 5\frac{km}{h} = 5\frac{km}{h} \cdot \frac{1}{3{,}6}\frac{m}{km}\frac{h}{s} \approx 1{,}38\frac{m}{s}$ $[v] = \frac{m}{s}$
Zurückgelegte Strecke des PKW: $s = 540\,m$ $[s] = m$
Gesucht:
vergangene Zeit t $[t] = s$

Abbildung 75: Beispielhafte Darstellung physikalisch-technischer Einheiten

Damit wird deutlich, dass in Metern und Sekunden gerechnet wird und die Einheit der vergangenen Zeit auch in Sekunden errechnet werden wird. Dazu sollte auch auf die saubere und fachlich korrekte Umrechnung der Größen geachtet werden. Eine saubere Trennung nach den verwendeten Größen ist auch für die Erstellung von Graphen wichtig. Denn auch hier können Verwirrungen bereits durch das genaue Arbeiten ausgeräumt werden. Das nächste ist ein wirtschaftliches Beispiel:

Die Kosten werden in Geldeinheiten angegeben, ebenso der Erlös und der Gewinn. Nicht aber der Preis. Dessen Einheit ist $[p] = \frac{GE}{ME}$. Damit ist es nicht möglich, die Preis-Absatz-Funktion in das Koordinatensystem, in dem der Graph der Kostenfunktion dargestellt wird, zu zeichnen. Ebenso verhält es sich mit den Grenzkosten, deren Größenordnung schon eine andere ist, als die der Kosten. Deren Einheit $[K'(x)] = \frac{GE}{ME}$ stimmt ebenfalls nicht mit der der Kosten überein. Die Änderungsrate der Grenzkosten hat dann auch die Einheit $[K''(x)] = \frac{GE}{ME^2} = \frac{\frac{GE}{ME}}{ME}$.

Abbildung 76: Beispielhafte Darstellung wirtschaftlicher Einheiten

6.2.3 Rückführung in die Sachsituation

Nachdem die mathematischen Probleme gelöst wurden, kommen wir auf den Modellbildungskreislauf zurück. Zur Rückführung in die Sachsituation muss das mathematisch gefundene zahlenmäßige Ergebnis der gesuchten Größe zugeordnet werden und mit der dazugehörigen Einheit versehen werden. Das Ergebnis kann in eine andere Einheit, wie z. B. in Kilometer pro Stunde, umgerechnet werden, damit es fasslicher wird und die Plausibilität muss im Sachzusammenhang überprüft werden. Hier können auch die Grenzen der mathematischen Modellierung thematisiert werden, ebenso wie die der sachbezogenen Modellierung. Es könnte ja sein, dass das zugrunde gelegte mathematische Modell nicht ausreicht, um das Sachproblem genau genug zu bearbeiten. Dann müsste der Kreislauf von Neuem durchlaufen werden, mit einem erweiterten Modell. Oder man müsste auf einen an die Schulform anschließenden weiteren Ausbildungsgang verweisen, der die Berechnungsmöglichkeiten für eine genauere Betrachtung ermöglicht. Das weckt Neugierde und Lust auf mehr Bildung!

6.3 Der Modellbildungskreislauf

Wird der Modellbildungskreislauf[52] konsequent durchlaufen und dazu reflektiert, werden die Lernenden Denkansätze kennenlernen, die immer wieder in ähnlicher Weise anwendbar sind. Werden diese explizit formuliert, können die Schülerinnen und Schüler dazu auch ihre eigenen Fragen formulieren, die ihnen helfen, mit jedem weiteren Problem sinnvoll umzugehen. Dadurch wird das Beginnen wesentlich vereinfacht. Meinen Schülerinnen und Schülern hilft es meistens, wenn sie ihre Überlegungen schriftlich darlegen und dazu eine Skizze anfertigen. Damit schaffen sie es, sich auf die Problemstellung zu konzentrieren und den Kern herauszuarbeiten. Diese schriftlichen Äußerungen helfen mir wiederum bei der Klausurkorrektur. Ich erhalte dadurch Einblick in die vorhandenen Gedankengänge und kann auf die vorhandenen Kompetenzen schließen.

In der Grafik ist der Modellbildungskreislauf dargestellt. Die linke Seite ermöglicht die Förderung der sachbezogenen Kompetenzen, der sachbezogenen Modellierung und der sachbezogenen Fachkenntnisse. Die rechte Seite widmet sich den innermathematischen Problemen und der Kompetenz, innermathematische Modelle und Methoden gezielt und begründet auszuwählen und fachlich kompetent anzuwenden.[53] Alles zusammen fördert die Problemlösekompetenz.

Modellbildungskreislauf

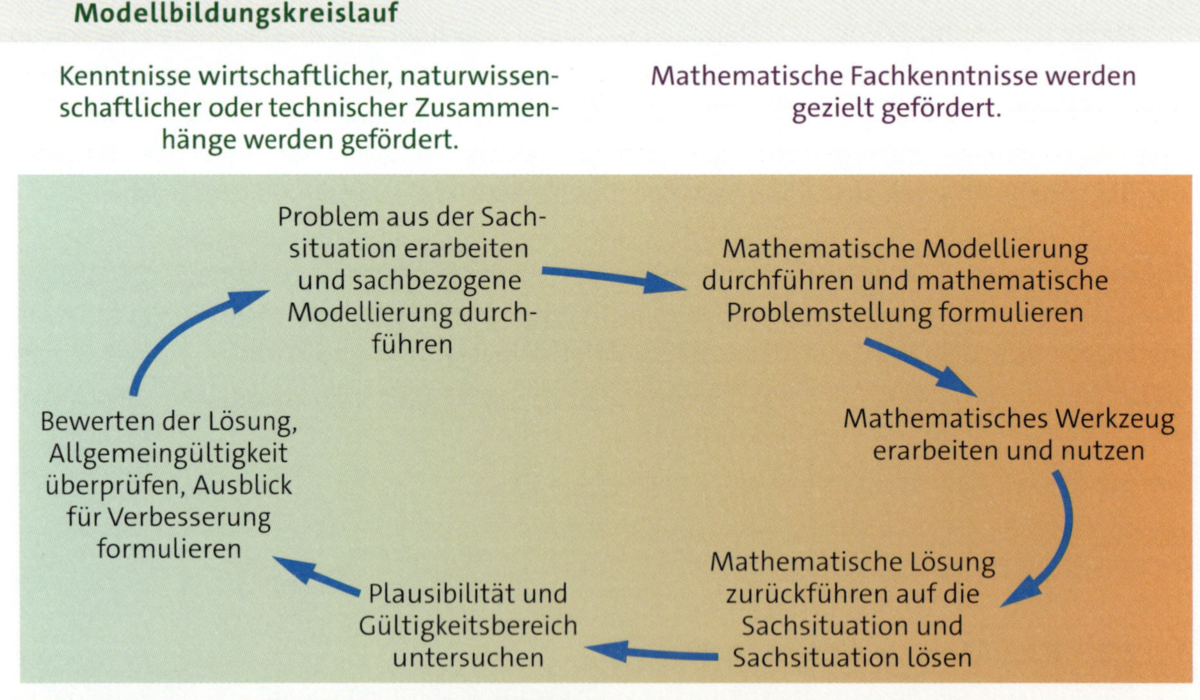

Abbildung 77: Modellbildungskreislauf für den handlungsorientierten Mathematikunterricht (BHOM)

52 Vgl. Henn, H. W. et al. (2013): Von der Welt ins Modell und zurück. In: Mathematisches Modellieren für Schule und Hochschule. Springer Spektrum Verlag.

53 Vgl. Greefrath, G. et al. (2013): Mathematisches Modellieren, eine Einführung in Theoretische und didaktische Hintergründe. In: Mathematisches Modellieren für Schule und Hochschule. Springer Spektrum Verlag, S. 11–37.

6.4 Kombination der Phasen des Modellbildungskreislaufes mit den Phasen der vollständigen Handlung

Der handlungsorientierte Unterricht (BHOM) wird in sechs Phasen der vollständigen Handlung gegliedert. Der Modellbildungskreislauf soll dabei, wie oben beschrieben, durchlaufen werden und wird in sechs Stufen aufgeteilt. Leider sind diese mit den Phasen der vollständigen Handlung nicht deckungsgleich. Im Folgenden soll daher gezeigt werden, wie der Modellbildungskreislauf in den Handlungskreislauf eingegliedert werden kann. Wie bei jedem Modell ist vorauszuschicken, dass die Realität in idealisierter Weise beschrieben wird. Die beiden Modelle übereinanderzulegen, ist der Versuch, ein Schema für den Unterricht zu finden, das in dieser Weise weitgehend passend ist. Abweichungen und Verschiebungen sowie kleinere Kreise, die insgesamt zu einem Ganzen zusammengefügt werden, sind jedoch ebenfalls möglich. Der von mir dargestellte Modellbildungskreislauf trennt sauber die Arbeit in der Sachsituation von der innermathematischen Arbeit. Die Lehrkraft sollte sich innerhalb von Lernsituationen und auch bei der Bearbeitung von Anwendungsaufgaben immer darüber bewusst sein, dass die Vermischung zu gedanklichen Fehlschlüssen führen kann. Je sauberer diesbezüglich im Unterricht gearbeitet wird, desto größer ist die fachliche Sicherheit der Schülerinnen und Schüler.

Die methodischen Überlegungen im Unterricht werden in den Modellbildungskreislauf nicht einbezogen, da es hier lediglich um didaktische Aspekte geht. Daher fällt auch die Phase Entscheiden aus dem Rahmen. In der Entscheiden-Phase wird das Vorgehen für den Unterricht hinsichtlich der Methodik, den Medien und der Entscheidung für ein bestimmtes Handlungsergebnis festgelegt. Auch die Reflexion des zugrunde gelegten Methodenkonzeptes wird in den Modellbildungskreislauf nicht mit aufgenommen. Sie gehört jedoch mit in die Bewerten-Phase. Die Erarbeitung des mathematischen Werkzeugs und dessen Einsatz zur Lösung des Problems findet sich in der Durchführen-Phase der vollständigen Handlung. Damit werden zwei Schritte aus dem Modellbildungskreislauf in dieser Phase zusammengefasst. Man erkennt dadurch, dass es für die Durchführung von Unterricht nicht reicht, nur den Modellbildungskreislauf zu durchlaufen. Dadurch werden die Lernprozesse der Lernenden noch nicht vollständig berücksichtigt. Auch ein lehrerzentrierter Unterricht kann den Modellbildungskreislauf in Gänze durchlaufen, damit wäre aber noch nicht das handlungsorientierte Lehren und Lernen gefördert.

Erst die Kombination aus beidem bildet die Grundlage für erfolgreichen Mathematikunterricht.

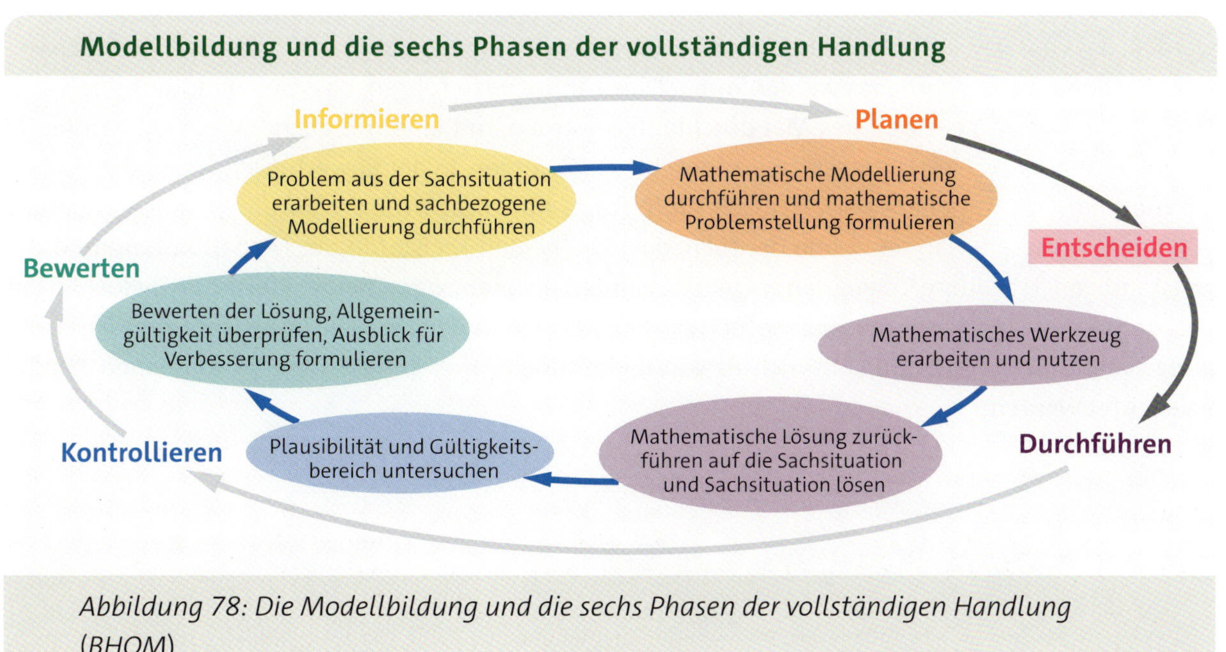

Abbildung 78: Die Modellbildung und die sechs Phasen der vollständigen Handlung (BHOM)

In der Informieren-Phase versetzen sich die Schülerinnen und Schüler in die Lernsituation. Sie erarbeiten sich die sachbezogene Problematik und versuchen diese fasslich zu formulieren. Dafür stellen sie die gegebenen Informationen zusammen und bringen diese mit einem Modell z. B. aus Wirtschaft, Technik, oder Naturwissenschaften in Verbindung. Dafür werden Vereinbarungen getroffen, die es ermöglichen, mit den Mitteln der Schülerinnen und Schüler das Problem zu lösen. Es findet eine Reduktion der Komplexität statt.

In der Planen-Phase werden die Informationen bezüglich einer möglichen mathematischen Modellierung analysiert. Dies erfolgt meist aufgrund von gegebenen Formeln, die das Rechnen mit den gegebenen Informationen ermöglichen, oder aber aufgrund von Grafiken oder Kurvenverläufen. Aus der mathematischen Modellierung ergibt sich das innermathematische Problem, welches im Verlauf der Lernsituation gelöst werden soll und welches zum Lernzuwachs bei den Lernenden führen soll.

Im Allgemeinen kann aus der Art der mathematischen Problemstellung auf eine sinnvolle unterrichtliche Methode geschlossen werden. Die Lernenden lernen ihre Arbeit zu strukturieren und zu organisieren, indem sie sich für eine geeignete methodische Vorgehensweise für den weiteren Unterricht so weit wie möglich selbstverantwortlich entscheiden. In der Entscheiden-Phase wird keine Modellbildung vorgenommen.

In der Durchführen-Phase werden die Fachkompetenzen bezüglich der Mathematik erarbeitet, sodass das Sachproblem damit gelöst werden kann. In dieser Phase findet daher sowohl die innermathematische Arbeit als auch die Rückführung auf das Anwendungsproblem statt. Wir finden daher zwei Phasen des Modellbildungskreislaufes in der vierten Phase der vollständigen Handlung.

In der Kontrollieren-Phase werden die Ergebnisse kontrolliert. Die Plausibilität der Ergebnisse bezüglich der Sachsituation wird untersucht. Der Gültigkeitsbereich der mathematischen Ergebnisse und des mathematischen Modells wird überprüft. Offene Fragen und Ungereimtheiten sowie die Frage nach der Anwendbarkeit der gefundenen Lösungsmethoden werden für die Weiterverarbeitung in der Bewerten-Phase aufgenommen.

In der Bewerten-Phase werden diese bearbeitet und geklärt. Das sachbezogene und das mathematische Modell werden hinterfragt und Erkenntnisse verallgemeinert. Damit kann mathematisch die Einordnung der Erkenntnisse in die Fachsystematik erfolgen. Ebenfalls kann auch geschlussfolgert werden, dass das gewählte Modell noch nicht den Anforderungen genügt und daher mit einem erweiterten Modell weitergearbeitet werden muss. Dies könnte dazu führen, dass der Handlungskreis und Modellbildungskreis ein weiteres Mal durchlaufen werden, mit einer möglicherweise kleinen Änderung. So kann direkt eine Übungsphase angeschlossen werden. In der Bewerten-Phase wird ebenfalls die methodische Vorgehensweise kritisch hinterfragt. Auf diese Weise wird die Humankompetenz gefördert. In diesem Kapitel wurde deutlich, dass die beiden Kreisläufe der Modellbildung und der vollständigen Handlung übereinandergelegt werden können, dass beide Kreisläufe jedoch nicht deckungsgleich sind. Besonders die methodischen Entscheidungen für den Unterricht sind für die Planung handlungsorientierten Unterrichtes von Bedeutung. Daher sollen diese im folgenden Kapitel beleuchtet werden.

7 METHODEN IM HANDLUNGSORIENTIERTEN MATHEMATIKUNTERRICHT

In den vorangegangenen Kapiteln wird dargestellt, welche Ziele mit dem handlungsorientierten Unterricht (BHOM) erreicht werden sollen, wie er strukturiert ist und wie didaktische Entscheidungen dafür getroffen werden können. Immer wieder schwingt dabei auch die Durchführung des Unterrichtes mit. Erfolgreiches Lernen ist ohne ein methodisches Unterrichtskonzept nicht zielgerichtet und sicher zu erreichen. Unabhängig vom handlungsorientierten Unterrichtskonzept der berufsbildenden Schulen wurde eine große Vielfalt an Unterrichtsmethoden entwickelt, die den Lernprozess der Schülerschaft aller Schulformen und Altersstufen positiv beeinflussen sollen. Im Zentrum dieser Methodenentwicklungen steht die Idee, dass die Schülerinnen und Schüler selbstverantwortlich und selbsttätig werden sollen. Vor allem das, was man selber entwickelt hat, hat auch wirklich Bedeutung und wird dadurch mit großer Wahrscheinlichkeit auch abgespeichert und gelernt.

Das selbstorganisierte Lernen stellt diese Überlegung in seinen Mittelpunkt. Die Schülerinnen und Schüler sollen eigenverantwortlich und möglichst in ihrem eigenen Lerntempo arbeiten. Ich empfehle unter anderem die Methodenzusammenstellung von Reich,[54] da sie vielfältige Unterrichtsmethoden vorstellt. Es werden auch Unterrichtsbeispiele vorgestellt mit Tipps und Tricks derjenigen, die diese Methoden erprobt haben. Da Unterrichtsmethoden in einschlägiger Literatur zur Genüge dargestellt werden, möchte ich mich im Folgenden darauf beschränken, einige ausgewählte Methoden exemplarisch herauszugreifen und diese in Bezug zum handlungsorientierten Mathematikunterricht (BHOM) zu setzen.

7.1 Beispiele für Unterrichtsmethoden im Mathematikunterricht

7.1.1 Lernspirale

Als eine sehr effektive Unterrichtsmethode hat sich in meinem Unterricht **die Lernspirale** erwiesen. Ein Beispiel dazu findet sich im Heft „Mathematik Informationen" zum Thema „Biegelinien".[55] Das Prinzip der Lernspirale soll hier in aller Kürze vorgestellt werden. Die Grundlage für die Arbeit mit der Methode „Lernspirale" ist im handlungsorientierten Unterricht (BHOM) eine Lernsituation. Die Unterrichtsmethode heißt Lernspirale, weil sich die Lernenden während der Arbeit immer weiter in die Thematik hineinbohren. Dafür bietet es sich an, dass z. B. in kleinsten Gruppen oder zu zweit arbeitsteilig an ein und dasselbe Problem herangegangen wird. Die Lehrkraft wählt die Sozialformen passend zur Problembearbeitung und zur Klasse aus. Die Einteilung und Zuordnung zu den Arbeitsaufträgen kann dazu gezielt durch die Lehrkraft vorgenommen werden oder aber z. B. mittels Spielkarten und Zufallsprinzip. Die Schülerinnen und Schüler erhalten klare, strukturierte Arbeitsaufträge, die sie dazu anleiten, sich den mathematischen Inhalt selbstständig zu erarbeiten. Besonders schön sind diejenigen Spiralen, bei denen es z. B. zwei unterschiedliche Lösungsansätze gibt; wie einen zeichnerischen, grafischen und einen rechnerischen. Dadurch ist es möglich, eine Binnendifferenzierung im Unterricht zu erreichen. Die Schülerinnen und Schüler sind besonders motiviert, wenn sie diejenige Herangehensweise verwenden dürfen, die ihnen am ehesten zusagt. Die Schülerinnen und Schüler erhalten das Informationsmaterial, welches für die jeweilige Herangehensweise erforderlich ist. Das kann und sollte, wenn möglich, das eingeführte Schulbuch sein, da dieses allen auch

---

54 Nutzen Sie z. B. die gelungene Zusammenstellung unterschiedlichster Unterrichtsmethoden von Reich, K.: Unterrichtsmethoden im konstruktiven und systemischen Methodenpool. Sie ist im Methodenpool der Uni-Köln im Internet zu finden.

55 Vgl. Achmus, A., Edeler, H. (2018): Die Biegelinie. In: Mathematik Informationen. 2018, Heft 68.

zu Hause zur Verfügung steht. Aber auch Quellen aus dem Internet sollen hier ausdrücklich erlaubt werden. Eine vorausgehende Recherche durch die Lehrkraft ist dann erforderlich, wenn sie selber mehr Sicherheit für die Unterrichtsdurchführung anstrebt. Je flexibler und sicherer die Lehrkraft mit unterschiedlichen Schülerbeiträgen und Lösungsansätzen umgehen kann, desto offener kann sie dem Einsatz digitaler Hilfsmittel gegenüberstehen. Die Arbeitsaufträge sollten derart gestaltet sein, dass ab einem gewissen Arbeitsstand die Zusammenführung der beiden Denkansätze erforderlich wird.

Als Beispiel wird im Folgenden eine Problematik, die ein Fluglotse innerhalb kürzester Zeit zu bewältigen hat, zugrunde gelegt. Auf seinem Bildschirm erkennt er drei Flugzeuge. Er muss unter anderem entscheiden, ob die Flugbahnen geändert werden müssen, um einen eventuellen Zusammenstoß zu vermeiden. Diese Lernsituation ist bereits im Vergleich zur realen Handlungssituation eines Fluglotsen stark vereinfacht. Selten befinden sich im Bereich eines Towers nur drei Flugzeuge und er wird in der Realität sicherlich nicht anfangen zu rechnen. Um aber eine Vorstellung von den grundlegenden Kenntnissen eines Fluglotsen zu erhalten, bietet sich diese Lernsituation durchaus an. Die Lernsituation enthält ein Problem, welches die Schülerschaft bisher noch nicht mit ihren mathematischen Kenntnissen lösen kann. Vorauszusetzende Kompetenzen beinhalten den Vektorbegriff und erste räumliche Vorkenntnisse bezüglich der Vektoren im $\mathbb{R}^3$. Das Problem: „Müssen die Flugbahnen geändert werden, damit es zu keinem Flugzeugzusammenstoß kommt?“, wird noch gemeinsam im Plenum definiert und die Erarbeitung der mathematischen Inhalte sowie die Lösung des Problems werden auf die Schülerschaft übertragen.

Wie kann man die Schülerinnen und Schüler für diese Problematik interessieren?

Die Lernsituation kann den Schülerinnen und Schülern durch einen motivierenden Vortrag über die Arbeit der Fluglotsen dargelegt werden. Ein aktueller Fluglotsenstreik, eine Dokumentation der Arbeit im Tower oder alternativ der Bericht über ein Flugzeugunglück können Ausgangspunkte für die Lernsituation sein. Die wirtschaftliche Lage von Flughäfen oder Fluglinien können ebenfalls das Nachdenken über den Beruf des Fluglotsen anregen. Eine Fantasiereise kann die Schülerinnen und Schüler in den Tower führen und die Situation bildlich ausmalen. Deutlich sollte darauf hingewiesen werden, dass die Mathematik der Schule noch nicht ausreichen wird, um die Berechnungen im Tower vollständig abzubilden. Computer übernehmen die Berechnungen. Jeder Fluglotse und jede Fluglotsin sollte jedoch in der Lage sein, die Zusammenhänge zwischen Abständen, Zeiten, Geschwindigkeiten und Flugbahnen sowie dem Gefahrenpotential am Himmel abschätzen zu können. Hierfür ist das Selbstrechnen eine sehr geeignete Form der Erkenntnisfindung.

Welche Vorkenntnisse bringen die Schülerinnen und Schüler bereits mit?

In den vorangegangenen Stunden haben die Lernenden bereits die Addition, die Subtraktion und die s-Multiplikation von Vektoren erlernt. Sie haben hierzu sowohl grafisch als auch rechnerisch gearbeitet. Auch Beträge und Abstände zwischen zwei Punkten können sie bereits berechnen und diese Berechnungen auch begründen.

Du hast eine Spielkarte gezogen!
Merke dir dein Bild (König oder Dame ...) und deine Farbe (Rot oder Schwarz).
Du arbeitest heute nur mit denjenigen zusammen, die das gleiche Bild haben wie du.
Alle mit roten Karten bilden dazu das Tandem A.
Alle mit schwarzen Karten bilden das Tandem B.

Problem: Mehrere Flugzeuge befinden sich im Anflug auf den Flughafen Hannover.
Die Flugbahn des ersten Flugzeugs wird durch die folgenden Koordinaten bestimmt.

Zum Zeitpunkt 1: $P_1(4 | 2 | 6)$,
Zum Zeitpunkt 2 (nach 10 Sekunden): $Q_1(2{,}2 | 0{,}2 | 5{,}4)$
(Diese Angaben sind in km.)

1. Nutze das Schulbuch oder dein Smartphone zur Informationsbeschaffung. Lies dir die Informationen zum Thema „Vektorrechnung" durch und formuliere die Kenntnisse, die du schon hast und die dir beim Lösen helfen könnten, in Stichworten.
   Das Lösen des Problems ist jetzt noch nicht gefragt!
   ALLEIN, 10 Minuten
2. Vergleiche mit deinem Nachbarn/deiner Nachbarin die vorhandenen Vorkenntnisse und formuliere die daraus entstehenden Fragen.
   Überlegt euch eine Lösungsstrategie.
   TANDEM, 10 Minuten.
3. **A:** Baut ein Modell für die Flugbahn, das die vektorielle Darstellung des Problems zeigt, mittels Pappe, Knete, Bindfaden und Spieß in 3D.
   B: Erstellt eine Anleitung zur Berechnung der vektoriellen Darstellung des Problems.
   TANDEM, 20 Minuten
4. Tauscht euch in der Gruppe über eure Erkenntnisse zur Geradendarstellung aus und erstellt ein Ausstellungsobjekt, bestehend aus Modell und Plakat zur Beschreibung des Problems
   GRUPPE (2 × A/2 × B)**, 20 min**
5. Stellt euer Exponat in der Klasse aus! Formuliert ggf. noch offene Fragen.
   15 min
6. Klärt alle offenen Fragen im
   PLENUM
7. Löst das Problem als Hausaufgabe!

Abbildung 79: Aufgabenblatt für die Lernspirale zum Thema „Vektorielle Geradengleichung"

In der Lernsituation „Luftraumsicherung durch Fluglotsen" gibt es zwei mögliche Herangehensweisen an die Fragestellung, ob sich zwei Flugbahnen kreuzen. Beispielsweise befassen sich jeweils zwei Schülerinnen mit dem Darstellen der Situation zunächst eines Flugzeugs und seiner Flugbahn mittels Knete, Schaschlikspießen und einer Unterlage aus Kork oder Pappe. Zwei andere studieren Informationstexte und erarbeiten sich auf diese Weise die mathematische Darstellung von Geraden im Raum.

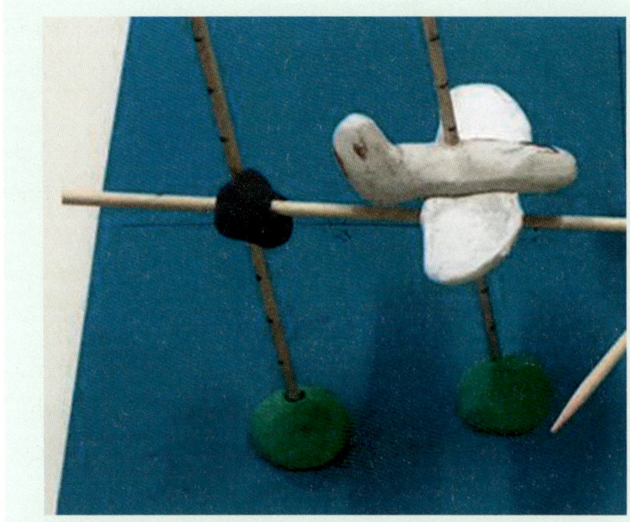

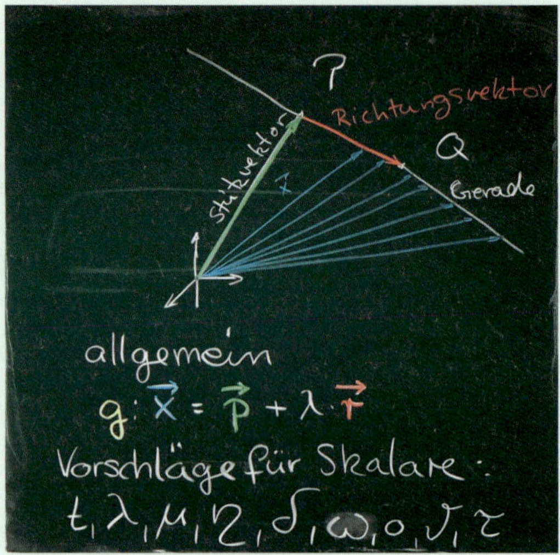

Abbildung 80: Schülermodell und grafische Darstellung für die Untersuchung der Flugbahn eines Flugzeugs

Dazu haben alle zunächst die Gelegenheit, ganz alleine über den eigenen Lösungsansatz nachzudenken oder den Text zu lesen (Think-Pair-Share, Kapitel 7.1.2).[56] Erst im Anschluss kommen sie zu zweit zusammen und tauschen sich aus, um das Modell zu bauen oder das Gelesene gemeinsam z. B. mit der Grafik im Buch in einen Sinnzusammenhang zu bringen. Diese beiden Herangehensweisen können anschließend verknüpft werden, sodass die symbolischen Anteile der vektoriellen Geradengleichung den Bauteilen des Modells zugeordnet werden können. Die zeichnerische Umsetzung des dreidimensionalen Modells erfordert das gemeinsame Denken der Gruppe. Dadurch wird auch der Gruppe ein konkreter Arbeitsauftrag gegeben. Der Zeichnung werden die einzelnen Teile der vektoriellen Geradengleichung zugeordnet und dieses gemeinsame Ergebnis so dokumentiert, dass es im Plenum vorgestellt werden kann. Die gesamte Klasse kann sich dann über den erreichten Wissensstand austauschen und ihn ergänzen. Das Modell und die Zeichnung ergänzt die Vorstellung zu den Berechnungen und die Berechnungen werden für die Zeichner plausibel und nachvollziehbar. Dadurch, dass die Erarbeitung jeweils zu zweit erfolgt und im Anschluss die eigene Arbeit dem Partnerpaar vorgetragen werden muss, wird sichergestellt, dass jede Person tatsächlich aktiv wird und sich kooperativ in den Erarbeitungsprozess einbringt. Die Auswahl der geeigneten Partner oder Partnerinnen ermöglicht es, gezielt die Arbeitstempi auf einander abzustimmen. Die Lehrkraft kann also mittels ihrer Erfahrung die Arbeit sehr gut steuern. Die Lernenden wiederum erleben Erfolge, da die Aufgaben derart aufbauend sind, dass jeder seinen Teil zum Ganzen beitragen kann.

Häufig ist die Problemstellung der Lernsituation anspruchsvoller, da z. B. das Zahlenmaterial realistischerweise keine „schönen" Zahlen enthält. Daher bietet es sich für die Erarbeitung an, den Schritt zurück zu einfachem Zahlenmaterial zu gehen, das Fachwissen damit zu erarbeiten und erst im Anschluss tatsächlich das komplexe Problem zu lösen.

Das fertige Ergebnis wird mithilfe einer geeigneten Methode in der Klasse vorgestellt und die Vorgehensweise verteidigt. Offene Fragen werden gesammelt und mit ebenfalls geeigneter Methodik geklärt.

56 Informationen zur Methode „Think-Pair-Share" finden Sie z. B. auf der Website der Methodenkartei der Uni Oldenburg unter dem entsprechenden Stichwort.

Die Lernspirale ermöglicht also eine gezielte Binnendifferenzierung, eine gezielte Förderung auf allen Niveaustufen und das Zusammenführen von Fachwissen, sodass dadurch ein Gesamtpaket geschnürt werden kann.

- Die Lehrkraft plant in der Vorbereitung sehr genau, wie didaktisch zu arbeiten ist.
- Die Klasse mit ihren individuellen Personen muss sehr genau analysiert werden, sodass Probleme schon im Voraus vorgedacht werden.
- Der Erwartungshorizont für alle Arbeitsschritte muss sehr sorgfältig vorgeplant werden.
- Die Lehrkraft formuliert die Arbeitsaufträge gezielt, klar, transparent und lernförderlich.

Der Aufwand für die Vorbereitung ist nicht zu unterschätzen, jedoch lohnt er sich! Die einmal erstellte Lernspirale kann verbessert und dann immer wieder im Unterricht eingesetzt werden. Lediglich die Analyse der Klasse muss in den Folgejahren angepasst werden. Die Zusammensetzung der Arbeitsgruppen legt die Lehrkraft selbst fest.

Damit hat der Unterricht, der mit der Methode die Lernspirale durchgeführt wird, eine Informieren-Phase, eine Planen-Phase, eine Durchführen-Phase, eine Kontrollieren-Phase. Die Bewerten-Phase wird im Anschluss an die Präsentation der Schülerergebnisse eingeplant, wodurch der Handlungskreislauf geschlossen wird. In dieser Methode entfällt die schülerzentrierte Entscheiden-Phase. Das bedeutet, dass die Arbeitsaufträge nicht von den Schülerinnen und Schülern in eigener Verantwortung oder anhand der Problemanalyse formuliert werden. In dieser Unterrichtsmethode ist die Beteiligung der Schülerinnen und Schüler an der methodischen Entscheidung nicht vorgesehen. Trotzdem ist diese Methode, abhängig von der Thematik und der Eigenständigkeit der Schülerschaft, sehr gut geeignet, diese auf dem Weg zum selbstständigen Arbeiten und Handeln zu begleiten und gezielt zu fördern. Damit dies tatsächlich sicher geschieht, muss im Anschluss an die fachliche Arbeit auch die methodische Arbeit mit den Schülerinnen und Schülern reflektiert werden. Sie sollen aktiv darüber nachdenken, wer wie gearbeitet hat, ob tatsächlich alle Schülerinnen und Schüler an der Arbeit beteiligt waren, ob wirklich alle den gesamten Lernweg gehen konnten oder ob doch jemand zwischendurch abgehängt wurde. Wenn dies der Fall war, dann sollte gemeinsam analysiert werden, woran das lag. Das Interesse der Schülerinnen und Schüler, an der Problemstellung zu arbeiten, muss dann hinterfragt werden. Ebenso muss das bereitgestellte Material kritisch betrachtet werden und die Übertragbarkeit dieser Arbeitsform auf das häusliche Lernen geklärt werden. Das Lernen und speziell das Lernen in Gruppen sollte mit den Schülerinnen und Schülern thematisiert werden. Daraus kann die Lehrkraft zum einen Schlüsse bezüglich ihrer eigenen Vorbereitung ziehen, was möglicherweise zum Überarbeiten des Materials führt. Zum anderen kann es dazu führen, dass die Schülerinnen und Schüler selbstkritisch für sich entscheiden, sich beim nächsten Mal stärker zu engagieren. Diese Diskussionen können der anfangenden Lehrkraft sehr hilfreiche Tipps verschaffen, wie die eigene Planung effektiver und lernförderlicher gestaltet werden kann. Handlungsorientierung bedeutet, dass die Schüler in die Lage versetzt werden, eigenständig und eigenverantwortlich zu arbeiten. Die Lernspirale als Unterrichtsmethode liefert dazu einen großen Beitrag.

7.1.2 Ich-Du-Wir

Die Lernspirale nutzt das Prinzip „Ich-Du-Wir“ oder auch „Think-Pair-Share“. Ganz präzise wird vorgegeben welche Arbeitsanteile jeder Schüler und jede Schülerin für sich alleine zu bearbeiten hat. Im selben Schritt wird der individuelle Gesprächsbedarf festgelegt und die offenen Fragen werden notiert. In der anschließenden Partnerarbeit tauschen sich die Lernenden darüber aus, was sie herausgefunden haben, welche Ideen sie haben, welche Ansätze sie schon selber finden konnten und welche Fragen jeweils offengeblieben waren. Aus der Partnerarbeit sollte ein erweitertes Ergebnis dadurch herauskommen, dass sich die Schülerinnen und Schüler hier bereits gegenseitig ergänzen. Im Beispiel oben ist das die Zeichnung und die Dokumentation, die auf Plakaten festgehalten werden könnte. Der Vorteil dieser Herangehensweise ist, dass alle zunächst ganz alleine für sich nachdenken müssen. Das regt sie an, ihre eigenen Vorkenntnisse bereitzustellen und sich selber in Ruhe in die Situation einzudenken. Im Allgemeinen ist es wichtig, dass, im Anschluss an die Formulierung eines Problems, nicht sofort jemand anfängt zu reden. Vielmehr ist es erforderlich, dass jeder Lernende die Gelegenheit erhält, sich seine eigenen Gedanken zu machen und dann im Anschluss diese mit einem Partner oder einer Partnerin teilen zu können. Das motiviert, das eigene Gehirn anzuschalten, aktiv zu werden und nicht passiv zu sein und darauf zu warten, dass jemand anders schon eine Lösung parat haben wird. Das anschließende Arbeiten und Diskutieren in einer größeren Gruppe oder auch im Plenum sollte dann so gestaltet sein, dass die Vorüberlegungen aller Gehör finden und in ein gemeinsames Ergebnis integriert werden. Fehlannahmen, die in der größeren Runde besprochen werden und aus denen konstruktiv Schlüsse gezogen werden, helfen allen, den Lerninhalt gedanklich zu durchdringen und dieses als Erfolg für sich zu verbuchen. Diese dreiteilige Vorgehensweise kann im Unterricht je nach Konzeption auch mehrfach durchlaufen werden. Dafür können die einzelnen Phasen auch auf sehr kurze Zeitabschnitte begrenzt werden. Z. B. bietet es sich an, in der Informieren-Phase jeder Schülerin und jedem Schüler die Gelegenheit zu geben, sich des Problems zunächst selbst bewusst zu werden. Eine kurze Flüsterphase regt alle an, sich weiter mit der Problematik zu befassen. Die gemeinsame Formulierung der Problemstellung rundet diese kurze **Ich-Du-Wir-**Phase ab.

Die Fluglotsensituation ist durch diese erste Runde der Lernspirale noch nicht abgeschlossen. Die Problemfrage nach der Sicherheit im Flugraum kann noch nicht gelöst werden. Alle Schülerinnen und Schüler sollten im Anschluss an die Präsentation nach der ersten Lernspirale in der Lage sein, die Flugbahnen aller drei Flugzeuge in Form von vektoriellen Geradengleichungen darzustellen. Dies ist gleichzeitig eine Sicherung der Erkenntnisse und Übung und schafft damit Sicherheit für die Lernenden. Die Übungsphase ergibt sich damit direkt aus der Problemstellung. Es sollte von den Schülerinnen und Schülern deutlich formuliert werden, dass sie jetzt zwar in der Lage sind, die Flugbahnen der drei Flugzeuge, die der Einfachheit halber als gradlinig angenommen werden, vektoriell zu beschreiben. Die Untersuchung der Lagebeziehungen der Flugzeuge zueinander ist damit noch nicht geklärt. Dadurch ist mit dem Abschluss des ersten Handlungskreises gleichzeitig der Auftakt für den nächsten Handlungskreis geschaffen.Im nächsten Schritt können die Gruppen zu der ersten Flugbahn eine zweite hinzunehmen, die sie ebenfalls in ihr Modell einbauen. Damit wird die Problematik eines möglichen Zusammenstoßes anschaulich erarbeitbar.

Abbildung 81: Modellbau und Ansatz für die Berechnung der Kollision der beiden Flugzeuge

Die unterschiedlichen Fälle, parallele Flugbahnen, identische Flugbahnen und windschiefe Flugbahnen, können auf diese Weise herausgearbeitet werden. Damit ist dann die anfängliche Problemstellung weitgehend zu lösen.

7.1.3 Gruppenpuzzle

Eine weitere Unterrichtsmethode könnte zur Erweiterung der Fluglotsenlernsituation lernförderlich eingesetzt werden. Die Methode **des Gruppenpuzzles**[57]. Diese Unterrichtsmethode ist immer dann im Mathematikunterricht einsetzbar, wenn es parallel mehrere – drei oder vier – unterschiedliche Aspekte oder Betrachtungsweisen gibt. Diese müssen voneinander unabhängig erarbeitbar sein. Sie müssen dem Niveau der Schülerschaft angepasst sein. Die Dauer der Erarbeitung muss etwa gleich sein. Schließlich ist es erforderlich, dass der angestrebte Lernprozess ohne die Motivierung, Fokussierung und Strukturierung durch die Lehrkraft gelingen kann.

Die Klasse wird in sogenannte Stammgruppen eingeteilt, die ein komplexes Problem gemeinsam lösen sollen. Weil das Problem komplex ist und die Lösung umfangreiches, neu zu erarbeitendes Fachwissen erfordert und weil es sinnvoll erscheint, dieses arbeitsteilig zu erarbeiten, gehen die einzelnen Gruppenmitglieder der Stammgruppe jeweils in sogenannte Expertengruppen. Diese erarbeiten sich je einen Aspekt der Problemlösung. Anschließend kehren alle Schülerinnen und Schüler wieder in die Stammgruppen zurück und teilen hier ihr neues Fachwissen mit dem Rest der Gruppe. Das Problem sollte jetzt durch die gemeinsame Arbeit lösbar sein. Die Einteilung der Gruppen erfolgt z. B. über Farbkennzeichnungen auf den Arbeitsblättern der Schülerinnen und Schüler. Damit entscheidet auch hier wieder die Lehrkraft über die Gruppenbildung anhand der vorangehenden Kompetenzanalyse.

Durch die Erarbeitung in den Expertengruppen erlangen die Schülerinnen und Schüler jeweils in einem Aspekt eine tiefergehende Kompetenz, während sie durch die Arbeit in der Stammgruppe weniger Sicherheit in den anderen Aspekten erlangen könnten. Diese Form der Kompetenz wird in beruflichen Situationen angestrebt, wenn die Arbeit mittels Projektmanagement organisiert wird. Eine Mitarbeiterin oder ein Mitarbeiter soll sich in seinem Ressort sehr gut auskennen. Damit verfügt diese Person über Tiefenwissen. Gleichzeitig soll sie auch Probleme in den angrenzenden Fachgebieten erfassen können und damit über ein generelles Wissen verfügen. Dies nennt man T-shaped-Kompetenz[58]. Für den Unterricht sollte hingegen genau überlegt werden, wie gewünscht eine sogenannte T-shaped-Kompetenz der Schülerinnen und Schüler ist. Immerhin handelt es sich in der Schule um **Lern**situationen, aus denen alle Lernenden mit <u>gleichen</u> Voraussetzungen in die Klausuren gehen können sollten. Es kann daher nicht in erster Linie darum gehen, die Problemlösung zu finden. Es muss darum gehen, dass alle Lernenden gleichermaßen die Chance auf Lernzuwachs haben. Die Binnendifferenzierung, die durch die Unterrichtsmethode des Gruppenpuzzles durchaus erreicht wird, sollte nicht dazu führen, dass sich die Kompetenzschere weiter öffnet. Die Expertinnen und Experten kehren aus ihren Expertengruppen in die Stammgruppen zurück. Dort sollen sie ihr neues Wissen an die anderen Gruppenmitglieder weitergeben. Wie gut können sie ihre neuen Erkenntnisse vortragen und erklären? Versuchen sie, im Niveau Abgehobenes an ihre Mitschülerinnen und Mitschüler weiterzugeben, kann es dort zu Motivationseinbrüchen kommen, weil die „Expertinnen" keine Lehrkräfte sind und ihre Vorträge nicht didaktisch und methodisch durchdacht sind. Es ist auch möglich, dass die „Expertinnen" oder „Experten" sich das Neue nicht korrekt angeeignet haben und Fehlerhaftes an ihre Mitschülerinnen und Mitschüler weitergeben. Die Auswahl der Methode und der zu

---

57 Für Informationen zum Thema „Gruppenpuzzle" siehe Website von lehrerfortbildung-bw.de unter Individuelle Förderung -> Unterrichtsgestaltung ->Methodenblätter.

58 Für Informationen zum Thema „T-shaped Kompetenz" siehe Website von business-wissen.de unter dem Stichwort „T-shaped Professional".

erarbeitenden mathematischen Aspekte sollte deshalb berücksichtigen, wieviel Lehrbefähigung in den beteiligten Schülerinnen und Schülern steckt. In der folgenden Tabelle sind einige Vorüberlegungen zum Einsatz der Methode bezogen auf den Mathematikunterricht zusammengetragen.

Definition der Methode „**Gruppenpuzzle**“	• Schülerinnen und Schüler werden einer Stammgruppe zugeordnet. Diese erhält ein komplexes Problem. • Die Gruppenmitglieder verlassen die Stammgruppe, um sich Expertenwissen in den sogenannten Expertengruppen anzueignen. • Die Stammgruppe kommt wieder zusammen. Die Gruppenmitglieder tragen ihr Expertenwissen dort zusammen und lösen gemeinsam das komplexe Problem.
Ziel der Methode	• Aktives Erarbeiten neuer Wissensbereiche • Soziale und kommunikative Kompetenzentwicklung • Teamfähigkeit entwickeln • Wissen mitteilen • Leistungsbereitschaft weiterentwickeln • Wertschätzung erhöhen • Selbstwertgefühl steigern • Förderung der Selbstverantwortung und der Übernahme von Verantwortung für die eigene Gruppe
Konstruktivistischer Ansatz	• Die Lernenden tragen eine Selbstverantwortung für ihren Erkenntnisgewinn. • Sie entwickeln eine eigene Vorstellung von ‚ihrem‘ Teil der Mathematik. • Durch gemeinsames Reden über die eigenen Vorstellungen und die Begründungen entsteht eine gemeinsame Basis. • Sie kontrollieren aktiv und selbstverantwortlich ihren Lernprozess.
Vorteile	• Erarbeitung umfangreicher Informationen • Binnendifferenziertes Arbeiten • Geeignet für große Klassen • Produktives Tun • Kommunikatives Handeln • Wechsel der Gruppenzusammensetzung, dynamisch
Lehrerhaltung	• Positive Erwartungshaltung an Leistungswillen und -fähigkeit der Schülerschaft • Umfassende Organisation des Raumes, der Materialien, der Gruppenzusammensetzung • Umfassende didaktische Vorarbeit • Zurückhaltende Beratung während der Gruppenarbeit • Struktur durch klare Regeln und Vorgaben • Lehrkraft lässt Fehler und Umwege zu! • Sie moderiert die Präsentation. • Sie gibt allen die Gelegenheit, das gesamte Fachwissen auf der Stufe des Verstehens abzusichern (Bewerten-Phase!).

Schülerhaltung	• Sie übernehmen Verantwortung für ihr Tun und den eigenen Lernprozess. • Sie arbeiten selbstständig. • Sie lernen in kleinen Gruppen. • Sie kommunizieren gezielt mit allen Gruppenmitgliedern. • Sie strukturieren ihr eigenes Wissen so, dass sie es weitergeben können. • Sie entwickeln Lehrfähigkeiten. • Sie planen ihre Präsentation. • Sie lösen selbstständig und gemeinsam in einer Gruppe komplexe Probleme.
Kritische Überlegungen zum Einsatz	• Einsetzbar, wenn der Lerngegenstand für die Schülerschaft überschaubar ist. → Erst Transparenz hinsichtlich der Problematik schaffen, dann Methode begründet einsetzen • Die Bereitschaft der Schülerschaft erzeugen, sich arbeitsteilig mit den Unterrichtsinhalten zu befassen • Passenden Unterrichtsgegenstand didaktisch konzipieren • Umfang der Erarbeitung und Zeitbedarf abwägen • Kritische Reflexion der tatsächlich erlangten prozessbezogenen Kompetenzen • Sicherung des Lernerfolges durch die Methode und Erfordernis von anschließendem Frontalunterricht abwägen • Umfang der Kontroll- und Reflexionsphase berücksichtigen • Passt die Unterrichtsmethode zur Klasse? • Gibt es geeignete Lehrmaterialien über dem Niveau „Vormachen-Nachmachen“? • Ist es möglich, alle erforderlichen Erkenntnisse für alle Schülerinnen und Schüler zu sichern? • Gibt die Thematik das selbstständige Erarbeiten her? • Sind die räumlichen Gegebenheiten geeignet?

Abbildung 82: Grundlegende Überlegungen zum Einsatz von Gruppenpuzzlen

In der Fluglotsensituation kann als Erweiterung der Problemstellung auch die Bestimmung des minimalen Abstands der windschiefen Flugbahnen[59] gewählt werden. Dieser gibt darüber Auskunft, ob es zum sogenannten Strömungsabriss und damit auch zu einer gefährlichen Flugsituation kommen kann, ohne dass es zum Zusammenstoß kommt. Die verschiedenen Möglichkeiten, den Abstand zwischen zwei Geraden zu ermitteln, können jeweils in den Expertengruppen erarbeitet werden. (Vektorzug mit und ohne Vektorprodukt, Lotfußpunktverfahren und analytische Lösung mittels Abstandsfunktion). In der Stammgruppe werden diese Kenntnisse dann auf die jeweiligen Flugbahnen übertragen. Tatsächlich sind aus meiner Sicht die verschiedenen Rechenverfahren zu Abstandsberechnung weitgehend gleichwertig. Damit kann jeder Lernende sich mit den vier Rechenmethoden auseinandersetzen und zur Lösung die für ihn passende wählen.

Eine weitere Problemstellung wäre die Frage nach den Landekoordinaten, wodurch die Thematik „Durchstoßpunkt“ ebenfalls noch innerhalb dieser Lernsituation erarbeitet werden kann. Für die methodische Weiterführung kann wieder auf die Lernspirale zurückgegriffen werden. Es kann auch

59 Für die Abstandsberechnung zweier windschiefer Geraden wird üblicherweise für jede Geradengleichung ein eigener Parameter verwendet. Die Abstandsberechnung muss angepasst werden, wenn die Gleichzeitigkeit durch einen gemeinsamen Parameter für die Zeit t berücksichtigt wird.

weiter in den bestehenden Stammgruppen gearbeitet werden. Dadurch werden die Schülerinnen und Schüler je einer bestehenden Gruppe zu Spezialisten für eine bestimmte Lagebeziehung zwischen zwei Geraden im Raum. Diese können dann in wiederum gemischten Gruppen ihre Erkenntnisse zusammentragen und das gesamte Problem bezogen auf alle drei Flugbahnen lösen. Die Lernsituation zur Arbeit des Fluglotsen ist komplex und erfordert viele Teillösungsschritte. Daher bietet sie sich sehr gut dazu an, unterschiedliche Unterrichtsmethoden einzusetzen. Die Schülerinnen und Schüler werden durch die Variation der Methode motiviert, da die Thematik für sie interessant bleibt und der Unterrichtsalltag durchbrochen wird. Sie sind gefordert, tatsächlich jeden Lernschritt eigenverantwortlich mitzugehen. Alle neuen Erkenntnisse müssen wiederum in den nächsten Lösungsschritt eingebracht werden. Damit werden diese immer wieder abgesichert und eingeübt. Zusätzliche Übungsaufgaben aus dem Schulbuch helfen wiederum bei der Sicherung und ermöglichen viele kleine Erfolgserlebnisse oder das Klären noch offener Fragen, die sich aus Fehlern ergeben.

7.1.4 Modellbauen

Das Besondere an der vorgestellten Lernsituation ist, dass das **Modellbauen** Teil der Lösungsstrategie ist. Dies ist spezifisch für die Vektorrechnung oder, allgemeiner ausgedrückt, für die Geometrie. Das Modellbauen gibt den Lernenden die Möglichkeit, sich haptisch mit der dreidimensionalen Situation auseinanderzusetzen. Erst das Modell erschafft die räumliche Situation. Kein Film, keine computergestützte Simulation kann diese Form des Begreifens ersetzen. Das Fühlen, das Herumgehen um das Modell regt ganz andere Denkleistungen an, als das Betrachten einer Bildschirmoberfläche. Die von Lernenden hergestellten Modelle sind beispielhaft in den Abbildungen 80, 81 und 117 zu sehen. Auch die Lage von Gerade und Ebene kann man durch ein selbstgebautes Modell verdeutlichen.

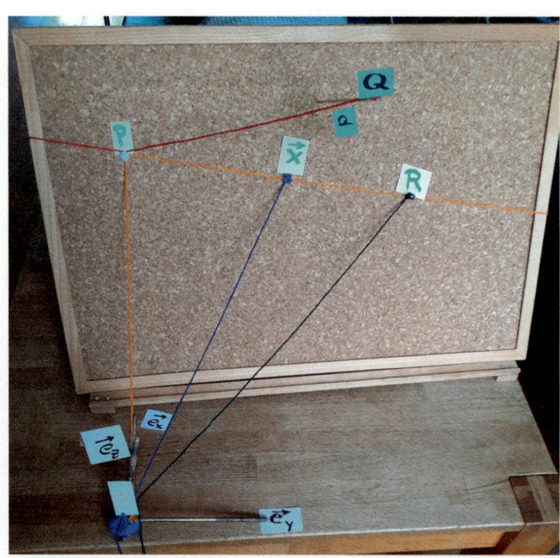

Abbildung 83: Modell einer Ebene und einer Gerade im Raum

Das Modell kann speziell für die geometrischen Themen eingesetzt werden, ist leicht zu bauen und es lassen sich viele dreidimensionale Probleme veranschaulichen. Besonders die Möglichkeit, um das Modell herumzugehen und es anzufassen, erhöht die Lernförderlichkeit.

In Abbildung 84 ist dargestellt, wie aus einem Draht drei Versionen für einen Pferch für die Tiere gebaut wurde. Anhand dieses Modells wird deutlich, dass die Fläche trotz gleicher Länge des Umfangs, unterschiedlich viel Platz für die Tiere bietet. Das Erfordernis einer Optimierung wird sofort deutlich.

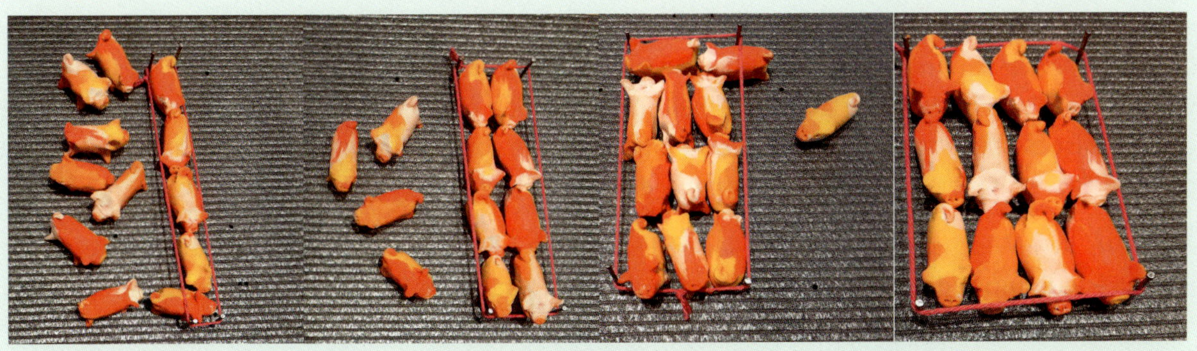

Abbildung 84: Modell für die Optimierung einer rechteckigen Fläche bei gleichbleibendem Umfang

Mit etwas Fantasie wird die Lehrkraft auch viele weitere Unterrichtsthemen und Lernsituationen finden, für die der Einsatz von Modellen als lernförderliches Mittel entwickelt werden sollte. Steckplatten, mit 3D-Druck erzeugte Modelle für die Modelleisenbahn, für Spielzeug, Verpackungen, Sitzgelegenheiten seien genannt. Auch Zufallsversuche können mittels Modellen durchgeführt werden.

MERKE

Modelle machen mathematische Zusammenhänge fassbar und offensichtlich.

7.1.5 Projektmanagement-Methode

Beschäftigt man sich mit der Arbeitswelt, für die wir unsere Schülerinnen und Schüler vorbereiten, so ist sicherlich zu unterscheiden, welchen Schulabschluss sie anstreben. Wird ein höherer Bildungsabschluss angestrebt, dann sollte auch die Wahl der Methoden darauf abgestimmt sein. Man denke nur daran, dass viele Probleme in Unternehmen mit der **Methode des Projektmanagements**[60] bearbeitet werden. Dieses in heruntergebrochener Form auch im Unterricht umzusetzen, ist für den handlungsorientierten Unterricht (BHOM) besonders geeignet. Ein Projekt ist immer komplex, in der Anlage fächerübergreifend und möglicherweise auch themenübergreifend. In einem Projekt sollte entweder etwas Neues entwickelt werden oder etwas bereits Bestehendes nachentwickelt werden. Diese Methode erfordert zunächst die klare Definition der Problemstellung, die dann in einzelne Arbeitspakete aufgeteilt wird. Die Arbeitspakete werden vergeben und die Bearbeitung zeitlich so genau wie möglich bemessen. Im Unterricht bedeutet das, dass die offenen Fragen bezüglich einer Problemstellung gesammelt werden, die Reihenfolge der Bearbeitung festgelegt wird und auch festgelegt wird, in welcher Form gearbeitet werden soll. Die Fragen wer, wann, was mit wem und mit welchem Ziel, in welcher Zeit macht, sind typisch für diese Form der Arbeitsorganisation. Hinzu kommt, dass nach festgelegten Zeiten sogenannte Meilensteingespräche mit allen Beteiligten durchgeführt werden, in denen über den Fortgang der Arbeit, mögliche Probleme und deren Lösung gesprochen wird. Übertragen auf den Unterricht bedeutet das, dass sich die Schülerinnen und Schüler im Verlauf der Projektbearbeitung mit Teilproblemen befassen. Das kann je nach Problemstellung, Klasse und Lehrziel sowohl arbeitsgleich, als auch arbeitsteilig stattfinden.

Die Schülerschaft wird aber immer wieder im Plenum zusammenkommen, um sich ihrer Arbeitsergebnisse und der offenen Fragen bewusst zu werden und gemeinsam daran zu arbeiten. Innerhalb dieser Plenumsphasen können die auftauchenden mathematischen Probleme definiert und erarbeitet

60 Für Informationen zu Methoden „Projektmanagement" siehe auf der Website von zenkit.com unter dem Stichwort Projektmanagement-Methoden oder auf der Website von uni-goettingen.de unter dem Stichwort „Leitfaden Projektmanagement".

werden. Die für die einzelnen Phasen gewählten Unterrichtsmethoden wiederum hängen ganz vom Problem, der Klasse und der Lehrkraft ab. Je selbstständiger die Schülerschaft bereits ist, desto leichter wird es ihr fallen, die Methode für die Erarbeitung fehlenden mathematischen Wissens selber zu wählen. Dafür ist es aber erforderlich, dass sie bereits eine Fülle von Möglichkeiten erlernt hat. Ist dies noch nicht der Fall, so hat die Lehrkraft die Aufgabe, eine geeignete Methode vorzuschlagen.

Aus den Meilensteingesprächen können sich neue Teilprobleme, also neue Arbeitspakete ergeben, die wiederum in die Klasse zurückgegeben werden. Das bedeutet, dass zu Beginn der Projektbearbeitung nicht unbedingt bereits alle Arbeitspakete bekannt sein können und auch noch nicht detailliert geplant werden können. Dies ist in der realen Arbeitswelt auch nicht anders. Ist das komplexe Problem schließlich gelöst, muss es abgeschlossen werden. Dazu gehört eine ordentliche Dokumentation der Vorgehensweise, der zielführenden Überlegungen und der erläuterten Ergebnisse. Es gehört aber auch die Reflexion der Ressourcennutzung dazu, was für den Unterricht die Reflexion der methodischen Vorgehensweise und der Mitarbeit der Schülerschaft beinhaltet. Zu jedem abgeschlossenen Projekt gehört schließlich auch, dass gefeiert wird. Mindestens sollte also im Unterricht ein gemeinsamer Projektabschluss stattfinden, bei dem die Erfolge gelobt werden. Alles Weitere dazu obliegt der Gemeinschaft, zu der auch die Lehrkraft gehört. (Ein selbstgebackener Kuchen wirkt manchmal Wunder!) Die Motivation, die von solch einer gemeinsamen Arbeit ausgeht, wird noch lange anhalten und sich sicherlich auch auf die nächsten Mathematikstunden sowie auf das gesamte Klassenklima auswirken.

Die Fluglotsen-Lernsituation könnte auch in dieser Form gelöst werden. Dazu würde die Informieren-Phase in gleicher Weise durchgeführt und das zugrundeliegende Problem des Fluglotsen festgelegt werden. Dann aber bekämen alle Schülerinnen und Schüler die Gelegenheit, sich eine Lösungsstrategie auszudenken. Diese ersten Überlegungen könnten sie mit ihrem Nachbarn oder ihrer Nachbarin teilen. In der anschließenden Planen-Phase würden alle Annahmen bezüglich der Flugbahnen festgehalten, unter anderem, dass der Einfachheit halber die Flugbahnen als gradlinig angenommen werden. Dazu würde überlegt werden, dass man die Gerade vektoriell darstellen müsste, da die linearen Funktionen, so wie sie in der Schule bisher behandelt werden, die Berücksichtigung der dritten Dimension nicht erlauben. Dadurch hätten die Schülerinnen und Schüler das Ziel für das erste Arbeitspaket formuliert. Es ist auch möglich, dass jetzt bereits die Überlegung formuliert wird, dass man untersuchen muss, ob sich die Geraden schneiden. Grundsätzlich kann das Sammeln der Schülerideen auch dazu führen, dass Schülerinnen und Schüler schon über die drei verschiedenen Lagebeziehungen nachdenken, oder sogar darüber nachdenken, dass sich die Flugbahnen zwar schneiden können, dies aber noch nichts darüber aussagt, ob die Flugzeuge zur gleichen Zeit am gleichen Ort sein werden. Es ist jedoch für den Arbeitsbeginn nicht erforderlich, dass diese Gedanken bereits auftauchen. Wenn sie nicht zu diesem Zeitpunkt auftauchen, so werden sie nach und nach im Prozess formuliert werden. Das erste Arbeitspaket muss derart geschnürt werden, dass festgelegt wird, wie die Darstellung von Geraden im Raum erarbeitet werden kann. Sicherlich ist hier die Lehrkraft gefordert, ihre didaktischen und methodischen Pläne transparent zu machen. Die Arbeit mit Modell, Buch und Zeichnung ist wählbar, unabhängig davon, welche Unterrichtsmethode gewählt wird. Die Methode des Projektmanagements enthält mehrere Phasen, für die jeweils unterschiedliche Unterrichtsmethoden gewählt werden können. Der Kreativität der Lehrkraft ist dadurch viel Spielraum gegeben.

7.1.6 Museumsrundgang

Für die Präsentation von Ergebnissen bietet sich z. B. der **Museumsrundgang**[61] an. In Gruppen erarbeitete Dokumentationen, die z. B. auf Plakaten festgehalten werden, eignen sich besonders gut.

61 Für Informationen zum Thema „Museumsrundgang“: siehe dazu auf der Website von 4teachers.de im Bereich „Forum“ unter dem Stichwort „Methode „Museumsrundgang“

Hierzu kann jeder zunächst wieder leise, wie im Museum, einen Rundgang machen und die Ergebnisse betrachten. Anschließend kann die Lehrkraft die Reihenfolge der Vorstellung, der Begründungen, der Klärung offener Fragen und der damit verbundenen Korrekturen festlegen. Ein Vorteil dieser Vorgehensweise ist, dass jede Gruppenarbeit vorgestellt wird. Auch wenn die Zeit in der laufenden Unterrichtsstunde nicht mehr ausreichen sollte, um alle Arbeiten zu betrachten und zu diskutieren, so wird jede Arbeit zunächst wertgeschätzt. Der Umfang und die Reihenfolge in der Reflexionsphase richtet sich dann nach den Ergebnissen, ihrer Qualität, den Lehrzielen und der zur Verfügung stehenden Zeit. Die Lehrkraft kann auch in Absprache mit den Schülern eine Clusterung der Plakatbesprechung vornehmen oder aber auch Teile der Ergebnisbesprechungen verschieben. Sie erhält selber durch den Museumsrundgang einen sehr guten Überblick und die nötige Flexibilität für die eigene didaktische Unterrichtsplanung. Ich denke hier z. B. an Klassenarbeitstermine, die eingehalten werden müssen. Durch die gezielte Auswahl der abschließenden Bearbeitungsintensität und des Bearbeitungsumfangs hat die Lehrkraft Spielraum für die eigene Unterrichtsplanung, ohne dass sich einzelne Beteiligte nicht wahrgenommen oder wertgeschätzt fühlen. Die planerischen Entscheidungen sollten allen Beteiligten offengelegt werden. So werden diese tatsächlich am Entscheidungsprozess beteiligt und übernehmen einen Teil der Verantwortung für das Gelingen des Unterrichtes.

7.1.7 Frontalunterricht und fragend-entwickelnder Unterricht

Lange wurde der Frontalunterricht als absolut ungeeignet zur Förderung von Lernprozessen im Unterricht angesehen. Auch nach der Veröffentlichung des Buches „Die Wiederentdeckung des Frontalunterrichtes“ von Herbert Gudjons[62], der ein früher Verfechter des handlungsorientierten Unterrichts[63] ist, hat sich daran wenig geändert. Daher möchte ich an dieser Stelle eine sachliche Abwägung zusammentragen. Der klassische Frontalunterricht stellt in erster Linie einen **Lehr**prozess dar, der durch den Lehrer oder die Lehrerin gesteuert wird und stoffzentriert ist. Er zielt auf Gedächtnisleistung ab und versucht durch eine relativ straffe Führung den Lernenden in einer begrenzten Zeit gleiche theoretische Kenntnisse, Informationen und Lehrstoff zu vermitteln. Es handelt sich um eine Unterrichtsform, bei der die Lehrkraft versucht, den Lernstoff an eine Klasse mittels sprachlicher Darbietung, Tafel, Schulbuch oder mittels digitaler Kommunikationsmittel, Dokumentenkamera u. Ä. in klar strukturierten Lernschritten effektiv und gleichzeitig weiterzugeben. Die Lehrkraft steuert und kontrolliert durch gezielte Impulse und Fragen den Fortgang des Lernprozesses. Es handelt sich dabei um Klassenunterricht, der auch gerne Plenumsarbeit genannt wird. Dieser kann jedoch in vielfältiger Weise durchgeführt werden und dies soll im Folgenden analysiert werden.

Betrachtet wird zunächst eine mögliche Form der Plenumsarbeit, in der die Lehrkraft im Mittelpunkt des Geschehens steht. Sie steuert, kontrolliert, bewertet und gibt die Reihenfolge der Inhalte entsprechend ihres eigenen Denkprozesses vor. Dabei geht sie davon aus, dass alle Schülerinnen und Schüler den Stoff auf diese Weise am besten verstehen können und daher im Anschluss auch gelernt haben werden. Kontrollfragen im Anschluss werden von einzelnen Schülerinnen und Schülern beantwortet, sodass die Lehrkraft fälschlicherweise davon ausgeht, dass alle diesen Lernprozess entsprechend ihrer Möglichkeiten durchlaufen haben. Eine sehr gute Schülerin oder ein sehr guter Schüler wird alles verstanden und gelernt haben, die befriedigende Schülerin oder der befriedigende Schüler hat eben nur einen Teil verstanden und die schlechte Schülerin oder der schlechte Schüler bestätigt in der folgenden Klausur eben dieses Bild. In diesem Unterricht sollen die Schülerinnen und Schüler nach vorne blicken und dem von der Lehrkraft vorgegebenen Weg folgen. Der Sprechanteil der

62 Vgl. Gudjons, H. (2007): Frontalunterricht – neu entdeckt. Integration in offene Unterrichtsformen. Julius Klinghardt Verlag.

63 Vgl. Gudjons, H. (2008): Handlungsorientiert Lehren und Lernen. Julius Klinghardt Verlag.

Lehrkraft ist höher als der der Schülerschaft. Es gibt eine klare Organisationsstruktur, die zeitlich genau abgesteckt werden kann und daher planbar ist. Dafür gibt es eine Stundeneröffnung, einen Einstieg, eine Darbietung, die Erarbeitung und Übung oder Wiederholung, eine Ergebnissicherung und Hausaufgaben. Eine Einbettung in ein Methodenkonzept ist nicht erkennbar, selbst wenn die Schülerinnen und Schüler zwischendurch Lösungen für von der Lehrkraft klar definierte Aufgaben in Einzelarbeit finden sollen.

Gegen diese Form von Frontalunterricht spricht, dass **Lehren** nicht gleich **Lernen** ist. Die Interaktion und Selbstständigkeit der Schülerschaft wird nicht gefördert. Der individuelle Lernprozess mit Lern- und Denktypen sowie unterschiedlichen Zugängen und Lerntempi wird nicht berücksichtigt. Es steht die Denkstruktur der Lehrkraft stets im Mittelpunkt. Für die Schüler bedeutet das ein rezeptives, passives Lernen, das keine Kreativität zulässt und auch kein selbstgesteuertes Handeln und Denken, da die Unterrichtsführung eng ist. Diese Form des Unterrichts wird gerne mit der großen Stofffülle und der knappen Zeit begründet. Unberücksichtigt bleiben Verarbeitungs-, Übungs-, Transfer- und Entspannungsphasen. Leider ist auch eine gute Unterrichtsdisziplin nicht mit einem gelungenen Lernprozess gleichzusetzen.

Im lehrerzentrierten Szenario blicken die Schülerinnen und Schüler nach vorne, auf ihr Smartphone unter dem Tisch oder aus dem Fenster, wenn im Unterricht Ruhe herrscht. Die Schülerschaft wartet geduldig auf das Ende der Stunde. Einige Schülerinnen und Schüler bemühen sich, die richtigen Schlagworte auf die Lehrerfragen zu nennen. Herrscht eine schlechte Arbeitsdisziplin, beschäftigen sich die Anwesenden sehr individuell mit den Dingen oder Themen, die für sie gerade relevant sind. Hierin eingeschlossen auch die Lehrkraft. Gibt es trotzdem gute Gründe, die für Frontalunterricht sprechen?

Zunächst ist das oben dargestellte Bild des Frontalunterrichtes nur die eine Möglichkeit, wie der Unterricht ablaufen kann, wenn die Lehrkraft „vorne" steht. Der Frontalunterricht kann zu schülerzentriertem Unterricht werden, wenn ...

- die Lehrkraft zur Moderatorin für den Lernprozess aller Lernenden wird,
- sie die Bedürfnisse der Schülerinnen und Schüler differenziert wahrnimmt,
- sie darauf entsprechend flexibel, empathisch und fachkompetent reagiert,
- Fehler zulässt und für den Lernprozess positiv nutzt,
- der Lernprozess in seinen diversen „Windungen" im Zentrum des gemeinsamen gedanklichen Austausches steht.

Optisch ist kaum ein Unterschied festzustellen. Der kleine Unterschied fällt jedoch auf, wenn man die Schülerschaft genauer beobachtet und genau zuhört:

- Sie reden miteinander,
- hören sich gegenseitig zu,
- sind mit dem Stundenthema, dem anstehenden Problem gedanklich befasst,
- reagieren aufeinander,
- helfen bei Verständnisschwierigkeiten und
- unterstützen die Lehrkraft aktiv bei der Erklärung der Zusammenhänge.
- Sie sind motiviert, engagiert und
- zeigen Selbstkompetenz.

Frontalunterricht, der schülerzentriert ist, kann bedeuten, dass man beobachtet, dass, im Gegensatz zu lehrerzentriertem Unterricht, die Blicke der Schülerinnen und Schüler das intensive Mitdenken erkennen lassen. Der Blickkontakt untereinander wird gesucht und die Konzentration aller muss nicht permanent auf die Lehrkraft fokussiert sein. Hört man dann auch noch genau hin, ist der Sprechanteil der Lehrkraft kleiner als bei lehrerzentriertem Unterricht. Die Schülerinnen und Schüler tauschen sich gegenseitig aus und ihre Ideen, ihre Lernbedürfnisse, ihre Fragen und Denkhürden werden aufgenommen und bestimmen den Fortgang des Unterrichtes. Trotz der räumlich ähnlichen Situation findet in dieser Form des Plenumsgespräches der intensive Gedankenaustausch schülerzentriert und lerneffizient statt.

Frontalunterricht ist auch dann sehr lernförderlich, wenn die Lehrkraft im Mittelpunkt steht und tatsächlich fast alle Schülerinnen und Schüler gebannt nach vorne blicken. Dies ist der Fall, wenn die Lehrkraft mit Begeisterung, Kompetenz, möglicherweise Humor, Brillanz und Charisma die Schülerschaft in ihren Bann zu ziehen vermag. Solcher Unterricht ist so anregend, dass die Schülerinnen und Schüler noch lange nach dem Verlassen des Raumes darüber reden und nachdenken. Allerdings ist diese Form von Frontalunterricht eine absolute Seltenheit und nur wenigen Lehrern ist es gegeben, solchen Unterricht durchgängig durchzuhalten.

Zusammenfassend kann man sagen, dass der Frontalunterricht gekennzeichnet ist durch den Standort der Lehrkraft. Der Unterricht kann dabei sowohl lehrerzentriert als auch schülerzentriert ablaufen. Auch Phasen, in denen die Lehrkraft ihre Rolle an einzelne Schülerinnen oder Schüler oder kleine Gruppen überträgt, laufen frontal ab. Dies sind die Schülerpräsentationen und Schülervorträge. Für diese Phasen gilt bezüglich der Lerneffektivität Ähnliches wie oben beschrieben. Man bedenke, dass ein durchschnittlicher Schülervortrag wenig Lernerfolg in der Klasse hervorrufen wird und lediglich den Vortragenden fördert.

Wie geht man damit um und wann ist dann Frontalunterricht erforderlich?

Der einführende **Lehrervortrag,** gut vorbereitet und spannend dargestellt, stellt eine gelungene Möglichkeit zur Initiierung von Lernprozessen dar. Er dient der Vorbereitung und Begleitung eigenständiger Lernprozesse. Der Lehrervortrag eignet sich dann, wenn ...

- der Stoff anderweitig nicht oder für die spezielle Lerngruppe nicht angemessen verfügbar ist,
- es notwendig ist, um das Interesse zu wecken,
- der Inhalt nur im Kurzzeitgedächtnis bleiben muss,
- er der Einführung in bestimmte Methoden oder Organisationsformen dient, die darauf folgen.

Er ist nicht geeignet, wenn ...

- der Inhalt umfangreich ist,
- vollständig im Langzeitgedächtnis verbleiben soll,
- er die Konzentrationsspanne übersteigt,
- das Niveau der Zuhörer übersteigt.

Ausschließlich verwendet, ist er nicht geeignet, um prozessbezogene Kompetenzen der Schülerschaft zu fördern.

Außer dem Lehrervortrag kann auch der **katechetische Frageunterricht** auftreten. Dieser ist dirigistisch und stellt für die Schülerschaft eine permanente **Leistungs**situation dar. Es ist ein Unterricht, in dem die Lehrkraft die Schülerschaft abfragt, sodass diese unter erhöhtem Prüfungsdruck steht. Lernen ist durch diese Unterrichtsform kaum zu erreichen.

Das **sokratische Gespräch** kann für die Schülerinnen und Schüler, insbesondere im Einzelunterricht, anregend sein, denn die Fragen werden so geschickt gestellt, dass das Gegenüber selber zwingend zu den gewollten Schlüssen kommt. Im Klassengespräch erweist sich diese enge Führung des Gespräches allerdings meist als ungeeignet, weil nur wenige Schülerinnen und Schüler tatsächlich daran teilnehmen. Dafür ist der **fragend-entwickelnde Unterricht,** wenn er denn, wie oben dargestellt, schülerzentriert durchgeführt wird, lernförderlich.

Als besonders geeignet, um tatsächlich eine gesamte Klasse zum Denken anzuregen und zu aktivieren, ist das **Schüler-Lehrer-Gespräch** zu nennen. Hierbei gibt die Lehrkraft Impulse, hilft Gedanken zusammenzutragen und zu fassen und regt den Meinungsaustauch und die gemeinsame Diskussion an. Dafür muss sie sich klar und zugleich zurückhaltend positionieren.

Schülerzentrierter Frontalunterricht ist erforderlich, um zur Eigenständigkeit, Selbstverantwortung und Selbststeuerung hinzuführen sowie inhaltliche und methodische Überlegungen transparent zu machen. Er ist aber im Besonderen erforderlich, um Interesse zu wecken, den Unterricht und den Lernprozess zu strukturieren, Fehler und Sackgassen bewusst zu nutzen und um den Lernprozess zu unterstützen. Die Lehrkraft ist Vorbild in Haltung und Handlung für die Schülerschaft, die dadurch in ihrer Entwicklung gefördert werden kann. Sie überträgt ihre eigene Begeisterung auf die Schülerschaft, sodass der Funke überspringen kann. Sie kann eine direkte Rückkopplung bieten und damit auch gruppendynamisch großen Einfluss auf die Klasse nehmen. Dadurch kann die Lehrkraft den Schülerinnen und Schülern Sicherheit vermitteln und Angstfreiheit erzeugen.

Um als Vorbild zu wirken, muss die Lehrkraft ...

- zuhören können,
- das Gegenüber zu Wort kommen und ausreden lassen,
- im Sinne der Sprachentwicklung auch behilflich sein, Gedanken auszudrücken,
- darauf achten, dass die Beteiligten, auch sie selbst, aufeinander Bezug nehmen,
- steuern, dass diese Bezüge auch deutlich werden,
- sachlich bleiben,
- geeignet argumentieren und dabei unterschiedliche Meinungen tolerieren,
- unterschiedliche Denkansätze akzeptieren, mit durchdenken und
- verschiedene Erklärungen entwickeln.

Ein gelungener Frontalunterricht enthält Demonstrationen, Veranschaulichung, Fragen und Impulsgeben für Problemlösestrategien. Er gibt Anleitungen zum Üben und eröffnet die Möglichkeit des Brainstormings. Er ermöglicht das entdeckende Lernen durch gezielte Impulse und fördert damit das vernetzte Lernen und Denken. Er ermöglicht es, Zusammenhangwissen zu entwickeln, mehrere Sichtweisen und Denkweisen mit in den Prozess einzubeziehen. Dazu können Denkfehler über ihren Informations- und Richtigkeitsgehalt für den konstruktiven Prozess der Wissensaneignung ausgeschöpft werden. Die geschickte Lehrkraft nutzt gezielt die unterschiedlichen Denkstrukturen aller Beteiligten und zeigt Zusammenhänge zwischen verschiedenen Lerngebieten auch fächerübergreifend auf.

Der schülerzentrierte Frontalunterricht ist aus meiner Sicht eine für alle Seiten anstrengende, aber unverzichtbare Unterrichtsform, die auf schüleraktive Sozialformen bezogen sein muss und Teil eines umfassenden methodischen Arrangements mit sinnvoller didaktischer Funktion ist.

7.1.8 Vorlesung

In der Unterrichtsplanung sollte auch für die Schülerinnen und Schüler, die ein Studium planen oder die einen Abschluss anstreben, der ihnen das Studium ermöglicht, die Vorlesung als Unterrichtsmethode einbezogen werden. Das Ziel einer solchen Unterrichtsstunde sollte die Motivation für ein Studium sein und der Schülerschaft deutlich zeigen, dass sie keine Angst davor haben muss und dass es auch für Vorlesungen geeignete Strategien gibt, diesen zu folgen. Das Thema einer solchen Stunde könnte eine Herleitung oder ein Beweis sein. Dazu sollte darauf geachtet werden, dass im Anschluss der gesamte Prozess wiederum ganzheitlich betrachtet wird. Fragen nach der Ausgangssituation und dem Ziel sowie die Begründungen für Zwischenschritte und Zwischenüberlegungen, nach mathematischen Tricks und der Verwendung ausgewählter mathematischer Werkzeuge, helfen den Schülerinnen und Schülern, den Zugang zu Vorlesungen zu finden, die üblicherweise in mühsamer Heimarbeit nachgearbeitet werden. Die Schülerinnen und Schüler sollten angehalten werden, ihre Ideen, Fragen und möglichen Erkenntnisse in Kurzform neben der Vorlesungsmitschrift zu notieren und auch farblich zu markieren. So wird das Wiederfinden wichtiger Aussagen oder der noch offenen Fragen erleichtert. Es entsteht ein Arbeitsmaterial, das mehr Wert hat als eine einfache Mitschrift. Die Lehrkraft sollte im Unterricht wesentlich langsamer vorgehen, als dies in der Hochschule oder Universität der Fall sein wird, da es sich auch hier um die **Lern**situation handelt. Die Schülerinnen und Schüler sollen erst lernen, mit einer Vorlesung umgehen zu können. Aus meiner Erfahrung sollte diese Lehrmethode jedoch nicht überstrapaziert werden. Eine oder zwei solche Stunden in der Abschlussklasse können hilfreich sein, ein häufigeres Anwenden wäre hingegen kontraproduktiv, da die Lehrkraft aufgrund des in hohem Maße lehrerzentrierten Vorgehens nicht mehr die Möglichkeit hat, den Lernprozess der Schüler zu fördern und individuell zu beobachten. Die Vorlesung ist eine **Lehrveranstaltung** und keine **Lernveranstaltung,** was sie für die Schule im Allgemeinen ungeeignet werden lässt.

7.1.9 Strukturlegen

Das Strukturlegen[64] lässt sich besonders gut zum Abschluss einer Lernsituation durchführen. Damit wird alles Gelernte zusammengetragen und im Gespräch begründet und abgesichert. Als eine Art Kartenspiel lässt es sich sehr gut, sowohl im Plenum als auch in Gruppen, durchführen. Dafür werden die Karten an alle Personen verteilt. Eine Karte liefert den fachlichen Oberbegriff und ist damit deutlich die erste abzulegende Karte. Die Person, welche diese Karte hat, macht den Anfang. Dadurch gibt es keine Hemmschwelle für das Beginnen! Jede weitere Karte, die angelegt wird, muss begründet abgelegt werden. Ein Zusammenhang zwischen den bereits abgelegten Karten und der anzulegenden Karte wird formuliert. Ein stillschweigendes Ablegen einer Karte darf von der Gruppe nicht akzeptiert werden. Die Frage nach dem Warum fordert von jedem und jeder Teilnehmenden das selbstständige Reflektieren ein. Auf diese Weise ist garantiert, dass wirklich alle Beteiligten ins Gespräch kommen und Unsicherheiten aufgedeckt werden, sodass diese dann gemeinsam geklärt werden können. Jeweils passende Aufgaben zur Absicherung der letzten neuen Erkenntnisse runden anschließend die Methode ab. Die Karten des Strukturlegespiels enthalten alle vier Darstellungsformen des sachbezogenen oder mathematischen Inhaltes auf Karten, die in ihrer Größe variieren können und auch farblich gestaltet sein können. Dabei kann die Farbe entweder unsystematisch oder systematisch gewählt werden. Wählt man für alles, was zu einem Begriff gehört, jeweils eine einheitliche Farbe, ergäbe dies beim Legen möglicherweise den Fokus auf das Finden der richtigen Farbkarten und weniger auf das inhaltliche Nachdenken. Die einheitliche Farbgestaltung kann andererseits zu einer größeren Übersichtlichkeit der fertigen Struktur beitragen. Die fertige Struktur sollte von der Lehrkraft nicht so eng geplant sein, dass am Ende nur ein richtiges Puzzle herauskommen kann, sondern sollte durch die Schülerschaft nach Bedarf auch ergänzt werden können, sodass damit viel Spielraum für die Gestaltung gelassen wird. Auch können die Schülerinnen und Schüler kreativ werden und sich Muster und Strukturen überlegen, die ihnen das Lernen erleichtern. Ein großes Puzzle auf dem Tisch oder die Beschreibung eines Weges durch eine Lernlandschaft, die Beschriftung von Häusern, Eisenbahnwagons, Säulen, auf denen die Gesamtkompetenz gelagert ist oder ein Baum mit Wurzeln und Krone sind wenige mögliche Beispiele für die Struktur, die Schülerinnen und Schüler wählen können. Am Ende ergibt sich ein von der Gruppe gemeinsam erstelltes Bild, welches den

64 Informationen über die Methode „Strukturlegen“ finden Sie z. B. auf der Website von uni-heidelberg.de unter diesem Stichwort.

Überblick über die gesamte Thematik liefert. Es ergeben sich dabei häufig nochmals Fragen nach der konkreten Anwendung bestimmter Regeln und Berechnungsvorschriften. Die dazu passenden Aufgaben sollte die Lehrkraft entweder im Schulbuch genau kennen oder selber zusammenstellen. Hier kommt es auf das kurze, gezielte Klären der Schülerfragen an. Das Strukturlegen ist eine Möglichkeit, im Anschluss an die komplexe Lernsituation alle mathematischen Inhalte in eine fachliche Systematik zu bringen. So erhalten sowohl die Lernenden als auch die Lehrkraft die Sicherheit, alle prüfungsrelevanten Aspekte erarbeitet und gelernt zu haben, sodass auf dieser Basis das Erstellen der Klassenarbeit geeignet, gezielt und auch in kurzer Zeit durchgeführt werden kann. Schülerinnen und Schüler erhalten durch die methodische Abrundung der Lernsituation eine Lernmethode an die Hand, mit der es gelingt, auch komplexe Sachzusammenhänge übersichtlich zu strukturieren.

Das im Folgenden dargestellte Handlungsergebnis wurde in zwei Schritten erstellt. Zunächst wurde im Anschluss an eine Gruppenarbeit die grafische Darstellung aller bearbeiteten Funktionen, die sich aus der in Kapitel 8.1 dargestellten Lernsituation ergaben, auf einem Flipchart als gemeinsames Ergebnis von den Schülern zusammengetragen. Im zweiten Schritt wurden die bis dahin mathematisch analysierten Funktionen und ihre Graphen in den wirtschaftlichen Sachzusammenhang gebracht. Dazu erhielt jeder Schüler eine Karte mit einem wirtschaftlichen Fachbegriff, den er der Grafik zuordnen sollte. Die berechneten Daten mit Einheiten aus der Lernsituation wurden jeweils ergänzt. Im nächsten Schritt wurden die Karten von den Schülern an die passenden Stellen im Diagramm geheftet und kommentiert. Dadurch wurde der Übergang von der innermathematischen Betrachtung zurück zur wirtschaftlichen Ausgangssituation geschaffen. Es ergaben sich vielfältige Redeanlässe und die Möglichkeiten, Fragen zu stellen und zu klären.

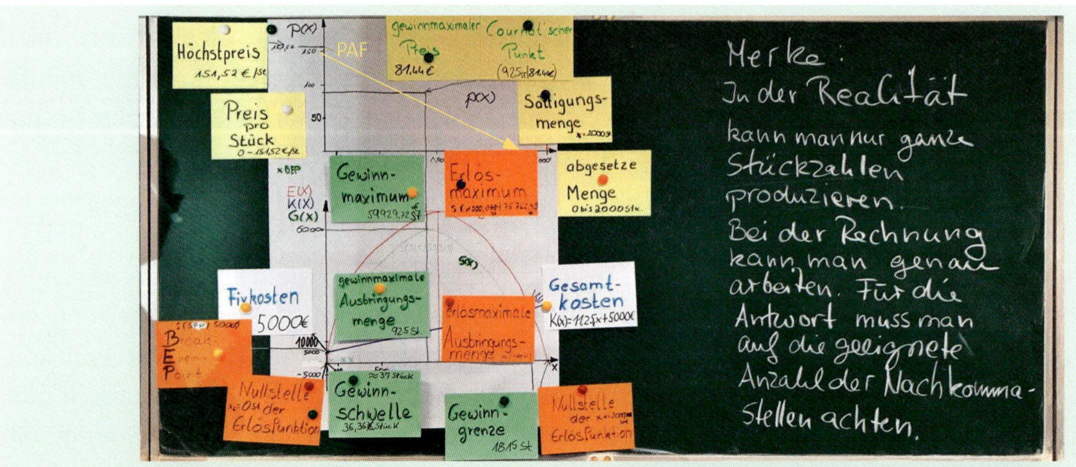

Abbildung 85: Strukturlegen im Mathematikunterricht (*Struktur zur Lernsituation „Preiskalkulation für den Türstopp“*)

Das Strukturieren anhand der Strukturlegetechnik kann auch unter Nutzung digitaler Technologie durchgeführt werden. Dazu sollten die Vor-und Nachteile bezüglich des Einsatzes im Unterricht überdacht werden. Eine Mindmap, welche am Tablet erstellt wird, kann einen Überblick über einen komplexen Zusammenhang darstellen. Jedoch geht der haptische Aspekt des Legens, Verschiebens und Sortierens verloren. Interaktive Mindmap-Applikationen bieten hierfür digitalen Ersatz. Auch für eine individuelle Arbeit bietet sich die Mindmap an. Sie kann nicht nur mit anderen Interessierten geteilt werden, sie kann auch noch ergänzt werden. Das Strukturlegen wird direkt gemeinsam durchgeführt, diskutiert und ist im Anschluss abgeschlossen und nicht mehr problemlos veränderbar. Das fertige Bild kann digitalisiert werden und dann ebenfalls geteilt werden. Es ist anzumerken, dass eine hohe Komplexität einer Problematik zu einer immer komplexeren und damit unübersichtlicheren Mindmap führt, welche einfach auf Grund der begrenzten Größe eines Computerbildschirms kaum noch den Überblick verschaffen kann. Ein großes Plakat hingegen ermöglicht gleichzeitig, das Große und Ganze ebenso in den Blick zu nehmen, wie die Details.

Die Anzahl der Karten, die gemeinsam zu einer Struktur gelegt werden sollen, darf nicht zu groß sein, da die Konzentrationsfähigkeit der Gruppe berücksichtigt werden muss. Länger als etwa 30 Minuten sollte das Ablegen der Karten daher möglichst nicht dauern. Für die Klärung der Schülerfragen muss noch in der Stunde oder der Unterrichtseinheit Zeit eingeplant werden. Die dafür erforderliche Zeit sollte von der Lehrkraft großzügig eingeplant werden, da so die Sicherheit, das fachliche Selbstbewusstsein und die Leistungen in Klassenarbeiten optimiert werden können.

7.2 Die Lehrkraft im methodengestützten Mathematikunterricht

Die vorgestellten Methoden sollen deutlich machen, dass der Mathematikunterricht sehr vielfältig methodisch angelegt werden kann. Dazu wurde gezeigt, dass das methodische Konzept sich nicht allein auf die Variation von Sozialformen bezieht, sondern alle Phasen der vollständigen Handlung und des vollständigen Lernens mit allen Sinnen und für alle Denktypen einbeziehen muss. Die Wahl der Unterrichtsmethoden hängt von der Zielsetzung, der Unterrichtsphase, dem Niveau der Klasse und dem angestrebten Schulabschluss ab. Die Wahl der Methode kann nicht getroffen werden, bevor nicht die inhaltliche Zielsetzung der Stunde geklärt ist.

Bedenkt die Lehrkraft den Bezug zwischen Makro- und Mikroplanung, so kann daraus ein schlüssiges, stringentes Unterrichtskonzept erwachsen. Methoden sollen Schülerinnen und Schüler fordern und fördern, eigenständig, selbstbestimmt, selbstbewusst, zielgerichtet und beharrlich an einem Problem zu arbeiten. Die prozessbezogenen Kompetenzen sollen dadurch im Besonderen gefördert werden. Die geeignete Wahl der Methoden und des gesamten Methodenkonzepts wecken immer wieder die Neugierde und das Bedürfnis sowie die Bereitschaft der Schülerinnen und Schüler, sich mit den Inhalten auseinander zu setzen. Dadurch werden auch die inhaltsbezogenen Kompetenzen gefördert. Gleichzeitig ist der Einsatz von schüleraktivierenden Methoden geeignet, der Lehrkraft Beobachtungsspielräume zu schaffen, in denen die Arbeitsweise und der Lernprozess aller Lernenden beobachtet, aufgenommen, auf Karten notiert und dann für die Weiterverarbeitung aufbereitet werden können. Die Lehrkraft schafft sich durch den Einsatz von Unterrichtsmethoden Freiräume, in denen sie nicht unter Beobachtung steht und aus dem Hintergrund heraus agieren kann.

Für die noch ungeübte Lehrkraft schlage ich vor, einige Karteikarten parat zu haben, auf denen sie in Schülerarbeitsphasen ihre Beobachtungen mit dem Namen des fragenden und erklärenden Schülers oder der Schülerin vermerkt. Die Karteikarten können für die Plenumsphase durch die Lehrkraft in eine geeignete Reihenfolge gebracht und dann im Plenum gemeinsam besprochen werden. Die gemeinsame Klärung der Lösungsgedanken der Schülerinnen und Schüler gibt der Lehrkraft Aufschluss über deren Kenntnisstand und zeigt andersherum die Wertschätzung der Lehrkraft für die Schülerleistung. Die Karteikarten können auch für die Bewertung der Mitarbeit zurate gezogen werden. Dann allerdings muss sich die Lehrkraft darüber im Klaren sein, dass die notierte Beobachtung nur einen kleinen Ausschnitt aus dem gesamten Unterricht beinhaltet. Um der Schülerschaft die positive Bedeutung der Karteikarten deutlich zu machen, ist auch hier transparentes Verhalten der Lehrkraft erforderlich.

Der in Kapitel 7.1.7 dargestellte schülerzentrierte Frontalunterricht und die Phasen des fragendentwickelnden Unterrichtes gehören zum Mathematikunterricht, die Dauer sollte jedoch grundsätzlich immer wieder überdacht werden. Dem Bedürfnis eines jeden, zwischendurch alleine nachzudenken oder einen Gedanken allein oder mit einem Partner zu verfolgen, sollte durch die methodische Vielfalt und auch Flexibilität im Unterricht Rechnung getragen werden. Auftretende Unruhe ist häufig dadurch zu erklären, dass die Konzentration nachlässt. Das Arbeiten im Plenum, bei dem die Lehrkraft jede Person stets im Blick behalten und den vielen verschiedenen Gedankengängen folgen muss, ist sehr anstrengend. Selber und alleine Nachdenken oder das kurze Gespräch mit dem Sitznachbarn bzw. der Sitznachbarin, löst diese Anspannung und fördert damit die Konzentration wieder.

Die Freiräume für die Schülerschaft und die Lehrkraft, kombiniert mit einer sehr detaillierten fachlichen und didaktischen Planung, stellen die Grundlage für flexibles Handeln im Unterricht dar. Die geübte Lehrkraft hat diverse Erklärungsmöglichkeiten und Medien parat. Sie hat Platz an der Tafel oder anderen Dokumentationsflächen eingeplant, sodass sie „Nebenschauplätze" eröffnen kann. Wenn man auf die verschiedensten Eventualitäten vorbereitet ist, kann man gelassen durch den Lernprozess der Schülerinnen und Schüler mäandern.

Da die Lehrkraft erziehen und Vorbild sein soll, ist die Selbstreflexion von entscheidender Bedeutung. Eine reflektierte, positive Haltung ist die Grundlage für erfolgreichen Unterricht. Dafür muss der Ablauf der Stunde reflektiert werden. Vor allem muss der tatsächlich stattfindende Lernprozess analysiert werden und mit der eigenen Haltung, Vorplanung, dem eigenen Fachwissen, den möglichen vorhandenen Lücken bei den Schülerinnen und Schülern, dem daraus resultierenden „Nacharbeiten" und der Weiterarbeit sowohl methodisch als auch didaktisch in Bezug gesetzt werden. Der Vergleich der Unterrichtsplanung mit der tatsächlichen Durchführung hilft, die Qualität des eigenen Unterrichtes zu reflektieren und zu verbessern.

Im Anschluss an jede Lernsituation sollte das methodische Vorgehen mit den Schülerinnen und Schülern kritisch reflektiert werden. Auf diese Weise erlernen die Schülerinnen und Schüler ihr eigenes Handeln zu reflektieren und aus ihrer eigenen Bewertung der jeweiligen Haltung, des Engagements und des Lernerfolges Schlüsse für zukünftiges Arbeiten zu ziehen. Im Laufe der Zeit lernen die Schülerinnen und Schüler ihre eigenen favorisierten Lernmethoden kennen und wählen diese schließlich selber gezielt, begründet und lernförderlich. Erst wenn die Schülerinnen und Schüler diese Eigenständigkeit und Selbstverantwortung aktiv übernehmen, sind sie in der Lage ihr Fachwissen und Können kompetent einzusetzen. Einem geeigneten Methodenkonzept kommt deshalb für die Förderung der Handlungsfähigkeit der Schülerschaft besondere Bedeutung zu.

Aber Vorsicht: Ein Feuerwerk an methodischen Raffinessen und medialem Einsatz im Unterricht kann leicht dazu führen, dass die eigentliche Problematik und das eigentlich geplante Lernen in den Hintergrund treten.

Jede Phase des handlungsorientierten Unterrichtes bedarf einer eigenen methodischen Planung. Strukturgebende Unterrichtsmethoden wie Lernspirale, Gruppenpuzzle, Platzdeckchenmethode (Placemat), Stationenlernen, Kugellager, Museumsrundgang, Vortrag, Projektmethode und die unterschiedlichsten Sozialformen sind dazu angelegt, die Handlungskompetenz der Lernenden zu erweitern. Erst das wohlüberlegte und begründete Zusammenspiel der Methoden für die Phasen der vollständigen Handlung und die gemeinsame Reflexion der Lernförderlichkeit ergeben ein Methodenkonzept. Die Unterrichtsmethoden sind kein Selbstzweck, sondern müssen sich aus der jeweiligen Problemsituation, dem Lernstand der Gruppe und ihrer individuellen Charakteristik sowie dem Lehrziel ergeben. Abwechslung und Sicherheit durch Wiedererkennung müssen sich dabei die Waage halten.

8 DOKUMENTATION DES LERNPROZESSES

In den vorangehenden Kapiteln wurde die Handlungsorientierung (BHOM) als didaktisch-methodisches Konzept, basierend auf der Förderung umfassender Handlungskompetenz, dargestellt. Immer wieder wurde auch auf die Dokumentation des Lernprozesses hingewiesen und es wurden auch bereits einige Beispiele dafür vorgestellt. Im Folgenden soll konkretisiert werden, in welcher Form die Dokumentation des Lernprozesses geplant und durchgeführt werden kann, sodass dieser unabhängig von der eingesetzten Technologie den Lernprozess der Schülerinnen und Schüler fördert.

MERKE

Der Lernprozess läuft in jedem Schülerhirn individuell ab.

Abhängig davon, welchen Erfahrungsschatz die Lernenden bereits mitbringen, werden während des Lernens unterschiedliche Assoziationen hervorgerufen, unterschiedliche Gehirnregionen werden aktiv und schließlich werden unterschiedliche Gefühle erzeugt. Hinzu kommt, dass die Konzentrationsfähigkeit differiert, die Sympathie zwischen den Lernenden und der Lehrkraft ebenfalls. Der empfundene Druck kann sowohl als positiv, als auch als negativ wahrgenommen werden. Kurz gesagt, hängt die Intensität und Effektivität des Lernens ebenso wie der inhaltliche Weg des Erlernens von sehr vielen inneren und äußeren Faktoren ab, sodass es schwer ist, einen Unterricht für alle Anwesenden gleichermaßen effektvoll zu gestalten. Zu unterschiedlichen Zeiten gehen den Lernenden unterschiedliche Gedanken durch den Kopf. Diese im Unterricht lernförderlich zu nutzen, zu steuern und zu fokussieren, ist eine große Aufgabe für jede Lehrkraft.

Eine Möglichkeit der Fokussierung der Konzentration auf den Lerngegenstand ist das Protokoll, das gleichzeitig mit dem Lernprozess für alle sichtbar und am besten mit allen gemeinsam erzeugt wird. Je klarer dieses strukturiert, gestaltet und formuliert ist, desto hilfreicher wird es sein. Das Protokoll sollte so gestaltet sein, dass es sowohl denjenigen Schülerinnen und Schülern dient, der eine Unterrichtsstunde versäumt als auch denjenigen, der während des Unterrichtes einem Gedanken nachhängt und dadurch vielleicht den Faden verlieren könnte. Es sollte so gestaltet sein, dass schnell deutlich wird, worüber gerade nachgedacht wird oder welches Problem gerade im Raume steht. Die noch offenen Fragen müssen ersichtlich sein, ebenso wie die Antworten, die Begründungen und die Begründungszusammenhänge. Damit stellen sich die folgenden Fragen:

- Wann wird gemeinsam Protokoll geschrieben?
- Wann macht jeder selber Notizen?
- Was wird in das Protokoll geschrieben?
- Welches Medium wird dafür verwendet?
- Wie wird es gesichert?

8.1 Protokoll des Lernprozesses

Das Protokoll wird immer dann gemeinsam erarbeitet, wenn auch im Unterricht im Plenum gearbeitet wird. Vorzugsweise wird in der Informieren-Phase nicht nur das Material zur Problemstellung verteilt, sondern es findet auch eine gemeinsame Aufwärmphase statt, an deren Ende die sachbezogene Problemstellung durch die Schülerschaft formuliert wird. Diese sollte protokolliert werden. Ein Beispiel soll dies illustrieren:

Infolge des Corona-bedingten Lockdowns im März und April 2020 wurde im Unterricht die Thematik des Wachstums behandelt. Das Informationsmaterial ergab sich aus einem Zeitungsartikel, in dem die Zuwächse der Infektionszahlen in einem Balkendiagramm dargestellt waren. Der Artikel wurde allen Schülern digital zur Verfügung gestellt. In der Informieren-Phase erhielten alle Teilnehmer des Online-Unterrichtes Zeit, das Material zu sichten und Fragen und Feststellungen zu notieren. Im Anschluss daran hatten alle die Möglichkeit, in der Videokonferenz ihre Befindlichkeiten und Ideen zu äußern. Sie berichteten über ihre eigenen Erfahrungen mit dem Lockdown, mögliche Probleme, Sorgen und auch positive Erlebnisse. Sie konnten schon anfangen, die vorliegenden Daten zu analysieren. Im Verlauf der gemeinsamen Unterhaltung formte sich schließlich die Frage danach, wie sich die Anzahl der Infektionen ohne Lockdown weiterentwickelt hätte und welchen Einfluss dieser tatsächlich hatte.[65] Diese Frage wurde auf dem für alle einsehbaren Whiteboard der Lehrkraft festgehalten.

Während der Informieren-Phase kommen die Schülerinnen und Schüler gedanklich im Unterricht an und lassen sich bereitwillig auf weitere mathematische Überlegungen ein. Die dargestellte Aufwärmphase ist aufgrund der besonderen Situation umfänglicher als im Präsenzunterricht. Das Beispiel eignet sich aber gut, um eine Vorstellung zu entwickeln, wie die Unterrichtseröffnung alle Teilnehmenden gleichermaßen ansprechen kann. Den Bedürfnissen der gemeinsamen Kommunikation über ein Thema wird so viel Raum gegeben wie nötig, sodass die Motivation, sich den weiteren Fragen zu stellen, optimiert wird.

Alle gemeinsam erarbeiteten Rahmenbedingungen werden schriftlich fixiert, ebenso das konkretisierte Problem. Auf diese Weise wird der Rahmen für die gesamte Lernsituation gesteckt und festgehalten. Immer wieder kann während des Durchlaufens der Lernsituation darauf erneut Bezug genommen werden. Daher wäre es wünschenswert, wenn dieser Teil des Protokolls zu jeder Zeit sichtbar oder mindestens in den Unterlagen der Schülerinnen und Schüler wiederzufinden wäre.

Wird in der Planen-Phase noch gemeinsam über die verschiedenen Ansätze der mathematischen Modellbildung diskutiert, sollten auch die Überlegungen und Ansätze festgehalten werden.

Während die Schülerinnen und Schüler eigenständig arbeiten, sollten sie ebenfalls lernen, ihre Überlegungen und Fragen festzuhalten. Das hat nicht nur den Vorteil, dass sie im Anschluss in anderen Sozialformen ihre Überlegungen wesentlich leichter formulieren und teilen können. Sie bereiten sich auf diese Weise auch auf Klassenarbeiten vor, in denen sie nicht nur Rechengänge, sondern auch das Ziel der Berechnung, die Überlegungen zur Lösung und die Schlussfolgerung dokumentieren. Für die Lehrkraft dient dieses als Bewertungsgrundlage. Sie muss nicht „raten", was sich der Prüfling jeweils wohl gedacht haben mag, weil dieser ja seine Gedanken verschriftlicht.

In allen folgenden Plenumsphasen sollten die Grundlagen der Diskussion verschriftlicht werden. Behauptungen, Vermutungen, Hypothesen sollten ebenso notiert werden, wie strukturierende Überschriften, Hinweise über Rechengänge, Begründungen und Schlussfolgerungen.

Grundlegend für alle Dokumentationen im Fach Mathematik sind die **vier Darstellungsformen,** mit denen man mathematische Zusammenhänge festhalten kann. **Der Text** als alltagssprachliche Fassung und als mathematisch korrekte Formulierung hilft den Schülerinnen und Schülern dabei, sich sprachlich weiterzuentwickeln. Sie erleben präzise Formulierungen als fassbar, ohne sie lediglich auswendig zu lernen. Die **Datensätze** sind die Grundlage aller konkreten Berechnungen. Hierzu gehören Punkte mit ihren Bezeichnungen und Koordinaten und auch Tabellen und Gleichungen, die Größen, Einheiten, Formelzeichen und Zahlenwerte eindeutig zuordnen. In Abbildung 86 wird die Verknüpfung von Text, Daten und **Symbolik** an Aussagen zu unterschiedlichen Themen verdeutlicht.

65 Achmus, A. (2020): Digitalisierung. Auswertung von Daten zur Corona-Pandemie im Unterricht. Casioforum, Casio Europe GmbH, Norderstedt, Ausgabe 2/2020.

Thema 1:
Der geometrische Punkt A liegt 3 Schritte in x- und 4 Schritte in y-Richtung.
1 Schritt hat die Länge von 1 Meter:
A(3|4),
x = 3 m und y = 4 m .

Entfernung x in x-Richtung in m	Entfernung y in y-Richtung in m
3	4

Thema 2:
Gegeben ist die Geschwindigkeit des Rübenfahrzeugs mit 30 km/h.
$v_{Rübe} = 30\,km/h$

Thema 3:
Gegeben ist der Preis für einen Liter frische Kuhmilch an der Milchtankstelle mit einem Euro.
$p_{Milch} = 1\,€/l$

Thema 4:
Der zu erwartende Anteil für die Partei D in der nächsten Wahl beträgt 17 %
$p_D = 17\,\% = 0{,}17$

Abbildung 86: Verknüpfung von Text, Daten und Symbolik

Hinzu kommt eine weitere Möglichkeit der Visualisierung. Die Daten können grafisch dargestellt werden. Dazu werden konsequent die gleichen Farben verwendet, wie in der bereits bestehenden Dokumentation. Die **grafische Veranschaulichung** macht die Zusammenhänge greifbarer und begreifbarer.

- Zu den Graphen gehören die Funktionsgraphen.
- Mit grafischen Darstellungen können aber auch Vektoren, Flächen und Körper ikonisiert werden.
- Der Gozintograph (Darstellung nach dem Prinzip: Rohstoff wird zu (*goes into*) Zwischenprodukt) dient der Darstellung von Verflechtungen in der Matrizenrechnung.
- Zeichnerische Darstellungen von Sachzusammenhängen unterstützen die Modellbildung.

Mathematikerinnen und Mathematiker verfügen bereits über ein fertiges Abbild der mathematischen Gebilde, mit denen sie sich vornehmlich beschäftigen. Sie haben dieses im Verlaufe ihres eigenen Lernprozesses in ihrem Gehirn erzeugt und verbinden mit der symbolischen Darstellung auch ein inneres Bild. Sie besitzen bereits eine innere Vorstellung von infinitesimalen Ausmaßen und der Unendlichkeit. Sie können sich mehrdimensionale Zusammenhänge innerlich veranschaulichen. Der Schüler bzw. die Schülerin jedoch muss erst die Grundlagen für diese inneren Bilder erschaffen. Damit diese für alle Mitglieder der Klasse konsensfähig sind, müssen sie auch visualisiert werden.

Die symbolische Darstellung ist die für den Mathematikunterricht geläufigste Darstellungsform. Alle Rechnungen, Behauptungen und Schlussfolgerungen können in die symbolische Sprache der Mathematik übersetzt werden. Diese Sprache ist so schön und so präzise, dass der Mathematiker bzw. die Mathematikerin ausschließlich auf die Symbolik zurückgreifen mag, wenn er etwas sauber und korrekt ausdrücken möchte. Vorteilhaft ist, dass damit in aller Welt kommuniziert werden kann. Die kleinen Füllwörter, wie „Es sei ..." oder „Gegeben sei ..." werden zwar in alle Sprachen der Welt übersetzt, jedoch ist das geschriebene Symbol in allen Ländern (weitgehend) identisch und damit verständlich.

Beispiele für Symbole: $\% + , -, \leq, \geq, \sqrt{}, \frac{dy}{dx}, \int dx, \sum, \prod, \lim\limits_{\Delta x \to 0}, \ldots$

Es gibt natürlich auch landestypische Ausnahmen, die zu Verwirrungen bei Schülerinnen und Schülern mit Migrationshintergrund führen können:

Deutsch: 3.600,57; Englisch: 3,600.57

Die englische Schreibweise muss häufig bei der Nutzung von Software und Taschenrechnern beachtet werden.

Auch die Multiplikation wird nicht überall in gleicher Weise dargestellt. Wir nutzen den Punkt ($3 \cdot 4$) und unterscheiden in der Vektorrechnung das Punktprodukt (Skalarprodukt) und das Kreuzprodukt (Vektorprodukt). In vielen Ländern wird jedoch das Kreuz (3×4) als besser sichtbares Zeichen für die Multiplikation verwendet.

Damit die Lernenden die Symbolsprache mit ihrer eigenen Struktur und in allen Feinheiten erlernen können, bedürfen sie zwingend der anderen drei Darstellungsformen. Nur ein geringer Anteil an Schülerinnen und Schülern in den Klassen kann sehr schnell symbolische Sprachen umsetzen und benötigt daher vielleicht diese umfassende Dokumentation nicht. Viele Mathematiklehrkräfte gehören zu dieser Gruppe der Menschen. Jedoch muss beachtet werden, dass der Mathematikunterricht der Zukunft nicht mehr ausschließlich für diese kleine Gruppe gestaltet werden soll. Nimmt man seine Aufgabe als Mathematiklehrkraft ernst und möchte allen Schülerinnen und Schülern den Weg in die Mathematik eröffnen, so sind erst alle vier Darstellungsformen zusammengenommen hinreichend, um den Lernprozess zu veranschaulichen und zu dokumentieren.

8.2 Medien zur Dokumentation des Lernprozesses

Ein für den Mathematikunterricht optimal ausgestatteter Unterrichtsraum enthält aus meiner Sicht eine sehr große Schreibfläche, die möglichst in der Höhe veränderlich ist, sodass sowohl kleinere als auch größere Personen darauf schreiben können und alle Klassenmitglieder eine gute Sicht darauf haben. Je mehr Fläche zur Gestaltung zur Verfügung steht, desto mehr Gedanken können festgehalten werden, desto mehr Ansätze können visualisiert werden und Ideen ausprobiert werden. Ob diese Flächen aus herkömmlichen grünen Tafeln, Stellwänden, Whiteboards, elektronischen Tafeln oder Projektionsflächen für Projektoren oder Dokumentenkameras bestehen, spielt primär keine Rolle. An der **herkömmlichen Tafel** lässt sich sehr gut und sehr sauber und dazu extrem schnell schreiben und sauber zeichnen. Dies bedarf jedoch einiger Übung! Sie ist augenschonend und energiesparend. Korrekturen lassen sich einfach vornehmen, sie ist höhenverstellbar und erlaubt die Nutzung von verschiedenen Farben.

Das Arbeiten mit Zirkel und Geodreieck jedoch ist an der grünen Tafel schwieriger, als auf dem **Papier. Whiteboards** müssen ebenso wie die grünen Tafeln gesäubert werden, das Schreiben ist meist nicht ganz so bequem wie auf der grünen Tafel, was an der glatteren Oberfläche liegt. Davon abgesehen sind Whiteboards meist ein brauchbarer Ersatz, wenn sie höhenverstellbar sind.

Plakate an Stellwänden sind in der Herstellung aufwendig und häufig das Produkt von Gruppenarbeiten. Sie haben den großen Vorteil, dass an ihnen weitergearbeitet werden kann und sie auch transportabel sind. Sie sind individuelle Produkte, die die Schülerschaft mit Stolz erfüllen können und zu denen sie eine ganz eigene Beziehung entwickeln können.

Das Arbeiten mit Unterlagen, die unter die **Dokumentenkamera** gelegt werden, fördert die individuelle Wertschätzung. Schnell und unkompliziert können viele Schülerinnen und Schüler ihre Überlegungen vortragen und verdeutlichen und dadurch individuell Rückmeldung zu ihrer eigenen Leistung und ihrem eigenen Kompetenzstand erhalten. Nachteilig ist jedoch, dass die so gezeigten Unterlagen von den Schülerinnen und Schülern wieder mitgenommen werden und nicht gleichzeitig mit anderen verglichen werden können. Gerade die Gleichzeitigkeit der Betrachtung ermöglicht den aktiven Vergleich und eröffnet neue Wege für Schlussfolgerungen. Das macht auch deutlich, dass es für den Mathematikunterricht nicht ausreichen kann, auf der Größe eines DIN-A4-Blattes die gesamte Stundendokumentation durchzuführen. Für die Optimierung der Dokumentation sollten die möglichen technischen Hilfsmittel ebenfalls eingesetzt werden. Eine **elektronische Tafel** ermöglicht es, auf Materialien aus dem Inter- oder Intranet zurückzugreifen. Sie ermöglicht das direkte Arbeiten in vorgefertigten Materialien und das Speichern derselben, sodass wiederum zu einem späteren Zeitpunkt darauf zurückgegriffen werden kann. Technische Zeichnungen, Bilder, Fotos und Videos können auf diese Weise in den Unterricht einbezogen werden. Das ermöglicht die Betrachtung sowohl statischer als auch dynamischer Aspekte und fördert damit das Denken in Prozessen. **Rechenprogramme,** wie beispielsweise Geogebra und andere Rechneremulatoren, können über die elektronische Tafel für alle sichtbar genutzt werden. Für die Nutzung von **digitalen Endgeräten** durch die Lernenden werden viele neue Möglichkeiten in Form von diversen Applikationen (Apps) entwickelt. Damit wird das kollaborative Arbeiten mittels digitaler Endgeräte möglich. So können gemeinsame Dokumente erstellt werden, die während des Unterrichtes oder auch zu Hause bearbeitet werden. Das Arbeiten an digitalen Pinnwänden und mit Mindmaps, Umfragen oder digitalen Arbeitsmaterialien kann auf diese Weise für alle sichtbar werden. Der Arbeits- und Lernfortschritt kann damit mindestens so gut und dazu effizient sichtbar gemacht werden, wie es mittels Papier und Dokumentenkamera in Teilen möglich ist. Die Darstellungen, die auf den individuellen Endgeräten sichtbar sind, können über die elektronischen Tafeln in großem Maßstab für alle visualisiert werden und damit zum gemeinsamen Denken, Handeln und Verarbeiten anregen.

Der Nachteil der elektronischen Tafel ist allerdings, dass die Gleichzeitigkeit der Betrachtung unterschiedlichster Arbeitsergebnisse möglicherweise nicht gegeben ist, weil diese Tafeln in ihrer Größe begrenzt sind. Die Möglichkeit, einzelne Darstellungen einfach zu verkleinern, damit andere sichtbar werden, hilft nicht wirklich, wenn man die Sichtbarkeit und Lesbarkeit für alle in der Klasse als Grundvoraussetzung für guten Unterricht ansieht.

Der scheinbare Vorteil der elektronischen Tafel ist, dass man einfach nur auf Speichern drücken muss und schon ist alles irgendwo abgelegt. Auch die Reinigung geht wunderbar schnell.

MERKE

Lernen erfolgt nicht in der Cloud, sondern immer noch analog im Kopf jedes Individuums.

Daher ist es nach wie vor erforderlich, dass die Schülerinnen und Schüler zu ihren eigenen Stiften greifen, ihre eigenen Farben wählen und das gemeinsame Protokoll in ihre eigenen Unterlagen übertragen. Tatsächlich führt dieses zu einem wichtigen Lernschritt:

Man überlegt gezielt welche Farben man einsetzt und muss dafür bereits die Analogien überblicken. Man muss sich merken, was man an der Tafel gesehen und gelesen hat und dieses auf seine Unterlagen übertragen. Ein weiterer Blick an die Tafel zurück ermöglicht den Abgleich. Damit hat ein wichtiger Lernschritt bereits stattgefunden. Diesen sollte man sich aus Zeitgründen nur sehr selten sparen und anderweitig wieder aufholen, wenn tatsächlich in der Unterrichtstunde zu wenig Zeit bleibt.

Alle Ergebnisse der Stunde können heute digitalisiert und anschließend mit der gesamten Lerngruppe geteilt werden. Ob das über eine Cloud, per E-Mail oder mit Messenger-Diensten geschieht, ist eine Frage der schulischen Realität und der weiteren Entwicklung. Damit sind die Unterrichtsprozesse nicht mehr so flüchtig wie früher, was den Lernenden während des Nacharbeitens und beim Nachschlagen hilft. Auch sind selbst formulierte Sätze verständlicher als es die Texte in Lernvideos oder Internetnachschlagewerken häufig sind.

Die geschickte Kombination aus all den vorgenannten Medien ermöglicht eine Optimierung im Unterricht. Wichtig ist, dass das Lernprozessprotokoll gesichert wird. Viele meiner eigenen Dokumentationen habe ich in diesem Buch als Beispiele und Anregungen dargestellt.

8.3 Strukturierung der Lernprozessdokumentation

Die Lernprozessdokumentation ist eine Unterstützung während des Unterrichtes für jede Person. Es ist jederzeit möglich, einen roten Faden zu finden und damit den Anschluss nicht zu verlieren. Die Dokumentation steht allen Beteiligten für die Weiterarbeit zur Verfügung. Sie enthält alle Begründungen und Überlegungen sowie Hilfestellungen und besitzt eine klare Struktur, welche gemeinsam durchdacht und mitgestaltet wurde.

In Abbildung 87 sind für die Erstellung eines Lernprozessprotokolls, z. B. mittels Tafelbild, die drei Aspekte Vorüberlegungen, Ziel der Tafelbilddokumentation und Inhalte des fertigen Tafelbildes zusammengestellt. Die Tabelle soll eine Übersichtlichkeit schaffen, welche die wichtigen Vorüberlegungen für die Planung der Lernprozessprotokolle zusammenstellt.

Leitfaden durch die Tafelbildplanung		
Vorüberlegungen zur Tafelbildplanung:	Ziele der Tafelbilddokumentation:	Mögliche Inhalte des fertigen Tafelbildes:
Welches Grobziel soll in der Stunde erreicht werden? → mathematischer Kern der Stunde	Strukturierung des Lernprozesses und des Unterrichtsablaufes, Mitschrift der Schüler/-innen	Überschrift: • Platz muss eingeplant werden • Nimmt die späteren Überlegungen nicht vorweg • Muss nicht zu Beginn der Stunde angeschrieben werden
Welche Lernsituation passt zum mathematischen Inhalt? → Problemfragen, sachbezogen und innermathematisch → Warum sollten sich die Schüler/-innen mit dem Problem auseinandersetzen wollen?	Leitfaden durch den Lernprozess	Datum (optional, hilft beim Sortieren) Vorüberlegungen Planungen Ansätze Rechengänge
Welche Vorkenntnisse müssen die Schüler/-innen für die Lösung des Problems mitbringen? Achtung: Hier treten immer wieder Mängel auf, für die man Platz an der Tafel einplanen sollte.	Visualisierung des Gesagten, Gefragten, Gedachten, Gerechneten, kurz: des Lernprozesses	Zeichnungen Diagramme Farbgestaltung Umrandungen

Leitfaden durch die Tafelbildplanung		
Welche Lösungsschritte sind nötig? Was davon ist geübt, noch unsicher, neu?	Dokumentation der übergeordneten Vorgehensweise	Fragen Hypothesen Merkhilfen Erklärungen Begründungen
Welche Stolpersteine sind zu erwarten? → Welche möglichen Reaktionen gibt es darauf?	Standortbestimmung innerhalb der Lernsituation	Nebenrechnungen Formelsammlung Symbole
Umfassende didaktische und methodische Planung	Visualisierung, auch Ikonisierung abstrakter mathematischer Zusammenhänge	
Aufbau eines strukturierten Tafelbildes (dreiteilige Tafel oder Kombination verschiedener Flächen)		
Informationssammlung Schmierzettel für Brainstorming Vorüberlegungen Planung Verlaufsstruktur	Dynamisches Tafelbild	Erklärungen Merksätze Neue Formeln und Symbole Nebenrechnungen

Abbildung 87: Leitfaden durch die Tafelbildplanung

Die Erstellung der Dokumentation wurde oben bereits dargestellt, jedoch ist die konkrete Umsetzung dieser Anforderungen komplex. In der Planung sollte man sich tatsächlich konkret überlegen, mit welchen Medien man arbeiten möchte und an welcher Stelle jeweils die Dokumentation für die sechs Phasen der vollständigen Handlung vorgesehen werden. Es muss Platz eingeplant werden für Kreativität und Nebenrechnungen oder Nebenerklärungen. Auch sollte man sich in der Unterrichtsplanung strukturiert überlegen, welche Farben man konsequent wofür einsetzt. Die Erkenntnisse in Textform, Symbolik und Grafik und vielleicht mit erklärender Beispielrechnung sollten einen festen Platz haben, sodass diese gezielt in Lerntagebücher oder Merkhefte, etc. übernommen werden können.

Während der Unterrichtsgespräche ist häufig weder die Zeit, noch die Ruhe, um sich das Protokoll kritisch anzusehen. Schülerarbeitsphasen ermöglichen es jedoch der Lehrkraft, die Dokumentation gedanklich zu optimieren, sodass in der Bewerten-Phase gemeinsam, während des Rückblickes auf den Lernprozess, Teilüberschriften und Erklärungen ergänzt und auch Verbesserungen vorgenommen werden können.

8.4 Beispielhafte Dokumentation des Lernprozesses für die Preiskalkulation für den Türstopp

Im Folgenden wird, ausgehend von einer konkreten Lernsituation, eine Gesamtdokumentation vorgestellt. Der Unterricht erfolgte in der vorgestellten Weise. Es werden die Aspekte gezeigt, die kognitive Konflikte auslösten und mit den Schülerinnen und Schülern aus diesem Grund thematisiert wurden. Dazu soll sowohl beispielhaft die Dokumentation auf dem Arbeitsblatt, als auch an der Tafel betrachtet werden. Es soll auch ein Einblick in die Schülerunterlagen genommen werden, der Aufschluss gibt über ihr eigenes Mitdenken und Entdecken. Da die vorgestellten Tafelbilder gemeinsam im Unterricht erstellt wurden, können sie einen Anspruch auf Perfektion nicht erfüllen. Die Erstellung eines perfektionierten Tafelbildes durch die Lehrkraft, entsprechend der eigenen Vorplanung, bedeutet noch nicht, dass der Unterricht tatsächlich lernförderlich für alle Schülerinnen und Schüler gelingt. Ich habe in den folgenden Kapiteln viele Erklärungen zusammengetragen, die sowohl den Schülerinnen und Schülern in meinem Unterricht helfen, als auch der unterrichtenden Lehrkraft Klarheit und Sicherheit verschaffen sollen.

Zunächst wird die Lernsituation anhand des Arbeitsblattes, das den Schülerinnen und Schülern zur Verfügung steht, vorgestellt. Die einzelnen Abschnitte des Arbeitsblattes werden erläutert. Das ausgefüllte Arbeitsblatt und die weiteren Dokumentationen aus dem Unterricht werden zusammengetragen. Die didaktischen Ideen, die jeweils hinter den einzelnen Dokumentationen stehen, werden direkt und konkret erläutert.

Für eine Unterrichtsdurchführung in anderen Klassen bedeutet das, dass je nachdem, wie die Unterrichtssituation beschaffen ist, diese Hinweise direkt in den Unterricht einbezogen oder aber an anderer Stelle untergebracht werden können. Es wird dazu versucht, an kleinen Beispielen das spiralige Prinzip zu verdeutlichen, sodass jeweils die Wiederverwendbarkeit der mathematischen Werkzeuge deutlich wird. Eine vollständige und fachsystematische Zusammenstellung wird hier nicht angestrebt, die vorgestellten Gedanken sollen aber zum Selberdenken und Weiterentwickeln anregen.

Innermathematisches Ziel des vorgestellten Beispiels ist der Übergang vom Dreisatz zu linearen Funktionen und anschließend zu quadratischen Funktionen. Dazu sollen die Kenntnisse zu linearen Funktionen angewendet werden, um kostentheoretische Überlegungen kennenzulernen. Diese werden möglicherweise auch im Wirtschaftsunterricht behandelt. Die Differentialrechnung ist nicht erforderlich, da es hier um Stückzahlen sowie um Preise oder Kosten mit der Geldeinheit „Euro" geht. Damit ist der Definitionsbereich auf die Natürlichen Zahlen beschränkt. Aus der durch eine lineare Funktion modellierten Preis-Absatz-Funktion wird im zweiten Schritt der Lernsituation eine Erlösfunktion erstellt, die eine quadratische Abhängigkeit des Erlöses von der abgesetzten Menge aufweist. Die daraus entstehende quadratische Funktion ist bereits komplex und wird im anschließenden Unterricht soweit analysiert werden, dass die Schülerinnen und Schüler für jede ganzrationale Funktion zweiten Grades ihre Form, die Nullstellen, den Scheitelpunkt und auch Schnittpunkte mit anderen Funktionen ersten und zweiten Grades ermitteln können. Sie sollen auch andersherum die Funktionsgleichungen quadratischer Funktionen aus gegebenen Informationen erstellen können. Fächerübergreifend sollen die Schülerinnen und Schüler wirtschaftliche Überlegungen zur Preiskalkulation durchführen können, sodass sie einen Einblick in diese Thematik erhalten. Es wird angestrebt, dass sie neugierig werden und sich mit Funktionen höheren Grades befassen wollen. Sie sollen die Bereitschaft entwickeln, sich mit wirtschaftlichen Fragen auseinanderzusetzen. Die Neugierde soll auch die Bereitschaft erzeugen, sich mit komplexeren Problemen auseinanderzusetzen, für die nicht mehr fertige und einfache Formeln zur Verfügung stehen. Sie sollen feststellen, dass es Probleme gibt, für deren Lösung der Dreisatz, der ein beliebter Lösungsalgorithmus ist, nicht mehr geeignet ist.

Schülerinnen und Schüler, die nicht durchgängig das Gymnasium besucht haben, sind nach meiner Erfahrung teilweise sehr kreativ, wenn es um den Einsatz des Dreisatzes geht. Auch Zusammenhänge, die nicht durch Ursprungsgeraden beschrieben werden können, werden gerne so zurechtgerückt, dass der Dreisatz wieder passt. Er wird als mächtiges Werkzeug wahrgenommen. Die Grenzen seines Einsatzes müssen daher in der Sekundarstufe II intensiv herausgearbeitet werden.

8.4.1 Einstieg in die Lernsituation „Preiskalkulation für den Türstopp"

Das Unternehmen „Licari" produziert eine Vorrichtung für den automatischen Türstopp für Kraftfahrzeuge. Es handelt sich dabei um einen Nachrüstsatz, der verhindert, dass die Tür des Autos beim Öffnen gegen ein nebenstehendes Auto, Fußgängerinnen oder die Garagenwand schlägt. Diese Erfindung wurde 2012 zum Patent angemeldet und daher ist Licari der einzige Anbieter für dieses Produkt (Monopol).
Die Herstellungskosten betragen für ein 4-Türer-Set 45 € .
Für die Produktionsstätte und weitere Kosten fallen jeden Monat Fixkosten von 5000€ an.
Herr Licari setzt zunächst für den Verkauf an Autowerkstätten einen Preis von 50€ pro einzelnem Türstopp an.
Kalkulieren Sie die Anzahl der Vorrichtungen, die mindestens im Monat verkauft werden müssen, damit Licari keinen Verlust macht!
Berechnen Sie auch den Gewinn, der beim Absatz von 1000 Stück im Monat gemacht werden kann.

Abbildung 88: Informationstext für die Lernsituation „Preiskalkulation für den Türstopp"

Die Schülerinnen und Schüler versuchen nach dem einführenden Lehrervortrag und der Lektüre der Informationen zunächst alleine einen Zugang zur vorgestellten Problematik zu finden. Das berufsbezogene Problem steht bereits auf dem Informationsblatt. Die Ideen werden im Anschluss noch unstrukturiert und ungewertet zusammengetragen. Auf diese Weise kann im Unterricht eine Fehlerkultur etabliert werden. Es gibt viele Unsicherheiten in der Dokumentation der eigenen Überlegungen und Unverständnis der Mitschülerinnen und Mitschüler für vorgetragene Lösungsvorschläge. Die Unvollkommenheiten erwecken das Interesse nach Klärung. Dies erzeugt die intrinsische Motivation, sich mit Neuem aus der Mathematik zu befassen. Die Schülerschaft fordert selber ein, dass Ordnung in die Dokumentationen und Gedanken gebracht werden müsse. Daraus ergibt sich erst das Erfordernis, ein strukturierendes Arbeitsblatt zu nutzen, das im Folgenden mit Erwartungshorizont vorgestellt wird.

A: Sortieren Sie die Schritte der Lösung so, dass sich eine Lösungsstrategie ergibt!

1. Kostenanalyse
2. Erlösanalyse
3. Vergleich Kosten-Erlös
4. Gewinnanalyse

Abbildung 89: Tabelle 1 des Arbeitsblattes zur Lernsituation „Preiskalkulation für den Türstopp"

Die vier Lösungsschritte ergeben sich aus den ersten Lösungsideen der Schülerinnen und Schüler in der Informieren-Phase. Bei der Formulierung kann die Lehrkraft unterstützend eingreifen, damit Sicherheit bezüglich der Nutzung von Fachbegriffen besteht. Die Aufgabe der Lernenden ist das Sortieren und Setzen von Schwerpunkten. Auch hier kann es nötig sein, dass die Lehrkraft unterstützt. Der Hinweis, dass man immer mit dem Aspekt beginnen sollte, für den man am leichtesten an die passenden Informationen kommen kann und auch schon Lösungsmöglichkeiten zur Verfügung hat, hilft bei der Strukturbildung.

Nur die erste Seite wird als Arbeitsblatt vorgegeben, da die Schülerinnen und Schüler damit eine Dokumentationsstruktur für sich selber erarbeiten sollen. Sie sollen merken, dass es wichtig ist, die Arbeit durch Überschriften zu strukturieren. Sie lernen, dass man mathematische Aspekte durch eine Liste oder Wertetabelle, eine grafische Darstellung und symbolisch darstellen kann und dass es dafür Normen gibt (siehe Kapitel 8.1). Sie sollen weiter feststellen, dass sie ihre eigenen Erkenntnisse formulieren müssen! Dafür sollte der Platz am rechten Rand genutzt werden, der in der Klassenarbeit für die Korrektur der Lehrkraft frei gelassen werden muss. Damit übt sich die Blattaufteilung!

Aus der Diskussion der Problemstellung erwachsen Fragen bezüglich der wirtschaftlichen Situation. Sie können, wie in der folgenden Abbildung dargestellt, durch Fachbegriffe zusammengefasst werden und in eine sinnvolle Reihenfolge für die anschließende Bearbeitung gebracht werden.

Damit die Schülerinnen und Schüler, bezugnehmend auf ihre eigene Forderung nach Struktur und Klarheit der Dokumentation, eben dieses erlernen, wird mit ihnen die Tabelle 2 des Arbeitsblattes intensiv besprochen.

Dokumentiere die Lösungsschritte und Erkenntnisse so, dass sie für die Dokumentation der Kalkulation geeignet sind				
Lösungsstrategie	Wertetabelle	Grafische Darstellung	Mathematische Ansätze und Berechnungen	Erkenntnisse

Abbildung 90: Struktur des Arbeitsblattes (s. Abbildung 92)

- Die Tabelle enthält Überschriften zur Strukturierung.
- Die Daten werden systematisch in Form einer Wertetabelle gesammelt.
- Die Daten werden grafisch dargestellt.
- Die Zusammenhänge werden mittels mathematischer Symbole dargestellt und damit in die Sprache der Mathematik übersetzt.
- Die Zusammenhänge, die offenen Fragen, die Erläuterungen und die Erkenntnisse in Form von Merksätzen werden durch einen für die Schülerinnen und Schüler gut verständlichen Text festgehalten. Sie werden möglichst von den Lernenden selber formuliert.

Die Zeit, die diese Klärung kostet, ist aus meiner Erfahrung gut investiert. Die Schülerinnen und Schüler sind motiviert, schöpfen Vertrauen in die Lehrkraft und bei vielen keimt die Hoffnung, dass hier ein Mathematikunterricht stattfindet, in dem man hoffentlich mitkommt und etwas versteht.

Die durch die Überschriften in Abbildung 90 strukturierte Tabelle kann im Unterricht abhängig von der Niveaustufe und den Bedürfnissen der Schülerschaft in unterschiedlicher Weise ausgefüllt werden. Es könnte direkt mit den linearen Funktionen begonnen werden. Wird die Thematik direkt als Ausgangsproblematik in der Sekundarstufe II eingesetzt, bietet es sich durchaus an, mit der Entwicklung über den Dreisatz zu beginnen. Aus der offenen Informieren-Phase, in der verschiedene Lösungsansätze bereits vorgedacht wurden, kann die Lehrkraft die geeigneten didaktischen Schlüsse ziehen. Das didaktische Ziel sollte nicht die fertige Lösung oder ein festgelegtes Ergebnis sein. Für beides wäre die Dokumentation des Rechenweges zweitrangig. Im Gegenteil ist es das Ziel des Unterrichtes (BHOM), den Dreisatz und damit mathematische Kenntnisse weiter zu entwickeln. Daraus soll sich die Ursprungsgerade ergeben und der Funktionsbegriff eingeführt werden.

8.4.2 Vom Dreisatz zur linearen Funktion

In der Mittelstufe wird durch den Dreisatz nach der gesuchten Größe x gefragt. Dies ist üblich, weil in diesen Jahrgangsstufen weitgehend Gleichungen und Gleichungssysteme und nicht Funktionen betrachtet werden. Die Aufgaben werden weitestgehend so formuliert, dass die Schülerschaft eine „Unbekannte“ x ermitteln soll. Lineare Gleichungen, quadratische Gleichungen und sogar Gleichungssysteme beinhalten gerne den Buchstaben x für eine gesuchte Größe. Dagegen ist nichts zu sagen. Die gesuchten Lösungen erhalten jedoch durch die Betrachtung von Funktionen und deren Graphen eine konkrete Bedeutung. Die Lösung einer quadratischen Gleichung kann z. B. auf die Nullstellen der Parabel führen. Damit werden ganz konkrete Werte für die Variable ermittelt. Den Punkten mit diesen x-Koordinaten kann eine besondere Bedeutung hinsichtlich des Graphen einer Funktion zugewiesen werden. Die Funktion jedoch beschreibt eine Größe, die sich abhängig von der Veränderlichen ebenfalls ändert. Es reicht nicht mehr aus, **eine** konkrete Lösung zu berechnen. Vielmehr wird die Funktion genutzt, um Prozesse oder geometrische Zusammenhänge im Ganzen zu beschreiben. Dass Schülerinnen und Schüler mit dieser abstrakteren Vorstellung Schwierigkeiten haben, zeigen Lösungen in Klausuren, bei denen sie zunächst die Funktionsgleichung aufstellen, nach der in einer Aufgabe gefragt ist und dann weiterrechnen und auch noch die Nullstellen ermitteln, nach denen möglicherweise gar nicht gefragt ist (siehe auch Abbildung 143).

Um den Übergang von der Ermittlung einer Lösung auf die Beschreibung eines Prozesses oder einer Geometrie und Punkteschar zu ermöglichen, wird im Folgenden die Darstellung des Dreisatzes weiterentwickelt. Eine Größe besitzt ein zugeordnetes Symbol, einen Zahlenwert und eine Einheit. Dies sollte in der Dreisatztabelle wiederzufinden sein. Besonders wichtig ist hierbei, dass darauf geachtet wird, dass Symbole und Einheiten bereits frühzeitig sauber auseinandergehalten werden müssen, damit es später nicht zu Unsicherheiten kommen kann (siehe auch Kapitel 6.2.2).

In der Kopfzeile der Dreisatztabellen wird genau eingetragen, welche Größen in welchen Einheiten eingetragen werden sollen. In Abbildung 91 sind zwei Möglichkeiten der Dreisatzdarstellung zur Illustration vorgestellt. Die Lösung dieser Aufgabe ist für die weiteren Überlegungen unerheblich und wird daher nicht angegeben. Die linke Darstellung findet sich in Schulbüchern in dieser oder ähnlicher Form. Die rechte Darstellung ist leicht weiterentwickelt. Auffällig ist hierbei, dass der zweite Satz bereits die Änderungsrate, wenn auch noch einheitenfrei, enthält. Der dritte Satz des Dreisatzes enthält in der rechten Spalte bereits die Funktionsvorschrift zur Berechnung eines beliebigen Preises.

Der Dreisatz

	kg	€
1. Satz	3,5	9
2. Satz	1	$\frac{18}{7}$
3. Satz	2	x

In dieser Darstellung werden nur die Einheiten dokumentiert, nicht aber die Größe, um die es geht. Gesucht ist über den Dreisatz die Größe x.

	Menge x in kg	Preis y in €
1. Satz	3,5	9
2. Satz	1	$\frac{18}{7}$
3. Satz	x	$\frac{18}{7} \cdot x = y$

In dieser Darstellung werden sowohl die Größen als auch ihre Einheiten dokumentiert. Im 3. Satz wird verallgemeinert die variierte Größe mit x bezeichnet. Die gesuchte Größe mit y. (Noch schöner wäre es, hier direkt mit p als Preis zu arbeiten.)

Abbildung 91: Dreisatzdarstellungen als Grundlage für die Entwicklung der Ursprungsgerade

Dies führt zur funktionalen Betrachtung eines proportionalen Zusammenhangs. Die Größe, die im dritten Satz in der linken Spalte angegeben ist, ist im Grunde die variable Größe und sollte im Folgenden zum Beispiel mit x bezeichnet werden. In Abbildung 92 sind nicht nur die vier verschiedenen Darstellungsformen nebeneinander dargestellt und der Einsatz der Farbe veranschaulicht. Es werden auch drei verschiedene Versionen des Dreisatzes dargestellt. Die ersten beiden sind beispielhaft in der Weise dargestellt, wie Schülerinnen und Schüler diese aus ihrem vorangehenden Unter-

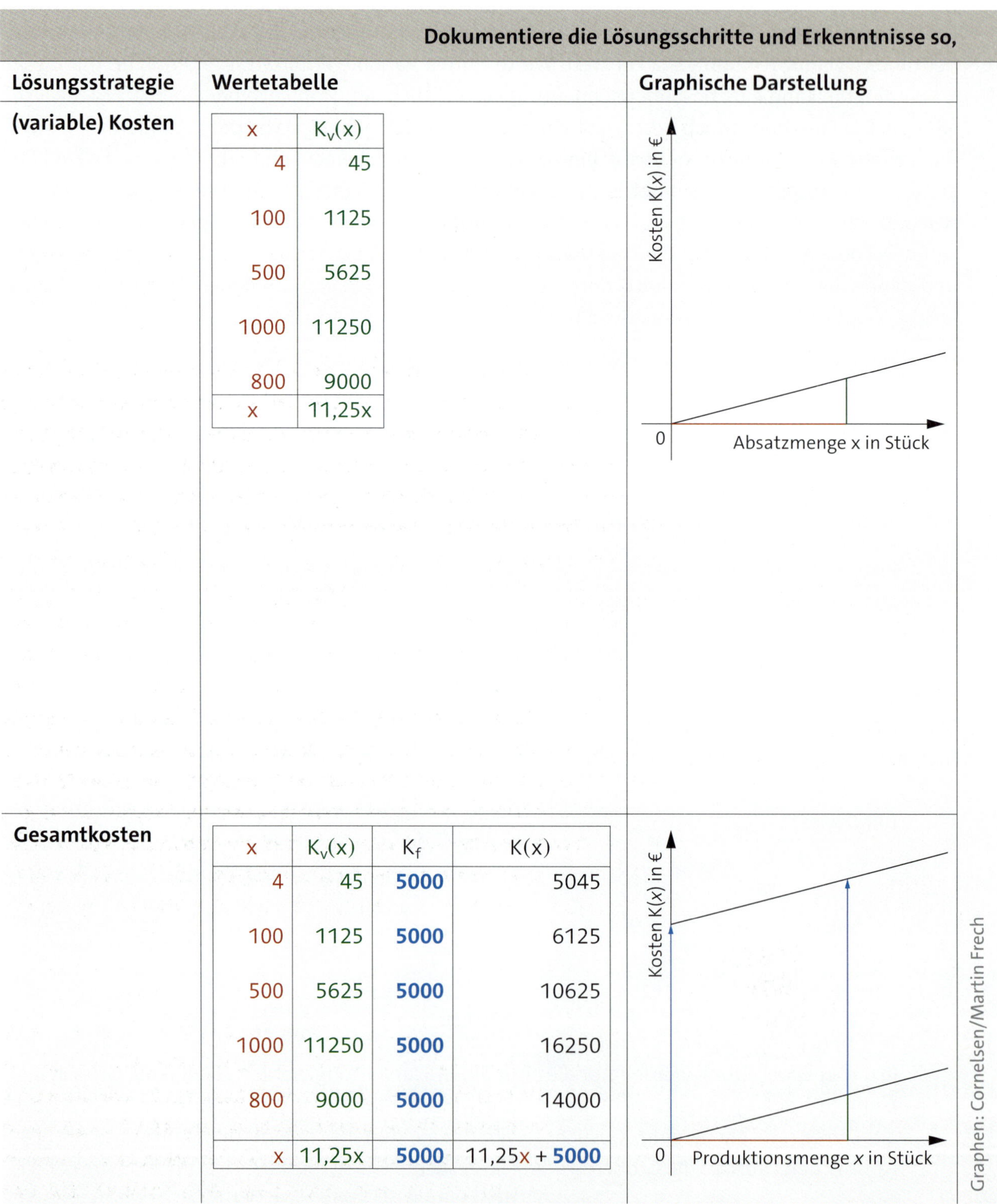

Dokumentiere die Lösungsschritte und Erkenntnisse so,

Lösungsstrategie	Wertetabelle	Graphische Darstellung
(variable) Kosten	(siehe Tabelle 1)	Kosten K(x) in € / 0 / Absatzmenge x in Stück
Gesamtkosten	(siehe Tabelle 2)	Kosten K(x) in € / 0 / Produktionsmenge *x* in Stück

(variable) Kosten – Wertetabelle:

x	$K_v(x)$
4	45
100	1125
500	5625
1000	11250
800	9000
x	11,25x

Gesamtkosten – Wertetabelle:

x	$K_v(x)$	K_f	K(x)
4	45	**5000**	5045
100	1125	**5000**	6125
500	5625	**5000**	10625
1000	11250	**5000**	16250
800	9000	**5000**	14000
x	11,25x	**5000**	11,25x + **5000**

Abbildung 92: Tabelle 2 des Arbeitsblattes mit Konkretisierung der vier Darstellungsformen

richt mitbringen. Die dritte Version jedoch unterscheidet sich. Aufgrund der nicht mehr eindeutigen Zuordnung von Einheiten und Größen zu den Spalten, wird die Überschrift weggelassen. Das „Runterrechnen auf 1" erfolgt auch hier im zweiten Satz. Gegenüber der einheitenfreien 1 steht in der Tabelle der einheitenbehaftete Proportionalitätsfaktor, der in der Geradengleichung später als Änderungsrate oder Steigung (geometrische Zusammenhänge) bezeichnet wird.

dass sie für die Dokumentation der Kalkulation geeignet sind.

Mathematische Ansätze und Berechnungen	**Erkenntnisse**
Dreisatz ① | x | K_v | | 4Stück | 45 € | :(4) | 1Stück | 11,25 $\frac{€}{Stück}$ | :(4) ·(100) | 100Stück | 1125 € | ·(100) ② 1. satz 4Stück ≙ 45 € |:4 2. satz 1Stück ≙ 11,25 € |·500 3. satz 500Stück ≙ 5625 € **Abgewandelter Dreisatz** ③ | 4Stück | 45 € | : 4Stück | 1 | 11,25 $\frac{€}{Stück}$ | · x | x | 11,25 $\frac{€}{Stück}$ · x = $K_v(x)$ | Allgemeine Berechnungsgleichung für die variablen Kosten: $K_v(x) = \frac{45€}{4Stück} \cdot x$ $K_v(800Stück) = \frac{45€}{4Stück} \cdot 800Stück$ $K_v(800Stück) = 9000€$ Lies: KV von 800Stück	Aus dem Dreisatz lässt sich eine Berechnungsgleichung für die variablen Kosten entwickeln. In der Gleichung kürzen sich die „Stück" heraus, sodass € übrig bleibt. $K_v(x)$, die variablen Kosten sind abhängig von der produzierten Menge, die gleich der abgesetzten Menge sein muss! Die Rechenvorschrift $\frac{45€}{4Stück} \cdot x$ ermöglicht das Ausrechnen der variablen Kosten für jede x-beliebige Menge. $K_v(x) = K_v \cdot x$ $45€ = K_v \cdot 4Stück \Rightarrow K_v = \frac{45€}{4Stück}$ Die Gerade, die alle Möglichkeiten der Kombination zwischen der produzierten Menge und den dazugehörigen variablen Kosten enthält, heißt Ursprungsgerade, da sie durch den Ursprung geht.
Gesamtkostenberechnung: $K_v(x) = \frac{45€}{4Stück} \cdot x$ $K(x) = K_v(x) + K_f$ $K(800Stück) = \frac{45€}{4Stück} \cdot 800€ + 5000€$ $K(800Stück) = 14000€$	Die Kostengerade ist um 5000 € nach oben parallel verschoben. Die neue Gerade beschreibt den Zusammenhang zwischen der produzierten Menge und den im Ganzen entstehenden Kosten, den sogenannten Gesamtkosten. Die Kosten setzen sich zusätzlich zu den variablen Kosten auch noch aus den fixen Kosten zusammen. Bei 5000 € schneidet die Kostenfunktion die Ordinatenachse. 5000 € sind die Fixkosten. Sie müssen für jede produzierte Menge zu den jeweiligen variablen Kosten dazugerechnet werden.

Der Proportionalitätsfaktor enthält die vorkommenden Einheiten als Bruch. Lässt man anhand des Dreisatzes die Kosten K(x) für unterschiedliche Produktionsmengen x ermitteln, so können diese auch in ein Diagramm eingetragen werden. Die Vorkenntnisse dazu bringen die Schülerinnen und Schüler im Allgemeinen aus der Mittelstufe mit. Sie zeigen jedoch erwartungsgemäß Unsicherheiten, die ausgeräumt werden müssen. Daher bietet es sich an, das von ihnen verwendete Koordinatensystem genauer zu betrachten.

8.4.3 Einführung des Koordinatensystems

Das folgende Tafelbild ist ein Beispiel für die Dokumentation der grundlegenden Festlegungen im Koordinatensystem und der Darstellung von Ursprungsgeraden.

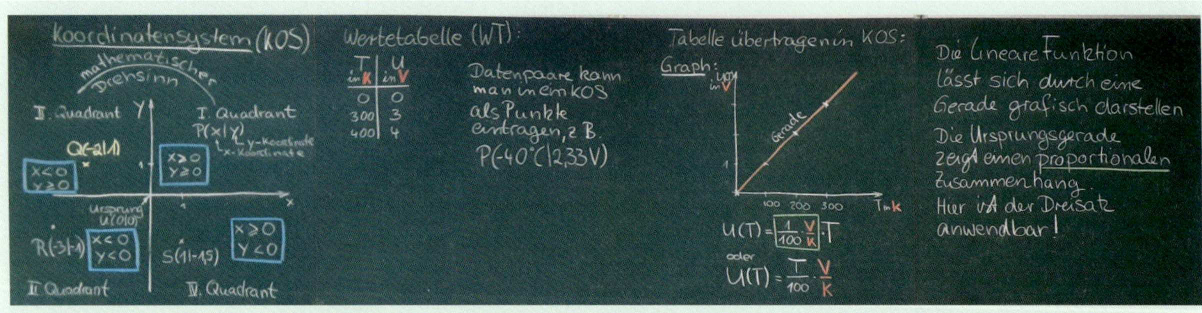

Abbildung 93: Einführung des Koordinatensystems

Aus dem Tafelbild geht hervor, dass die folgenden Aspekte im Unterricht geklärt und festgelegt wurden:

- Das Koordinatensystem hat einen Ursprung mit den Koordinaten U(0 | 0).
- Die Abszissenachse zeigt ins Positive nach rechts und die Ordinatenachse zeigt ins Positive nach oben.
- Sie stehen im rechten Winkel zueinander.
- Die Achsen erhalten eine gleichmäßige Einteilung, sodass der Maßstab ersichtlich wird.
- Sie erhalten auch eine Achsenbeschriftung mit Größe und Einheit.
- Z. B. kann man zur deutlichen Kenntlichmachung auch die Größe noch in Worte fassen und das Symbol verwenden. Für wirtschaftliche Zusammenhänge steht auf der Abszissenachse meist die produzierte oder die abgesetzte Menge x in Stück oder in Litern oder in 10 000 Stück, wofür wiederum gerne zur Vereinfachung dann von ME (Mengeneinheiten) gesprochen wird.
- Die Quadranten werden durchnummeriert.
- Der mathematische Drehsinn wird eingeführt.
- Der Zusammenhang zwischen Daten in einer Tabelle, Punkten und deren Darstellung im Koordinatensystem wird geklärt.
- Die Begriffe „Abszisse“ und „Ordinate“ können eingeführt werden.
- Der Graph als Darstellung einer Funktion im Koordinatensystem wird eingeführt.
- Die Begriffe „lineare Funktion“, „Gerade“, „Ursprungsgerade“ und „proportionaler Zusammenhang“ werden eindeutig geklärt.
- Die eingeschränkte Anwendbarkeit des Dreisatzes wird genannt.

Im Beispiel in Abbildung 93 wird die Ordinatenachse mit der Spannung „U“ in Volt beschriftet. Die Spannung ist abhängig von der Temperatur, was kurz dargestellt wird als U von T, übersetzt in mathematische Symbolik wird daraus U(T).

Das dargestellte Beispiel macht auch deutlich, dass es sinnvoll ist zu klären, welche Quadranten für die Darstellung des jeweiligen Problems erforderlich sind.

8.4.4 Dokumentation der Berechnungen mit Einheiten

Im gesamten Euroraum wird mit Geld in Euro gehandelt, jedoch wird im Welthandel meist mit Dollar gerechnet und ansonsten hat fast jedes andere Land seine eigene Währung. Daher wird in wirtschaftlichen Beispielen gerne ganz allgemein von GE (Geldeinheiten) gesprochen. Im oben dargestellten Beispiel handelt es sich um eine Firma mit Firmensitz in Deutschland, die ihre Produkte zunächst auch nur in Deutschland verkaufen möchte. Damit wird deutlich, dass mit Stück und Euro gerechnet wird. Das ist für die Schülerinnen und Schüler auch wesentlich fassbarer als die allgemeinen Bezeichnungen GE und ME. Je konkreter die berufliche Problematik dargestellt werden kann, desto leichter können sich die Lernenden in die Lernsituation begeben. Sobald im Unterricht mit GE und ME gearbeitet wird, ist für die Lerngruppe klar, dass es sich nicht um ein reales Problem handeln kann. Als Hilfestellung für die Lehrkraft bietet es sich daher an, mit realen Größen zu starten. Handelt es sich z. B. um Großkonzerne oder volkswirtschaftliche Fragen, so werden die realen Zahlen schnell so groß, dass auch die Schülerinnen und Schüler diese gerne in eine geeignetere Einheit umrechnen. Der Bezug zur realen Größenordnung besteht dann jedoch weiterhin.

Die Verwendung der unspezifischen Einheiten (GE und ME) ermöglicht es, sehr einfach Aufgaben für den Unterricht zusammenzustellen, die gut rechenbar sind und deren Zuordnungen nicht mit realen Beispielen verglichen werden können. Die Recherche nach echten Kostenfunktionen stellt sich für die Lehrkraft möglicherweise als sehr schwierig heraus, weil sie wenig Informationen aus der Industrie erhält. Das Modell, auf dessen Grundlage der Unterricht aufgebaut wird, geht von Unternehmen aus, welche nur ein einziges Produkt produzieren. Damit wird es erschwert, reale Datensätze für den Unterricht aufzubereiten. Für jede selbst erstellte Lernsituation sollte man sich über die Vereinfachungen des Realsystems Gedanken machen, sodass man diese im Unterricht nach Bedarf thematisieren kann und damit die Modellhaftigkeit der Berechnungen deutlich machen kann.

Die Achsen des Koordinatensystems können auch in der folgenden Form beschriftet werden, $\frac{\text{Kosten}}{€}$ oder $\frac{K(x)}{€}$.

Das bedeutet, dass alle Zahlen im Diagramm einheitenfrei sind. Das ist besonders dann günstig, wenn die betrachteten Funktionen komplexer werden und damit auf die Einheiten verzichtet wird.

Das Mitführen der Einheiten ist jedoch in den folgenden Fällen von didaktisch hohem Nutzen:

- Einführung des Funktionsbegriffes
- Einführung der Änderungsrate
- Einführung der Steigung
- Verdeutlichung, wie aus einer Größe mit einer bestimmten Einheit durch das Einsetzen in eine ‚Formel' eine andere Größe mit anderer Einheit werden kann

Anhand des hier gezeigten Beispiels soll deutlich werden, dass mittels des einheitenbehafteten Proportionalitätsfaktors, der aus dem zweiten Satz des Dreisatzes hervorgeht, im dritten Satz der gesuchte Erlös in Euro berechnet werden kann. Hierfür wird im dritten Satz die Menge in Stück eingesetzt. Durch die Multiplikation des Proportionalitätsfaktors mit der Menge entfällt die Einheit Stück durch Kürzung und es bleibt für den Erlös die Einheit Euro. Dieses ist ein für die Schülerschaft bemerkenswertes Phänomen: In eine Gleichung wird eine bestimmte Größe mit einer bestimmten Einheit eingesetzt und es wird daraus eine andere Größe mit möglicherweise anderer Einheit ermittelt. Dieses Phänomen ist für alle

Sachzusammenhänge, die anhand der Analysis, der Matrizen- oder der Vektorrechnung bearbeitet werden, kennzeichnend und sollte daher im Unterricht die nötige Aufmerksamkeit bekommen.

In der Berufsschule wird mit Tabellenbüchern gearbeitet, die darauf leider keine Rücksicht nehmen. Die dort abgedruckten Formeln enthalten des Öfteren die benötigten Umrechnungsfaktoren, ohne aber die Einheiten zu verdeutlichen und beschreiben damit nicht mehr die naturwissenschaftlich korrekten Zusammenhänge. Damit werden die Schülerinnen und Schüler darin trainiert, Formeln hinzunehmen und fraglos anzuwenden. Ihnen wird gesagt, in welcher Einheit die Größen einzusetzen sind und vorgegeben, welche Einheit dann das Ergebnis haben wird. Dieses ist besonders dann zu berücksichtigen, wenn Mathematik in einer Schulform unterrichtet wird, die auf die vorausgehende Berufsausbildung aufsattelt.

8.4.5 Dokumentation von grafischen Darstellungen im Koordinatensystem

In ein Diagramm im Koordinatensystem, kurz KOS, können Punkte eingezeichnet werden. Sie haben einen Namen und (in $\mathbb{R}^2$) zwei Koordinaten, die die Lage des Punktes im KOS genau definieren. Die erste Koordinate gibt den Abstand des Punktes von der Ordinatenachse in horizontaler Richtung an (x-Koordinate und allgemein Abszisse) und die zweite Koordinate gibt den Abstand des Punktes von der Abszissenachse in senkrechter Richtung (y-Koordinate und allgemein Ordinate) an. Der Punkt wird z. B. $P(3|4)$ oder Klaus $(-7|-5)$ angeben und gelesen: Klaus mit den Koordinaten minus sieben und minus fünf. (Man beachte, dass man beim Lesen nichts von Gleichheit sagt, daher findet sich auch in der Symbolik kein „=".)

Um die Lage des Punktes im KOS genauer beschreiben zu können, wird dieses in vier Teile eingeteilt, die man sich als ins unendliche ausgedehnte Quadrate vorstellen kann, welche daher Quadranten heißen. Die Reihenfolge, in der man die Quadranten zählt, liegt an der Definition, also der allgemeinen Übereinkunft, dass der mathematische Drehsinn entgegen dem Uhrzeigersinn verläuft. Dies wird dann wichtig, wenn man sich über Winkel und später über Krümmungen und die Eigenschaften der 2. Ableitung an den Extremstellen eines Funktionsgraphen Gedanken macht oder auch sobald man von $\mathbb{R}^2$ in $\mathbb{R}^3$ wechselt. Dann gilt die Rechte-Hand-Regel für die Achsenbezeichnung und die Reihenfolge der Koordinaten in den Zahlentripeln, welche die Punkte festlegen.

Der erste Quadrant enthält alle Punkte, deren Abszisse positiv ist ($0 \leq x \leq \infty$) und deren Ordinate ebenfalls positiv ist ($0 \leq y \leq \infty$). Damit gehört auch der Ursprung zum 1. Quadranten. Der 2. Quadrant enthält alle Punkte, die eine negative Abszisse haben ($x < 0$) und eine positive Ordinate ($0 \leq y \leq \infty$). Damit gehört die Abszissenachse links des Ursprunges zum 2. Quadranten. Der 3. Quadrant enthält alle Punkte, deren Abszissen negativ sind und Ordinaten ebenfalls negativ sind. Der 4. Quadrant schließlich enthält alle Punkte, die eine positive Abszisse und eine negative Ordinate haben. Damit gehört die Ordinatenachse unterhalb der Abszissenachse zum 4. Quadranten. Diese Festlegung ermöglicht eine genaue Zuordnung aller Punkte des Koordinatensystems.

8.4.6 Dokumentation von Definitionsbereich und Wertebereich

Im Zuge dieser Definition kann man auch über Zahlenmengen sprechen, denn die Problematik der Kosten umfasst ja nur die positiven ganzen Zahlen für die produzierte Menge. Damit kann eindeutig festgelegt werden, dass die Stückzahl eine Natürliche Zahl sein muss. In dieser Phase des Mathematikunterrichtes ist es erforderlich, darüber zu sprechen, dass es in der Mathematik Übereinkünfte gibt, die auf der ganzen Welt gelten und dass diese genormt sind. Diese genormten Aspekte können nicht diskutiert werden, sie sind festgelegt und müssen in dieser Form von allen eingehalten werden, damit es nicht zu Missverständnissen kommen kann und es auch keine Widersprüche gibt.

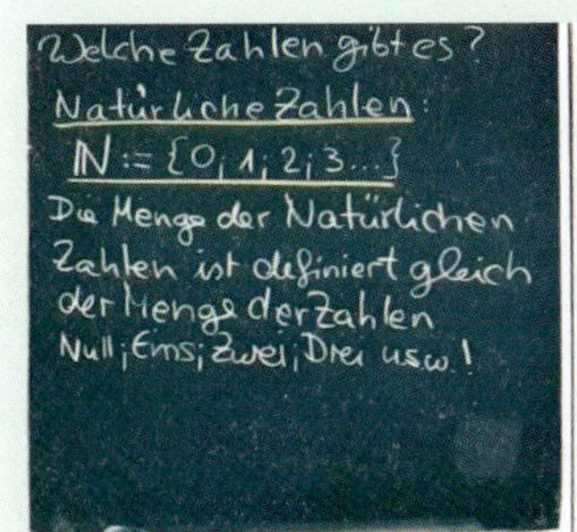

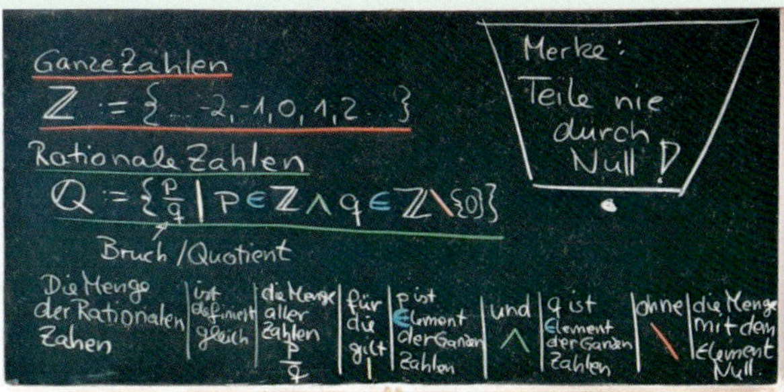

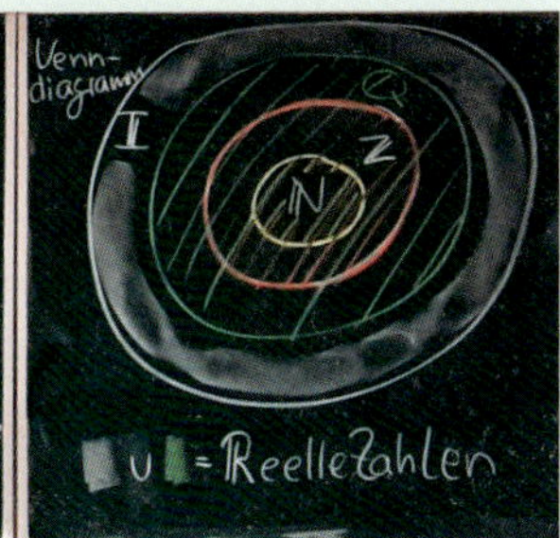

Abbildung 94: Einführung der Zahlenmengen

- Die Menge der Natürliche Zahlen wird definiert durch $\mathbb{N} := \{0; 1; 2; 3; ...\}$. Dabei bedeutet der Doppelstrich am $\mathbb{N}$, dass es sich nicht um eine beliebige Menge handelt, sondern konkret um eine Zahlenmenge, also in diesem Falle um die Menge der Natürlichen Zahlen, für die es eine Definition gibt. Diese wiederum ist durch den Doppelpunkt und das Gleichheitszeichen festgelegt. Die drei Punkte legen fest, dass die Zahlenfolge in gleicher Weise weitergeht, also dass jede Folgezahl immer um 1 größer ist als die Vorgängerzahl, kurz gesagt: „usw." oder bis über jedes Maß hinaus, also bis ins Unendliche. Die geschweiften Klammern werden immer dann gesetzt, wenn man eine Menge beschreiben will und ihre Elemente werden in die Klammern geschrieben.
- Erweitert man die Zahlenmenge dahingehend, dass auch die negativen ganzen Zahlen dazugehören, so erhält man die Menge der Ganzen Zahlen; $\mathbb{Z} := \{..., -3, -2, -1, 0, 1, 2, 3, ...\}$
- Die Kosten können auch nicht ganzzahlig sein. Sie können auch durch Brüche (Quotienten) dargestellt werden. Damit werden zu den ganzen Zahlen auch die Bruchzahlen hinzugefügt. Da diese mit dem Verstand noch gut zu begreifen sind, heißen sie Rationale Zahlen; $\mathbb{Q} := \left\{\frac{p}{q} \mid p \in \mathbb{Z} \wedge q \in \mathbb{Z} \setminus \{0\}\right\}$. Das liest man: Die Menge der Rationalen Zahlen ist definitionsgemäß gleich der Menge aller Zahlen p durch q, für die gilt, dass p Element der Ganzen Zahlen ist und q Element der Ganzen Zahlen, jedoch ohne die Menge mit dem Element Null.
- Dies muss so definiert werden, da man nicht durch Null teilen darf.

Die Zahlenmengenerweiterung könnte hier zunächst abgeschlossen sein, da für alle wirtschaftlichen Probleme diese Zahlenmengen für die wirtschaftliche Modellbildung ausreichen. Die Erweiterung zu den Reellen Zahlen, die sowohl die Rationalen als auch die Irrationalen Zahlen enthalten, kann auch zu einem späteren Zeitpunkt im Unterricht erfolgen. Sie ist möglicherweise erst dann erforderlich, wenn es um die Lösung von quadratischen Gleichungen geht, häufig werden die Zahlen aber so gewählt, dass sich auch nach dem Radizieren eine Rationale Zahl ergibt. In jedem Falle ist sie erforderlich, wenn es um infinitesimale Betrachtungen und transzendente Funktionen geht. (Grenzwertbetrachtungen und Infinitesimalrechnung; Exponential-, Logarithmus-, Trigonometrische- und Wurzelfunktionen seien hier als einfache Beispiele für transzendente Funktionen im Gegensatz zu algebraischen Funktionen genannt.)

Das Thema „Zahlenmengen" sollte mit den Schülerinnen und Schülern geklärt werden, sobald der Modellbildungskreislauf durchlaufen wird. Es ist wichtig, sowohl in der sachbezogenen Modellierung, als auch anschließend in der mathematischen Modellierung über den jeweiligen Definitionsbereich zu sprechen. In der sachbezogenen Modellierung können die x-Werte Natürliche Zahlen sein. Die mathematische Modellierung erlaubt durch eine Erweiterung der zugelassenen Zahlenmenge bis hin zu den Reellen Zahlen die Anwendung der Infinitesimalrechnung. Im Sinne des spiraligen Prinzips muss die Festlegung des Definitionsbereiches immer wieder thematisiert und seine Bedeutung diskutiert werden. (Hier: Der ökonomische Definitionsbereich umfasst alle Natürlichen Zahlen. Der Definitionsbereich für die allgemeinere mathematische Betrachtung umfasst z. B. die Rationalen oder die Reellen Zahlen.)

8.4.7 Lernförderliche Dokumentation durch Farbeinsatz

Beachtenswert ist an der Darstellung in Abbildung 92, dass konsequent Farben eingesetzt werden. Der Abschnitt in x-Richtung wird durchgängig rot gefärbt, derjenige in Ordinatenrichtung grün und der Proportionalitätsfaktor erhält die Farbe „Gelb". Die abhängige Größe wird für den Fall der proportionalen Zuordnung, sprich für eine durch eine Ursprungsgerade darstellbare lineare Funktion, ebenfalls grün dargestellt, sodass deutlich wird, welche Größe die Variable ist und welche die Abhängige und wie die Rechenvorschrift zur Berechnung der abhängigen Größe aufgebaut ist. In weiteren Zusammenhängen finden die Lernenden immer wieder die gleichen Farbkombinationen, also das gleiche Muster. Auf diese Weise kann die Lehrkraft deutlich machen, dass es sinnvoll ist, diese Gesetzmäßigkeit mittels einer allgemeingültigen Symbolik darzustellen. Aus E(x), K(x), G(x), p(V) und s(t) wird dann ersatzweise f(x) also Funktion f in Abhängigkeit von der Variablen x. Die Farbwahl sollte sich in allen vier Darstellungsformen wiederfinden und möglichst gleichbleibend von der Lehrkraft beibehalten werden.

Ziel des Mathematikunterrichtes ist es, allen Lernenden zu helfen, übergeordnete Zusammenhänge und Muster zu erkennen. Die konsequente Farbwahl ist dafür in besonderer Weise hilfreich.

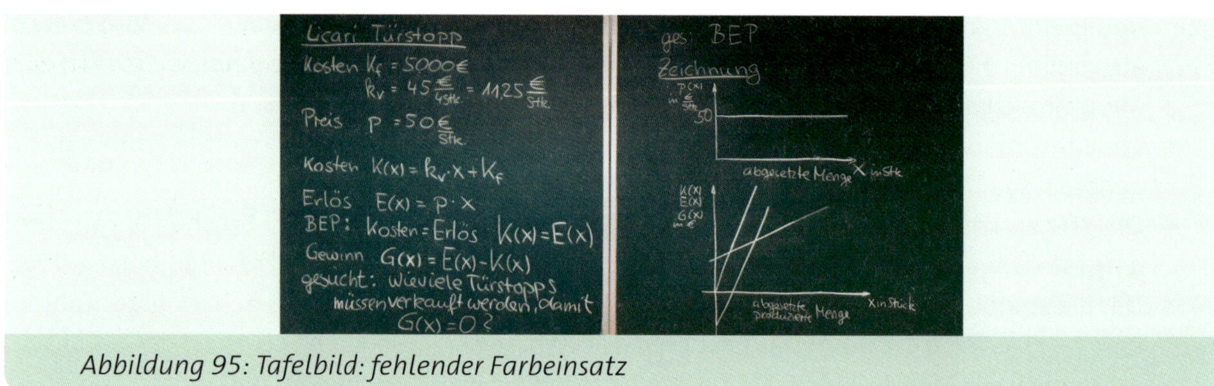

Abbildung 95: Tafelbild: fehlender Farbeinsatz

Vergleicht man die Abbildungen 95 und 96, wird deutlich, dass in beiden Fällen ganz ähnliche Zusammenhänge dargestellt werden. Das Tafelbild in Abbildung 95 ist bezüglich der Struktur und der Darstellung in Ordnung. Es wirkt jedoch nicht besonders ansprechend. Das Auge wird nicht geleitet und die vorhandenen Zusammenhänge sind nicht augenfällig. Die linke Tafelseite in Abbildung 96 gibt dem Auge mehr Halt und mehr Struktur. Die Rahmen, die um die zusammengehörigen Gleichungen gezeichnet werden, helfen bereits, jedoch ist der Farbeinsatz eine weitere Unterstützung für die Lernenden, um sich in den nachfolgenden Grafiken oder Berechnungen in Abbildung 96 zurechtzufinden.

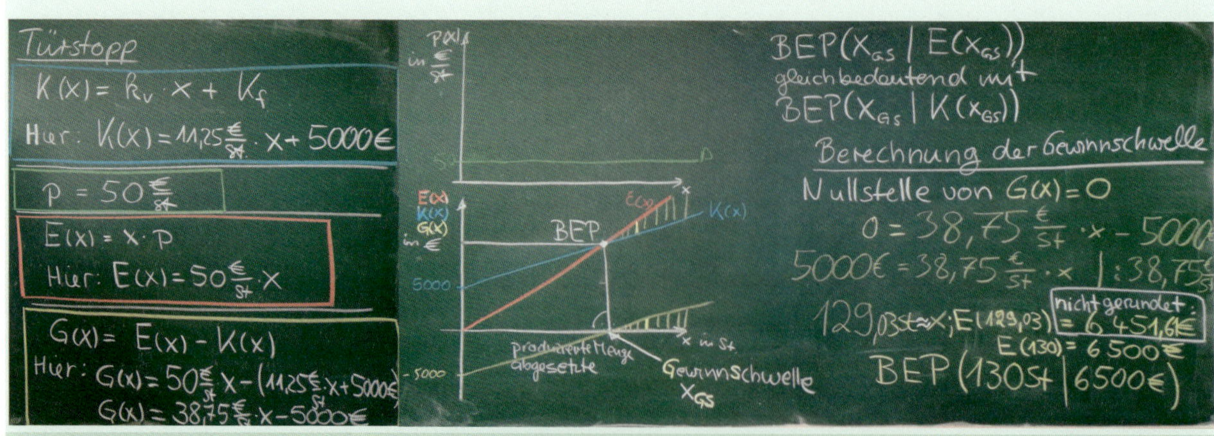

Abbildung 96: Tafelbild mit Farbeinsatz (rechte Seite: von Schülern erstelltes Tafelbild)

Die Farbwahl aus der linken Tafelseite in Abbildung 96 findet sich auch in der Grafik auf der rechten Tafelseite und sogar in der Berechnung wieder. Gezielt hat der Schüler, welcher seine Lösung an der Tafel dokumentiert hat, die passende Farbe für die Gewinnberechnung verwendet. Auch die Schraffur, die ein weiterer Schüler zur Verdeutlichung seiner Überlegungen zum Gewinn in der Grafik ergänzt hat, hat er wiederum in Gelb hinzugefügt. Meiner Erfahrung nach gewöhnen sich die Schülerinnen und Schüler schnell an dieses zusätzliche Unterscheidungsmittel für ihre eigenen Dokumentationen. Ich habe nur wenige Schülerinnen oder Schüler erlebt, die sich dieses Hilfsmittels nicht bedient hätten. Dadurch ergeben sich für den Unterricht auch Impulsfragen, wie: „In welcher Farbe muss ich dies oder jenes markieren, damit es richtig zugeordnet wird?"

Besonders angenehm ist es, Klausuren zu korrigieren, in denen die Schülerinnen und Schüler ihre eigenen Überlegungen durch farbige Markierungen strukturieren. Sie finden sich selber in ihren Aufzeichnungen besser zurecht, machen weniger Flüchtigkeitsfehler und für die Lehrkraft ist die Korrektur einfacher.

Für farbenblinde Lernende oder Lehrende muss beachtet werden, dass die Farben Rot und Grün keinen Kontrast darstellen. In diesem Fall sollte die rote oder grüne Farbe aussortiert werden und mit den Betreffenden geklärt werden, welche Farbunterschiede sie geeignet wahrnehmen. Das Farbkonzept muss dann daraufhin angepasst werden.

8.4.8 Dokumentation des Übergangs von der proportionalen Zuordnung zur linearen Funktion

Die Gesamtkosten sind zusammengesetzt aus variablen Kosten und Fixkosten: $K(x) = K_v(x) + K_f$

In unserem Fall erhält man: $K(x) = \frac{45\,€}{4\,\text{Stück}} \cdot x + 5000\,€$

Die Kosten für eine x-beliebige produzierte Menge x beinhalten immer die Kosten für die Produktion, die abhängig von der Anzahl der produzierten Stückzahl sind und eine hinzuzufügende fixe Größe. Dies wird in der Funktionsgleichung durch die Addition der Fixkosten ausgedrückt. Für die Punkte, die sich aus einer Wertetabelle ergeben (zweite Spalte Abbildung 92), bedeutet dies, dass zu jedem Wert der variablen Kosten für dieses Beispiel der konstante Betrag von 5000 € addiert werden muss. In der grafischen Darstellung führt das dazu, dass die Gerade der variablen Kosten parallel um 5000 € nach oben verschoben wird. Es handelt sich damit nicht mehr um eine Ursprungsgerade. Der Dreisatz kann nur dann angewendet werden, wenn man zunächst die Fixkosten herausrechnet. Direkt lässt sich der Dreisatz nicht mehr anwenden. Die Gerade, welche die Gesamtkosten darstellt, schneidet die Kostenachse, Hochachse oder Ordinatenachse bei $K(0) = 5000\,€$. Der Schnittpunkt hat die Koordinaten $S_{K(x)}(0\,\text{Stück}\,|\,5000\,€)$. Auch für den Fall, dass kein Türstopp produziert wird, fallen die Fixkosten von 5000 € in jedem Monat an. Die Änderungsrate bleibt unverändert. Deshalb verlaufen die beiden Geraden parallel.

Bis hierhin wurde zunächst nur die Produktionsseite betrachtet. Im Folgenden soll auch die Absatzseite betrachtet werden. Mit den Türstopps soll Geld verdient werden. Sie werden zu einem bestimmten Preis verkauft. Der Erlös ergibt sich aus der verkauften Menge multipliziert mit dem Stückpreis. Der Erlös ist abhängig von der verkauften Menge:

$E(x) = 50\,\frac{€}{\text{Stück}} \cdot x$

Auch hier handelt es sich um einen proportionalen Zusammenhang, für den der Dreisatz anwendbar ist. Die sich daraus ergebende Funktion heißt Erlösfunktion. Ihr Graph geht durch den Ursprung, es handelt sich um eine Ursprungsgerade.

Vergleicht man beide Funktionen miteinander, indem man ihre Graphen in ein Diagramm zeichnet, so kann man beobachten, dass die Erlösfunktion steiler ist als der Graph der variablen Kosten. Dies liegt daran, dass die Änderungsrate $m_K = 11{,}25 \frac{€}{\text{Stück}}$ kleiner ist als die Änderungsrate $m_E = 50{,}00 \frac{€}{\text{Sück}}$.

Das bedeutet, dass man an der Änderungsrate die Steigung der Gerade ablesen kann!

Aus der Betrachtung des mathematischen Modells ergibt sich die Frage nach der Verallgemeinerung. Die Definitionsmenge und das Koordinatensystem können jetzt erweitert werden. Alle vier Quadranten sollten für die Darstellung einer linearen Funktion genutzt werden. Der Einfluss der Änderungsrate auf die Ursprungsgerade kann durch eine Fallunterscheidung verallgemeinert werden. Die Schülerinnen und Schüler bringen den Begriff „Steigung" mit, der nur für geometrische Zusammenhänge sinnvoll ist. Wirtschaftliche Problemstellungen enthalten demgegenüber Änderungsraten, die beschreiben, wie sich z. B. die variablen Kosten mit der jeweils produzierten Menge ändern.

Die folgenden Informationen sollten auf einem Tafelbild festgehalten werden:

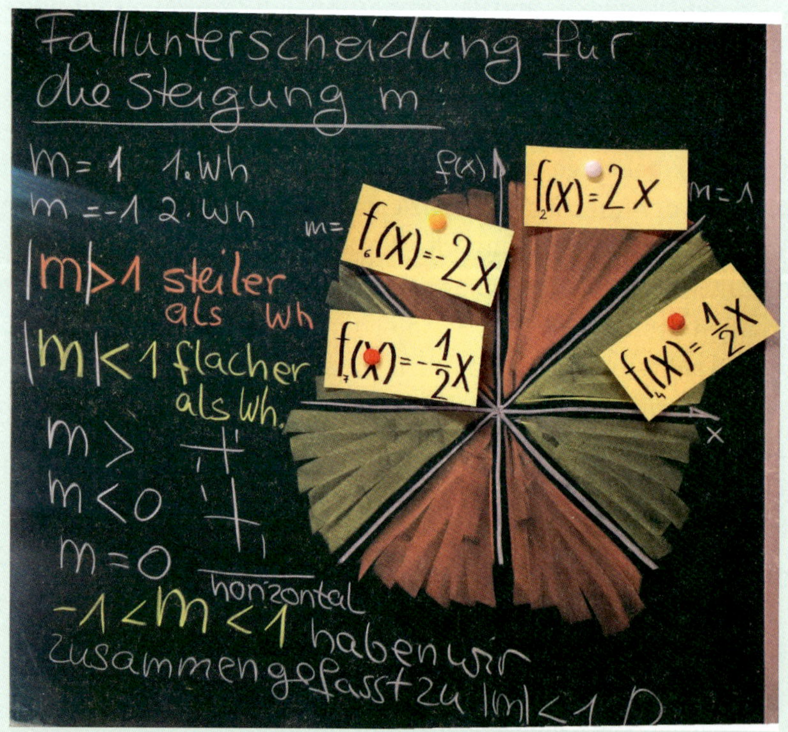

Abbildung 97: Tafelbild zum Thema „Einfluss der Änderungsrate oder Steigung auf die Lage der Ursprungsgerade"

Im folgenden Tafelbildentwurf in Abbildung 98 sind noch einige zusätzliche Informationen eingeplant.

Fallunterscheidung für die Änderungsrate

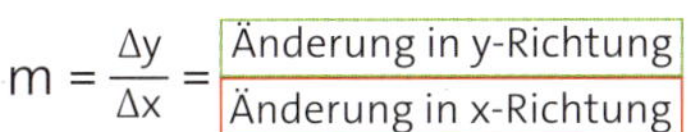

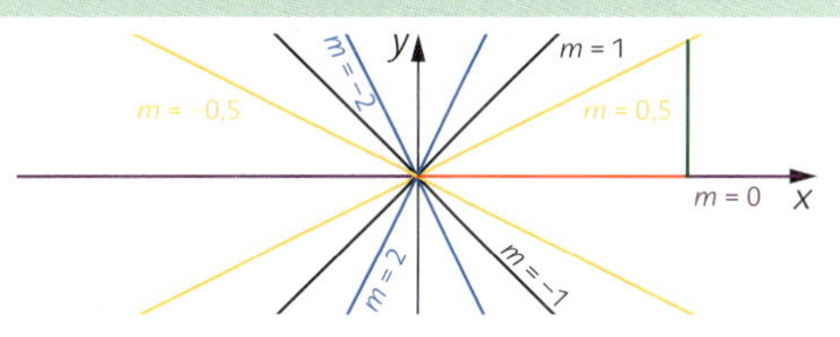

$m > 0$	Die Gerade verläuft vom 3. in den 1. Quadranten, sie steigt.
m = 0	Die Gerade verläuft parallel zur Abszissenachse.
m < 0	Die Gerade verläuft vom 2. in den 4. Quadranten, sie fällt.
m = 1	Die Gerade teilt den 1. Quadranten in zwei gleiche Teile, sie heißt 1.Winkelhalbierende; Die Funktion heißt Identische Funktion, weil die Abszissen gleich den zugeordneten Ordinaten sind.
m = −1	Der Graph heißt 2. Winkelhalbierende, er halbiert den 2. Quadranten.
0 < |m| < 1	Die Gerade verläuft flacher als die Winkelhalbierende.
1 < |m|	Der Graph verläuft steiler als die Winkelhalbierende.

Die senkrechten Striche heißen Betragstriche.
Man liest: Betrag von m.
Der Betrag einer Zahl ist immer positiv, unabhängig davon, welches Vorzeichen die Zahl selber hat. $|m| = 3$ bedeutet, dass $m = 3$ oder $m = -3$

Abbildung 98: Tafelbildentwurf zum Thema Fallunterscheidung für die Änderungsrate

Das verwendete mathematische „Oder" ist das einschließende Oder. Es erlaubt, dass ein Element in der einen, der anderen oder sogar in beiden Mengen enthalten ist. Das mathematische Symbol dafür ist $\vee$. Es ist nötig, dieses Oder zu verwenden, da es eine Zahl gibt, die gleichzeitig als positiv und negativ aufgefasst werden kann, das ist die Null. Die Analyse der Bedeutung des Betrages ist für die Lernenden an dieser Stelle sehr anschaulich, da sie selber schnell feststellen, dass sie den Verlauf des Graphen zunächst über das Vorzeichen und anschließend vorzeichenunabhängig beurteilen. Übungsaufgaben zu dieser Thematik helfen, eine Sicherheit und Routine im Lesen aus Funktionsgleichungen zu entwickeln. Sie sind Voraussetzung für die anschließende Lösung von Problemen, in denen die Funktionsgleichungen erstellt werden. Die eingeübte Fallunterscheidung ergibt eine Möglichkeit, eigene Ansätze und Lösungen selbstständig zu überprüfen. Je mehr Kriterien für eine Selbstüberprüfung zur Verfügung stehen, desto sicherer werden die Schülerinnen und Schüler in der Lösung von innermathematischen und Anwendungsproblemen.

Ein **Venn-Diagramm** kann die Unterschiede zwischen dem einschließenden Oder, dem Und und dem Entweder-Oder sehr gut veranschaulichen. Die Mengenlehre schafft eine gute Grundlage zur eindeutigen Definition von Begrifflichkeiten, sodass anschließend sowohl die sprachlichen, als auch die mathematischen Aussagen klarer und gezielter, durchdachter und eindeutiger formuliert werden können. Damit schärft man im Mathematikunterricht die Sprachkompetenz unabhängig von möglichen Lücken in der Vorbildung.

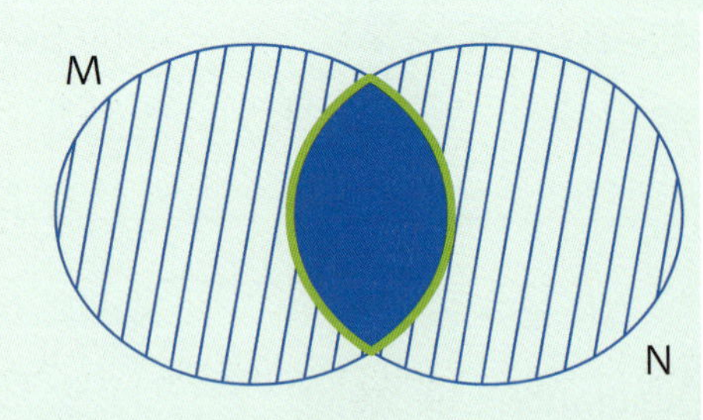

Das Venn-Diagramm stellt die zwei Mengen M und N dar. Alle Elemente x, die gleichzeitig in M **und** in N enthalten sind, liegen in der grün umrandeten Fläche:
$M \cap N = \{x \mid x \in N \wedge x \in M\}$
Alle Elemente x, die in M **oder** N enthalten sind liegen in der blau umrandeten Fläche:
$M \cup N = \{x \mid x \in N \vee x \in M\}$

Abbildung 99: Tafelbild zum Venn-Diagramm

Zusammenfassend sollten alle Erkenntnisse zum Thema „lineare Funktionen" gemeinsam formuliert und dokumentiert werden.

Symbolische Darstellung der Linearen Funktion:

$$f(x) = m \cdot x + b$$

b → y-Achsenabschnitt
x → Variable
m → Steigung, Änderungsrate
(x) → abhängig von x
f → Funktionswert, Ordinate

Abbildung 100: Festlegung der symbolischen Darstellung der linearen Funktion

Diese erklärende Darstellung der linearen Funktion ist farblich gestaltet, sodass die Analogie zur Grafik zu sehen ist und jedes Symbol wird zusätzlich durch die Fachbegriffe erläutert. Damit hat jeder „Buchstabe" eine zugewiesene Bedeutung. Diese Darstellung fördert bei allen Schülerinnen und Schülern das genaue Hinsehen und eine höhere Präzision bei der eigenen Dokumentation. Diese Form kann und sollte auf alle weiteren mathematischen Zusammenhänge übertragen werden,sodass die Lernenden die strukturierte Analyse von symbolischen Darstellungen verinnerlichen, die sie in einem möglichen folgenden Studium in ähnlicher Weise anwenden können. Der Zugang zu mathematischen Darstellungen wird auf diese Weise im Besonderen erlernbar.

Es bietet sich an, im Anschluss an diese Betrachtungen den Schülerinnen und Schülern die Gelegenheit zu geben, eine Sicherheit für das bis hierhin Gelernte zu schaffen. Daraus können sich viele kleine Erfolgserlebnisse ergeben, welche die Motivation und das Selbstbewusstsein der Schülerschaft stärken werden. Dafür könnte die im Folgenden aufgeführte Aufgabenreihung verwendet werden.

Erstellen Sie jeweils eine Wertetabelle und zeichnen Sie die Graphen der Funktionen jeweils in ein eigenes Koordinatensystem.

$f(x) = \frac{3}{2}x$	$g(x) = \frac{1}{2}x$
$h(x) = 3x$	$j(x) = 1x$
$z(x) = -x$	$v(t) = -\frac{2}{3}t$
$s_1(t) = 5\,\frac{km}{h} \cdot t$	$s_2(t) = 1\,\frac{m}{s} \cdot t + 1\,m$
$s_3(t) = -2\,\frac{m}{s} \cdot t + 4\,m$	$s_4(t) = -\frac{4}{3}\,\frac{m}{s} \cdot t - 1\,m$

Abbildung 101: Vorschlag für eine lernförderliche Aufgabenreihung, lineare Funktionen

Die Bearbeitung dieser Aufgaben zeigt exemplarisch, dass die Berechnungen und die Graphen der jeweiligen Funktionen ähnlich sind, unabhängig davon, welche Buchstaben oder welcher Sachzusammenhang untersucht wird. Dadurch wird einerseits die Sicherheit bezüglich der Berechnung von Punkten und grafischer Darstellungen erhöht und gleichzeitig der Blick auf die Anwendbarkeit der Mathematik zur Lösung angewandter Sachsituationen erweitert.

Im Folgenden wird wieder der Fokus auf die Ausgangsproblematik gelegt. Auch die Gewinnfunktion wird ermittelt, die wiederum eine lineare Funktion ist. Diese kann grafisch dargestellt werden. Die Fachkenntnis wird vertieft. Zum ersten Mal wird die Differenz aus zwei Funktionen berechnet, was im spiraligen Sinne seine Wiederholung spätestens bei der Berechnung von Flächen zwischen zwei Funktionsgraphen findet. Ebenso wird dies für Abstandsberechnungen nötig. Gleichzeitig bietet sich auch die Möglichkeit, die Schnittpunktsberechnung am konkreten Beispiel zu entwickeln. Das Besondere an dieser Herangehensweise ist, dass aus der sprachlichen Formulierung die Bedingung für die Berechnung eines Schnittpunktes fassbar wird. Im Schnittpunkt deckt der Erlös die Kosten, das ist im Schnittpunkt der beiden Geraden zu E(x) und K(x) mathematisch fassbar. Hinzu kommt, dass auch das Berechnen von Nullstellen einen Sinn erhält, da die x-Koordinate des Schnittpunktes (Break-Even-Point) gleichzeitig die Nullstelle der Differenzfunktion $G(x) = E(x) - K(x)$ ist. Die Reihenfolge der beiden Berechnungen, Nullstelle und Schnittpunkt, muss sich innerhalb der Lernsituation aus den Ideen der Schülerschaft ergeben.

Übertragen Sie der Erkenntnisse aus der grafischen Darstellung der Geraden auf die Gewinnfunktion und zeichnen Sie diese!
Ermitteln Sie die produzierte und abgesetzte Menge, für die kein Verlust mehr gemacht wird.
Gewinnfunktion: Der Gewinn ist das, was übrig bleibt, wenn man vom Erlös die Kosten abzieht!

$$G(x) = E(x) - K(x)$$

hier: $G(x) = 50 \cdot \frac{€}{Stück} \cdot x - \left(11{,}25 \cdot \frac{€}{Stück} \cdot x + 5000€\right)$

$$G(x) = 38{,}75 \frac{€}{Stück} \cdot x - 5000€$$

Üben: Klammerregeln, Arbeiten mit Einheiten

Berechnung des Break-Even-Points: Wenn Kosten und Erlös gleich sind, dann macht man keinen Verlust!

$$\Rightarrow K(x) = E(x)$$

$$G(x) = E(x) - K(x)$$

hier: $G(x) = 50 \cdot \frac{€}{Stück} \cdot x - \left(11{,}25 \cdot \frac{€}{Stück} \cdot x + 5000€\right)$

$G(x) = 38{,}75 \frac{€}{Stück} \cdot x - 5000€$

Kosten und Erlös sind genau dann gleich, wenn kein Gewinn gemacht wird!
Damit sind die Nullstellen der Gewinnfunktion gleich der Menge des Break-Even-Points:

$G(x) = 0$

$$0 = 38{,}75 \frac{€}{Stück} \cdot x - 5000€$$

$$x = \frac{5000€}{38{,}75 \frac{€}{Stück}}$$

$$x = \frac{4000}{31} Stück \approx 130 Stück$$

$G(130 Stück) = 38{,}75 \cdot \frac{€}{Stück} \cdot 130 \cdot Stück - 5000€ = 37{,}5€.$

Da nur ganze Stück produziert werden können, muss der Wert von x aufgerundet werden.
Daher ergibt sich in der Kontrollrechnung ein minimaler Gewinn, etwas größer als 0,00€.

Abbildung 102: Berechnung des Break-Even-Points

In Abbildung 103 wird die grafische Darstellung gezeigt, deren Berechnung in Abbildung 102 dargestellt ist. In diesem Falle wird die grafische Lösung verwendet, die ein Schüler mit seinem Taschenrechner erstellt hat. Die Graphen sind dargestellt, ebenso der Break-Even-Point (BEP). Die Bezeichnungen der Geraden und des Punktes wurden nachträglich in dem Foto ergänzt. Ein Vorteil der Verwendung eines CAS-Rechners wird hier dadurch deutlich, dass an den Koordinatenachsen die Funktionen korrekt zugeordnet und auch farblich unterschieden sind. An der Ordinatenachse steht nicht einfach nur y.

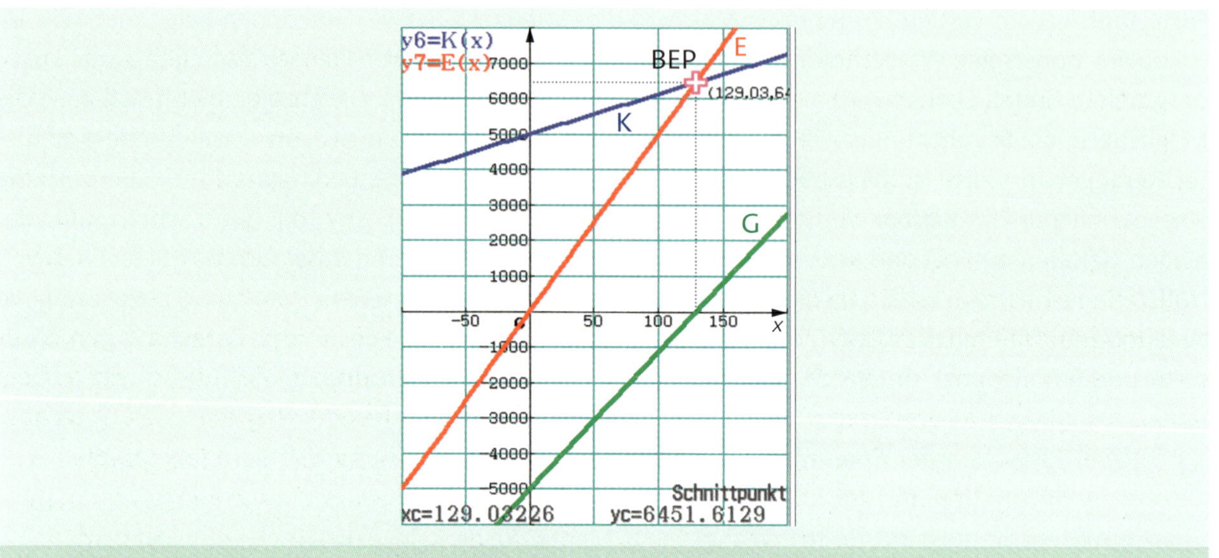

Abbildung 103: Grafische Darstellung des Break-Even-Points (BEP)

Abschließend werden die gegebenen Informationen, die Problemfrage und die Berechnungsansätze an der Tafel zusammengestellt. Damit entsteht hier eine gemeinsame Anleitung für die Lösung ähnlicher wirtschaftlicher Probleme. Die Farbe muss im weiteren Stundenverlauf ergänzt werden, sodass die Anleitung noch übersichtlicher wird.

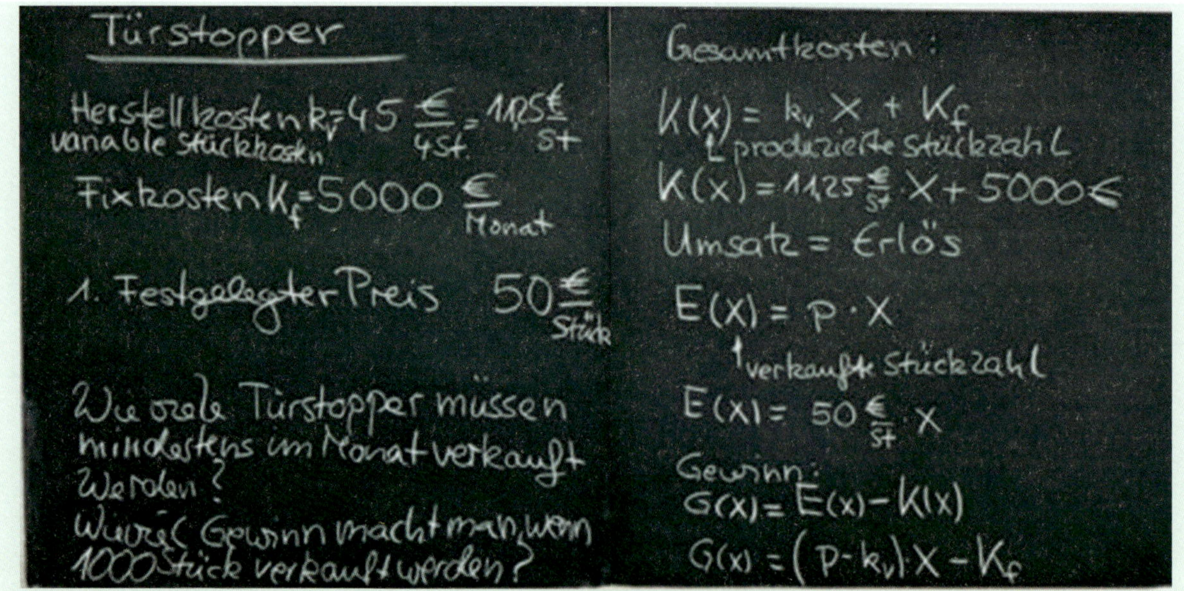

Abbildung 104: Tafelbild für die Rückführung der Erkenntnisse auf die wirtschaftliche Situation

Am Beispiel der Dokumentation zur Untersuchung der Gewinnfunktion und des Break-Even-Points soll deutlich werden, dass die Gedanken, die zur Lösung der Frage nach der Mindestabsatzmenge für die Türstopps erforderlich sind, möglichst stringent und strukturiert dokumentiert werden. Die Berechnungen erhalten dadurch einen einordnenden Rahmen. Zusammenhänge können in der Art aufgezeigt werden, dass sie auch im häuslichen Nacharbeiten wieder nachvollziehbar sind. Hierzu wird die Berechnung durch die Überschriften und Merksätze eingerahmt und zusätzlich durch eine grafische Darstellung visualisiert. Dadurch werden die durch Berechnung ermittelten Daten gleichzeitig angegeben und grafisch visualisiert.

Für den ersten Handlungskreis zur Ermittlung der Produktionsmenge von Türstopps wurde dargestellt, wie die Entwicklung von der Nutzung des Dreisatzes hin zur linearen Funktion im Unterricht umgesetzt werden und die dazugehörige Dokumentation aussehen könnte. Dazu ist darauf hinzuweisen, dass hier mögliche Erkenntniszuwächse und ein möglicher Lernprozess in einer Klasse vorgestellt wurden. Jede Lehrkraft muss aber die Planung für ihren eigenen Unterricht sehr individuell auf die eigene Klasse anpassen. Aus meiner Erfahrung wird, je nach Klassenzusammensetzung und Vorkenntnissen, der Lösungsweg durch die Schülerschaft sehr unterschiedlich gewählt. Die Fragen und Beiträge der Schülerinnen und Schüler sollten durch den Lösungsgang führen, sodass es auch möglich ist, dass die Beschäftigung mit dem Dreisatz übersprungen wird und direkt auf die linearen Funktionen zurückgegriffen wird. Die Lehrkraft muss dann flexibel reagieren, da das Lernbedürfnis der Schülerschaft den Lernprozess bestimmen sollte. Die dargestellten Überlegungen zum Dreisatz sind auf jede unterrichtliche Situation, in der der Dreisatz thematisiert wird, übertragbar, unabhängig davon, in welcher Klassenstufe und in welcher Schulform unterrichtet wird.

Im Folgenden soll die Lernsituation weiterentwickelt werden, sodass auch der Übergang zu quadratischen Funktionen aus einer Handlungssituation erwächst und begründbar ist.

8.4.9 Erweiterung der Problemstellung und Entdeckung der Parabel

Erst wenn der erste Teil der Problemstellung abgeschlossen ist, wird die Problemstellung bezüglich der Preisgestaltung unter der Annahme, dass die Absatzzahlen vom Preis abhängen, erweitert. Im Folgenden werden einige Beispiele für die Dokumentation der Lernsituationserweiterung dargestellt und erläutert.

Eine Umfrage hat ergeben, dass bei einem Preis von $150 \frac{€}{\text{Stück}}$ bereits 20 Stück des Türstopps nachgefragt würden. In diesem Preis ist die Montage noch nicht enthalten!
Da es sich zunächst nur um eine Nachrüstung handelt, kann man davon ausgehen, dass im Monat eine Nachfrage von 2 000 Stück entstehen könnte, wenn die Vorrichtung selber nichts kosten würde.
Die Herstellungskosten betragen für ein 4-Türer-Set weiterhin 45 €.
Für die Produktionsstätte und weitere Kosten fallen auch weiterhin jeden Monat Fixkosten von 5 000 € an.

Legen Sie den Preis für eine Vorrichtung geeignet fest!

Abbildung 105: Informationstext für die Erweiterung der Lernsituation

Die Analyse des Problems steht am Anfang des neuen Handlungskreises. Aus den Überlegungen der Lernenden sollte sich ergeben, dass in der Realität weder der Preis noch die Produktionsmenge für den Betrieb feststehen, sodass beides untersucht werden muss, um den maximal möglichen Gewinn erzielen zu können. In der Planen-Phase wird über die Ermittlung der Preis-Absatz-Funktion und die Ermittlung der neuen Erlösfunktion festgestellt, dass die Lösungsschritte aus dem ersten Handlungskreis zwar weitgehend übernommen werden können, dass jedoch die Erlösfunktion nicht mehr mittels einer linearen Funktion beschrieben werden kann. Daraus ergibt sich das innermathematische Problem, dass die entstehende quadratische Funktion fachlich analysiert werden muss, sodass das mathematische Handwerkszeug für die Lösung des wirtschaftlichen Problems erarbeitet wird. Je nach den Vorkenntnissen der Klasse kann anhand der erweiterten Lernsituation auf bereits vorhandenes Wissen bezüglich der quadratischen Funktionen zurückgegriffen werden oder aber dieses gezielt aufgebaut werden. Die dargestellten Dokumentationen sind innerhalb einiger Jahre in einer Schulform entstanden, in der die Vorkenntnisse zu quadratischen Funktionen als marginal zu bezeichnen waren, sodass diese grundlegend erarbeitet wurden.

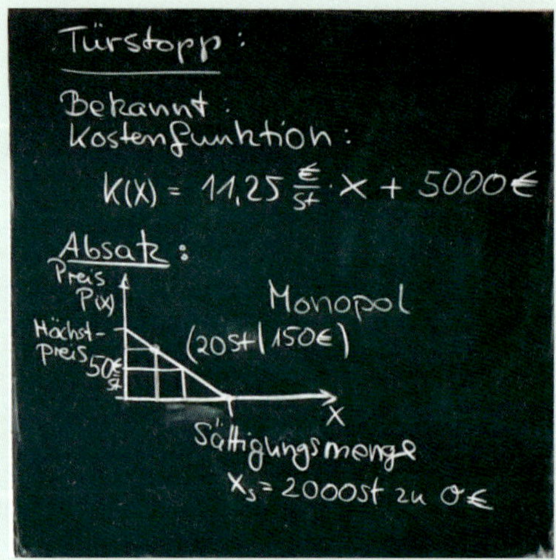

Planung der Arbeitsschritte:
„Der Preis muss festgelegt werden, daraus ergeben sich Erlös und Gewinn."
„Beide Funktionen müssen angesehen werden und die Gewinnschwelle passend zum BEP berechnet werden."
(Weitere Planungsschritte können noch nicht durchgeführt werden, da die mathematischen Vorkenntnisse noch nicht aufgebaut wurden! Also hört hier die Planung auf und man wartet, bis sich die weiteren Planungsschritte aus den neuen Erkenntnissen ergeben werden!)

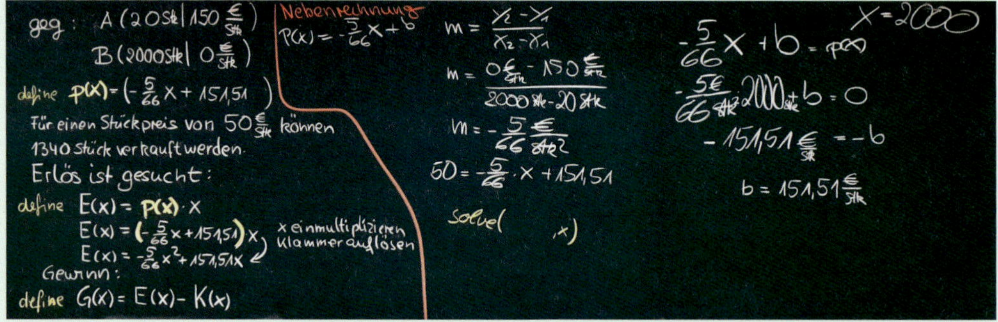

Abbildung 106: Tafelbild zur Ermittlung der Erlösfunktion für die erweiterte Problemstellung (von den Schülern erstellt und durch die Lehrkraft ergänzt)

Aus der Analyse der Ergebnisse der Umfrage ergeben sich zunächst die folgenden Erkenntnisse: Der Preis ist jetzt von der Menge abhängig, die man verkaufen möchte!

Angenommen diese Abhängigkeit ist linear, was man für eine gute Schätzung ruhig zunächst annehmen kann, so muss sich wiederum eine lineare Funktion für den Preis ergeben! (Didaktischer Hinweis: Man könnte an dieser Stelle bereits über Umkehrfunktionen reden.)

Im Folgenden werden die Lösungsschritte, ähnlich wie diese im Unterricht durchgeführt wurden, vorgestellt.

Die angegebenen Daten ergeben folgende Punkte:

$A\left(20\,\text{Stück}\,|\,150\,\frac{€}{\text{Stück}}\right)\quad B\left(2000\,\text{Stück}\,|\,0\,\frac{€}{\text{Stück}}\right)$

Ansatz für die Preis-Absatz-Funktion:

$p(x) = mx + b$

Mit $m = \frac{\Delta y}{\Delta x} = \frac{\text{Änderung in y-Richtung}}{\text{Änderung in x-Richtung}}$

kann man die Änderungsrate ermitteln:

$$m = \frac{0-150}{2000-20}\,\frac{\frac{€}{\text{Stück}}}{\text{Stück}} = -\frac{5}{66}\,\frac{€}{\text{Stück}^2} = -0{,}0758\,\frac{€}{\text{Stück}^2}$$

Die Punktprobe mit einem Punkt ermöglicht das Berechnen von b:

$$0\,\frac{€}{\text{Stück}} = -0{,}0758\,\frac{€}{\text{Stück}} \cdot 2000\,\text{Stück} + b$$

$$b = 151{,}51\,\frac{€}{\text{Stück}}$$

$$p(x) = -0{,}0758\,\frac{€}{\text{Stück}^2} \cdot x + 151{,}51\,\frac{€}{\text{Stück}}$$

Da x die Einheit Stück hat, kürzt sich das Stück zum Quadrat weg, sodass b die passende Einheit €/Stück erhält!

Für den Erlös wird das Produkt aus Stückzahl x und Preis p(x) gebildet.

$$E(x) = x \cdot p(x) = x \cdot \left(-0{,}0758\,\frac{€}{\text{Stück}^2} \cdot x + 151{,}51\,\frac{€}{\text{Stück}}\right)$$

$$E(x) = -0{,}0758\,\frac{€}{\text{Stück}^2} \cdot x^2 + 151{,}51\,\frac{€}{\text{Stück}} \cdot x$$

Abbildung 107: Planung für das Tafelbild zur Berechnung der Erlösfunktion

Im Gegensatz zum geplanten Tafelbild in Abbildung 107 finden sich im Tafelbild aus dem Unterricht in Abbildung 106 erklärende Ergänzungen, z. B. zum Ausmultiplizieren der Klammern. Farbige Markierungen ergänzen das Bild. Man erkennt auch, dass die Schüler z. T. nicht so geübt im Schreiben an der Tafel und im Tafelbildstrukturieren waren. Dadurch ist das Tafelbild nicht perfekt. Allerdings werden sich die Schüler in dem selbsterstellten Bild besser zurechtfinden, als in einem perfekt gelayouteten Text einer anderen Person. Die Farbwahl wurde im Entwurf nicht, von den Schülern im Unterricht jedoch teilweise berücksichtigt.

In dem geplanten Tafelbild in Abbildung 107 sind auch die möglichen Schülerbeiträge nicht vorgemerkt. In der Planung sollte für ungeplante Ergänzungen immer Platz eingeplant werden.

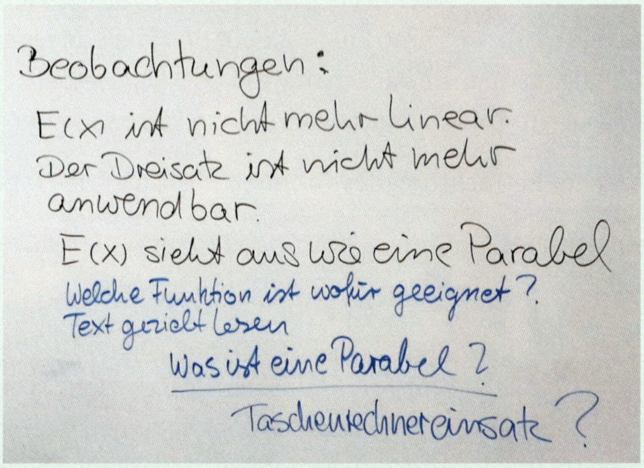

Abbildung 108: Dokumentation der Schülerbeiträge

In Abbildung 108 sind beispielhaft solche Schülerbeiträge aufgenommen.

Erstaunlicherweise ist die Erlösfunktion nicht mehr linear! Der Einsatz einer grafischen Darstellung mittels digitaler Medien kann dazu führen, dass dieses von der Schülerschaft nicht auf Anhieb erkannt wird, da es auf die geeignete Wahl des dargestellten Ausschnittes des Funktionsgraphen ankommt. Dies wird durch die beiden Darstellungen in Abbildung 109 deutlich.

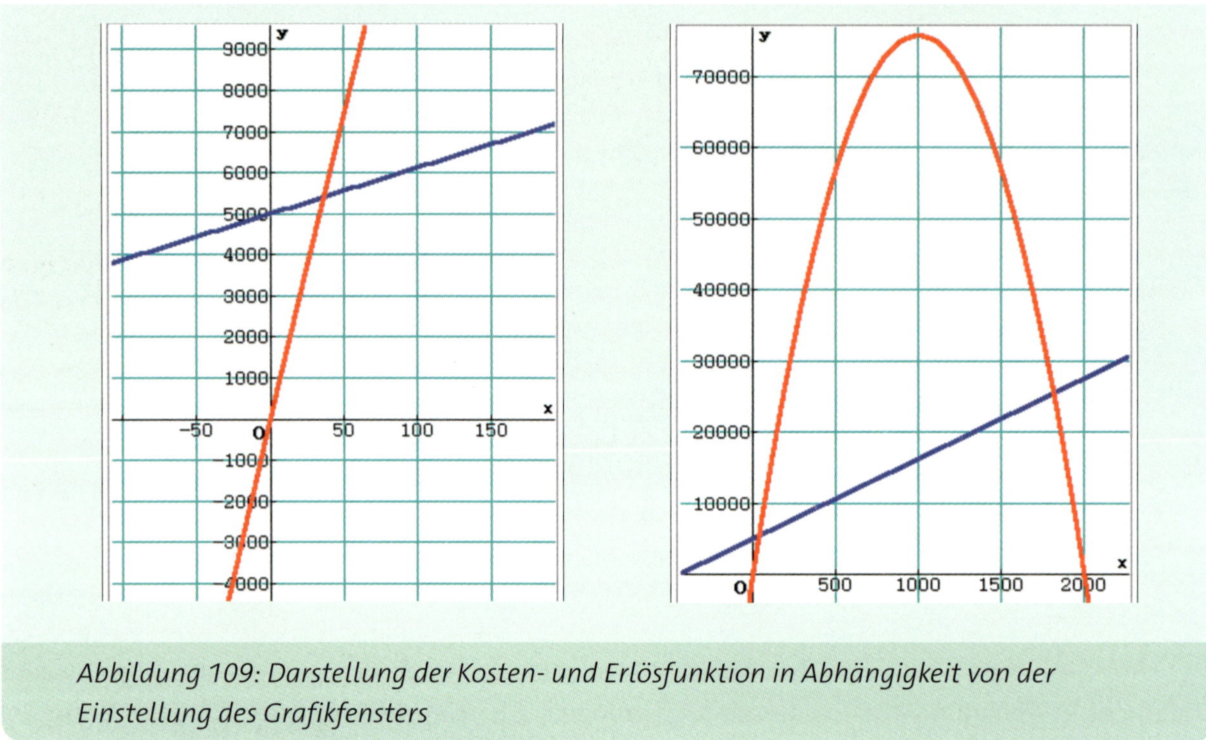

Abbildung 109: Darstellung der Kosten- und Erlösfunktion in Abhängigkeit von der Einstellung des Grafikfensters

Daraus kann sich die Diskussion über den Definitionsbereich und dessen Bedeutung für die geeignete Nutzung der Mathematiksoftware ebenso ergeben, wie die Entdeckung, dass die Parabel, betrachtet man sie nur ausschnittsweise, nahezu linear erscheint. Im Sinne des spiraligen Prinzips lohnt es sich, diese Erkenntnis festzuhalten. Die Idee, dass die Parabel zunächst den Eindruck erweckt, geradlinig zu sein, kann im Zusammenhang mit der Tangentenproblematik wieder aufgenommen werden. Damit möchte ich noch einmal deutlich machen, wie wichtig es ist, Gedankengänge von Schülerinnen und Schülern geeignet aufzunehmen und auf die Verwertbarkeit hin zu überprüfen. Eine falsche Aussage kann zu einer tieferen Erkenntnis (Die Parabel ist keine Gerade!) führen, wenn man den gesamten Lernprozess in den Blick nimmt. Ein Platz auf der Tafel, an einem extra Whiteboard, auf Papier oder Karten: Die Möglichkeiten für das Festhalten von Schülerbeiträgen, auf die man später zurückgreifen möchte, sind vielfältig. Auch digital kann so ein Ideenspeicher eingerichtet werden.

Es ergibt sich also aus der Betrachtung des Graphen die folgende Frage:

„Was für ein mathematisches Gebilde ist das und was kann man aus den einzelnen Teilen der Funktionsgleichung ablesen?“

Im Folgenden müssen alle nicht abgesicherten Aspekte, die zum Thema „Parabeln“ gehören, soweit erarbeitet werden, dass die Erlösfunktion umfassend interpretiert werden kann. Unter Zuhilfenahme eines mindestens grafikfähigen Taschenrechners oder einer geeigneten App kann mit der Funktion auch direkt weitergearbeitet werden und die Grafik analysiert werden. Eine Beschränkung auf diese Betrachtung jedoch ist für die Entwicklung mathematischer Kompetenz der Schülerschaft nicht ausreichend. Je nach Leistungsstand der Schülerschaft kann die Lehrkraft hier im Sinne der Handlungsorientierung entscheiden, die Preisbildung mit den Schülerinnen und Schülern anhand der Technologie und der grafischen Lösungen schnellstmöglich zu ermitteln. Die innermathematische Betrachtung wird dann im Anschluss erarbeitet. Es ist auch möglich, den aufwendigen Exkurs in die Mathematik zu wagen und erst nach der Entdeckung der quadratischen Funktionen zurück zur Preisbildung zu gelangen.

Ich möchte an dieser Stelle einige Überlegungen nennen, die bei der didaktischen Planung hilfreich sein könnten.

- Für die Klasse 11 des beruflichen Gymnasiums würde ich nur dann zu der zweiten Vorgehensweise raten, wenn die Schülerinnen und Schüler schon vorher ihre Beharrlichkeit entwickelt haben, sodass sie es nicht mit der Zeit als ‚langweilig' empfinden werden, immer wieder auf das gleiche Problem zurückgreifen zu müssen. Der Spannungsbogen darf für die Lernenden nicht überspannt werden. Daher ist der Einsatz eines CAS-Systems aus meiner Sicht für den Mathematikunterricht von großem Nutzen.
- Zu beachten ist ebenfalls, dass die Schülerinnen und Schüler des beruflichen Gymnasiums direkt aus der Realschule oder dem Gymnasium an diese Schulform gewechselt sind, sodass noch auf die Vorkenntnisse der Klassen 8 bis 10 zurückgegriffen werden kann. Die Erarbeitung der fachlichen Inhalte kann sich daher in dieser Schulform zeitlich deutlich verkürzen.
- In der Fachoberschule oder in den Fachschulen finden sich Schülerinnen und Schüler, deren Besuch der Mittelstufe möglicherweise schon länger zurückliegt. Damit sind die Voraussetzungen deutlich niedriger anzusiedeln. Die Erarbeitung der fachlichen Inhalte bezüglich der quadratischen Funktionen sollte aus meiner Sicht intensiver durchgeführt werden. Sie wird mehr Zeit in Anspruch nehmen, als in der gymnasialen Oberstufe.
- Aufgrund der Exemplarität der Untersuchung der quadratischen Funktion für alle folgenden Funktionsklassen lohnt es sich, genauer hinzusehen. In Kapitel 3.1 finden sich diesbezüglich die didaktischen Hinweise.
- Um alle Schülerinnen und Schüler induktiv abholen zu können, bietet es sich an, aus der Funktionsgleichung der Erlösfunktion den Teil herauszunehmen, der neu ist. Das ist in diesem Falle die Funktion $f(x) = x^2$. Die Untersuchung der Normalparabel und ihrer Eigenschaften schließt sich an. Die Achsensymmetrie wird hier genauso erarbeitbar, wie die Vorzeichenregeln für die Multiplikation.
- Die Existenz eines Scheitelpunktes, welcher der Tiefpunkt dieses Funktionsgraphen ist, sollte herausgearbeitet werden, ebenso wie das Verhalten der Punkte in der Nähe des Scheitelpunktes.
- In Anlehnung an die Verschiebung der Geraden in y-Richtung kann dieses Wissen direkt auf die Verschiebung der Parabel in y-Richtung übertragen werden. Hier wird deutlich, dass im Sinne des spiraligen Prinzips, die Erkenntnisse aus der Erarbeitung der linearen Funktionen auf die quadratischen Funktionen und später auf alle anderen Funktionsklassen übertragen werden können.

MERKE

Dieses Zusammenhangwissen ist grundlegend für die Entwicklung der Problemlösekompetenz der Schülerinnen und Schüler.

In Kapitel 3.1 wurden die didaktischen Überlegungen zur quadratischen Funktion bereits ausführlich dargelegt. Die gemeinsame Dokumentation der Zusammenhänge kann hierbei, aus meiner Sicht, nicht durch eine Vorführung mittels Lehrervortrag oder mittels Lernvideo ersetzt werden. Gerade das Plenumsgespräch ermöglicht es den Schülerinnen und Schülern, Rückschlüsse aus den vorangehenden Denkschritten selbstständig zu ziehen. Die Lehrkraft ist hier gefragt, geschickt Impulse zu setzen, indem sie immer wieder zum Nachdenken anregt und auch immer wieder auf die Vorgehensweise zur Nullstellenberechnung am konkreten Zahlenbeispiel hinweist.

Fertige Materialen eröffnen diese Flexibilität des selbstentdeckenden Lernens nicht. Für die gleichzeitige Betrachtung der konkreten Berechnung und der Abstraktion ist eine große Dokumentationsfläche erforderlich. Eine große Tafel ist dabei sehr hilfreich. Sollte man nur noch kleinere elektronische Tafeln zur Verfügung haben, so sollte man auf zusätzliche Dokumentationsflächen zurückgreifen. Stellwände, Plakate, Flipcharts oder Whiteboards sollten vollständig ausgenutzt werden. Die anschließende Sicherung kann dann wieder fotografisch durchgeführt werden, sodass die Dokumente zusammengeführt werden können. Die digitale Sicherung sollte aber auf keinen Fall die handschriftliche Dokumentation ersetzen, die das Nachdenken über die Herleitung anregt und der Schülerschaft das Fragenstellen ermöglicht. Die Kombination aus digitaler und manueller Dokumentation ist für den Lernprozess der Schülerinnen und Schüler von besonderer Bedeutung.

Im Anschluss an die vollständige Darstellung der Parabel kann das wirtschaftliche Problem schließlich gelöst werden.

8.4.10 Rückbesinnung auf das Ausgangsproblem

Nachdem die Fachkompetenz bezüglich der quadratischen Funktionen fachsystematisch strukturiert entwickelt wurde, kann nun darauf zurückgegriffen werden, um endlich den optimalen Preis und die dazugehörige absetzbare Menge festzulegen. Erst wenn diese Daten zusammengetragen wurden, kann der Betrieb „Licari“ seine Produktion planen und das Marketing in Gang setzen. Der immer wiederkehrende Blick auf die Problemstellung liefert die Begründung, das eigene Fachwissen zu erweitern, um eine Problemlösung finden zu können.

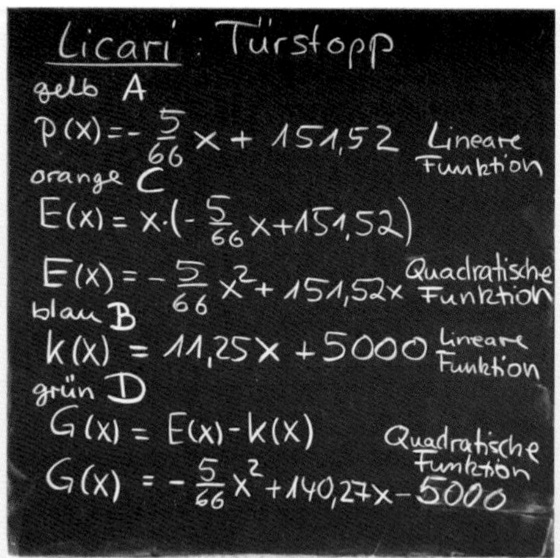

Abbildung 110: Darstellung der Zusammenfassung aller gegebenen funktionalen Zusammenhänge zur erweiterten Problemstellung „Preiskalkulation für den Türstopp“

Es bietet sich an, die gesamte Situation grafisch darzustellen, sodass alle Zusammenhänge, sowohl innermathematisch als auch übertragen auf das wirtschaftliche Problem ersichtlich werden.

Dazu können zunächst der Graph der Preis-Absatz-Funktion $p(x)$ und in einem weiteren darunterliegenden Koordinatensystem der Graph der Erlösfunktion gezeichnet werden. Der Graph der Erlösfunktion wird gekennzeichnet durch den negativen Formfaktor und die beiden Nullstellen sowie das Erlösmaximum, dass durch die Ordinate des Scheitelpunktes der Parabel gegeben ist. Für die

Ermittlung des Scheitelpunktes bieten sich inzwischen mindestens zwei Verfahren an: Aus Symmetriegründen liegt die Abszisse des Scheitelpunktes genau in der Mitte zwischen den beiden Nullstellen und kann daher über das arithmetische Mittel der beiden Werte x_1 und x_2 berechnet werden $S\left(\frac{x_1+x_2}{2} \mid f\left(\frac{x_1+x_2}{2}\right)\right)$.

Auch aus der pq-Formel lassen sich beide Koordinaten des Scheitelpunktes ermitteln $S\left(-\frac{p}{2} \mid \left(-a \cdot \left(\left(\frac{p}{2}\right)^2 - q\right)\right)\right)$.

Konkret bedeutet das für den vorliegenden Fall:

Wir berechnen den maximal möglichen Erlös, die dazugehörige Menge und den dazugehörigen Preis:

E_{max} :

$0 = -\frac{5}{66}x^2 + 151{,}51x$

$0 = x \cdot \left(-\frac{5}{66}x + 151{,}51\right)$

$x_1 = 0; x_2 = 2000; x_s = 1000$;

$E(1000 \text{Stück}) = 75762{,}42\,€$;

$p(1000 \text{Stück}) = 75{,}76 \frac{€}{\text{Stück}}$

Man erzielt also den maximalen Erlös, wenn 1 000 Stück und damit 250 Packungen der Türöffner im Monat zu einem Preis von 75,76 € pro Stück, also 303,04 € pro Packung verkauft werden können.

Dieses ist die vertriebsseitige Betrachtung.

Verknüpft man nun Produktion und Vertrieb, so führt dieses direkt auf die Gewinnbetrachtung. Denn erst, wenn die entstehenden Kosten vom Erlös abgezogen werden, bleibt der tatsächliche Gewinn über.

$G(x) = E(x) - K(x)$

$G(x) = -\frac{5}{66}x^2 + 151{,}51x$

$\qquad -(11{,}25x + 5000)$

$G(x) = -\frac{5}{66}x^2 + 140{,}26x - 5000$

Abbildung 111: Planung der Dokumentation für die Gewinnüberlegungen für den Türstopp

Man beachte in Abbildung 111 das geschickte Untereinanderschreiben der Funktionsterme, sodass die Differenzbildung übersichtlicher wird und Fehlerquellen minimiert werden! Die Dokumentation ist deshalb genau zu planen, weil die Art und Weise, in der die symbolische Darstellung verschriftlicht wird, erheblich zum Lernerfolg der Schülerinnen und Schüler beitragen kann.

Aus der Funktionsgleichung für den Gewinn ist ablesbar, dass es im Falle, dass kein Türstopp verkauft werden kann, zu Verlusten oder negativem Gewinn kommt. Dieser ist logischerweise dem Betrage nach gleichgroß wie die Fixkosten.

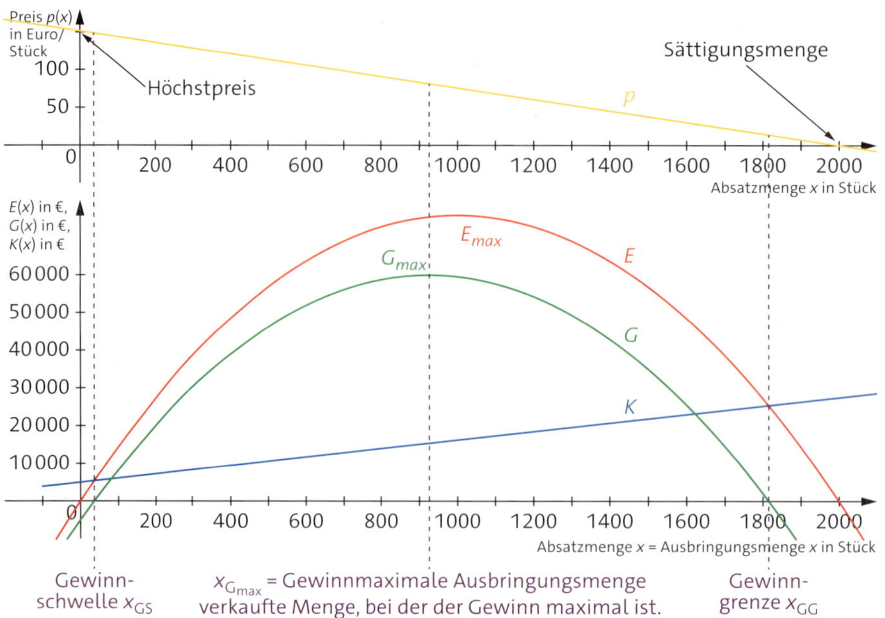

Abbildung 112: Grafische Darstellung der wirtschaftlichen Situation

Die Berechnung der Gewinnschwelle und -grenze, wie auch der gewinnmaximalen Ausbringungsmenge, wird mittels der Betrachtung der quadratischen Funktion G(x) durchgeführt. Die Gewinnschwelle ist die Abszisse des Break-Even-Points, dem Schnittpunkt zwischen den Graphen der Erlösfunktion und der Kostenfunktion (siehe auch die Abbildungen 103 und 104). Das bedeutet, dass der Erlös gleich den Kosten ist und die Differenz zwischen Erlös- und Kostenfunktion gleich null ist. Diese Differenzfunktion ist gleichbedeutend mit der Gewinnfunktion. Dies wird in Abbildung 111 dargestellt.

Gesucht: Gewinnschwelle und Gewinngrenze

$G(x) = 0:$

$0 = -\frac{5}{66}x^2 + 140{,}26x - 5000 \quad | \cdot\left(-\frac{66}{5}\right)$

$0 = x^2 - 1851{,}56x - 66000$

$\underbrace{x_1 = 36{,}43}_{\text{Gewinnschwelle 37 Stück}} \quad ; \quad \underbrace{x_2 = 1811{,}56}_{\text{Gewinngrenze 1811 Stück}}$

Abbildung 113: Dokumentation der Berechnung der Gewinnschwelle und Gewinngrenze

Im Vergleich zur ersten Betrachtung mit festgelegtem Preis gibt es für die Erweiterung der Situation jetzt zwei Lösungen. Das bedeutet, dass die Gewinnzone einen Anfang und ein Ende hat, was allerdings nicht zeitlich zu interpretieren ist. Es gibt also eine Menge, für die kein Verlust gemacht wird. Für die Berechnung geht man grundsätzlich davon aus, dass die produzierte Menge gleich der abgesetzten Menge ist. Wird diese Menge größer als die Gewinnschwelle festgelegt, so wird Gewinn gemacht. Jedoch gibt es auch eine zweite Menge, für die ebenfalls weder Gewinn noch Verlust gemacht wird. Würde eine größere Menge als die Gewinngrenze produziert und verkauft, könnte der Erlös die Kosten nicht decken. Daraus folgt, dass es dazwischen eine Menge geben muss, für die der Gewinn maximal wird. Das ist die gesuchte Ausbringungsmenge, über die der optimale Preis mittels Preisabsatzfunktion für die Produktionsplanung festgelegt werden kann.

Diese muss über den Scheitelpunkt der Funktion G(x) ermittelt werden!

Gesucht: Gewinnmaximale Ausbringungsmenge und Gewinnmaximum

G_{max}:
$x_1 = 36{,}43$; $x_2 = 1811{,}56$; $x_s = 924\,\text{Stück}$; $G_{max}(924\,\text{Stück}) = 59680\,€$

$p(924\,\text{Stück}) = 81{,}51\,\frac{€}{\text{Stück}}$

$p_{min}(36{,}43\,\text{Stück}) = 14{,}31\,\frac{€}{\text{Stück}}$

$p_{max}(1811{,}56\,\text{Stück}) = 148{,}7\,\frac{€}{\text{Stück}}$

Abbildung 114: Dokumentation der Berechnung der gewinnmaximalen Ausbringungsmenge und des maximalen Gewinns

Die folgende Empfehlung für das Unternehmen „Licari" sollte ebenfalls ausführlich dokumentiert werden. Dies kann auch in Form eines Briefes oder einer E-Mail verfasst werden.

Empfehlung für das Unternehmen „Licari":
Von den Türstoppern sollten ca. 924 Stück im Monat verkauft werden. Dann macht das Unternehmen „Licari" den größten Gewinn von beinahe 60 000 €. Der Preis pro Türstopper müsste auf 81,51 € festgelegt werden.
Weniger als 14,31 € sollte ein Türstopp nicht kosten, da man sonst Verluste machen würde und ebenso sollte ein Türstopp nicht mehr als 148,7 € kosten, weil sonst zu wenige verkauft würden und ebenfalls Verlust gemacht würde.
Wenn zwischen 37 und 1811 Stück verkauft werden können, wird Gewinn gemacht, dann ist der Erlös größer als die Kosten.

Abbildung 115: Textdokumentation für das Handlungsergebnis, z. B. für eine E-Mail

Eine weiterführende mathematische Betrachtung der Gewinnfunktion führt zu einer umfassenderen Interpretation der wirtschaftlichen Zusammenhänge.

Da die Änderungsrate in der Nähe des Scheitelpunktes des Graphen der Gewinnfunktion – wie bei allen Parabeln – gering ist, ergibt sich für die Festlegung der optimalen Menge ein gewisser Spielraum. Dieser könnte z. B. über eine prozentuale Toleranz von einem Prozent und damit über die Schnittstellen der Gewinnfunktion mit der Geraden $t(x) = (1 - 0{,}01) \cdot G_{max}$ berechnet werden.

Die mathematische Betrachtung aller Berechnungen zur Gewinnfunktion ergibt Abszissenwerte aus der Menge der Reellen Zahlen. Die Stückzahl jedoch kann nur Werte aus der Menge der Natürlichen Zahlen annehmen. Das erfordert die wirtschaftliche Interpretation der Ergebnisse.

Die Gewinnschwelle ist die Menge, für die kein Verlust gemacht wird. Damit ist nicht ausgeschlossen, dass bereits ein kleiner Gewinn gemacht wird. Daher muss der berechnete x-Wert auf die nächste Natürliche Zahl aufgerundet werden. Dem entsprechend muss die zweite Nullstelle der Gewinnfunktion für die Festlegung der Gewinngrenze abgerundet werden, sodass möglicherweise ein kleiner Gewinn, aber auf keinen Fall Verlust gemacht wird. Aufgrund der vorher formulierten Überlegungen zur Charakteristik des Scheitelpunktes ist die gewinnmaximale Ausbringungsmenge so anzugeben, dass kaufmännisch gerundet wird. Im besonderen Fall, dass die Ausbringungsmenge genau in der Mitte zweier Natürlicher Zahlen liegt, kann sowohl die kleinere als auch die größere Zahl angegeben werden, denn aufgrund der Symmetrie der Parabel ist der zu erwartende Gewinn jeweils gleich.

Diese Überlegungen sollten ebenfalls schriftlich festgehalten und damit dokumentiert werden.

Die Lernsituation „Kalkulation für den Türstopp" habe ich im Unterricht bereits in vielen Jahrgängen durchgeführt. Nicht eine Durchführung glich der anderen. Die Darstellung der Ausgangssituation mag ich wohl jedes Mal ähnlich begonnen haben, aber die Beiträge der Schülerschaft waren jedes Jahr unterschiedlich. Jedes Mal zeigten sich andere Fragen bezüglich der Grundlagen der Mathematik, der Nutzung von technischen Mathematikwerkzeugen, aber auch bezüglich der Herangehensweise an die Problemstellung. Dadurch ergaben sich dann die weiteren Fragestellungen jeweils leicht variiert. Die Erarbeitung der erforderlichen mathematischen Kompetenzen erfolgte ebenfalls in jedem Jahr sehr unterschiedlich, sodass im Abschluss in allen Klassen zwar einheitliche Fachkompetenz entwickelt worden war, die Handlungskompetenzentwicklung jedoch nicht in identischer Weise erfolgen konnte. Defizite, die in dieser Lernsituation von mir diagnostiziert wurden, mussten durch die folgenden Lernsituationen ausgeglichen werden, sodass auch diese wiederum jeweils variiert wurden. Auch wenn die grundlegenden Unterrichtsideen für ein Schuljahr weitgehend übereinstimmten, so musste die konkrete Umsetzung und Unterrichtsgestaltung in jedem Jahr wieder den neuen Gegebenheiten der Klassenzusammensetzung angepasst werden. Aufgrund der genauen Kenntnis der Lernsituationen und der zu erreichenden Kompetenzen war es in jedem Jahr wieder spannend für mich, eine neue Variation zu entwickeln und durch die Schülerbeiträge und Schülerarbeiten entstehen zu lassen.

8.5 Weitere Dokumentationsformen

Im vorausgehenden Kapitel wurde der Schwerpunkt der Dokumentation auf die gemeinsam im Plenum entstandenen Tafelbilder gelegt. Im Weiteren sollen Dokumentationen vorgestellt werden, die von den Schülerinnen und Schülern erstellt wurden und die die Haptik berücksichtigen. Diese können eine sehr unterschiedliche Qualität aufweisen, je nach Schwerpunktsetzung, Übung und transparenten Qualitätsanforderungen. Dafür wird auch auf bereits vorgestellte Lernsituationen zurückgegriffen, sodass das Augenmerk auf der Dokumentation und nicht auf der Darstellung der Lernsituationen liegen kann.

Eine Möglichkeit, den Lernprozess darzustellen, sind Grafiken aus Metaplankarten. Diese können individuell erstellt werden oder von der Lehrkraft vorbereitet sein. Eine dazu passende Methode ist das Strukturlegen, das bereits in Kapitel 7.1.9 beschrieben wird. Da es sich dabei um eine Möglichkeit der Dokumentation handelt, findet sich auch hier ein weiteres Beispiel. Dafür werden die Karten in die geeignete Struktur gebracht und eventuell im Prozess weitere Karten erstellt und damit die Dokumentation ergänzt. Auf zusätzlichen Karten können die sich aus der Arbeit ergebenden offenen Fragen notiert werden. Die Umsetzung im Unterricht kann, wie im Kapitel 7.1.9 bereits beschrieben, erfolgen.

Am Beispiel der bedingten Wahrscheinlichkeit wird in Abbildung 116 ein Ergebnis aus dem gemeinsamen Strukturlegen im Plenum dargestellt.

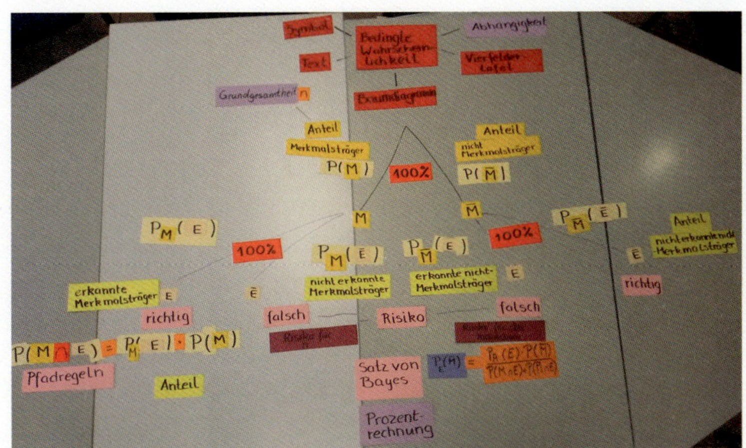

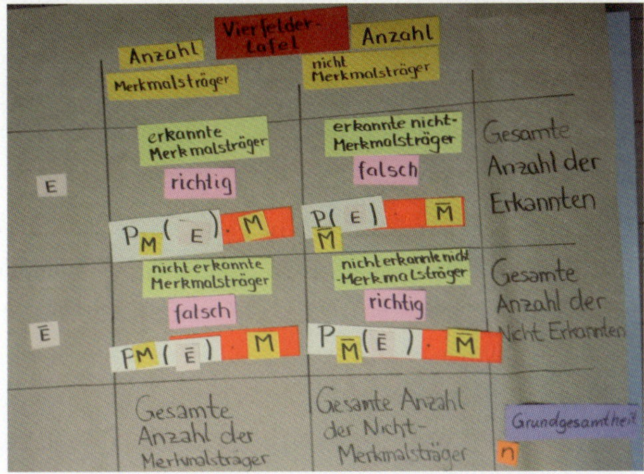

Abbildung 116: Strukturlegen am Beispiel bedingte Wahrscheinlichkeit

Die einzelnen Karten wurden anhand des durchgeführten Unterrichtes von der Lehrkraft zusammengestellt und an die Teilnehmenden ausgeteilt. Die Überschrift steht auf der ersten Karte. Ihr Ablegen erfordert keine Begründung. Ihr Ablegen erzeugt keinerlei Hemmungen. Jede weitere Karte wird im gemeinsamen Gespräch begründet abgelegt. Das Handlungsergebnis wird anschließend fotografiert und auf diese Weise fixiert. Dadurch dass die Karten im Anschluss an eine Lernsituation strukturiert werden, werden alle drei Denktypen angesprochen. Der ganzheitliche Typ erhält die Möglichkeit, alles Gelernte in einen ganzheitlichen Zusammenhang zu bringen und den Gesamtüberblick zu erhalten. Der Probiertyp kann sich im Besonderen auf diese Methode einlassen, weil er den Ablageort für die Karten, die er auf der Hand hält, begründet, aber frei wählen kann. Für Ihn ist dieses ein kreatives Spiel. Der prozessuale Typ kann das gesamte Bild Stück für Stück entstehen lassen. Er kann durch seinen Beitrag den Entstehungsprozess für die Struktur mit steuern.

Auch im Unterricht verwendete oder selbst erstellte Modelle sollten dokumentiert werden. Das bedeutet, dass auch diese fotografiert werden. Wünschenswert ist ein digitales Lerntagebuch, in dem all diese Grafiken und Texte gezielt und strukturiert abgelegt und anschließend gemeinsam geteilt werden können. Dadurch lernen die Schülerinnen und Schüler den sinnvollen Umgang mit Datenspeicherung. Modelle können eine Form der Dokumentation des Lernprozesses darstellen. Beispielhaft können die Kästchen aus Abbildung 44 genannt werden.

Die Kombination aus Modell, Plakat und Vortrag können den Lernprozess darstellen. Die wichtigsten Informationen aus dem Schülervortrag müssen dann z. B. auf dem Plakat festgehalten werden. Gesichert werden kann diese Dokumentation wiederum durch ein Foto.

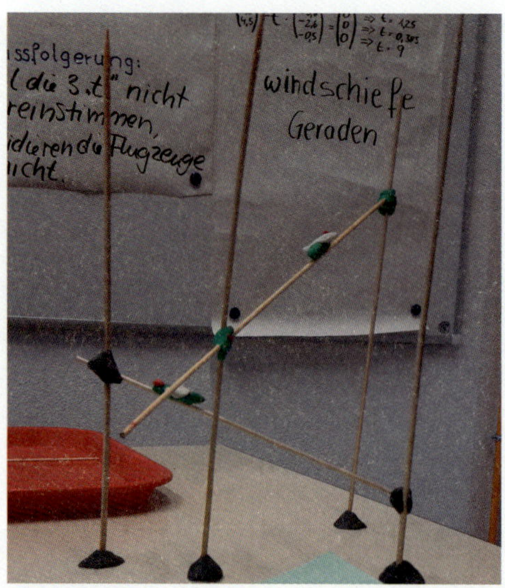

Abbildung 117: Dokumentation mit dreidimensionalen Objekten mit dem dazugehörigen Plakat im Hintergrund; Geraden im Raum

In der Kontrollieren-Phase erhalten die Gruppenmitglieder die Gelegenheit, ihre Arbeit (siehe Abbildung 117) im Plenum vorzustellen, ihr Vorgehen zu beschreiben. Sie können über ihre Überlegungen, Ansätze und auch Fehlversuche sprechen. Die Zuhörenden können ihre eigenen Gedanken wiederfinden oder ergänzen. Auf diese Weise wird die ganze Klasse in den Lernprozess mit einbezogen. In der anschließenden Bewerten-Phase können dann die Erkenntnisse zusammengetragen werden, ausformuliert und ebenfalls dokumentiert werden. Dazu werden die Plakate ergänzt oder es wird eine weitere Dokumentationsfläche verwendet, die den Lernprozess für die gesamte Klasse verdeutlicht. Auf diese Weise werden Gruppenarbeiten und deren Ergebnisse allen Lernenden zugänglich gemacht und damit effektiv und lernförderlich abgerundet. In Abbildung 118 ist so eine zusammenfassende Dokumentation dargestellt. Die erstellten Plakate wurden dazu fotografiert. Als Arbeitsmaterial konnte dies dann gemeinschaftlich weiterverarbeitet werden. In diesem Fall wurde das Material mittels Dokumentenkamera für die Klasse sichtbar gemacht und gemeinsam diskutiert und ergänzt.

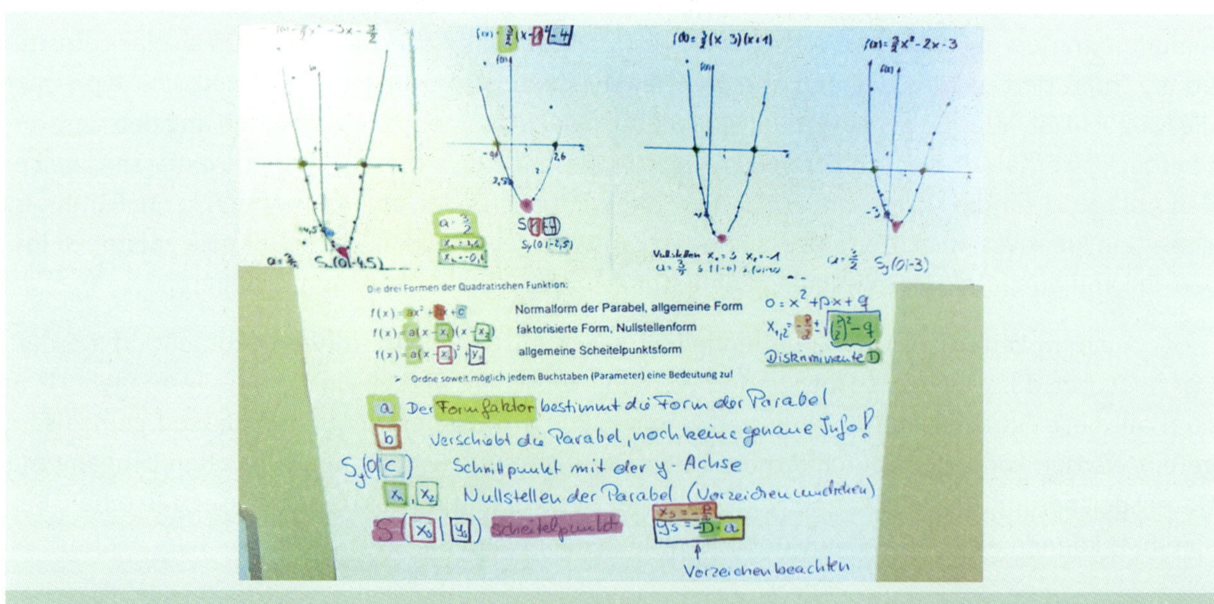

Abbildung 118: Dokumentation der Auswertung von Plakaten und Wissenskonsolidierung mittels elektronischer Tafel und Dokumentenkamera

Anhand der auf den Plakaten vorgegebenen Funktionsgleichungen wurden alle daraus ablesbaren Informationen systematisiert. Das Foto der Plakate wurde ausgedruckt und durch eine Aufgabenstellung für die Schülerarbeitsphase ergänzt. Mittels Dokumentenkamera wurden dann alle im Plenumsgespräch gesammelten Erkenntnisse zu quadratischen Funktionen gesammelt und durch die Farbgebung zu den allgemeinen Funktionsgleichungen und den Graphen zugeordnet. Dieses ist ein Beispiel dafür, wie aus Schülerarbeiten ein Nutzen für den weiteren Erkenntnisgewinn gezogen werden kann. Gleichzeitig wird an diesem Beispiel deutlich, dass durch den Einsatz der digitalen Medien die Kombination aus Handarbeit und Digitalisierung möglich wird. Dazu wurden Einzelarbeitsaufträge, physische Aktion und Denken (Aufkleben der Punkte auf den Plakaten), Reflexion und Bewertung im Plenum, Weiterverarbeitung und Strukturbildung in Einzel-, Partnerarbeit und anschließender Plenumsphase dokumentiert.

Für die dargestellte Auswertung sind folgende Medien und Material erforderlich:

- Plakatpapier
- Kärtchen mit x-Werten
- Klebepunkte
- Ein Smartphone zum Fotografieren mit einer speziellen App zum Geradeziehen des Bildes
- Arbeitsblätter, welche mittels PC erstellt wurden
- Dokumentenkamera
- Farbstifte
- Eine elektronische Tafel

Die Arbeit in Gruppen sollte so organisiert sein, dass tatsächlich jede Schülerin und jeder Schüler intensiv am Lernprozess beteiligt ist und sich für das Gesamtergebnis zuständig fühlt. Daraus entstehen dann häufig Plakate, welche die Ergebnisse oder sogar den gesamten Entwicklungsprozess dokumentieren. Damit diese Handlungsergebnisse bewertbar werden, aber auch damit sie für die Weiterarbeit genutzt werden können, sollten Qualitätskriterien festgelegt werden. In der Literatur werden viele Vorschläge gemacht, wie dafür Bewertungsbögen erstellt werden können.

Im Folgenden habe ich wichtige Qualitätskriterien für die Plakaterstellung zusammengetragen:

Qualitätskriterien für die Plakaterstellung:

- Saubere Darstellung
- Schriftgröße 4 cm für die Lesbarkeit
- Überschrift und Teilüberschriften sind vorhanden.
- Grafische Darstellungen so groß, dass man alle wichtigen Details erkennen und damit weiterarbeiten kann
- Die vier Darstellungsformen werden verwendet: Text, Symbolik, Daten, Grafik.
- Erläuterungen sind enthalten.
- Begründungen sind enthalten.
- Schlussfolgerungen sind enthalten.
- Die Blattaufteilung schafft eine gute Übersicht.
- Farbe wird geeignet eingesetzt.
- Das Plakat ist nicht überladen.
- Besonders Wichtiges wird hervorgehoben.
- Der Entstehungsprozess ist nachvollziehbar.
- Die Regeln der Rechtschreibung und Grammatik werden eingehalten.

Abbildung 119: Qualitätskriterien für die Plakaterstellung

Da ein Plakat die gemeinsame Arbeit dokumentieren kann und für eine Ausstellung von Handlungsergebnissen oder als Grundlage für einen Vortrag genutzt werden kann, muss sich die Darstellung an die jeweiligen Erfordernisse anpassen.

Im Folgenden sind Beispiele für Plakate aus dem Unterricht zusammengetragen, die Anregungen geben sollen.

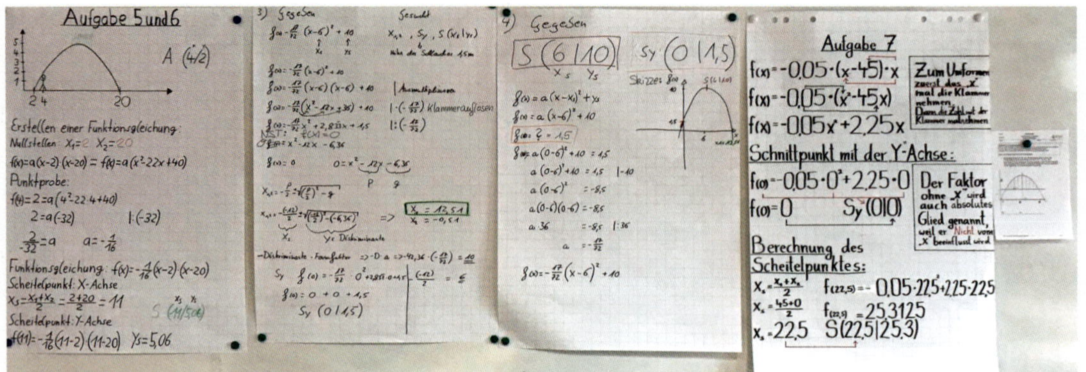

Abbildung 120: Erstes beispielhaftes Unterrichtsergebnis zu binnendifferenzierten Aufgabenstellungen. Anwendungen zum Thema „quadratische Funktionen"

Auf allen Plakaten sieht man, dass sich die Schüler bemüht haben, sauber und ordentlich zu dokumentieren. Nicht allen Schülern ist es jedoch leicht gefallen, die eigene Arbeit wirklich sinnvoll zu strukturieren, passende Teilüberschriften und auch die Zuordnung der Berechnungen zu einem konkreten Problem zu schaffen. Anhand der fertigen Plakate musste im Unterricht anschließend einerseits der Inhalt der Plakate überarbeitet und andererseits auch die Dokumentation thematisiert werden. Ein weiteres Plakat (Abbildung 121) wurde unter strengen Hygienevorschriften im Präsenzunterricht zum Thema Corona erstellt[66]. Die kreative Gestaltung wurde von einem Schüler übernommen. Die Erstellung der Grafik wurde gemeinsam, allerdings mit Abstand, vervollständigt und die Graphen intensiv diskutiert.

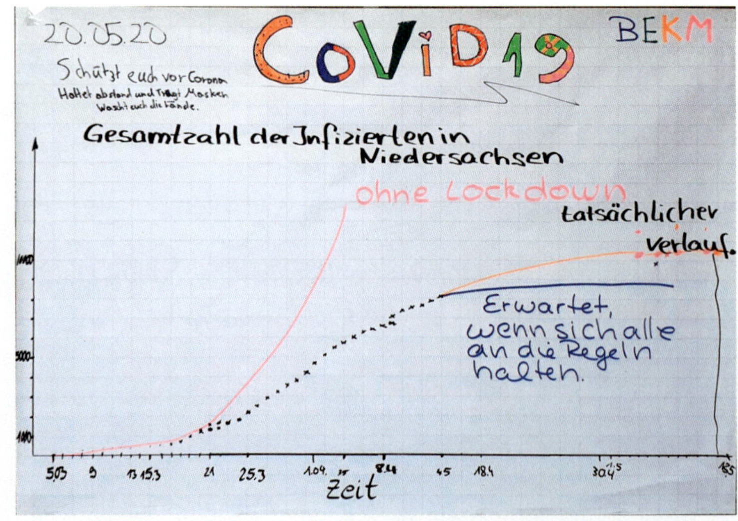

Abbildung 121: 2.Beispiel: Dokumentation der Auswertung eines Zeitungsartikels mit Zahlen zur Corona Pandemie

66 Vgl. Achmus, A. (2020): Digitalisierung. Auswertung von Daten zur Corona-Pandemie im Unterricht. Casio-forum, Casio Europe GmbH, Norderstedt, Ausgabe 2/2020.

Aus dem Plakat kann abgelesen werden, dass sich die Schüler mit der Auswertung von Daten mittels Graphen intensiv befasst haben. Die Schüler konnten ihre eigenen Prognosen mit den gemessenen Daten vergleichen. Schließlich wurde in diesem Unterricht der kompetente Umgang mit Informationen aus der Zeitung gefördert. Dies ist an der Entwicklung einer selbstverantwortlichen Haltung, die die Schüler auf dem Plakat formulieren wollten, zu erkennen. Die Schlussfolgerung aus diesem Unterricht war, dass sich die Schüler an die AHA-Regeln[67] halten und diese auch weitergeben wollten. Sie waren stolz, das Plakat in der Schule aufhängen zu dürfen.

Auch auf der Homepage der Schule wurde das Plakat gezeigt. Vor dem Plakat blieben immer wieder Personen stehen und diskutierten die aktuelle Datenlage, die Folgen der Pandemie, den Inhalt des Plakates und die sehr persönliche Betroffenheit. Dadurch wurde das Plakat bedeutend für den Unterricht und das Schulleben. Der Aufwand für die Gestaltung hat sich damit gelohnt.

Auch **Lernlandschaften** eignen sich sehr gut zur Dokumentation des persönlichen Lernprozesses. Ein Vorschlag zur Gestaltung findet sich in Abbildung 122. In diesem Falle sind die Gebäude als grafische Grundstruktur vorgegeben. Die eingefügten Begriffe sind Vorschläge, die kreative Vervollständigung jedoch obliegt den Schülerinnen und Schülern ebenso wie die Kombination der verschiedenen Gebäude zu einer Gesamtdarstellung.

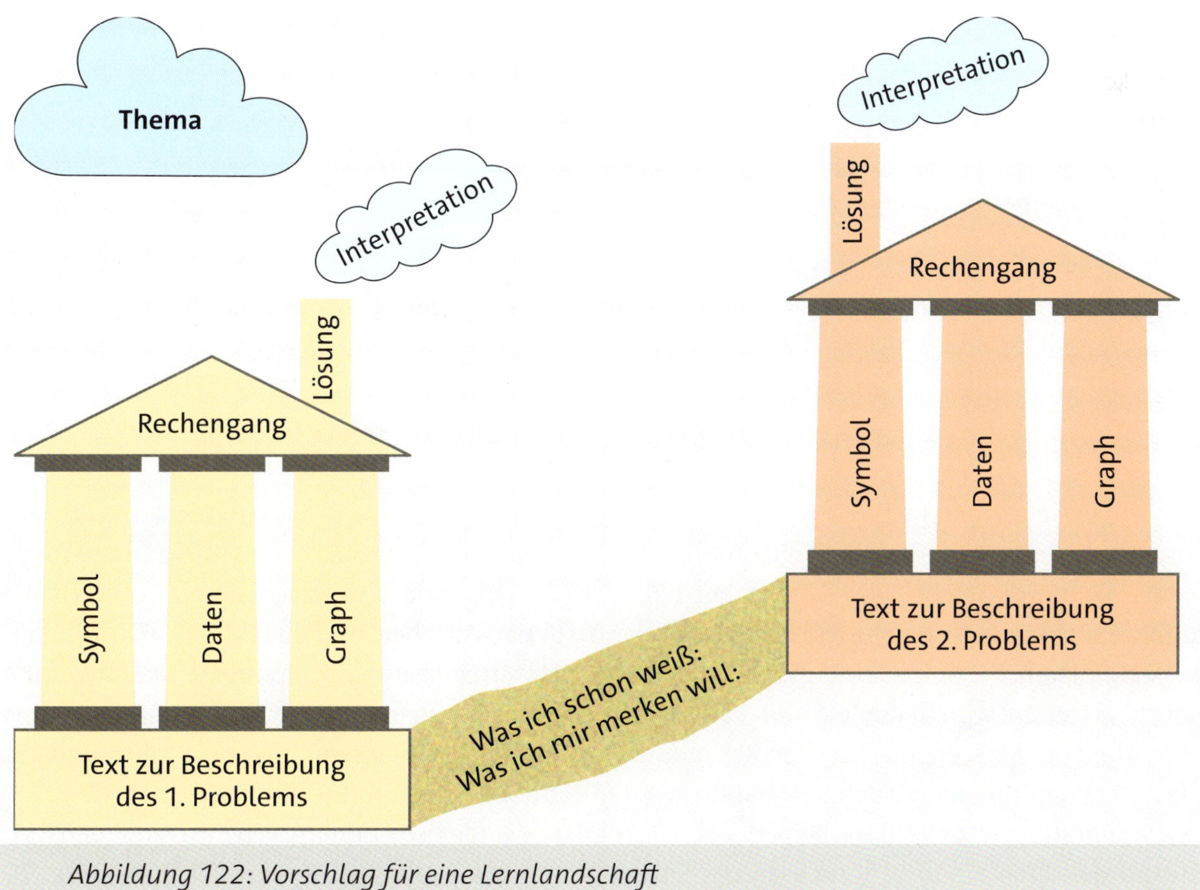

Abbildung 122: Vorschlag für eine Lernlandschaft

Die Schülerinnen und Schüler erhalten im Verlauf des Unterrichtes immer wieder die Gelegenheit, ihre eigenen Lernlandschaften zu ergänzen, sie vorzustellen und den Mitschülerinnen und Mitschülern zur Diskussion zu stellen. Dadurch können Fehler aufgedeckt werden und Richtiges wird auch im Gedächtnis gesichert.

67 AHA-Regeln: Abstand halten-Hygiene-Regeln einhalten-Alltagsmasken tragen

Die Beispiele zeigen die Vielfältigkeit möglicher Plakatgestaltungen auf, ohne einen Anspruch auf Vollständigkeit und Perfektion zu erheben. Sie sollen dazu anregen, als Lehrkraft kreativ zu werden und den Schülerinnen und Schülern einen Freiraum zu schaffen, sodass sie ihre eigene Kreativität auch im Mathematikunterricht entwickeln können. Bei der Wahl der angestrebten Dokumentation muss die Lehrkraft natürlich immer den Zeit- und den Nutzenfaktor gegeneinander abwägen. Ein Plakat, welches in der Erstellung sehr viel Zeit in Anspruch nimmt, im Anschluss aber nur geringfügig genutzt wird, könnte dazu führen, dass die Schülerschaft diese Form der Dokumentation im weiteren Unterricht als wenig hilfreich empfinden wird. Plakate jedoch, die immer wieder hervorgeholt werden können und anhand derer immer wieder auf Lernprozesse zurückgegriffen werden kann oder auf denen aufgebaut werden kann, bereichern den Unterricht. Die Schülerinnen und Schüler empfinden die Weiterarbeit mit ihren eigenen Handlungsergebnissen als Wertschätzung und Motivation. In Abbildung 123 sind Schlüsselfragen für die Unterrichtsplanung zum Plakateinsatz zusammengefasst.

Fragen für die Planung des Plakateinsatzes:

- Welches Ziel strebe ich als Lehrkraft mit der Erstellung der Plakate an?
- Welche konkreten Erwartungen habe ich an das fertige Plakat?
- Habe ich eine klare Vorstellung von der erforderlichen Schülerleistung?
- Kann ich im Anschluss an die Dokumentation davon ausgehen, dass jede Schülerin und jeder Schüler die erwarteten Denkleistungen selber erbracht hat und damit den Lernprozess selber durchlaufen hat?
- In welcher Form werden die dargestellten Ergebnisse anschließend im Plenum vorgetragen und kontrolliert?
- In welcher Form sollen die sich daraus ergebenden Erkenntnisse gesichert und dokumentiert werden?
- Welche weiterführenden Aspekte sind in den Plakaten enthalten, sodass darauf für den folgenden Unterricht aufgebaut werden kann?
- Können die Plakate im Klassenraum hängen bleiben oder kann man sie mehrfach nach Bedarf wieder aufhängen?
- Sollen die Plakate einer größeren Schülerschaft zugänglich gemacht werden?

Abbildung 123: Schlüsselfragen zur Planung des Plakateinsatzes im Unterricht

In diesem Kapitel wurden verschiedene Möglichkeiten der Dokumentation von Lernprozessen vorgestellt. Einen Anspruch auf Vollständigkeit erhebe ich dabei nicht. Es sollen Anregungen für die eigene Unterrichtsgestaltung sein. Daher habe ich die Originale aus verschiedenen Unterrichten gezeigt, sodass deutlich wird, dass wir als Lehrkräfte danach streben können, die Dokumentation zu perfektionieren. Die Zeit allerdings, um im laufenden Unterricht tatsächlich perfekte Dokumentationen zu erstellen, wird in den meisten Fällen nicht reichen. Die kleinen Unzulänglichkeiten der eigenen Arbeit der Klassen, machen den Reiz dieser Dokumentationen aus. Sie sind persönlich und jede Klasse erzeugt ihre individuellen Darstellungen mit großem Wiedererkennungswert. Werden diese Dokumentationen zur Weiterarbeit oder zum Lernen verwendet, so erinnern sich die Lernenden nicht nur an den Inhalt, sondern auch an die Situation und die Gefühle während der Erstellung. Die Anknüpfung im Gedächtnis ist dadurch umfassender als eine perfekte Buchseite.

9 UMGANG MIT PROBLEMEN IM HANDLUNGSORIENTIERTEN MATHEMATIKUNTERRICHT

In den vorangehenden Kapiteln wurden Beispiele für handlungsorientierten Unterricht jeweils unter bestimmten Blickwinkeln dargestellt. Ich habe die positiven Erfahrungen bezüglich des Lernerfolges der Schülerinnen und Schüler zusammengetragen. Im Folgenden möchte ich den Blick erweitern. Ich habe aufgezeigt, wie berufliche Handlungsorientierung im Mathematikunterricht umgesetzt werden kann, wie die vollständige Handlung strukturiert ist, wie man den Unterricht didaktisch und methodisch entwickeln kann und welche Vorteile diese Grundstruktur für den erfolgreichen Unterricht hat. Dazu habe ich Beispiele aus dem Unterricht im Sekundarbereich II vorgestellt.

Wie jedoch soll dieses Unterrichtskonzept auch in anderen Schulformen umgesetzt werden? Ist es überhaupt für Schülerinnen und Schüler in anderen Schulformen umsetzbar und lernförderlich? Eignet sich die Arbeit mit Lernsituationen für alle mathematisch notwendigen Themen? Wie reagiert man auf rechenschwache Schülerinnen und Schüler? Diese Fragen möchte ich im Folgenden klären.

Bei aller Euphorie über neue Unterrichtskonzepte kann man immer noch kritisch bezüglich der Anwendbarkeit und der Umsetzung im alltäglichen Unterricht sein. Auch wenn der Unterricht in der vorgeschlagenen Weise weiterentwickelt wird, kann es trotzdem noch zu schwierigen Unterrichtssituationen kommen. Hiervon wird mir bei Fortbildungen berichtet und ich erlebe kritische Situationen im eigenen, wie in von mir besichtigtem Unterricht.

Nachdem ich in einem Unterrichtsbesuch saß, in dem die angehende Lehrkraft keinerlei Zugang zu ihren Schülerinnen und Schülern fand, habe ich überlegt, wie ich ihr deutlich machen könnte, woran dies liege und was sie dagegen tun könne. Daraus folgten Überlegungen zur Nehmerhaltung von Schülern.

9.1 Nehmerhaltung von Schülerinnen und Schülern

Eine gute Planung allein reicht noch nicht aus, um den Unterricht auch so lenken zu können, dass der Lernprozess der Schülerschaft derart optimiert abläuft, wie wir uns das wünschen. Im Unterricht kann häufig eine deutliche Nehmerhaltung von Schülerinnen und Schülern beobachtet werden. Sie erwarten, dass ihnen das Wissen auf dem Silbertablett serviert wird. Dafür sind sie bereit, gestellte Aufgaben geduldig abzuarbeiten. Eine gespannte Erwartungshaltung, eine Übernahme von Selbstverantwortung ist oft nicht zu beobachten. Woran liegt dieser Mangel an intrinsischer Motivation und Eigeninitiative? Im Idealfall wird die Eigenständigkeit aller Schülerinnen und Schüler innerhalb eines Schuljahres kontinuierlich gefördert. Handlungsorientiertes Arbeiten wird durchgängig praktiziert, sodass die Schüler ihre Haltung verändern und Selbstbewusstsein und Beharrlichkeit entwickeln. Dafür wird der gesamte Mathematikunterricht so geplant und umgesetzt, dass die Schülerinnen und Schüler und ihr Lernprozess in den Mittelpunkt aller Handlungen gestellt werden. Der Unterricht ist schülerzentriert und lernprozessfördernd und nicht fachsystematisch organisiert.

Das Gehirn ist kein Computer, der fachsystematisch strukturiert ist. Die Gedanken springen hin und her, dabei werden mögliche Verknüpfungen gebildet, die im Unterricht erst aufgearbeitet, reflektiert, abgesichert und strukturiert werden müssen. Gibt die Lehrkraft das Fachwissen nur fachsystematisch vor, so nehmen die Schüler das Wissen dann auf, wenn ihre eigenen Gedanken gerade zufällig mit denen der Lehrkraft parallel laufen. Der Lernprozess einzelner Personen wird mehr willkürlich angeregt. Die Übrigen können dem Gedankenprozess nicht oder nicht vollständig folgen und verlieren den Anschluss. Dies liegt möglicherweise nicht an fehlendem Willen oder fehlender Konzentration oder gar an fehlendem Talent, sondern an dem einen, von der Lehrkraft festgelegten und aufgezwungenen Denkweg, der nicht mit dem der Lernenden übereinstimmt.

Daher ist es so wichtig, die Schülergedanken verbalisieren und visualisieren zu lassen. Nur so kann die Lehrkraft diese wahrnehmen und steuern. Die Lehrkraft hat Probleme mit mangelnder Motivation der Anwesenden, wenn sie eine bestimmte Haltung und Handlung von diesen erwartet, diese sich jedoch darauf nicht einlassen können oder wollen. Beharrt die Lehrkraft auf ihren eigenen Vorstellungen, wird sie feststellen, dass sie die Anwesenden gedanklich nicht mitnehmen kann.[68] Unterricht muss also die Schülergedanken aufnehmen und kanalisieren, damit tatsächlich ein gemeinsamer Lernprozess in Gang gesetzt werden kann. Wenn Schülerinnen und Schüler erst gelernt haben, dass ihre Gedanken nicht gefragt, nicht wichtig und nicht interessant sind, dann müssen sie sich in Zukunft auch keine eigenen Gedanken mehr machen. Dann vergeht ihnen die Motivation, aktiv am Unterricht teilzunehmen. Es entsteht eine Art Fatalismus, der dazu führt, dass Schülerinnen und Schüler Anwesende statt Teilnehmende sind. Aus meiner Erfahrung heraus entwickelt sich daraus die Nehmerhaltung, was bedeutet, dass die Schülerin oder der Schüler das Vorgetragene unverarbeitet mit nach Hause nimmt, wo es mit großer Wahrscheinlichkeit nicht weiterverarbeitet werden kann, es sei denn, sie oder er erhielte zusätzlich Hilfe. Dieses Schülerverhalten erweckt bei der Lehrkraft den Eindruck, dass die Lernenden in Mathematik schwach seien.

Eine schülerzentrierte Unterrichtsweise würde diesen Schülerinnen und Schülern jedoch helfen, sich mit den eigenen Gedanken intensiv auseinanderzusetzen. Das Mitteilen der eigenen Überlegungen und das gemeinsame Gespräch darüber lassen das Gefühl entstehen, wertgeschätzt zu werden, etwas Wichtiges beigetragen zu haben und ein Teil eines gemeinschaftlichen Prozesses zu sein. Das macht glücklich, was wiederum dazu führt, dass man dieses Gefühl erneut spüren möchte und deshalb auch wieder weiter mitdenkt. Auf diese Weise wird die Selbstverantwortung der Lernden gesteigert.

9.2 Die Haltung der Lehrkraft im handlungsorientierten Mathematikunterricht

Nachdem auf die Haltung der Lernenden geblickt wurde, soll im folgenden Kapitel das Augenmerk auf der Haltung der Lehrkräfte liegen. Diese betrifft sowohl den Unterricht als auch die Arbeit im Kollegium.

Das Ziel des handlungsorientierten Unterrichtes ist es, die Schülerschaft zu befähigen, selber begründet und bewusst das eigene Handeln zu planen und sich für eine zeiteffiziente und strukturierte Arbeitsweise zu entscheiden, selbstgesteuert zu handeln und die eigene Handlung zu reflektieren. Die Lehrkraft kann dies unterstützen, indem sie die Schülerinnen und Schüler aktiv in die Unterrichtsplanung mit einbezieht. Aufgrund der noch nicht vorhandenen Kenntnisse der Schülerschaft kann die Planung in der Planen-Phase noch nicht alle erforderlichen Handlungsschritte für die Lösung des Problems umfassen. Versuchte die Lehrkraft trotzdem, den gesamten Ablauf der erforderlichen Handlungsschritte mit den Schülerinnen und Schülern gleich zu Beginn der Lernsituation zu planen, um damit vermeintlich eine Transparenz für das folgende Unterrichtsgeschehen zu schaffen, so würde daraus

68 Vgl. Spitzer, M. (2006): Lernen – Gehirnforschung und die Schule des Lebens. Spektrum Akademischer Verlag, 1. Aufl., S. 192.

unweigerlich eine lehrerzentrierte Phase werden. Dies gilt es im handlungsorientierten Mathematikunterricht zu vermeiden.

Ich möchte betonen, dass es nicht der Mangel oder die Schwäche der Schülerinnen und Schüler ist, die das Lernen erforderlich macht, sondern die Unvollständigkeit der individuell zur Verfügung stehenden mathematischen Werkzeuge.

Es ist für jeden Lernenden einfacher, sich klarzumachen, dass man noch nicht die Möglichkeit hatte, das erforderliche Wissen zu erlernen, als sich selber eine Schwäche zuzusprechen. Die Lehrkraft muss dies immer berücksichtigen und eine positive Erwartungshaltung zeigen. Dies motiviert die Schülerinnen und Schüler, sich selber ebenfalls etwas zuzutrauen.

Handlungskompetenz lässt sich in besonderem Maße durch strukturiertes und reflektiertes Handeln fördern. Das Diktat der Struktur darf jedoch nicht ideologisch über die Kompetenzentwicklung gestellt werden. Die sechs Phasen der vollständigen Handlung dienen als Richtschnur für die kreative Unterrichtsplanung und -gestaltung. Es wäre falsch, kreativen, individuell fördernden Unterricht auf der einen Seite zu verlangen und auf der anderen Seite jede Kreativität durch eine zu eng gefasste und unflexibel vertretene Unterrichtsstruktur im Keime zu ersticken. Stattdessen sollte die individuelle Kompetenzentwicklung der Schülerinnen und Schüler immer im Fokus der Lehrkräfte stehen. Die Lernausgangslage und die angestrebten Lernziele und Kompetenzen bilden die Grundlage für die Unterrichtsplanung. Der Unterrichtsverlauf wird flexibel an den Lernbedürfnissen und dem Lernfortschritt der Schülerschaft ausgerichtet.

Lernsituationen im Mathematikunterricht helfen den Lernenden, eine konkrete Vorstellung zu entwickeln und Mathematik als etwas Greifbares und Nützliches zu erkennen. Auf diese Weise können die Schülerinnen und Schüler die Sinnhaftigkeit der Beschäftigung mit Mathematik für sich entdecken. Aus den Lernsituationen ergeben sich Fragestellungen, die teilweise einen mathematischen Überblick erfordern und teilweise in die fachliche Tiefe gehen. Die Lehrkraft fokussiert die Lernenden auf diese Fragen. Diese geben für den Unterricht die erforderlichen Anlässe, über Mathematik nachzudenken und zu diskutieren. Gleichzeitig werden die mathematischen Erkenntnisse auf berufliche Problemstellungen angewendet und damit die berufsbezogenen Kompetenzen mit entwickelt.

Ich halte es für sehr sinnvoll, in einem gut funktionierenden Team die Lernsituationen auszutauschen und – soweit möglich – gemeinsam abzustimmen oder sogar gemeinsam zu entwickeln. Der Unterricht aber kann und darf nicht nach einem festgelegten, starren System erfolgen, weil dieses dem Grundgedanken der Handlungsorientierung widersprechen würde.

Individuelle Lernwege und -bedürfnisse müssen durch die angepasste Unterrichtsführung Berücksichtigung finden. Klausuren sollten soweit möglich gemeinsam konzipiert werden, jedoch darf daraus nicht folgen, dass alle Parallelklassen zwingend in gleicher Geschwindigkeit die gleichen Lernschritte absolvieren müssen. Dieses würde den individuellen Klassenzusammensetzungen nicht gerecht werden. Viele Gespräche mit Kolleginnen und Kollegen in verschiedenen Schulen, die ich im Rahmen von Unterrichtsbesuchen und Fortbildungen geführt habe, haben mir gezeigt, dass der Zwang zur Vereinheitlichung zu enormem Stress für die beteiligten Lehrkräfte führen kann, welcher wiederum der Unterrichtsqualität nicht förderlich ist. Der Unterricht wird nicht dadurch besser, dass die Lehrkräfte gezwungen sind, festgelegte Arbeitsschritte durchführen zu lassen, welche auf zahlreichen Arbeitsblättern vorformuliert wurden. Lernen entsteht nicht durch das Abarbeiten von Arbeitsschritten! Lernen erfordert Zeit und durchläuft verschlungene Wege. Ein gutes System sollte daher die Grundlage für Unterrichtsplanung und Durchführung sein, aber kein zu enges Korsett bilden. Der Unterricht wird lebendig durch jeden Teilnehmenden und die Individualität, auch und im Besonderen der Lehrkraft.

Je selbstständiger und selbstverantwortlicher die Schülerschaft arbeiten kann, desto weniger Material muss von der Lehrkraft vorbereitet werden. Die Information über das Problem sollte die Lehrkraft für die Schülerschaft aufbereiten. Für sich selber sollte sie einen Erwartungshorizont erstellt haben, der wenigstens einen der möglichen Lösungswege darstellt. Daraus kann sie Schlüsse bezüglich der auftretenden Lernschwierigkeiten, kognitiven Konflikte und Lerngelegenheiten ziehen.

Die Lehrkraft sollte ...

- sich darüber im Klaren sein, welche Kompetenzen gefördert werden sollen,
- eine positive Erwartungshaltung an die Lernfähigkeit und Leistungsbereitschaft der Lernenden leben,
- mit den Schülerinnen und Schülern auf Augenhöhe kommunizieren,
- den Schülerinnen und Schülern mit Wertschätzung, Freundlichkeit, Respekt und Geduld begegnen,
- die eigene Begeisterung für Mathematik auf die Lernenden überspringen lassen,
- deren Neugierde auf mathematische Phänomene wecken,
- helfen Besonderheiten, Bemerkenswertes und Phänomene als solche wahrzunehmen,
- die Schülerschaft zur Reflexion anleiten,
- sie bei den Erkenntnisprozessen unterstützen,
- scheinbar ungeeignete Überlegungen geschickt aufgreifen,
- eine wertschätzende Fehler- und Gesprächskultur entwickeln,
- den Unterricht aktiv moderieren,
- bei Bedarf gezielt steuern,
- die Lernenden unterstützen, das Ziel nicht aus den Augen zu verlieren,
- unterstützen, die gewonnenen Erkenntnisse eindeutig zu formulieren und zu strukturieren,
- unterstützen, das Gelernte in einen größeren Zusammenhang zu stellen,
- helfen, die geeignete Reihenfolge von Lernschritten zu finden, wenn dieses in der Komplexität das Niveau der Schülerschaft bis dahin noch übersteigt.

Abbildung 124: Rolle der Lehrkraft

Die Reihenfolge von Lernschritten festzulegen, bedarf eines Überblickes, welcher ein geistiges Niveau erfordert, das nicht mit dem Niveau der Lernschritte an sich zu verwechseln ist. Je sicherer die Lehrkraft fachlich und pädagogisch handeln kann, desto offener kann sie die Lernsituationen gestalten, desto flexibler kann sie auf die Bedürfnisse und Ideen der Schülerschaft eingehen, diese aufnehmen und damit den Schülerinnen und Schülern neue Wege des Erkenntnisgewinns eröffnen.

9.3 Handlungsorientierung in lernschwachen Klassen

Da ich in den vorangegangenen Kapiteln mein Augenmerk auf Schulformen gelegt habe, die auf den Sekundarabschluss II abzielen, möchte ich im Weiteren auf eine weitere Schulform eingehen, in der sehr viele meiner angehenden Lehrkräfte eingesetzt werden. Die Berufseinstiegsschule (BES)[69] ermöglicht den Schülerinnen und Schülern den Hauptschulabschluss. Daher gilt für das Fach Mathematik das Kerncurriculum für die Hauptschule. In Niedersachsen wird die Handlungsorientierung auch für diese Schulform vorgeschrieben und bildet damit die Grundlage für den Unterricht auch im

69 Vgl. Verordnung über berufsbildende Schulen (BbS-VO) vom 10. Juni 2009 (Nds.GVBl. Nr.14/2009 S. 243)

Fach „Mathematik". Hinzu kommt, dass die Schülerschaft, die diese Schulform besucht, vorher bereits in allgemeinbildenden Schulen zu den vorgegebenen Inhalten und Kompetenzen unterrichtet wurde. Dieses hat bisher jedoch nicht zu dem gewünschten Erfolg geführt, sodass die Schülerinnen und Schüler nun im Rahmen der berufsbildenden Schulen versuchen können, den Schulabschluss zu erreichen oder zu verbessern. Dies bewegt mich dazu, speziell auf diese Schulform und die speziellen Bedürfnisse dieser Schülerschaft einzugehen.

Der Mathematikunterricht sollte aufgrund der vielen negativen Erfahrungen, welche diese Schülerinnen und Schüler bis dahin gemacht haben, grundlegend neu gestaltet werden. Hinzu kommt, dass in den letzten Jahren vermehrt Schülerinnen und Schüler diese Schulform besuchen, die Probleme mit der deutschen Sprache haben, sodass auch im Mathematikunterricht Sprachförderung berücksichtigt werden muss. Kann man in solchen Klassen ebenfalls handlungsorientiert unterrichten? Wie kann man die Lernsituationen gestalten?

In einer Berufseinstiegsklasse muss der Spannungsbogen sehr kurz gehalten werden. Situationen, die ca. vier Unterrichtstunden umfassen, sind hier realistisch. Zu beachten ist, dass in dieser Schulform die Anwesenheit und das pünktliche Erscheinen grundlegende Lehrziele sind. Die Schülerinnen und Schüler müssen schnell erkennen können, dass ihre Anwesenheit für sie vorteilhaft und eine bessere Alternative ist, als zu Hause im Bett liegen zu bleiben. Die Unterrichte sollten daher anschließend an die Anwesenheitskontrolle so schnell wie möglich mit einer überschaubaren und für die Schülerschaft interessanten Problemstellung beginnen. Aus der Beobachtung des Lehrer-Schülerverhältnisses während vieler Unterrichtsbesuche habe ich geschlossen, dass die größten Erfolge in diesen Klassen dann erreicht werden, wenn die Lehrkraft es schafft, von den Schülerinnen und Schülern als Bezugsperson auch in persönlichen Belangen angenommen zu werden, wenn jeder Schüler oder jede Schülerin erfahren kann, dass sich die Lehrkraft gerade für sie als Person interessiert, sie ernst nimmt und so annimmt, wie sie ist. Ziel des Unterrichtes sollte es speziell in solchen Klassen sein, dass die Schülerschaft etwas mit nach Hause nehmen kann. Damit ist etwas Selbstgemachtes gemeint, ein selbstgebautes Werkstück, eine selbstgemachte positive Erfahrung oder eine selbstgefundene Erkenntnis. Jeder erfolgreiche Lernschritt macht glücklich und stolz. Auch diese positiven Gefühle können die Schülerinnen und Schüler mit nach Hause nehmen. Sie nehmen mit, dass sich die Lehrkraft speziell für sie engagiert und interessiert und dass sie ihr Gegenüber wahrnimmt und wertschätzt, dass sie sich auch für die gegenseitige Wertschätzung in der Gruppe einsetzt. Sie nehmen sehr deutlich wahr, ob sich die Lehrkräfte wirklich für die Gedanken dieser Schülerinnen und Schüler interessieren. Daher bin ich der Meinung, dass der Unterricht in BES-Klassen noch wesentlich individueller ausgerichtet werden sollte, als dies im beruflichen Gymnasium auch schon der Fall sein sollte.

Die einzelnen Arbeitsphasen werden kurz bemessen und Unkonzentriertheit eingerechnet. Das erschwert natürlich, mit den Schülerinnen und Schülern die sechs Phasen der vollständigen Handlung zu durchlaufen. Gruppen- oder Partnerarbeiten sollten innerhalb einer Unterrichtseinheit abgeschlossen werden, da nicht unbedingt damit gerechnet werden kann, dass die Klasse auch in der nächsten Unterrichtseinheit vollzählig und in gleicher Zusammensetzung anwesend sein wird. Das Ziel müsste dafür zunächst sein, dass die Schülerinnen und Schüler sich für den Unterricht und damit für die Schule interessieren. Als Nächstes müssen sie lernen, dass ihr Beitrag wichtig für die Gruppe ist und dass es ein positives Gefühl ist, in der Gruppe etwas beitragen zu können. Eine gelungene Problemstellung spricht die Schülerinnen und Schüler direkt an und zeigt Entwicklungsmöglichkeiten auf. Zum Beispiel können das Probleme sein, durch welche die Schülerinnen und Schüler entdecken, in welchen Berufen sie für sich eine Chance sehen. Ich habe dazu einen sehr gelungenen Unterricht gesehen, an dessen Ende die Schüler sehr stolz und auch glücklich feststellten, in welchen Ausbildungsberufen sie die größten

Chancen für erfolgreiche Bewerbungen um einen Ausbildungsplatz haben würden. Die Lehrkraft ließ die Klasse aus der Anzahl der Lehrstellen in bestimmten Ausbildungsberufen den jeweiligen Anteil an der Gesamtzahl der Lehrstellen ermitteln. Ganz nebenbei hatten sie für die Berechnung der Anteile die Bruchrechnung angewendet und auf die Prozentrechnung geschlossen.

Die Problemstellung sollte durch die Lehrkraft so weit reduziert werden, dass die Schülerschaft gefördert wird und die Aufgabenstellung bewältigt werden kann. Die Schülerinnen und Schüler benötigen schnelle Erfolgserlebnisse, viel Lob, Struktur, klare Regeln und eine sehr präsente Lehrkraft, die eine Atmosphäre der Geborgenheit und Sicherheit schafft. Die Lehrerin oder der Lehrer sollte in dieser Schulform insbesondere die Erziehung und positive Förderung der Schüler in den Blick nehmen und gegenseitiges Vertrauen aufbauen. Sollte dies gelingen, wird sich aus der gesamten Lerngruppe im Verlaufe des Jahres zumindest ein ‚harter Kern' der Klasse herausbilden, der, mit dem Ziel des Hauptschulabschlusses vor Augen, regelmäßig erscheint und Interesse am eigenen Lernen entwickelt. Diese Schülerschaft hat so viele negative Erfahrungen gesammelt, dass sie klare Grenzen, Zuwendung und positiven Zuspruch benötigt. Zudem ist es erforderlich, dass die mathematischen Grundstrukturen von Grund auf erarbeitet werden. Damit kann es sein, dass Probleme, die bezüglich der mathematischen Grundkenntnisse aus den ersten Schuljahren auftreten, einen strukturierten Ablauf nach den Phasen der vollständigen Handlung dadurch verhindern, dass das Aufarbeiten der Probleme den Zeitrahmen für den möglichen Spannungsbogen sprengen. Dann kann es angeraten sein, ein Problem mittels Technologie schnell zu lösen und daraus gemeinsam auf die zu klärenden Fragen zu schließen. Diese werden im Anschluss geklärt, auch ohne dass die sechs Phasen durchlaufen werden. Alternativ könnte auch das Problem zur Seite gestellt und das auftretende mathematische Problem zuvor gelöst werden. Für die Schülerinnen und Schüler in der BES ist das exemplarische Arbeiten schwierig, weil dieses bedeutet, dass man vom Speziellen auf das Allgemeine schließen muss. Aus einem konkreten Beispiel soll auf das System geschlossen werden. Aber jede andere Zahlenkombination erscheint diesen Schülerinnen und Schülern schon wieder als ganz neues Problem! Und dann soll zusätzlich vom Allgemeinen zurück auf das neue Spezielle geschlossen werden? Gerade dieser Transfer fällt diesen Schülerinnen und Schülern besonders schwer. Daher ist es in solchen Fällen angeraten, mehrere Beispiele nebeneinander zu betrachten und daraus gezielt und gemeinsam auf das Allgemeine zu schließen, indem das System erfahrbar und begreifbar wird.

9.3.1 Grundlagen der Addition

Das folgende Beispiel haben wir im Seminar entwickelt, nachdem eine angehende Lehrkraft von ihren verzweifelten, aber sehr kreativen Versuchen berichtete, mit ihren Schülerinnen die Addition zu erarbeiten. Sie hatte einen Eierkarton gewählt, der die zehn Fächer bereithielt. In diese Fächer konnten die Schülerinnen Murmeln als Repräsentanten für beliebige Größen hineinlegen und dann die Summe abzählen. Trotzdem blieb den Schülerinnen die Addition verschlossen. Ihnen fehlte ein Konzept für Zahlen. Wir entwickelten daher den Gedankengang weiter zu folgender Vorgehensweise. Die Schülerinnen sollten jeweils zu zweit folgende Aufgaben auch mittels des dazugehörigen Materials lösen.

Rechne zusammen: 5 Äpfel zu 3 Äpfeln, 5 Schrauben zu 3 Schrauben, 5 Muttern zu 3 Muttern, 5 Hefte zu 3 Heften, 5 Meter zu 3 Metern.

Die einzelnen Gegenstände könnten auch noch als Bilder auf Karten zu sehen sein, sodass diese auch neben die Sätze gehängt werden könnten, was hier beispielhaft für die Äpfel gezeigt ist. Das Tafelbild sollten die Schülerinnen und Schüler selber erstellen. Es wird immer der vollständige Satz aufgeschrieben und dann die mathematische Übersetzung darunter. Natürlich schreibt jede oder jeder auch seinen Namen dazu. Dies dient der Wertschätzung und dem anschließenden direkten Gespräch, wenn Fehler oder Fragen auftauchen. Auch die sprachliche Fassung muss die Schülersprache sein, damit es das eigene Werk ist. Die Hausaufgabe wird so gestellt, dass die Schülerinnen und Schüler die Formulierung selber so festlegen, dass sie zu Hause auch noch wissen, was gemeint ist. Und die Aufgabe wird so gestellt, dass von Zuhause etwas für die Klasse mitgebracht wird. Damit wird die häusliche Arbeit aufgewertet. Man könnte noch einen Papierstreifen mitgeben, auf den die Aufgaben für die Klasse notiert werden, sodass dieser in der nächsten Stunde an die Tafel gehängt wird.

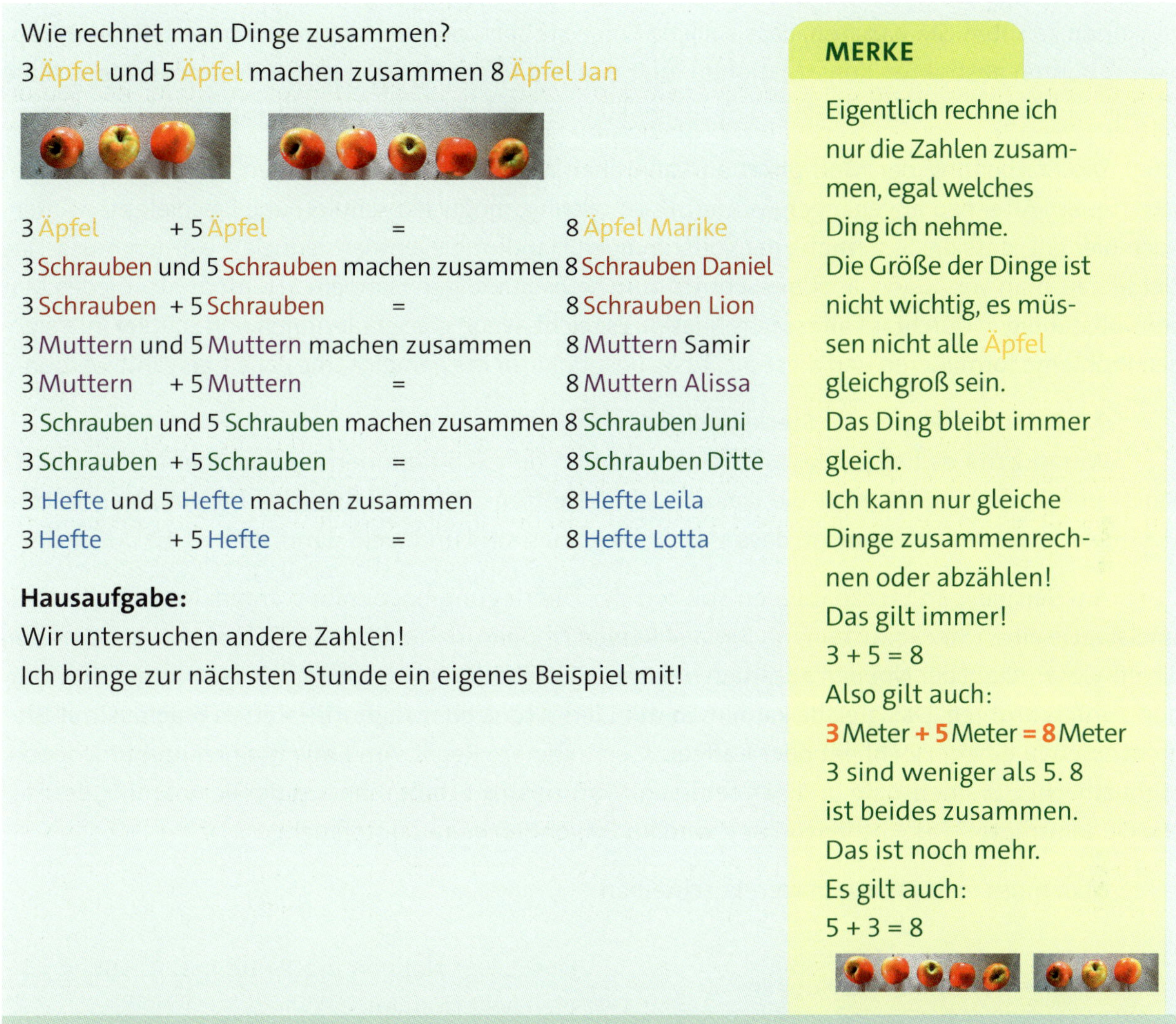

Wie rechnet man Dinge zusammen?
3 Äpfel und 5 Äpfel machen zusammen 8 Äpfel Jan

3 Äpfel + 5 Äpfel = 8 Äpfel Marike
3 Schrauben und 5 Schrauben machen zusammen 8 Schrauben Daniel
3 Schrauben + 5 Schrauben = 8 Schrauben Lion
3 Muttern und 5 Muttern machen zusammen 8 Muttern Samir
3 Muttern + 5 Muttern = 8 Muttern Alissa
3 Schrauben und 5 Schrauben machen zusammen 8 Schrauben Juni
3 Schrauben + 5 Schrauben = 8 Schrauben Ditte
3 Hefte und 5 Hefte machen zusammen 8 Hefte Leila
3 Hefte + 5 Hefte = 8 Hefte Lotta

Hausaufgabe:
Wir untersuchen andere Zahlen!
Ich bringe zur nächsten Stunde ein eigenes Beispiel mit!

MERKE

Eigentlich rechne ich nur die Zahlen zusammen, egal welches Ding ich nehme.
Die Größe der Dinge ist nicht wichtig, es müssen nicht alle Äpfel gleichgroß sein.
Das Ding bleibt immer gleich.
Ich kann nur gleiche Dinge zusammenrechnen oder abzählen!
Das gilt immer!
3 + 5 = 8
Also gilt auch:
3 Meter + 5 Meter = 8 Meter
3 sind weniger als 5. 8 ist beides zusammen.
Das ist noch mehr.
Es gilt auch:
5 + 3 = 8

Abbildung 125: Erwartungshorizont für ein Tafelbild, Grundlagen der Addition

Im Anschluss werden weitere Zahlenkombinationen untersucht und auch mit der Subtraktion ausprobiert, damit ein allgemeingültiges System entwickelt werden kann. Abstrakter wird es dann bei der Betrachtung von z. B. Mehl mit 5 kg + 3 kg = 8 kg, weil die Menge nicht mehr abzählbar ist. Es gilt aber trotzdem das allgemeine Rechengesetz, dass man die Zahlen addiert und die Einheit beibehält.

Schülerinnen und Schüler mit Rechenschwäche[70] besuchen nicht nur die Berufsvorbereitungs- oder Berufseinstiegsschulen. Wir treffen sie in allen Schulformen wieder. Somit lohnt die intensive Auseinandersetzung mit dieser Problematik. Zu Beginn meiner Tätigkeit als Lehrerin habe ich auf dieses Phänomen noch nicht geachtet, wurde aber stutzig, als mir ein Schüler sagte, es wäre doch

70 Lesen Sie hierzu z. B. auf der Website von matheschwaeche.de.

egal, ob plus, minus oder mal, das wäre doch eh alles das Gleiche. $2 + 2 = 2 \cdot 2 = 2^2 = 4$ sei doch der Beweis. Ab diesem Moment habe ich mich auf die Suche nach Diagnosemöglichkeiten und Hilfsmöglichkeiten gemacht. Mit Geduld, viel Einzelbetreuung, Motivationsgesprächen und immer wiederkehrendem, kritischem Hinterfragen der Lösungsüberlegungen der betroffenen Personen konnte es in einem langwierigen Prozess zumeist gelingen, dass diese Personen ihre Angst vor Mathematik verloren, eine gewisse Rechensicherheit und auch einen Zugang sogar zur abstrakten Mathematik gewinnen konnten. Sie wussten, dass sie jede Frage stellen konnten und haben mich teilweise frappiert mit ihren abstrakten Konstruktionen ihrer eigenen Rechensystematik. Viele meiner Ideen habe ich aus diesen gesonderten Gesprächen ziehen können und empfehle, diese Gespräche zu suchen.

Die Erarbeitung der Multiplikation kann ebenfalls mit rechenschwachen Personen in fortgeschrittenem Alter neu angegangen werden. Es ist wichtig, möglichst schülernahe Beispiele zu wählen. Auch hier gilt, dass die Systematik der vollständigen Handlung eventuell reduziert werden muss. Das Ziel behält man vor Augen, aber die Schritte zum selbstständigen Handeln erfordern nicht jedes Mal den vollständigen Durchlauf aller sechs Phasen. Es reicht, wenn die Schülerinnen und Schüler ihre eigenen Probleme formulieren und diese als Ausgangspunkt für die gemeinsame Arbeit gewählt werden.

9.3.2 Multiplikation am Steckbaustein

Woran kann es liegen, dass die Multiplikation den Schülerinnen und Schülern schwerfällt? Muss eine kassierende Person die Anzahl der gekauften Überraschungseier im gefüllten Karton abzählen? Warum sieht sie nicht, dass es 3 mal 4 Reihen sind und weiß dann, dass es 12 Ü-Eier sind?

Am Beispiel von Steckbauteilen soll mit der Überlegung begonnen werden. Nimmt man beispielsweise einen Steckbaustein mit 3 mal 4 Reihen Noppen, dann gibt es Schülerinnen und Schüler, die die Gesamtzahl der Noppen abzählen müssen. Hier ist es möglich, die Multiplikation auf die Addition zurückzuführen. Das gleiche kann man mit Eierkartons oder Joghurt-Paletten machen, mit Blumentöpfen in einem Hochbeet oder Kaffeetassen in einem Regal. Am Ende bleiben immer Noppen, Joghurtbecher, Blumentöpfe und Kaffeetassen. Warum aber erhält man aus der Berechnung der Fläche Quadratmeter? Der Rechenvorgang wird im Folgenden genau untersucht.

Man muss mathematisch korrekt schreiben:

$3\,\frac{\text{Noppen}}{\text{Reihe}} \cdot 4\,\text{Reihen} = 12\,\text{Noppen}$	Lies: „Drei Noppen pro Reihe mal 4 Reihen ist gleich 12 Noppen.“

Abbildung 126: Grundlegende Multiplikation mit Einheiten

Die Reihe kann herausgekürzt werden! Sicherlich muss auch auf das Kürzen speziell eingegangen werden. Es ist besonders wichtig festzustellen, dass die erste Reihe der Noppen mitgerechnet wird.

Diese Darstellung wird schon schwieriger, wenn man eine rechteckige Fläche auf kariertem Papier betrachtet. Die Flächenberechnung ist für einen Teil der Menschen nicht so einfach. Die Frage, die sich bei den Schülerinnen und Schülern ergeben könnte, ist eben die nach der Einheit und wie aus einer Länge eine Fläche werden kann.

Dies ist besonders dann schwierig, wenn die Einheit aus $m \cdot m = m^2$ ermittelt werden soll, bevor das Potenzieren abgesichert ist. Die Schülerinnen und Schüler schreiben $5 \cdot 5 = 25$ und nicht $5 \cdot 5 = 5^2$. Hilfreich ist es, eine kleine Fläche von einem Quadratzentimeter als Grundlage für die Berechnung der Rechteckfläche zu nutzen. Da Quadrate betrachtet werden, ist dies auch in der Einheit enthalten. Die Schreibweise dafür sollte auch schriftlich fixiert werden. $3\,m^2$ liest man: 3 Quadratmeter. (Im Handwerk wird dafür gerne „3 qm“ geschrieben, was auf das Fehlen der Potenzrechnung hinweist.) Im Folgenden ist dafür ein mögliches Tafelbild dargestellt:

Text auf Deutsch:	Text ‚auf Mathematik‘:	Skizze mit Bemaßung:
Jedes Quadrat ist einen Zentimeter breit und einen Zentimeter hoch. Also ist es genau einen Quadratzentimeter groß. In einer Reihe sind 3 Quadrate. Wir haben 4 Reihen. Also haben wir zusammen 12 Quadrate.	$1\,cm^2$ $3\,cm^2$ $4 \cdot 3\,cm^2 = 12\,cm^2$	4 Reihen 3 Quadrate

Abbildung 127: Tafelbild zum Thema Einführung der Flächenberechnung in der Berufseinstiegschule

Es werden zur Berechnung der gesamten Fläche die Quadrate in einer Reihe und dann die Anzahl der Reihen gezählt. Entsprechend der Darstellung in Abbildung 127.

$3\,\frac{cm^2}{Reihe} \cdot 4\,Reihen = 12\,cm^2$	Lies: „Drei Quadratzentimeter pro Reihe mal vier Reihen ist gleich 12 Quadratzentimeter.“

Abbildung 128: Berechnung einer konkreten Fläche

Interessant wird es immer dann, wenn verschiedene Lösungsmöglichkeiten nebeneinandergestellt und verglichen werden. Wenn die Lösungsgänge korrekt sind und die Lösungen übereinstimmen, kann geklärt werden, welcher Lösungsgang besonders geschickt ist. Vielleicht entdecken die Schülerinnen und Schüler noch andere Lösungsstrategien, die wiederum auf ihre Allgemeingültigkeit hin untersucht werden müssen und für den nächsten Durchgang zur Verfügung stehen.

Das Training der Multiplikation anhand einer Multiplikationstabelle für das große Einmaleins sollte auch für ältere Schülerinnen und Schüler eingeführt werden. Der Hinweis, dass man die Multiplikation zuerst entwickelt und dann die Zahlenkombinationen auswendig lernt, klingt für Lernschwache häufig ganz und gar neu und überraschend. Ich habe jedoch bemerkt, dass die späteren Probleme bei der Bruchrechnung, Prozentrechnung oder beim Umgang mit Klammern und Änderungsraten immer wieder auf die fehlenden Zahlenkombinationen im Kopf der Lernenden zurückzuführen sein können. Ihnen fehlt der schnelle Wiedererkennungseffekt.

9.3.3 Grundlegende Konzepte der Mathematik

Im Folgenden möchte ich auch noch auf weitere grundlegende Aspekte der Mathematik eingehen, um Möglichkeiten aufzuzeigen, mit Problemen im handlungsorientierten Mathematikunterricht umzugehen.

Zu den Grundgedanken der Mathematik, mit der sich die Schülerinnen und Schüler auseinandersetzen müssen, gehören die Unterschiede zwischen:

- Zahl und Menge
- Größe, Einheit und Symbol
- Länge, Fläche und Volumen mit den jeweiligen Einheiten

Erfahrungen zeigen, dass diese grundlegenden Konzepte bei Schülerinnen und Schülern, die schwache Leistungen in Mathematik zeigen, häufig noch nicht ausgeprägt sind. Daher müssen sie gemeinsam gegeneinander abgegrenzt werden. Wer als Kleinkind nicht schon angefangen hat, die eigenen Finger und die eigenen Körperteile oder Treppenstufen zu zählen, wer im Gespräch mit den Bezugspersonen nicht Vergleiche über Größe, Alter, Geschwindigkeiten, etc. angestellt hat und in Spielen Formen, Mengen und Anzahlen erfahren hat, dem bleibt diese Welt der Mathematik möglicherweise lange verschlossen. Meine Erfahrungen zeigen aber motivierenderweise, dass im reiferen Alter viele dieser Konzepte neu entwickelt werden können. Mit Geduld, einfachsten Übungen und der steten Reflexion über die Lösungsstrategien der Lernenden kann die Lehrkraft helfen, diese Konzepte neu zu entwickeln. Aus kleinen Lernsituationen kann sich die Motivation auch dieser Schülerinnen und Schüler entwickeln, hinter die Geheimnisse der Mathematik kommen zu wollen. Das Zählen unterschiedlichster Gegenstände sollte daher immer wieder geübt werden. Mathematikmaterialien aus der Grundschule können dafür herangezogen werden, müssen aber an die Interessenslage der Lernenden angepasst werden. Im Verlauf der Grundschule wurde den Kindern das Abzählen an den Fingern abgewöhnt. Daraufhin haben findige Schüler und Schülerinnen die Ergebnisse zu Rechenaufgaben auswendiggelernt und reproduzieren diese zu auftretenden Aufgaben, in der Hoffnung, dass ihre Lösung genau das Abgefragte sein wird. Sie hoffen auf ihr ‚Glück'. Daher sollte mit diesen Lernenden immer wieder geklärt werden, wie sie zu Ergebnissen gekommen sind, welche Strukturen sie zugrunde gelegt haben und inwieweit diese Lösungsgänge und Strukturen korrekt sind, welche Ergebnisse nur zufällig richtig sind und wie weit die Lösungswege tatsächlich tragen. Ich habe schon in Kapitel 8.1 darauf hingewiesen, als es um den Einsatz des Dreisatzes ging.

9.3.4 Entwicklung einer Zahlenvorstellung

Es ist spannend zu erkennen, welche Zahlenvorstellung wir selber haben. In Abbildung 129 sind zwei Möglichkeiten dargestellt, den eigenen Fingern Zahlen zuzuordnen.

Welche Zahlenvorstellung ist für den Mathematikunterricht geeignet?

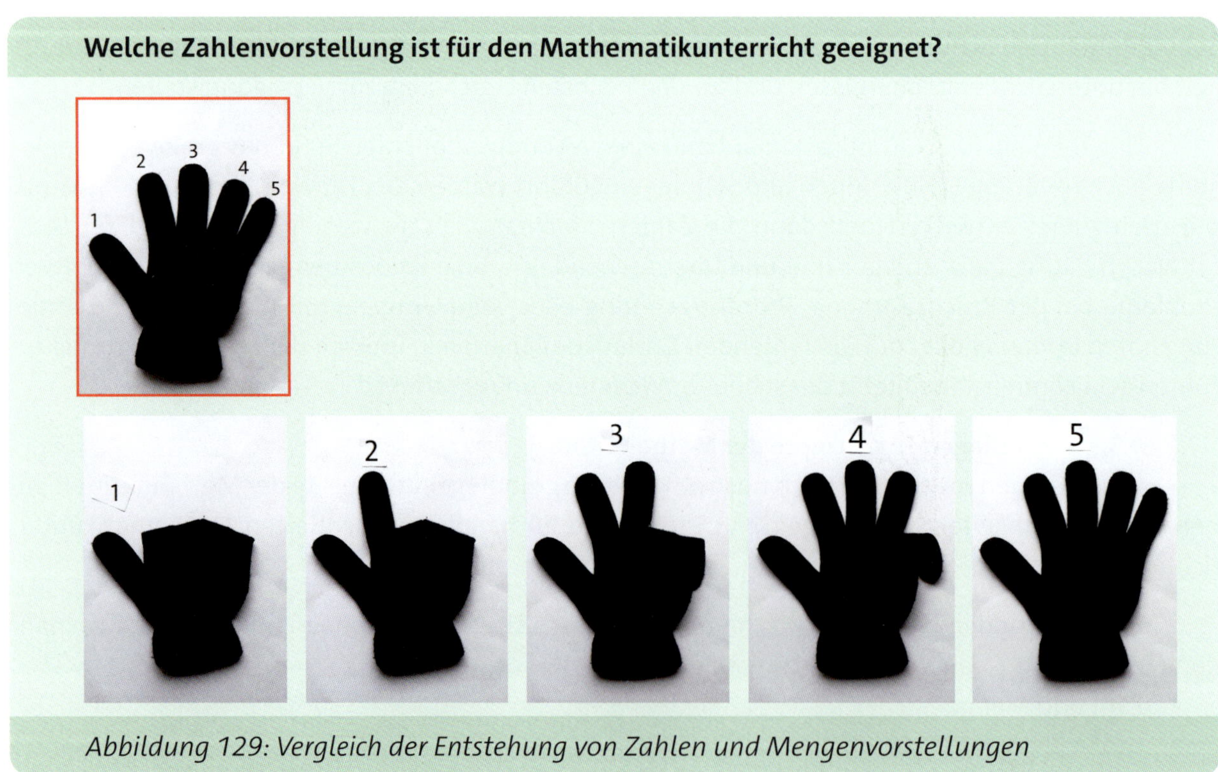

Abbildung 129: Vergleich der Entstehung von Zahlen und Mengenvorstellungen

Es lohnt sich, das Abzählen der Finger neu zu überdenken! Bekommt dabei jeder Finger eine Zahl oder wird der Menge der Finger eine Zahl zugeordnet? Es ist sehr interessant zu sehen, wie unterschiedlich andere Kulturen zählen. In China beispielsweise reicht eine Hand aus, um bis 10 zu zählen. Werden den Fingern die Zahlen zugeordnet, wie in Abbildung 129 im rot umrandeten Bild dargestellt, so ist es schwierig, den Zehnerübergang daran deutlich zu machen. Wird aber der Menge der Finger eine Zahl zugeordnet, so hat diese Zahl auch eine dazugehörige Einheit! 3 Finger und 2 Finger ergeben zusammengenommen 5 Finger, also eine ganze Hand voll!

Nimmt man 3 Finger und 7 Finger, so erhält man 10 Finger, also beide Hände voll. Weil wir im Zehnersystem rechnen, sind wir schon am Ende der Möglichkeiten angelangt, mit den eigenen Händen zu zählen. Um sie beide wieder zur Verfügung zu haben, werden die 10 Finger ersatzweise z.B. mit einem Fuß, einem Strich auf dem Papier oder über das Merken der ersten 10 ersetzt. In der Grundschul-Pädagogik wird anstelle der Finger z.B. mit Steckwürfeln gearbeitet, wobei die Einer eine bestimmte Farbe haben und die Zehner eine andere. Den Lernenden verdeutlicht dies, dass die Zehner ersatzweise für Päckchen der Größe 10 Einer stehen.

Um sich in die Schwierigkeiten der Schülerinnen und Schüler hineinversetzen zu können, könnte man sich eine Methode zum Zählen im Binärsystem überlegen und damit Rechenaufgaben lösen. Im Folgenden stelle ich meine eigene Methode dafür vor:

Es gibt im Binärsystem nur die Null – der Finger ist abgeknickt – und die eins – der Finger zeigt nach oben. Damit ergibt sich erstaunlicherweise die Möglichkeit, mit 10 Fingern bis 1023 zu zählen. In binärer Darstellung wäre das die Zahl 11111 11111. Um das System auf die Finger zu übertragen, wird jedem Finger eine bestimmte Position in der darzustellenden Zahl zugeordnet. Dies entspricht der ersten Möglichkeit aus Abbildung 129 für die Zuordnung der Finger zu den Zahlen von 1 bis 10.

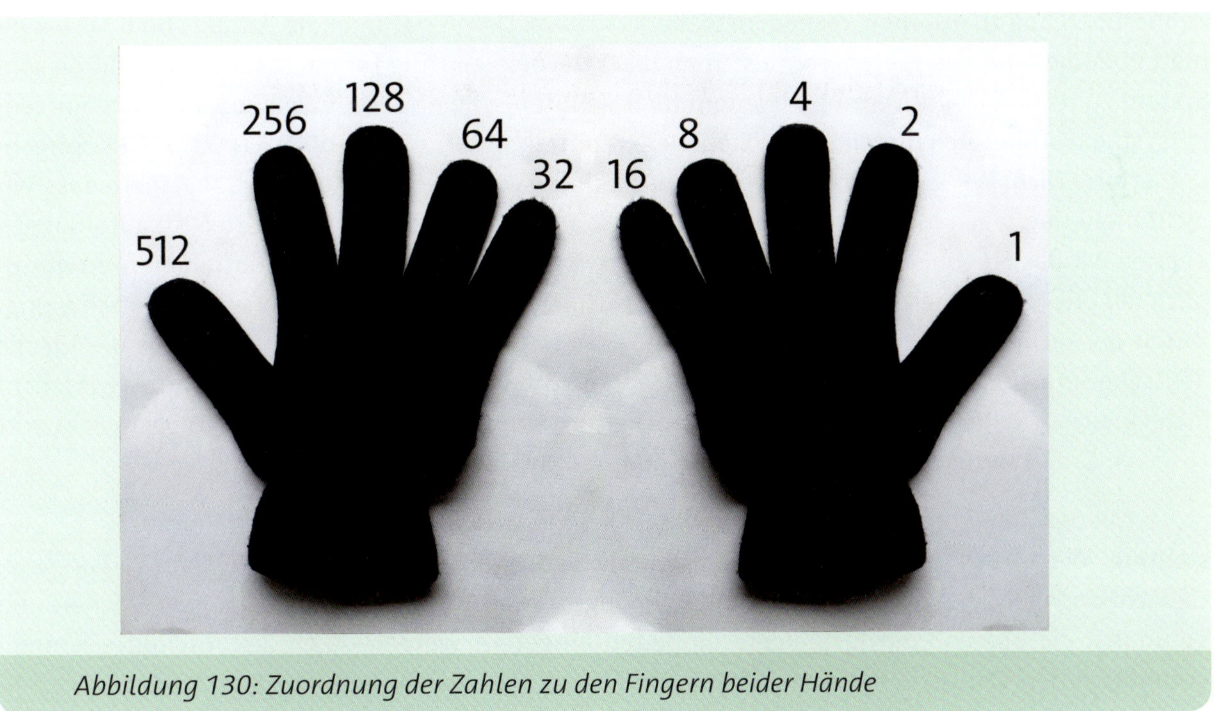

Abbildung 130: Zuordnung der Zahlen zu den Fingern beider Hände

Umrechnung der binären Zahlen in Zahlen im Zehner-System

$1111111111_{bin} = ?_{dez}$

$1000000000 = 1 \cdot 2^9 = 512$
$0100000000 = 1 \cdot 2^8 = 256$
$0010000000 = 1 \cdot 2^7 = 128$
$0001000000 = 1 \cdot 2^6 = 64$
$0000100000 = 1 \cdot 2^5 = 32$
$0000010000 = 1 \cdot 2^4 = 16$
$0000001000 = 1 \cdot 2^3 = 8$
$0000000100 = 1 \cdot 2^2 = 4$
$0000000010 = 1 \cdot 2^1 = 2$
$0000000001 = 1 \cdot 2^0 = 1$

1000000000
+0100000000
+0010000000
+0001000000
+0000100000
+0000010000
+0000001000
+0000000100
+0000000010
+0000000001
$= 1 \cdot 2^9 + 1 \cdot 2^8 + 1 \cdot 2^7 + 1 \cdot 2^6 + 1 \cdot 2^5$
$+ 1 \cdot 2^4 + 1 \cdot 2^3 + 1 \cdot 2^2 + 1 \cdot 2^1 + 1 \cdot 2^0$
$= 512 + 256 + 128 + 64$
$+ 32 + 16 + 8 + 4 + 2 + 1$
$= 1023$

Die Summe aus allen Zahlen ergibt die 1023!

1024 = 10000000000

Die Null wird von vornherein mit in die Berechnungen einbezogen. Dadurch können alle ungeraden Zahlen dargestellt werden!
Merke: $2^0 = 1$
Zahlen im Zehnersystem: $1 \cdot 10^3 + 0 \cdot 10^2 + 2 \cdot 10^1 + 4 \cdot 10^0 = 1024$

Abbildung 131: Umrechnung der binären Zahlen in Zahlen des Dezimalsystems

Die 1024 erfordert schon wieder die nächste Hand, sodass sich das **Kilo**byte ergibt. Wie bei den Dezimalzahlen, lässt sich auch im Binärsystem jede Zahl durch eine Summe darstellen.

Wem das noch nicht reicht, um die Schwierigkeiten der Schülerinnen und Schüler mit dem Zehnerübergang zu erfahren, rechne im Siebenersystem. Damit hat man die Zahlen von 0 bis 6, will man über die 6 hinaus zählen, so muss man die 1 davorsetzen, die für ein mal 7 steht. Mit diesem System zu rechnen, wird vermutlich jedem Nichtgeübten schwerfallen. (Welche Zahl aus dem Zehnersystem verbirgt sich hinter 115 im Siebenersystem? $1 \cdot 7^2 + 1 \cdot 7^1 + 5 \cdot 7^0 = 61$) Dafür ist Kopfrechnen erforderlich. Wir merken, dass wir uns das Zehnersystem so stark eingeprägt haben, dass wir nicht mehr überlegen müssen, was 2 mal 10 hoch 2 addiert zu 3 mal 10 addiert zu 4 ist, automatisch nennen wir das Ergebnis 234. Man stelle sich jetzt vor, im Siebenerystem zu subtrahieren, zu multiplizieren oder zu dividieren oder gar mit Brüchen zu rechnen. Dann kann man sich in die Schwierigkeiten der rechenschwachen Schülerinnen und Schüler hineinversetzen. Hinzu kommt die für die deutsche Sprache spezifische Aussprache der Zahlenwörter. Einhundertsiebenundzwanzig wird nicht in der gleichen Reihenfolge notiert, wie gesprochen. Im Englischen passt die Reihenfolge im Zahlwort zur nach Größe sortierten Schreibweise. One hundred twenty-seven = 127.

Mit den Zahlwörtern müssen innere Bilder verknüpft sein. Dazu gehören die symbolische Darstellung, die immer gleiche Menge von unterschiedlichen Gegenständen, die abzählbar sind: Gewichtsmengen, die in festgelegte Einheiten eingeteilt werden und ebenso Längen, Flächen und Volumina, die ebenfalls in festgelegte Einheiten eingeteilt werden. Auch Zeitabschnitte können gezählt werden. Die Liste lässt sich beliebig verlängern und macht deutlich, dass Zahlen universell einsetzbar sind und dass dafür in unserem Kopf ein Konzept entstanden ist, welches es uns ermöglicht, all diese Größen zahlenmäßig zu erfassen. Man stelle sich vor, dass dieses Konzept nur rudimentär und ohne Genauigkeit im Kopf des Lernenden vorhanden ist. Dann wird klar, warum es für Lernende schwierig sein kann, mit den von uns gestellten Aufgaben fertig zu werden.

Das Konzept „Zahl“ kann mit den in den berufsbildenden Schulen bereits herangewachsenen Lernenden wegen der weiterentwickelten Reifestufe neu reflektiert werden, damit eine insgesamt klare Struktur in ihren Köpfen aufgebaut werden kann.

9.3.5 Das Konzept von Länge, Fläche und Volumen

Machen Sie selber die Probe aufs Exempel. Stellen Sie sich, den Lernenden oder auch einfach Ihren Bekannten die Frage nach den optimalen Maßen einer rechteckigen Fläche, für die ein festgelegter Umfang zur Verfügung steht. Sie werden als Antworten hören, dass das Quadrat doch immer die beste Form sei oder aber, dass es eigentlich egal sei, welche Seitenlängen gewählt würden, da mit dem festgelegten Umfang auch die Größe der Fläche festgelegt sei. Ich habe diese Frage häufig und nicht nur im Unterricht gestellt. Diese Antworten wurden auch von Personen genannt, die der Meinung waren, sie wüssten, dass Fläche und Länge etwas Unterschiedliches sei. Das hat mich darin bestärkt, mein Augenmerk auf die grundlegenden Konzepte zu legen und die Vorstellungen dazu sowohl bei meinen Schülerinnen und Schülern als auch bei den angehenden Lehrkräften zu hinterfragen und in gemeinsamen Gesprächen abzusichern. Für die Schülerinnen und Schüler mit erheblichem Förderbedarf bedeutet das, dass im Unterricht sehr sauber getrennt werden muss, zwischen Fragestellungen, welche die Länge, die Fläche oder das Volumen betreffen. Die Längen müssen haptisch erfahren werden. Auch die eigenen Körpermaße werden vermessen, sodass diese als Grundlage für Schätzwerte zur Verfügung stehen. Die Einheiten und die Größenordnungen müssen thematisiert werden. Dafür ist es auch sinnvoll, die Vorsilben zu übersetzen. Zentimeter (cm) als Hundertstel eines Meters (m) kann dazu mit dem Cent als Hundertstel eines Euros verglichen werden. Ein Maßband aus dem Baumarkt lässt den Meter ebenfalls begreifbar werden. Das Ablesen der Maße will begriffen, verstanden und geübt sein. Auch die Umrandung einer Fläche durch einen Umfang muss begreifbar gemacht werden. Wertetabellen sind hierfür sehr geeignet. Jedoch sollte immer darauf geachtet werden, dass für jeden notierten Wert auch der Weg der Ermittlung festgehalten wird. Überlässt man die Formulierung den Schülerinnen und Schülern, so kann die Lehrkraft die Gedankengänge nachvollziehen und hilfreich eingreifen, wenn sie bemerkt, dass die vorhandenen mathematischen Konzepte noch nicht umfassend korrekt sind. Zu jeder Rechnung sind die sprachliche Fassung, die symbolische Darstellung der Größengleichung und die Berechnung mit Zahlen und Einheiten vollständig zu protokollieren. Die grafische Darstellung und die Verwendung eines geeigneten Farbkonzeptes sind zur Förderung des Lernprozesses erforderlich. Damit werden die Dokumentationen umfangreicher, was als Konzept der Sprachförderung anzusehen ist. Hierfür muss ausreichend Zeit im Unterricht eingeplant werden, da in den lernschwachen Klassen auch das Lesen und Schreiben nicht leicht von der Hand geht. Die Genauigkeit, die für die Mathematik charakteristisch ist, kann jedoch helfen, die Sprachentwicklung zu fördern.

9.4 Lernsituationen in lernschwachen Klassen

Nun stellt sich die Frage nach geeigneten Lernsituationen für diese lernschwachen Klassen. Aus meiner Sicht sollte mit kleinen überschaubaren Problemen begonnen werden, die jeweils einen Aha-Effekt beinhalten. Kurze überschaubare Anwendungsaufgaben, wie ich sie schon eingangs beschrieben habe, sollten hierfür die Grundlage bilden. Die Berechnung der Länge der Fußleisten beispielsweise, das Abschätzen von Längen innerhalb des Schulgebäudes und der eigenen Körpermaße können als Ausgangsprobleme genutzt werden. Die Berechnung kann durch das Aneinanderhängen von Maßbändern genauso erfolgen wie durch die Addition der einzelnen Längen. Vorschlag für eine Handlungssituation:

Eine Parkettlegerin erhält den Auftrag diesen Klassenraum zu renovieren. Als Auszubildende bzw. Auszubildender bekommst du den Auftrag, den Raum zu vermessen und für den Kostenvoranschlag die Länge der benötigten Fußleisten zu ermitteln.

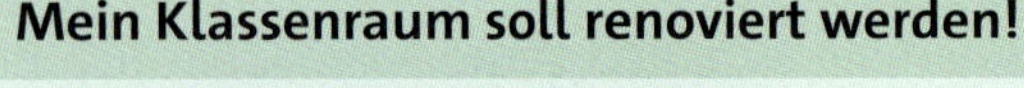

Mein Klassenraum soll renoviert werden!

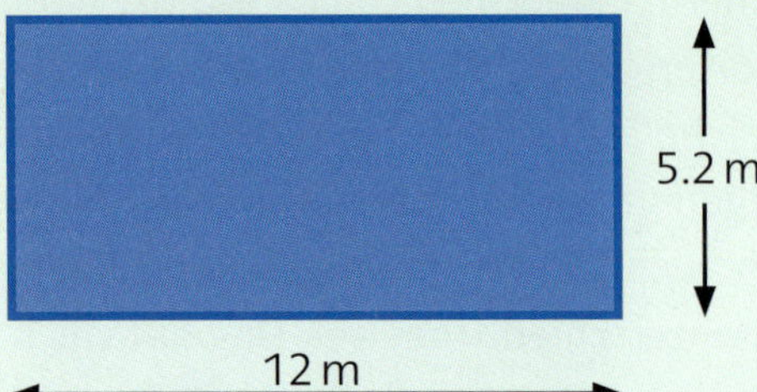

Wie lang müssen die Fußleisten für den renovierten Klassenraum sein?

Wir haben das Maßband an die Wand gelegt und an den Ecken geknickt. Dann haben wir die gesamte Länge am Maßband abgelesen.	Wir haben ein Maßband an jede Seite gelegt. Wir haben jede Seitenlänge abgelesen. Wir haben alle Seitenlängen aufgeschrieben und zusammengerechnet.
Die Gesamtlänge kann durch das Abmessen mit einem Maßband bestimmt werden, wenn man das Maßband um die Ecke legt. Das Maßband muss lang genug sein!	Die Gesamtlänge kann berechnet werden, indem die Längen jeder Seite aufgeschrieben werden und addiert (zusammengerechnet) werden.

34,40 m = 12 m + 5,20 m + 12 m + 5,20 m
34,40 m = (12 + 5,20 + 12 + 5,20)m

Man addiert die Zahlen, die Einheit der Länge bleibt Meter (m).

Die Schule muss für unseren Klassenraum 35 m Fußleisten bestellen.
Wir haben die Tür nicht abgerechnet!
Die kleinen Striche auf dem Maßband zeigen die Millimeter,
die mittleren Striche zeigen die Zentimeter,
die größeren Striche fassen immer zehn Zentimeter zusammen.

Abbildung 132: Erwartungshorizont für ein Tafelbild zum Thema Längen

Die Handlungssituation beschränkt sich auf eine sehr überschaubare Problemstellung, die ohne die Abstraktion der Mathematik und Berechnungen im Rechteck auskommt. Sie enthält schon einige Hürden für die Schülerschaft. Das sorgfältige Auslegen der Maßbänder und das Ablesen von einem Maßband zur Längenermittlung, weil nicht an jedem Strich die abzulesende Zahl steht. Daher muss man nicht nur die letzte Meterzahl ablesen, sondern auch die Anzahl der großen, schließlich der kleinen Striche zählen, der richtigen Größenordnung zuordnen und geeignet addieren. Die Null als Platzhalter muss an dieser Stelle dringend thematisiert werden, sodass aus 2 Metern und 5 Zentimetern tatsächlich 2,05m werden. Dazu muss man sich überlegen, ob alles in Metern gerechnet wird, sodass mit Dezimalzahlen gerechnet werden muss oder ob alles in Zentimetern gerechnet wird und man die Problematik der Dezimalzahlen vermeidet. Dafür werden die Zahlen schon recht groß, in dem Beispiel sind es mehr als dreitausend Zentimeter. Da wird die Größenvorstellung schon schwierig und dies muss mit den Schülerinnen und Schülern umfassend geklärt werden. Sehr geeignet wäre es, in einer Unterrichtseinheit mit Metern zu rechnen und in der nächsten mit Zentimetern, sodass beides nebeneinandergestellt werden kann. Der direkte Vergleich, unter Zuhilfenahme des Maßbandes, wird zumindest einen Weg zur Erkenntnis öffnen. Anschließend müssen viele Übungsaufträge folgen, die die neuen Erkenntnisse absichern. Wie oben beschrieben, können Beispiele für die Addition von Größen mit Zahlen und Einheiten folgen. Die Betrachtung aller Beispiele sollte zur Einsicht führen, dass lediglich die Zahlen addiert werden und die Einheit erhalten bleibt. Dass dieses über das Ausklammern erfolgt, ist schon der nächste Abstraktionsschritt. Auch die Gleichheit ist als Grundprinzip der Mathematik und des genauen Denkens mit den Schülerinnen und Schülern intensiv zu reflektieren. Martin Kramer[71] zeigt in seinen Vorlesungen und Fortbildungen, wie dies mit einfachsten Mitteln deutlich zu machen ist. Beispielsweise zeigt er, wie mit Streichhölzern und Streichholzschachteln die Mächtigkeit des Gleichheitszeichens verdeutlicht und das Lösen einer linearen Gleichung für die Schülerschaft eindrücklich erarbeitbar wird. In Abbildung 133 habe ich ein eigenes Beispiel hierzu dargestellt.

Gleichungen lösen:

In jeder Streichholzschachtel ist jeweils die gleiche Anzahl an Streichhölzern versteckt. Das Radiergummi symbolisiert das Gleichheitszeichen, was bedeutet, dass sich auf beiden Seiten insgesamt die gleiche Anzahl an Streichhölzern befindet.
Durch das Wegnehmen von Streichhölzern und Streichholzschachteln auf beiden Seiten kann die versteckte Anzahl der Streichhölzer ermittelt werden!
Protokolliere als Text jeden Schritt deiner Umformung!
Los geht´s!

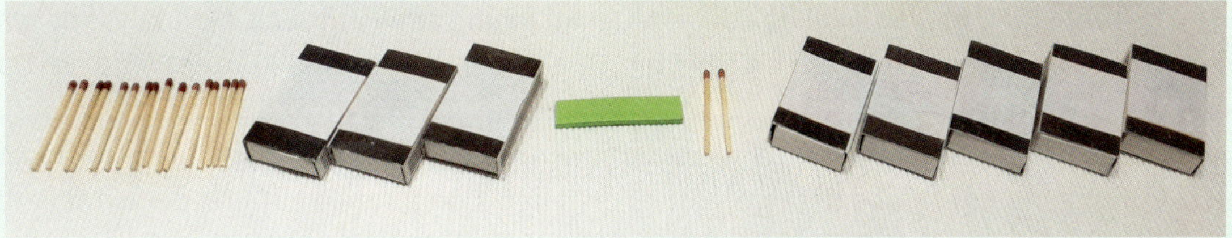

Abbildung 133: Rechnen mit Streichhölzern und Streichholzschachteln

Im Verlauf des Unterrichtes in einer lernschwachen Klasse wird die Lehrkraft feststellen, dass die Lernenden häufig nicht von sich aus entscheiden können, welche Rechenoperationen in welchem Zusammenhang anzuwenden sind, wenn dies nicht ausdrücklich angegeben ist. Jede Rechenoperation, die verwendet wird, muss erst abgesichert werden und deutlich gegen die bereits behandelten abgegrenzt werden.

Erst wenn Längenmessung und -berechnung abgesichert sind, kann die Größe des Fußbodenbelages berechnet werden. Damit kann zur Multiplikation und Flächenberechnung übergegangen werden. Die grundlegenden Konzepte von Länge und Fläche werden auf diese Weise erfolgreich neu entwickelt.

71 Vgl. Kramer, M. (o. J.): Algebra und Analysis als Abenteuer- Eine handlungs-und erlebnisorientierte Vorlesung. http://home.mathematik.uni-freiburg.de/didaktik/material_download/Skript%20-%20Algebra%20und%20 Analysis.pdf (abgerufen am 14.07.2022)

9.5 Warum werden analytische Geometrie und Stochastik in der Schule unterrichtet?

Um erfolgreichen handlungsorientierten Mathematikunterricht (BHOM) durchführen zu können, ist es einerseits erforderlich, sich mit den curricularen Vorgaben und den damit festgelegten Inhalten auseinanderzusetzen und zum anderen, sich intensive planerische Gedanken hinsichtlich der Lernsituationen zu machen. Bevor sich die Lehrkraft mit der Planung ihres Unterrichtes beschäftigt, sollte sie sich Klarheit darüber verschaffen, welche Vorstellungen sie mit den Lernenden entwickeln und welche Denkprozesse sie anregen möchte, indem sie bestimmte mathematische Inhalte mit ihren Schülerinnen und Schülern bearbeitet.

Die typische Schülerfrage „Wofür braucht man das?“ sollte in einem handlungsorientierten Mathematikunterricht nicht mehr auftauchen. Es lohnt sich dafür, sich einige Gedanken zu den grundlegenden Arbeits- und Denkweisen zu machen, die für ein eventuell anschließendes Studium von Nöten sind.

Die Lehrkraft sollte sich zum Beispiel die Frage stellen, warum sich die Lernenden mit der **Analytischen Geometrie** im Rahmen ihrer Schulbildung auseinandersetzen sollen. Sicherlich ist die abstrakte Erweiterung von funktionalen Zusammenhängen, auch wenn sie in der Schule nur linearer Natur sind, von den zweidimensionalen zu dreidimensionalen Problemen ein wichtiger Aspekt. Eine neue Art von mathematischen Gebilden kennenzulernen, auch wenn die Gruppentheorie nicht mehr zum schulischen Katalog gehört, ist ebenfalls wichtig. Dieses sind abstrakte Gedankengänge, die im Studium intensiv vertieft und verallgemeinert werden. Im schulischen Zusammenhang ist die grafische Darstellung von dreidimensionalen Objekten oder Bewegungen im Raum in Form einer ebenen Darstellung auf Papier oder auf dem Bildschirm der Aspekt, der bei den Schülerinnen und Schülern ein neues Denken ansprechen und fördern soll. In zweidimensionalen Zeichnungen dreidimensionale Objekte zu erkennen, ist für den Neuling auf dem Gebiet häufig schwierig. Erst die Analyse der wahren Längen, Winkel und Lagen zueinander eröffnet die Möglichkeit, ein eigenes Konzept für diese Darstellungsformen zu entwickeln. Das Sehen muss geübt werden. Gerade im Zeitalter der Digitalisierung scheint es den jungen Leuten immer schwerer zu fallen, das Gesehene kritisch zu hinterfragen und eigene Zeichnungen sinnvoll und normgerecht zu erstellen. Computerspiele sind perfektionierte Animationen, durch die es gelingt, uns auf der Mattscheibe Räumliches vorzugaukeln. Matrizen dienen in den Rechneralgorithmen dazu, die Objekte aus beliebigen Blickwinkeln anzusehen und Licht und Schatten geeignet zu erzeugen. Das Gehirn ist daran gewöhnt, sich auf diese Weise eine künstliche Welt entstehen zu lassen. Dafür sind jedoch flächige Darstellungen erforderlich, die über ihre Form und Farbgebung sowie ihre Helligkeitsstufungen Bilder erzeugen, welche als räumlich empfunden werden. Entkernt man diese Darstellungen und lässt nur noch die Kanten, sagen wir, eines Quaders auf Papier zeichnen, stellen wir sehr schnell fest, dass das Gehirn in dieser Hinsicht selten und wenig gefördert wurde. Die analytische Geometrie fördert damit die Fähigkeit, genau hinzusehen und digitale Informationen kritisch zu hinterfragen sowie selber Kompetenzen zu entwickeln, die für die Weiterentwicklung der digitalen Bilder erforderlich sind. Der Fächerübergriff zur Kunst, zur Architektur, zum Computer Design oder sogar zur Werbung auf dem Sportplatz[72][73] ermöglicht auch Lernenden, die wenig Bezug zur Informationstechnologie haben, einen motivierenden Einstieg in die Thematik.

---

72 Vgl. Bostelmann, M. (2018): Camcarpets-Alles eine Frage der Perspektive. In: Casioforum Schul- und Grafikrechner, Ausg. 1.

73 Vgl. Reit, X.-R. (2020): Abi18 CamCarpet – Sinnstiftender Mathematikunterricht mit analytischer Geometrie. In: MNU-Journal, Ausg. 1.

In Form einer Mindmap kann die Lehrkraft die kleinschrittige Analyse der erforderlichen Lernschritte aufstellen. Beispielhaft ist dieses in für die Vektorrechnung dargestellt und über den Download (siehe S. 216) abrufbar.

Die **Stochastik** wird nach wie vor von Lehrkräften nicht immer gerne unterrichtet. Meine Erfahrungen haben gezeigt, dass in diesem Themengebiet gerade die Schülerinnen und Schüler gute Leistungen bringen, die sich sonst als in Mathematik schwach bezeichnen. Woran mag das liegen? Eine mögliche Antwort kann die Erklärung dafür ergeben, warum es so wichtig ist, sich bereits in jungen Jahren mit dieser Thematik auseinanderzusetzen. Der menschliche Geist versucht alles ‚logisch' zu erfassen. Alles Geschehen wird in kausale Zusammenhänge gebracht. Für alles muss es einen Grund, einen Auslöser, einen Schuldigen geben. Wir neigen gerne dazu, zu behaupten, dass das eine nur passiert ist, weil das andere ebenfalls eingetreten ist. Wenn dies nicht so wäre, dann wäre das nicht so. Wenn ich meinen Teller nicht aufesse, dann wird es regnen. Wenn ich Salz esse, werde ich einen Herzinfarkt erleiden. Wenn dies, dann das! Das sind die typischen Formulierungen, die uns im Alltag immer wieder begegnen. Aber wer sagt denn, dass das Aufessen des Tellers, was wohl häufig mit Sonnenschein einhergegangen sein mag, tatsächlich eine Auswirkung auf das Wetter hat! Wer sagt denn, dass das Salz der Auslöser für den Herzinfarkt ist. Hierfür ist eine genauere Analyse der Herkunft solcher Aussagen erforderlich. Ist denn tatsächlich in allem ein kausaler Zusammenhang enthalten? Dieses wird in der Wahrscheinlichkeitsrechnung thematisiert. Die grundlegende Voraussetzung für Überlegungen in der Wahrscheinlichkeitsrechnung ist, dass der Zufall kein Gedächtnis hat. Jeder Versuch soll immer wieder die gleiche Voraussetzung haben, unabhängig davon, wie der vorausgehende Versuch ausgegangen ist. Das Würfeln als Standardbeispiel sei hier zu nennen.

Stimmt es, dass der eine Spieler bzw. die eine Spielerin tatsächlich immer Pech hat und keine Sechs würfelt, während ein anderer diese Zahl abonniert hat? Es widerspricht dem Bedürfnis nach Kausalität, davon ausgehen zu müssen, dass jedes Würfeln wieder die gleiche Chance auf eine Sechs eröffnet, unabhängig davon, ob vorher schon Sechsen gefallen sind oder nicht. Wer Prozesse mittels Funktionen besonders gut modellieren kann, für den folgt aus jedem Punkt, den er ermittelt hat, zwangsläufig der nächste. Dies ist im Falle des stochastischen Zufallsversuches gerade nicht der Fall. Der Erwartungswert ist eben nicht der Wert, der für jeden Versuch erwartet werden kann. Nehmen wir einen Basketballspieler, der mit einer Wahrscheinlichkeit von 80 % einen Korb wirft. Angenommen, er wirft 100-mal auf den Korb, so wird er, falls er dieses Spiel sehr viele Male hintereinander durchführt, im Mittel 80-mal treffen. Führt er das Spiel mit 100 Korblegern jedoch nur einmal durch, so könnte es sogar sein, dass er den Korb gar nicht trifft. Dies ist für einen sehr guten Spieler zwar extrem unwahrscheinlich, aber eben nicht unmöglich. Zu erwarten sind denn wohl am ehesten Trefferzahlen nahe bei 80 von 100, aber es wird nicht so sein, dass er jedes Mal, wenn er 100-mal auf den Korb wirft, auch genau 80-mal trifft. Die Wahrscheinlichkeit wird durch den Anteil 80 von 100 also 80 pro Cent angegeben. Der Prozentsatz beträgt demnach $p = 80\,\% = \frac{80}{100} = 0{,}8$.

Es wird deutlich, dass die Arbeit mit Statistiken und Wahrscheinlichkeiten gerade nicht die zwanghafte Kausalitätssuche beinhalten darf. Man muss sich frei machen von der Vorstellung, alles hinge mit allem zusammen. Die Wahrscheinlichkeitsrechnung eröffnet Unschärfen der Betrachtung, welche eben den eher ‚schwachen' Schülerinnen und Schülern entgegenzukommen scheint. Diese zuzulassen, bedarf ebenfalls der Entwicklung eines ganz anderen Denkens. Diese zu durchschauen, bedarf der umfangreichen Kenntnis der Rechenmethoden der Stochastik.

Statistische Erhebungen werden in großer Zahl an bestimmten Gruppen durchgeführt. Man versucht diese Gruppen geeignet festzulegen, damit sie repräsentativ für die Grundgesamtheit sind. Aber es ist nicht einfach, die Fragen, die durch die statistischen Erhebungen geklärt werden sollen, so zu formulieren, dass aus der statistischen Erhebung eine Information bezüglich der kausalen Zusammenhänge nachweisbar ist. Statistische Interpretationen treffen uns nicht nur im beruflichen Kontext, sondern auch im Privaten. Häufig wird uns ein bestimmtes Verhalten als besonders erstrebenswert dargestellt, indem es mittels Prozentangaben und als statistisch nachgewiesen propagiert wird. Risikoabwägungen bezüglich medizinischer Testverfahren oder die Festlegung der beliebtesten Politiker werden uns präsentiert. Die dahinterstehenden Fragen werden jedoch selten gleichzeitig genannt oder in die eigene Informationsbeschaffung mit einbezogen. Wenn wir jedoch demokratisch denkende, kritische Bürger erziehen wollen, so müssen die Grundlagen der Datenerhebung, Auswertung und Interpretation bereits in der Schule gelegt und das Denken in stochastischer Weise entwickelt werden. Welche Ereignisse treten voneinander unabhängig auf? Gibt es eine Korrelation und beweist diese auch den kausalen Zusammenhang? Wie wertet man Datensätze aus, wie kann man – auf einfachstem Niveau – geeignete Fragen stellen? Woher kommen Angaben zu Wahrscheinlichkeiten oder Prognosen? Wie legt man Tests aus, damit man Informationen über Veränderungen der Wahrscheinlichkeiten erhalten kann? Wie kann die Qualität von Produkten gemessen werden und wie kann dies Eingang in die Produktionsprozesse und Kostenanalyse finden? Wie sicher ist ein Bauwerk, wie groß ist seine Versagenswahrscheinlichkeit? Dies sind nur einige Anwendungen, für welche die Stochastik die mathematische Grundlage darstellt. Das Denken der jungen Menschen bezüglich der Anteile (Bruchrechnung) und Prozentsätze und des Erwartungswertes muss bereits in der Schule angeregt werden, um Kritikfähigkeit zu entwickeln.

10 PRAKTISCHE HINWEISE ZUM ERARBEITEN EINER LERNSITUATION

In diesem Kapitel möchte ich an zwei konkreten Beispielen zeigen, welcher kreative Prozess abläuft, während man Lernsituationen erstellt. Mit einiger Übung und unterrichtlicher Erfahrung wird dieser Prozess immer leichter von der Hand gehen, er wird Freude bereiten, weil die eigene Kreativität mit gut laufendem Unterricht belohnt wird.

Nachdem die Lehrkraft sich Klarheit darüber verschafft hat, zu welchem Zweck die mathematischen Inhalte in den Curricula aufgeführt sind, muss sie sich Gedanken darüber machen, wie sie diese für die Schülerschaft in diesem Sinne greifbar machen kann. Es folgt also die Planung der Lernsituation.

Die Überlegungen zur Erstellung einer Lernsituation könnten auf der Basis einer beruflichen Situation beginnen, die einfach interessant ist und mathematisch genau die Inhalte zur Lösung erfordert, welche man gerade im Unterricht bearbeiten will.

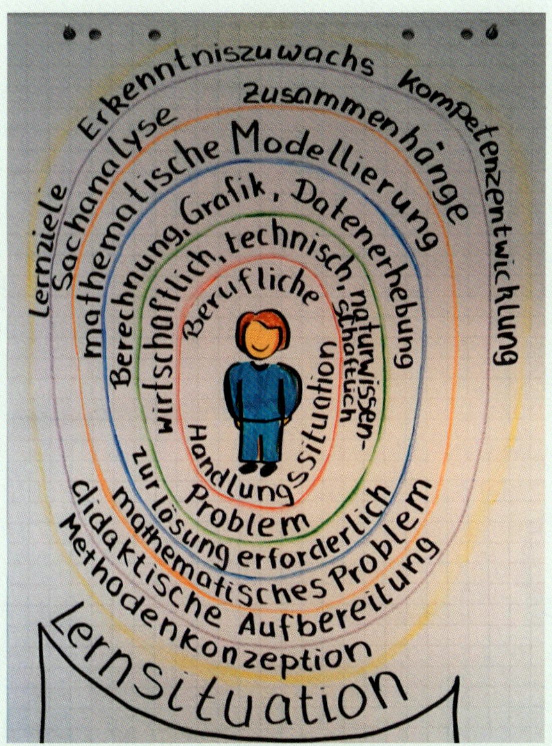

Abbildung 134: Entwicklung einer Lernsituation aus einer beruflichen Handlungssituation

Auf diese Überlegungen folgt der kreative Schritt. In Abbildung 134 sind die folgenden Überlegungen grafisch zusammengefasst. Der Mensch steht dazu im Mittelpunkt der Betrachtung. Die planende Lehrkraft ordnet ihm einen Betrieb, einen Beruf und ein Tätigkeitsfeld zu. Dieser Mensch ist beruflich tätig und wird dadurch in die Situation versetzt, dass er ein berufliches Problem lösen muss. Dieses Problem könnte wirtschaftlicher, technischer, naturwissenschaftlicher, aber auch pflegerischer, erzieherischer oder gesundheitlicher Art sein. Jeder dazu passende Beruf kann in Frage kommen, wie beispielsweise Ingenieurin, Betriebswirt, Erzieher, Handwerkerin, Journalistin, Politikerin oder Nachhaltigkeitsfachmann oder -frau, aber auch Umweltaktivistin. Der Fantasie sollten hier keine Grenzen gesetzt werden. Für die Formulierung der Situationen sollte die Lehrkraft darauf achten keine stereotypen Geschlechter für die ausgewählten Personen zu wählen, um auch hierdurch wiederum erzieherisch auf die Schülerinnen und Schüler einzuwirken. Hauptsache, das sachliche Problem könnte tatsächlich im beruflichem Alltag auftreten und wäre dazu auch relevant für die berufliche Fachrichtung der Schülerinnen und Schüler. Auf diese Weise fließt die Berufsberatung in den Mathematikunterricht auch in Schulformen mit ein, die noch keine konkrete berufliche Fachrichtung aufweisen. Es sollten möglichst aktuelle Problemstellungen und kritische Perspektiven berücksichtigt werden. Zusätzlich ist es auch denkbar, dass sich die Schülerinnen und Schüler direkt selber in einer Problemsituation befinden, weil sie z. B. eine Nachricht kritisch hinterfragen wollen oder tatsächlich real etwas im Schulleben umsetzen sollen oder, noch besser, wollen.

Das Problem wird grafisch z. B. mittels einer Skizze, eines Fotos oder einer technischen Zeichnung, den dazugehörigen Datensätzen und den Informationen bezüglich der Quelle der Datenerhebung analysiert.

Es ist zwingend erforderlich, dass die Lösung des Problems erst mit den mathematischen Mitteln möglich ist, die das Niveau der betreffenden Schülerschaft treffen. Wenn das Problem dafür geeignet ist, modelliert die Lehrkraft dieses mathematisch, sodass sich daraus das mathematische Problem ergibt. Dieses analysiert die planende Lehrkraft didaktisch, damit sie erfassen kann, welche mathematischen Aspekte enthalten sind und welche kognitiven Konflikte bei den Schülerinnen und Schülern auftreten können. Auf diese umfangreiche, didaktische Analyse folgt die didaktische Reduktion. Die Lehrkraft wählt aus, in welcher Genauigkeit die Lösung erforderlich ist, welche Aspekte der Problematik das geeignete Niveau für den Unterricht übersteigen würden und welche mathematischen Vereinfachungen im Modell getroffen werden können. Zusätzlich überlegt sie, wie die Darstellungen so weit vereinfacht werden können, dass die Lernenden auf ihrem Niveau abgeholt werden können und wie Zusammenhänge schülergerecht formuliert und visualisiert werden können. Sie entwickelt ein System für die Farbzuordnung, die für die Schülerschaft lernförderlich ist. Wenn man dann anhand dieser Überlegungen begründet zu einer didaktischen Auswahl der vereinfachten Rahmenbedingungen für die berufliche Situation und für die Problemstellung gekommen ist, steht die Lernsituation zumindest inhaltlich. Jetzt folgt die methodische Planung, die passend zur Schülergruppe und zum Problem entwickelt wird. Durch die gewählte Methode wird ermöglicht, dass der geplante Erkenntnis- und Kompetenzzuwachs tatsächlich stattfinden kann. Aus den Überlegungen zum Erkenntniszuwachs kann die Formulierung der Lernziele erfolgen. Diese sollten so formuliert sein, dass es wirklich Lernziele sind, welche die Schülerinnen und Schüler sich selber zum Ziel setzen. Wenn diese Überlegungen erfolgt sind, steht die Vorplanung für die Lernsituation.

Die Schülerinnen und Schüler sollen sich im Unterricht in die Situation der oben beschriebenen Person hineinversetzen und das anliegende Problem anhand der sechs Phasen der vollständigen Handlung bearbeiten und lösen.

Die Lernsituation ist soweit didaktisch reduziert, dass sie durch die Schülerschaft gelöst werden kann. Die Vereinfachungen sollten den Schülerinnen und Schülern nicht vorenthalten werden, sodass sie den Unterschied zwischen der beruflichen Handlung und der schulischen Lernsituation erkennen können und sich damit auch ernst genommen fühlen. Ehrlichkeit und Offenheit fördert das Vertrauensverhältnis zwischen Lehrkraft und Schülerschaft und die Motivation, sich mit den unterrichtlichen Problemen auseinanderzusetzen.

Diese theoretische Vorgehensbeschreibung wird im Folgenden durch konkrete Darstellungen ergänzt, die nur exemplarisch aufgefasst werden können, da jeder Prozess wiederum individuell abläuft.

10.1 Entwicklung einer Lernsituation zum Grenzwertbegriff

In meinen Seminarveranstaltungen wird immer wieder thematisiert, wie ein geeigneter Grenzwertbegriff mit den Schülerinnen und Schülern gebildet werden kann. Dies wird entweder gefragt, wenn im Unterricht Exponentialfunktionen oder aber die Differentialrechnung bearbeitet werden soll. Daher möchte ich den Grenzwertbegriff im unterrichtlichen Kontext analysieren. Eng verbunden mit dem Grenzwertbegriff ist auch die Vorstellung der Unendlichkeit. Die kindliche Vorstellung ist darauf begrenzt, dass Unendlich dort beginnt, wo die eigene Zahlenvorstellung endet. Da diese im Laufe der Schulzeit wächst, verschiebt sich der Beginn der Unendlichkeit einfach nach hinten. Abstrakter wird die Vorstellung, wenn man die Konstruktion der Zahlen reflektiert. Dann wird deutlich, dass es zu jeder gedachten natürlichen Zahl immer eine gibt, die um eins größer ist. Alle realen Zusammenhänge sind in irgendeiner Form begrenzt. Spannt man beispielsweise ein Seil zwischen zwei Befestigungen, so wird dieses immer um einen gewissen Betrag durchhängen, ausgelöst durch sein Eigengewicht, welches immer gleichbleibt. Nun kann man an beiden Enden ziehen und das Seil wird immer weiter gespannt. Würde man das Seil mit unendlich großen Kräften spannen, so würde der Durchhang zu Null werden. Leider wird dieses Experiment nicht durchführbar sein. Das Seil wird vorher reißen, denn sein Material hat nur eine endliche Zugfestigkeit. Das macht deutlich, dass die Unendlichkeit ein abstrakter mathematischer Begriff ist und über die Maßen groß bedeutet, bis ins Unermessliche gehend. Im Studium lernt man dann Hilberts Hotel[74] kennen, mit dem die Phänomene der Unendlichkeit verdeutlicht werden. Soll der Grenzwertbegriff in der Schule geprägt werden, so kann und muss man dieses Abstraktionsniveau nicht erreichen. In der didaktischen Literatur finden sich etliche Beispiele für Grenzwertüberlegungen.

Ich möchte an dieser Stelle jedoch gerne zeigen, wie der Grenzwertbegriff im Unterricht entwickelt werden kann. Aus vielen Curricula sind die Folgen und Reihen gestrichen worden und so treffen die Schülerinnen und Schüler das erste Mal im Zusammenhang mit Exponentialfunktionen auf den Grenzwert. Möchte man anhand einer abstrakten Funktion $f(x) = a^x$ mit den Lernenden über das Verhalten am Rand für negative x-Werte sprechen, so werden für die meisten Lernenden Merksätze zum Auswendiglernen dabei herauskommen: „Je größer der Betrag des negativen x-Wertes ist, desto näher liegt der zugehörige Punkt an der x-Achse. Die x-Achse ist die Asymptote der Funktion f. Der Grenzwert für die Funktionswerte für x gegen minus Unendlich ist null." Auch wenn diese Formulierung einleuchtend erscheinen mag, so fehlen die Begründungen oder die Anschauung. Eine Lernsituation oder wenigstens eine Anwendung helfen den Lernenden, diese Zusammenhänge selber zu entdecken.

1. Schritt: Meine ursprüngliche Idee dazu entwickelte ich aus einer fiktiven Geschichte. Ein Bekannter von mir hat in seinem Garten einen großen Teich, dessen Fläche ich grob auf $100\,m^2$ schätze. Eines Tages hatte sich eine Ente auf den Teich gesetzt und etwas Entengrütze dort gelassen. Da der Bekannte jedoch selten zu Hause war, konnte er erst nach einer Weile feststellen, dass er dieses Gewächs auf seinem Teich hatte. Ich stellte daraufhin meinen Schülerinnen und Schülern die Frage, wann der Teich voraussichtlich zugewachsen sein würde. Eine Anwendungsaufgabe ohne beruflichen Bezug, deren Antwort überraschend, aber nicht wirklich bedeutend ist.

---

74 Mehr zu Hilberts Hotel lesen Sie z. B. auf der Website von Spektrum.de unter dem Stichwort „Hilbertsches Hotel".

2. Schritt: Ich begab mich im Internet auf die Suche nach mehr Informationen zu diesem Gewächs und fand die folgende Information.

INFO

Entengrütze – demnächst Rohstoff für Biosprit?
Richtig eindrucksvoll ist die Verwendung der extrem schnell wachsenden Wasserlinsen als künftiger Rohstoff für Biosprit. Das ist zwar noch Zukunftsmusik, aber Forscher der Universität Jena sind schon seit einiger Zeit mit den Winzlingen beschäftigt. Aus einem Gramm Entengrütze können in weniger als einem Monat sechs Tonnen Biomasse werden – wesentlich mehr als Mais! Im Gegensatz zum Maisanbau werden dabei keine Anbauflächen für Nahrungsmittel blockiert. Das wäre doch was, wenn irgendwann Autos mit Entengrütze angetrieben werden würden!

Abbildung 135: Informationen zum Thema Entengrütze[75]

3. Schritt: Aus dieser Idee heraus kann man die folgende grobe Planung einer Lernsituation entwickeln.

Für die Auslegung einer Produktionsanlage für die Wasserlinse, die auch Entengrütze genannt wird, weil Enten sie gerne fressen, muss der Wachstumsprozess dieser Wasserpflanze untersucht werden. Der Verfahrensingenieur des Unternehmens ist mit der Auslegung betraut. Zunächst versucht er anhand dieser Informationen das Wachstum durch eine Funktion näherungsweise zu beschreiben, auf deren Basis er die Versuchsplanungen und die weitere Auslegung einer Produktionsanlage durchführen kann.

4. Schritt: Daraus ergeben sich einige mathematische Fragestellungen:
Insgesamt ist die Funktion gesucht, die das Wachstum der Wasserlinsen beschreibt. Die erste mathematische Frage ist: Welche **Art** von Funktion kann das Wachstum am geeignetsten beschreiben?

Aus der Überlegung zur Vermehrung der Wasserlinse muss geschlussfolgert werden, dass sich die von der Wasserlinse bedeckte Fläche des Wassers regelmäßig vervielfachen muss. Daraus kann auf den exponentiellen Zusammenhang geschlossen werden. Beispielhaft kann das an einfachen Zahlenbeispielen gezeigt werden. Hier bietet sich tatsächlich die Zwei als Basis an, besonders dann, wenn auch im Informatikunterricht die Binären Zahlen thematisiert werden.

Wie ändert sich die Biomasse der Entengrütze, wenn davon zunächst 2 Einheiten vorhanden sind und sie sich jeweils in einem gewissen Zeitraum verdoppelt?

$a_0 = 2$

$a_1 = 2 \cdot 2 = 2^2 = 4$

$a_2 = 2 \cdot 2 \cdot 2 = 2^3 = 8$

$a_3 = 2 \cdot 2 \cdot 2 \cdot 2 = 2^4 = 16$

$a_n = 2^{n-1}$ mit $n \in \mathbb{N}$ oder $a(t) = 2^{t-1} = 2 \cdot 2^t$ mit $t \in \mathbb{R}$

Exponent
Wachstumsfaktor, Basis

Abbildung 136: Beispiel Tafelbild zum Thema „Entwicklung des exponentiellen Wachstums“

75 Böttcher, S. (2013): Das Geheimnis der Entengrütze. http://www.wildes-berlin.de/das-geheimnis-der-entengruetze/(abgerufen am 20.06.2022)

Anhand des einfachen Zahlenbeispiels wird das Wachstum entwickelt.
Im Unterricht ergeben sich die weiteren Fragen aus den Schülerbeiträgen:

- Welchen Wachstumsfaktor haben die Wasserlinsen tatsächlich?
- Wie sieht der Graph solch einer Funktion aus?
- Wie lange dauert es, bis eine bestimmte Masse gewachsen ist?
- Wie berechnet man das?

In Abbildung 137 ist die Lösung für diese Lernsituation dargestellt, wobei die Zahlen aus dem Text ungenau sind. Daher wird statt „weniger als ein Monat" die geschätzte Zeit von 28 Tagen angesetzt.

Welchen Wachstumsfaktor haben die Wasserlinsen?

$a_0 = 1\,\text{g}$

$a_{28} = 6000000\,\text{g}$

$q^n = \frac{a_{28}}{a_0} = \frac{6000000\,\text{g}}{1\,\text{g}}$ Es wird nach der Basis gesucht!

$q = \sqrt[28]{6000000} \approx 1{,}746131$

Am Ende eines Tages ist die Masse der Wasserlinsen auf das 1,75-fache angewachsen.

Wachstumsfunktion, die die Masse der Wasserlinse in Gramm in Abhängigkeit von der Zeit in Tagen beschreibt:

$m(t) = 1{,}746131^t$

Graph der Wachstumsfunktion:

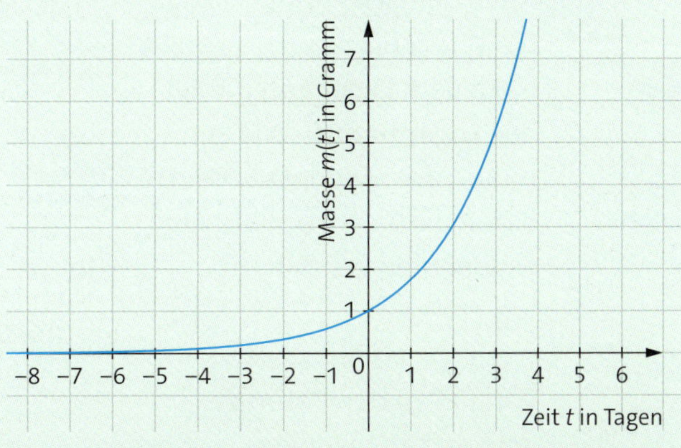

Abbildung 137: Berechnung des Wachstumsfaktors von Wasserlinsen

Aus der Klärung der vorgenannten Fragen wird sich unter anderem die Gedankenkette entwickeln, die zu der Masse der Wasserlinsen vor einem Tag, vor mehreren Tagen und schließlich vor langer Zeit führt. Als Schlussfolgerung könnte von den Schülerinnen und Schülern formuliert werden: Je weiter man in der Zeit zurückblickt, desto kleiner war die Fläche, die von der Wasserlinse bedeckt wurde. Mit dem Gedankenspiel, dass sie vor einem Tag immer die Hälfte des Folgetages betrug, und dass man **theoretisch** davon wieder und wieder die Hälfte nehmen kann und das in einem fort, kommt man zur folgenden Erkenntnis: Auch, wenn theoretisch immer wieder geteilt werden kann, so kann man praktisch irgendwann selbst mit Lupe oder Mikroskop keine Wasserlinse mehr sehen. Die Grenze, an die sich die Masse der Wasserlinse annähert, ist null Gramm. Damit wird die Grenze beschrieben, nicht irgendein Funktionswert. Daher schreibt man $\lim\limits_{t \to -\infty} (\text{Entengrütze}) = 0\,\text{g}$.

Was bedeutet also die Grenze im mathematischen Sinne?

Limes steht lateinisch für Grenze. Die Grenzlinien zwischen Staaten werden leider häufig unabhängig davon gezogen, ob sich in ihrer Nähe Menschen befinden und Dörfer geteilt werden. Grenzlinien können sehr durchlässig sein. Nicht jede Grenze muss durch eine Mauer markiert sein! So verhält es sich auch mit der Grenze, die wir mathematisch betrachten. Auf der Grenzlinie können also alle, einige, sehr viele oder gar keine Punkte eines Funktionsgraphen liegen. Sieht man aber am äußeren Rand genau hin, so finden sich unendlich viele Punkte, die auf der Grenzlinie zu liegen scheinen. Die Grenzlinie für Funktionsgraphen selber heißt Asymptote. Die Grenzwertbetrachtung macht den Schritt weg von den Funktionswerten, hin zum Grenzwert. Daher heißt dieser Vorgang auch Grenzübergang, geschrieben $\lim_{x \to x_0} (f(x)) = y_{Grenze}$.

Das Wachstum kann nur dann genau bestimmt werden, wenn der Wachstumsfaktor ermittelt wird. Dazu erforderlich sind die Kenntnisse über die Potenzgesetze und den Logarithmus. In Abbildung 136 ist ein Tafelbild dargestellt, das die Zusammenhänge zwischen diesen beiden Betrachtungen deutlich macht.

Potenzgesetze:
Die Basis und der Exponent sind gegeben, wie rechnet man damit?

$3^2 \cdot 3^4 = (3 \cdot 3) \cdot (3 \cdot 3 \cdot 3 \cdot 3)$

$= 3^{2+4}$

$= 3^6 = 729$

$a^m \cdot a^n = a^{m+n}$

$\frac{3^4}{3^2} = \frac{3 \cdot 3 \cdot 3 \cdot 3}{3 \cdot 3} = 3^{4-2} = 3^2$

$\frac{a^m}{a^n} = 3^{m-n}$

$\frac{3^2}{3^4} = \frac{3 \cdot 3}{3 \cdot 3 \cdot 3 \cdot 3} = 3^{2-4} = 3^{-2} = \frac{1}{3^2}$

$a^{-m} = \frac{1}{a^m}$

$\frac{3^4}{3^4} = \frac{3 \cdot 3 \cdot 3 \cdot 3}{3 \cdot 3 \cdot 3 \cdot 3} = 3^{4-4} = 3^0 = 1$

$a^0 = 1$

Wie stellt man so eine Gleichung um?

$b = a^m$

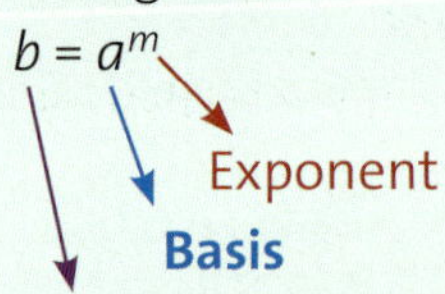

Numerus, Ergebnis

Nach der **Basis** fragt die **Wurzel:** $a = \sqrt[m]{b}$

Nach dem **Exponenten** fragt der **Logarithmus:** Wie groß muss der Exponent sein, damit die Basis hoch diesem Exponenten gleich b ist?

$\log_a(b) = m$, weil $a^m = b$

Parallel zu den Potenzregeln gelten hier die Logarithmengesetze.

Logarithmengesetze:
$\log_a a^m = m$, weil der Exponent zur Basis a m ist, sodass sich daraus a^m ergibt. Jede Zahl b lässt sich als a^m darstellen.

$\log_5 125 = \log_5 5^3 = 3$, weil der Exponent zur Basis fünf drei ist, damit 125 herauskommt: $5^3 = 125$

$\log_a(a^m \cdot a^n) = \log_a a^{m+n} = m + n$

$= \log_a a^m + \log_a a^n$

$\log_a \frac{a^m}{a^n} = \log_a a^{m-n}$

$= \log_a a^m - \log_a a^n = m - n$

$\log_a 1 = 0$

Abbildung 138: Beispielhaftes Tafelbild zur Gegenüberstellung der Potenzgesetze und der Logarithmengesetze

Meiner Erfahrung nach sind die Logarithmengesetze wesentlich leichter zu begreifen und zu lernen, wenn sie in direktem Bezug zu den Potenzgesetzen erarbeitet werden. Vielfältige Zahlenbeispiele, die zum Nachweis herangezogen werden, unterstützen diesen Prozess.

Anhand der Logarithmengesetze kann die Zeit, die die Wasserlinse benötigt, um eine bestimmte Masse zu erreichen, berechnet werden. Mit diesen neuen Erkenntnissen können die Schülerinnen und Schüler sich weiter mit der Situation des Verfahrensingenieurs befassen.

In diesem Kapitel wurde der kreative Prozess zur Entwicklung der Idee für eine Lernsituation dargestellt.

10.2 Entwicklung einer Lernsituation zum Thema „analytische Geometrie“

In den Richtlinien wird die Vektorrechnung oder analytische Geometrie vorgegeben. Die Lehrkraft möchte das Thema „Ebenendarstellung und Lagebeziehungen zwischen Punkten, Geraden und Ebenen im Raum“ im Unterricht erarbeiten. Dazu könnte die folgende Aufgabenstellung im Unterricht behandelt werden:

Gegeben seien drei Punkte, die eine Ebene aufspannen. Ermitteln Sie die Punktrichtungsform der Ebene.

Frage: Warum sollten sich Schülerinnen und Schüler mit dieser Frage befassen wollen, welchen Bezug haben sie zu dieser Frage? Wenn sie ein besonderes Faible für Mathematik haben, werden sie sich mit Begeisterung dieser innermathematischen Fragestellung widmen. Der Durchschnittsschüler jedoch wird sich abwartend verhalten und hoffen, dass die Leistungsträger oder Leistungsträgerinnen die Problematik lösen werden und ein Ergebnis präsentieren, sodass man die Lösung abschreiben und auswendig lernen kann. Dann kann man ähnliche Aufgaben in Prüfungssituationen lösen. Jedoch wird dieser Teil der Schülerschaft kein Verständnis für die dreidimensionale Ebene und ihre mathematische Modellierung entwickeln können.

10.2.1 Ich plane eine Handlungssituation!

Im Folgenden stelle ich meine ganz persönlichen Überlegungen zur weiteren Planung vor, um einen konkreten Einblick in diese Planungsarbeit zu gewähren.

„Wer befasst sich denn mit solchen Fragestellungen beruflich? Wo habe ich selber schon Ebenen gesehen? Zum Beispiel am Sandberg der benachbarten Baustelle. Baustelle ist ein Stichwort, dem ich nachgehe. Es werden Häuser an Berghängen gebaut. Gibt es da vielleicht ein passendes Problem? Ich sammle meine Ideen betreffend Winkeln, Steigung, Gründung des Gebäudes und lasse mich gedanklich treiben. Mein Blick fällt zum Beispiel auf ein Foto in der Zeitung, auf dem ein Windrad und Hausdächer abgebildet sind. Da fällt mir ein, dass mir ein Kollege erzählt hat, dass er in seinem Garten ein Problem mit Schlagschatten hat. In der Nähe von Pattensen wurden Windräder gebaut, die bei einem bestimmten Winkel der Sonne zum Windrad und Garten einen Schatten erzeugen, der sich in der Frequenz der Drehung des Windrades über den Garten legt.“

Dieser gesamte Gedankenprozess läuft manchmal chaotisch ab, manchmal dauert er auch lange, er kann spontan erfolgen und manchmal gehemmt sein. Das Gespräch mit Freundinnen, Verwandten, Kolleginnen und Nachbarn ist hilfreich und liefert manchmal die zündende Idee. Auch die Lektüre von Büchern, (auch Schulbüchern!), Zeitungen und Zeitschriften, Filme oder die Suche im Internet können Auslöser für eine Idee sein. Manchmal reicht es, mit offenen Augen durchs Leben zu gehen, um spontan eine Idee zu haben. Die Entwicklungsarbeit folgt dann, immer begleitet von der Frage:

MERKE

Warum und wofür sollten sich die Schülerin und der Schüler mit der Problematik befassen wollen?

Ich entwickele die Idee des Schlagschattens weiter: In der Baubehörde liegt der Bauantrag für ein Windkraftrad vor. Die umgebende Landschaft und Bebauung muss geprüft werden, denn es gibt bereits klare Richtlinien, nach denen so ein Bauantrag bewilligt oder abgelehnt werden muss. Die Schülerinnen und Schüler sind bezüglich der Richtlinien vielleicht noch nicht informiert und die Lehrkraft kann nicht die Fachkraft für jedes beliebige berufliche Thema sein. Das hält mich aber nicht davon ab, den Gedanken weiterzuverfolgen. Was ist eigentlich ein Schlagschatten, wie entsteht er? Sonne, Windradflügel und Haus müssen auf einer Geraden liegen, damit ein Schatten entstehen kann. Ich freue mich, weil ich schon etwas gefunden habe, das die Schülerinnen und Schüler bereits berechnen können. Sie könnten schon eine Gerade erstellen und überprüfen, ob ein Punkt auf der Geraden liegt. Das ist schon ein Ansatz, der aber noch nichts mit der Ebene zu tun hat. Ich denke weiter. Es könnten mehrere Häuser am Hang sein. Der Hang könnte mittels einer Ebene beschrieben werden und Sonne und Windradspitze könnten wie Punkte auf einer Geraden liegen. Dann müsste man den Schnittpunkt zwischen der Gerade und der Ebene ermitteln...

Meine Gedanken springen immer zwischen dem mathematischen Inhalt und der Situation hin und her und ich versuche, so viele Aspekte wie möglich zusammenzutragen. Am Ende steht die Handlungssituation fest: Eine Bauingenieurin, die in einem Planungsbüro für Windkraftanlagen beschäftigt ist, erhält den Auftrag nachzuweisen, dass die nahegelegene Ortschaft nicht von Schlagschatten getroffen wird. Alternativ könnte in der Handlungssituation auch eine Bürgerinitiative stecken, die sich gegen den Bau einer neuen Windkraftanlage in der Nähe ihrer Ortschaft engagiert. Ihre Mitglieder wollen selber überprüfen, ob die geplante Anlage einen Schlagschatten werfen wird.

Je nach Schülerschaft kann die jeweils passendere Handlungssituation als Ausgang für die zu planende Lernsituation gewählt werden.

10.2.2 Ich plane die sachbezogenen Problemstellung

Nun folgt die Analyse der sachlichen Problemstellung. Die Ortschaft liegt an einem Südhang, die Windkraftanlage soll dazu südlich auf einem Feld, welches keine Hügel aufweist, aufgebaut werden. Die Höhe der Nabe des Windrades wird 100 Meter betragen und die Flügel werden 52 Meter lang sein. Aus den GPS-Koordinaten der Gebäude in der Ortschaft können die Koordinaten bezogen auf den Fuß der geplanten Windkraftanlage ermittelt werden.

Jetzt muss die kreative Fleißarbeit der Planung erfolgen. Die Daten werden festgelegt. Dazu werden realistische Größen gemessen, erfragt oder geeignet geschätzt. Gleichzeitig ist festzustellen, dass das Festlegen der Kreisbahn der Sonne und die daraus entstehende Geradenschar der Sonnenstrahlen das Problem sehr stark ausufern lassen würde. Diese komplexe Problematik eignet sich möglicherweise für eine Schülerarbeit, falls ich eine Schülerin oder einen Schüler in besonderem Maße fördern und anregen möchte. Für den Unterricht wird vereinfachend **ein** exemplarischer Richtungsvektor für die Sonnenstrahlen festgelegt. Diese können als nahezu parallel angenommen werden, was die anschließende Berechnung ebenfalls vereinfacht. Die Reduktionsüberlegungen bezüglich der realen Handlungssituation erfolgen bereits bei der Auswahl des Zahlenmaterials, während ein Vorentwurf des Erwartungshorizontes für die Problemlösung erstellt wird. Jede Zahl sollte mit Bedacht gewählt werden, sodass im Anschluss tatsächlich die Erkenntnisse gefunden werden, die sich die Lehrkraft erhofft. Im Folgenden ist das Ergebnis meiner Überlegung dargestellt.

BEISPIEL

Problem: Planung einer Windkraftanlage

In letzter Zeit werden immer mehr Windkraftanlagen in immer größerer Nähe von Siedlungen gebaut. Speziell der Schlagschatten bereitet den Anwohnern große Sorgen. Er entsteht dadurch, dass sich das Windrad dreht und bei Sonnenschein der Schatten über die Landschaft wandert. Beispielsweise erfahren im Garten sitzende Personen dadurch einen regelmäßigen Wechsel zwischen Sonne und Schatten.

Der Standort einer neu geplanten Windkraftanlage soll nun durch den Planungsingenieur oder die Planungsingenieurin überprüft werden.

Dazu sind einige Punkte (um das Dorf herum) auf dem bebauten Hang und der Standort und die Höhe der Anlage bekannt.

P(−200 | 0 | 20), Q(−180 | 150 | 20), R(−150 | 20 | 5), S(0 | 0 | 90)

Der Standort der Windkraftanlage wurde für die Vermessung als Bezugspunkt gewählt. Alle Werte sind in Metern gemessen.

Illustration: Ibrahim Mukiibi, Bearbeitung: Cornelsen/Martin Frech

Beispielhafter Richtungsvektor der Sonnenstrahlen:

$$\vec{s} = \begin{pmatrix} -33 \\ 17 \\ -15{,}5 \end{pmatrix}$$

Abbildung 139: Informationsblatt zum Thema „Ebenen in der Vektorrechnung“

10.2.3 Innermathematische Planung

Damit man sicher sein kann, dass die erforderlichen Fachkompetenzen bei der Schülerschaft tatsächlich erreicht werden können, können Mindmaps erstellt werden, die die Thematik „Vektorrechnung" aus mathematischer Sicht detailliert aufschlüsseln. Mit solchen Mindmaps kann man die Lernsituationen analysieren. Man markiert während der Planung farbig, welche mathematischen Aspekte durch die Lernsituation aller Wahrscheinlichkeit nach berührt werden.

WEBCODE

Die Mindmap zum Thema „analytische Geometrie oder Vektorrechnung" können Sie als Webcode downloaden:

cornelsen.de/codes
Code: yejeyi

Die für die Planung der Lernsituationen entstehenden Mindmaps stehen anschließend für jede weitere Lernsituationsplanung zu diesem mathematischen Thema zur Verfügung. Damit lohnt die Arbeit. Die Mindmap wird möglicherweise im Verlauf der Zeit immer ausgefeilter werden. Schülerprobleme, kognitive Konflikte und das Entdecken von Sonderfällen wird zu einer Erweiterung dieser inhaltlichen Zusammenstellung führen. Die einmal erarbeitete Lernsituation steht im Anschluss als intensiv vorbereiteter Unterricht zur Verfügung. Führen die Lehrkräfte diese Lernsituationen sogar parallel in ihren Klassen durch, so kann das pädagogische Gespräch in der Pause schon zu neuen Ideen führen. Auch Vertretungsunterricht wird vereinfacht. Dazu ist es erforderlich, dass die vertretende Lehrkraft ebenfalls mit eigener Farbe den Stand des Lernprozesses mittels der Mindmap protokolliert. Auch die anschließende Konzeption von Klassenarbeiten lässt sich mithilfe der Mindmap erleichtern, da konkret festgehalten worden ist, welche Kompetenzen im Unterricht angestrebt wurden und damit auch abprüfbar sind.

Ich empfehle, auch den Schülerinnen und Schülern die Mindmap als Arbeitsmaterial für die Klassenarbeitsvorbereitung zur Verfügung zu stellen. Das fördert die Übernahme der Eigenverantwortung und die Anzahl der Erfolgserlebnisse beim Lernen.

Im Verlauf der Unterrichtsdurchführung nehme man diese Mindmap ebenfalls zur Hand und markiere z. B. durch Unterstreichung, welche Fachkenntnisse die Schülerinnen und Schüler im Unterricht sicher erarbeitet haben (volle Markierung) und welche bisher zwar angerissen, aber noch nicht abgesichert wurden (Unterstreichung). Auf diese Weise verschafft man sich Sicherheit über den erfolgreichen Lernprozess der Schülerinnen und Schüler und hat ständig einen Überblick über den Arbeitsfortschritt. Alle Aspekte, die erforderlich sind, jedoch am Ende der Lernsituation nicht farbig markiert sind, müssen im Anschluss ergänzt werden. Möglicherweise durch eine Erweiterung der Lernsituation, durch eine weitere Lernsituation oder teilweise auch durch die Arbeit mit dem Schulbuch.

10.2.4 Methodische Planung

Die methodischen Überlegungen zur Lernsituation hängen sehr von der Klasse ab. Eine Lernspirale könnte eine passende und schüleraktivierende Unterrichtsmethode sein (siehe Abbildung 140). Sie hat den Vorteil, dass alle Schülerinnen und Schüler intensiv in die Erarbeitung einbezogen werden und alle die Verantwortung für den eigenen Lernprozess übernehmen müssen. Wenn die Schülerinnen und Schüler das Sachproblem und das mathematische Problem selber formuliert haben, werden sie auch motiviert sein, das Problem zu lösen. Die Lernspirale wiederum ist so aufgebaut, dass die Lernenden mit großer Sicherheit viele kleine motivierende Erfolgserlebnisse haben werden.

Besonders motivierend wirkt sich, gerade im Zusammenhang mit der Vektorrechnung, der Bau von Modellen aus. Die Materialien müssen dafür nicht aufwendig sein. Pappe, Knete und Schaschlikspieße bieten sich an. So kann jede Gruppe ihr eigenes Modell erstellen und die Freude in der Klasse über die unterschiedlichen ‚Bastelergebnisse‘ ist aus meiner Erfahrung groß. Für den Mathematikunterricht ist diese Form der Darstellung der eigenen Überlegungen meist ungewöhnlich. Das Arbeiten mit Knete regt die Schülerschaft an, sich mit der dreidimensionalen Problematik aktiv auseinanderzusetzen. Das Kneten spricht auch die Schülerinnen und Schüler an, die mit abstrakten Denkweisen der Mathematik eventuell Schwierigkeiten haben. Die Auswahl der Arbeitsaufträge und der Gruppenzusammensetzung zur Durchführung der Lernspirale obliegt der Lehrkraft, da sie hier ganz gezielt eine Zuordnung wählen kann, sodass sich **alle** besonders motiviert fühlen. Im Anschluss an die erste Partnerarbeitsphase wird in der Gruppe über die theoretische Herangehensweise und den Zusammenhang zum Modell diskutiert. Das führt dazu, dass alle Schülerinnen und Schüler sowohl das begreifbare Modell als auch die symbolische Darstellung des Problems durchdringen können. Das tiefere Verständnis kann auf diese Weise mit großer Sicherheit erzeugt werden. Das Beispiel zeigt, wie sich die Schülerinnen und Schüler bei der Erarbeitung einer Lernsituation immer tiefer in die Thematik ‚hineinbohren‘.

Berechnung des Schlagschattens

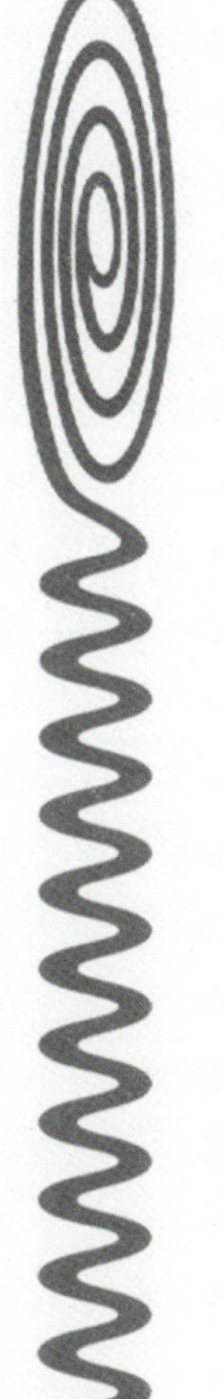

1. Lesen Sie den Text und markieren Sie alle Informationen, die zur Lösung der Aufgabe notwendig sind, in einer Farbe. Formulieren Sie das konkrete Problem. **Das Lösen des Problems ist jetzt noch nicht gefragt!**
   ALLEIN, 5 Minuten
2. Vergleichen Sie mit Ihrem Nachbarn bzw. Ihrer Nachbarin die Markierungen und formulieren Sie die daraus entstehenden Fragen. Überlegen Sie sich eine Lösungsstrategie. Notieren Sie alle Annahmen, die Sie treffen, um das Problem mathematisch zu beschreiben. Notieren Sie alle bereits bekannten mathematischen Hilfsmittel, die für die Lösung hilfreich sein könnten. Formulieren Sie Ihre mathematische Frage.
   TANDEM, 10 Minuten
3. Lesen Sie die Informationen im Buch auf Seite 118 durch[76] und:
   A: Bauen Sie ein Modell, das die vektorielle Darstellung des Problems zeigt. (Material: Schaschlikspieße, Knete, Pappe)
   B: Erstellen Sie eine Anleitung zur Berechnung der vektoriellen Darstellung des Problems.
   Gleiches TANDEM, 20 Minuten
4. Tauschen Sie sich in der Gruppe über Ihre Erkenntnisse zur Ebenendarstellung aus und erstellen Sie ein Ausstellungsobjekt bestehend aus Modell und Plakat zur Beschreibung des Problems.
   GRUPPE (2 x A / 2 x B), 20 Minuten (Gruppen mischen)
5. Stellen Sie Ihr Exponat im Plenum vor!
   Formulieren Sie ggf. noch offene Fragen.
   Plenum, 15 Minuten
6. Klären Sie alle offenen Fragen im Plenum.
   Plenum, 15 Minuten

Lösen Sie das Problem als Hausaufgabe.

Abbildung 140: Beispiel Arbeitsblatt für die Lernspirale „Ebene“, Vektorrechnung

76 Für den beschriebenen Unterricht ist das eingeführte Schulbuch hilfreich: Bigalke/Köhler (2009): Analytische Geometrie und Stochastik. Cornelsen Verlag, S. 118.

10.2.5 Ablaufschema der Planung

Ziel einer jeden Unterrichtsplanung ist es, den Lernprozess der Lernenden möglichst optimal zu fördern. Das Bedürfnis nach neuen Erkenntnissen muss dafür durchgängig vorhanden sein. Um dieses nicht aus den Augen zu verlieren, dient die Grafik in Abbildung 141. Sie stellt ein Flussdiagramm für die Planung des handlungsorientierten Unterrichts dar. Es bietet sich an, dieses während der konkreten Unterrichtsplanung zur Seite zu haben, um den Überblick über den Unterrichtsablauf und den Lernprozess in der Komplexität der Lernsituationsplanung zu behalten.

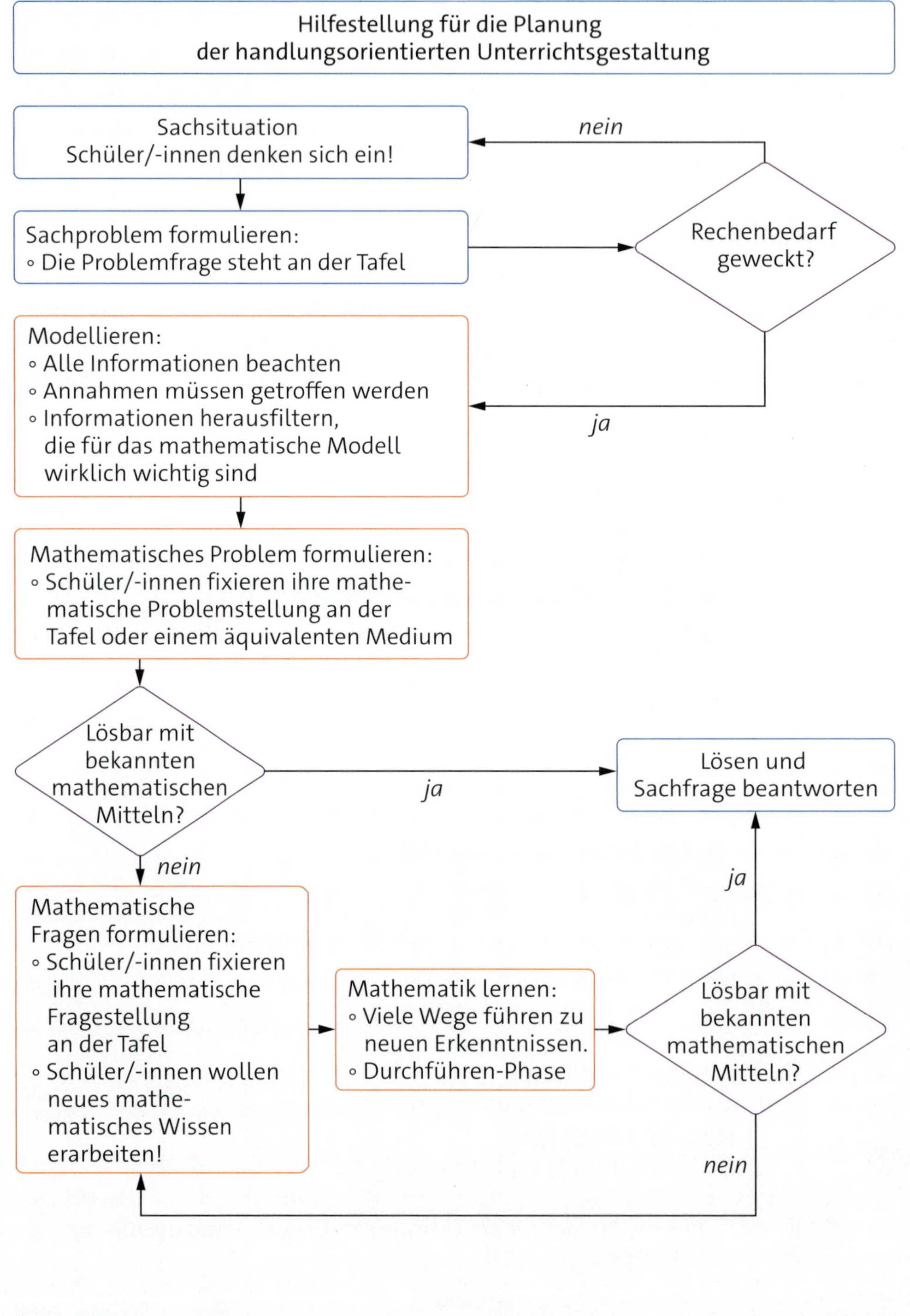

Abbildung 141: Hilfestellung zur Planung handlungsorientierten Unterrichtes (BHOM)

In der Abbildung, die Sie unter folgendem Webcode downloaden können, werden die Schlüsselfragen, die sich die Lehrkraft während der Unterrichtsplanung stellen sollte, zusammengefasst. Dabei wird deutlich, dass die Lehrkraft immer wieder ihre eigene Sichtweise verlassen muss, um die Schülerperspektive von vornherein in ihre Planung mit einzubeziehen. So kann sie sicherstellen, dass sie den Unterricht tatsächlich für die Schüler ansprechend, motivierend und lernförderlich plant.

WEBCODE

Die Abbildung mit der Unterrichtsverlaufsplanung für handlungsorientierten Mathematikunterricht (BHOM) können Sie als Webcode downloaden:

cornelsen.de/codes
Code: tiriyi

Ich habe verschiedene Vorgehensweisen zur Erstellung von Lernsituationen zusammengestellt, die keine abschließende Betrachtung darstellen können. Jede Lernsituation stellt wieder eine neue Herausforderung für die Lehrkraft dar. Die Mindmap und die Schlüsselfragen ebenso wie die Anregung, die Gedanken handschriftlich zu sortieren, sollten hilfreich für die eigene Umsetzung solcher Planungen sein. Der intensive Gedankenaustausch im Kollegium fördert dazu nicht nur die Qualität der Planung und des Unterrichtes, sondern auch den Zusammenhalt. Wenn sich die Fachgruppen des Lehrerkollegiums darauf einlassen, werden sie eine Erhöhung ihrer eigenen Arbeitsmotivation bemerken. Das Arbeiten im Team und die gegenseitige positive Verstärkung sollten die Grundlage der Arbeit der Lehrkräfte sein, die damit Vorbilder für ihre Schülerschaft sind. Die Probleme, die in Kollegenteams selbstverständlich auch auftreten können, sollten die Lehrerschaft daran erinnern, dass dies auch bei den Schülern auftreten wird. Dem Gedanken sollte in der Planung des Unterrichtes ebenfalls Rechnung getragen werden.

10.3 Handlungsorientierte Jahresplanung

Wie soll die Flexibilität, die in jeder Unterrichtsstunde an den Tag gelegt werden soll, auf die Ganzjahresplanung übertragen werden? Wie sollte man den Zeitbedarf für die Lernsituationen kalkulieren und kann dann auch „der vorgegebene Stoff geschafft" werden? Dies sind Fragen, die mir sehr häufig gestellt werden. Die Unterrichtsplanung für ein Schuljahr muss die nötige Flexibilität enthalten, die mit einkalkuliert, dass Schülerinnen und Schüler auch mal mehr Probleme mitbringen oder unruhiger und unkonzentrierter sind. Es muss einkalkuliert werden, dass Ausflüge, Klassenfahrten und Krankheitstage bei allen Beteiligten auftreten können, die vielleicht nicht schon zu Beginn des Schuljahres abzusehen sind. Meines Erachtens werden die zu fördernden Handlungskompetenzen und prozessbezogenen Kompetenzen durch die Durchführung von Lernsituationen gefördert. Dazu ist die Anzahl der Lernsituationen nicht entscheidend. Ich habe in der Vergangenheit versucht, die mathematischen Inhalte innerhalb von 5 großen Lernsituationen im Jahr abzudecken. Allerdings habe ich dabei festgestellt, dass die Spannungsbögen für viele Schüler bereits zu groß und damit überdehnt waren. Daher ist es im Allgemeinen günstiger, mehrere kleinere Lernsituationen mit vielleicht 12 oder 16 Stunden Umfang zu planen.

Die zweite Frage ist jedoch für alle Schulformen, die mit einer Prüfung enden, von besonderer Bedeutung. Dazu müssen die durch die Curricula vorgeschriebenen Lehrziele den Lernsituationen zugeordnet werden. Die Kompetenzbeschreibungen aus den Curricula werden dafür wiederum in ihre Bestandteile aufgelöst, da sie Kompetenzen beschreiben, die nicht innerhalb einer Lerneinheit zu erreichen sind, sondern innerhalb des gesamten Lehrgangs. Eine Analyse und der Vergleich der erreichbaren und der zu erreichenden Kompetenzen zeigen auf, welche Kompetenzen in Abstraktionsphasen, in der Bewerten-Phase des Handlungskreises oder sogar außerhalb der Lernsituationen ergänzend gefördert werden müssen. Daraus entwickelt man die vorläufige Reihenfolge für die Jahresplanung. Diese sollte mit den Kollegen, die in der Klasse ebenfalls unterrichten, abgesprochen werden, sodass thematische Überschneidungen abgeklärt und Schwerpunktsetzungen, fächerübergreifendes Arbeiten oder sogar gemeinsame Arbeit und deren Bewertung verabredet werden können. Der Austausch im Kollegium über die Lernleistungen und Möglichkeiten der Schülerinnen und Schüler erfordert Zeit außerhalb des Unterrichtes. Aber er führt zu einer Weiterentwicklung der Unterrichtsqualität, die sich positiv auf die eigene Motivation der Lehrkräfte auswirken wird.

Die Voraussetzung dafür ist, dass sich die Kolleginnen und Kollegen auf die gegenseitigen Stärken und Schwächen einlassen, eine Fehlerkultur entwickeln, durch die es möglich wird, über Probleme zu sprechen und diese gemeinsam anzugehen. Die vorbildliche Haltung der Lehrkräfte in einem Bildungsgangteam wird sich auch auf die Arbeit im Klassenraum auswirken. Die Haltung der Schülerschaft insgesamt wird sich verbessern. Da die Lehrkräfte durch die Zusammenarbeit ihr Interesse am Erfolg der Schülerschaft zeigen, werden sie von den Schülerinnen und Schülern als kompetente Ansprechpersonen wahrgenommen. Die größere Motivation aller beteiligten Schülerinnen und Schüler, die größere Eigenverantwortung und die entstehende Beharrlichkeit, selbst- oder fremdbestimmte Aufgaben bis zum Ende zu bearbeiten, führt aus meiner Erfahrung dazu, dass das Lerntempo im Verlaufe eines Schuljahres deutlich zunimmt. Die Wertschätzung, welche die Lernenden durch die Lehrkraft und ihre Mitschülerinnen und Mitschüler erfahren, steigert die Lernleistung bemerkbar. Daher lohnt sich aus meiner Sicht das etwas langsamere Vorgehen zu Beginn des Schuljahres.

Fehlende Grundlagen werden in der Bedarfssituation aufbereitet, weil im Anschluss die Aktivität der gesamten Schülerschaft soweit gesteigert werden kann, dass das Erlernen neuer mathematischer Sachzusammenhänge wesentlich sicherer und schneller gehen wird. Insbesondere sollte sich die Lernatmosphäre durch handlungsorientierten Unterricht so positiv entwickeln, dass tatsächlich (fast) alle Schülerinnen und Schüler am Unterrichtsgeschehen förderlich teilnehmen. Das wiederum bewirkt, dass der Unterrichtsprozess für Lehrende und Lernende wesentlich entspannter sein wird. Meiner Meinung nach sind Schülerinnen und Schüler bereit, sich auch auf komprimierte Lernsituationen einzulassen, wenn ihre Bedürfnisse von den Lehrkräften grundsätzlich wahrgenommen und wertgeschätzt werden. Das Unterrichten auf der Grundlage von Lernsituationen führt dazu, dass die Schülerschaft mit Blick auf anstehende Prüfungen motiviert sind, sich auf die systematische Konstruktion von Fachwissen einzulassen. Sie stellt fest, dass das exemplarische Lernen eine Systematisierung erfordert, die sie in die Lage versetzt, auch ähnliche oder sogar neuartige Probleme mit dem neu erlernten mathematischen Werkzeug zu bewältigen. Sobald der Bedarf nach einer Antwort bezüglich des Nutzens des Gelernten gedeckt ist, ist auch die grundsätzliche Bereitschaft entwickelt, sich Wissen anzueignen, welches abstrakt ist und nicht direkt in einem Sachzusammenhang angewendet werden kann. Die Schülerinnen und Schüler werden folglich auch im Studium dazu in der Lage sein, sich auf komplexe fachliche Inhalte einzulassen, auch wenn die Kenntnisse in der Anfangszeit noch nicht für kompetentes berufliches Handeln ausreichen werden.

Die Auswahl der geeigneten Lernsituationen ist Aufgabe der Lehrkraft. Es wäre angenehm, wenn jedes Mathematikteam mehrere Lernsituationen zu einer Thematik erstellt hätte, sodass eine Auswahl in Abhängigkeit von der jeweiligen Schülergruppe getroffen werden könnte. Passende Materialien erleichtern die Vorbereitung für den eigenen Unterricht. Es ist nicht zeitökonomisch, wenn jede Lehrkraft sich alle Informationen zu jeder Lernsituation alleine zusammensuchen muss. Es ist jedoch wichtig, dass immer wieder neue Lernsituationen entwickelt werden, um aktuellen Entwicklungen und Veränderungen der Voraussetzungen bezüglich der Schülerschaft gerecht werden zu können. Je nach Zielgruppe muss die Lehrkraft den Umfang der Lernsituationen eigenständig anpassen. Dadurch kann sie individuell auf die Heterogenität und die Lernausgangslage ihrer Schülerinnen und Schüler reagieren. Als angehende Lehrkraft sollte man sich immer die Freiheit nehmen können, das Erstellen von Lernsituationen unter Anleitung von Kolleginnen, Kollegen und Fachleitungen zu üben. Aus den Ideen zu Anwendungsaufgaben lassen sich durch umfassende Betrachtungen und den Bezug zu beruflicher Praxis Handlungssituationen finden. Dieser Prozess erfordert Kreativität und muss häufig geübt werden, um darin sicher zu werden.

Aus meiner Sicht kann die Arbeit zur (Weiter-)Entwicklung von Lernsituationen zu keinem Zeitpunkt als abgeschlossen betrachtet werden, es sei denn, die Problematik hätte sich überholt. Das macht unseren Unterricht immer wieder neu und nicht nur für die Schülerschaft interessant, sondern auch für die Lehrkräfte. Immer wieder müssen die Lehrkräfte die Gedankenwelt und –strukturen ihrer Schülerinnen und Schüler studieren und diesbezüglich zu immer neuen Erkenntnissen gelangen. Diese Herausforderung sollten wir Lehrkräfte jeden Tag aufs Neue annehmen, um immer wieder für uns feststellen zu können, wie abwechslungsreich und interessant unser Beruf ist.

11 TECHNOLOGIEEINSATZ

Im Zuge der Digitalisierung ändern sich auch die Anforderungen an den Mathematikunterricht, in dem „digitale" Kompetenzen angestrebt werden sollen. Nicht zuletzt deshalb erfordert moderner Mathematikunterricht den Einsatz technischer Hilfsmittel über die Nutzung eines wissenschaftlichen Taschenrechners hinaus. Das Smartphone ist ein ständiger Begleiter der Schülerinnen und Schüler, welches nicht nur zur Kommunikation, sondern auch als ausgelagerte und zusätzliche Wissensdatenbank genutzt wird. Elektronische Tafeln finden Einzug in immer mehr Klassenräume, Dokumentenkameras, Computer oder Tablets stehen immer häufiger zur Unterrichtsgestaltung zur Verfügung. Gleichzeitig wird über die eingesetzte Taschenrechnertechnologie diskutiert. Immer noch gibt es Verfechter und Verfechterinnen der wissenschaftlichen Taschenrechner, der grafikfähigen (GTR) oder der Rechner mit Computer-Algebra-Systemen (CAS), auch wenn parallel dazu die Einführung von Tablets als allgemeinverbindliche Unterrichtstechnologie auf dem Vormarsch ist und damit verbunden die Nutzung von Mathematiksoftware. In der Arbeitswelt wird mit jeweils geeigneter Software gearbeitet, sodass die folgenden Generationen auf diese Arbeitswelt vorbereitet werden sollten. Trotzdem ist für jeden Unterricht zu bedenken, dass hier Kognitionsstrukturen entwickelt werden sollen, die mathematisches Denken ermöglichen. Daher sollte die Debatte über die Digitalisierung im Unterricht immer wieder aus der Perspektive der Lernenden, ihrer Entwicklung und ihrem Lernprozess geführt werden. Technologie und Software sollten nicht nur deshalb Eingang in den modernen Unterricht finden, weil es sie gibt und weil sie in der Arbeitswelt genutzt werden, sondern müssen auf den direkten Nutzen bezüglich der Lernförderung der Schülerinnen und Schüler hin untersucht und ausgewählt werden (siehe auch Kapitel 8.2.).

11.1 Vergleich der Rechnertechnologien

Ein kleiner Rückblick auf die Entwicklung des Mathematikunterrichtes kann diese Problematik möglicherweise verdeutlichen.

Bis zur Einführung der wissenschaftlichen Taschenrechner wurden der Rechenschieber und Tabellenwerke genutzt. Der Schwerpunkt im Unterricht musste somit in der Algebra und Analysis auf dem Erlernen von Rechenfähigkeiten, dem Schätzen, Auswerten von Tabellen und Interpolieren liegen. In der Geometrie wurde Wert auf genaue zeichnerische Darstellung und Lösung mittels Zirkel und Lineal gelegt – später kam auch das Geodreieck hinzu. In der höheren Mathematik wurden abstrakte Betrachtungen angestellt und Beweise geführt. Die Struktur der Mathematik wurde analysiert. Die Leistungen der Schülerinnen und Schüler differierten stark und es musste festgestellt werden, dass der Großteil der Lernenden wenig Zugang zur Mathematik finden konnte. Die Hoffnungen lagen dann auf den kleinen Taschenrechnern, die immer mehr Rechenoperationen übernahmen. Dadurch wurden jedoch Fähigkeiten scheinbar überflüssig, die vorher trainiert und ausführlich im Unterricht geübt worden waren, wie z. B. das Überschlagsrechnen und Schätzen, das Interpolieren und Extrapolieren, das Lesen aus Logarithmus- und Wurzel-Tabellen, das Kopfrechnen auch langer Tabellen. Mit der Einführung der Taschenrechner wurde die Gedächtnisleistung beim Rechnen nicht mehr im selben Maße trainiert, wie dies bis dahin der Fall gewesen war. Ohne die Änderung der Schwerpunkte im Mathematikunterricht konnte die Einführung des Taschenrechners damit sogar zu schlechteren Lernergebnissen führen, als dies bis dahin der Fall war. Heute werden Tabellenwerke kaum noch genutzt, das schriftliche Wurzelziehen ist schon lange kein Unterrichtsinhalt mehr. Die Entwicklung der Taschenrechner ging weiter. Das Lösen linearer Gleichungssysteme mit drei Gleichungen, das Ermitteln eines bestimmten Integrals gehören heute zu den Standards der wissenschaftlichen Taschenrechner. Dieses verkürzt sicherlich so manchen Rechenaufwand. Es stellt sich jedoch die Frage, welchen Einfluss dieses auf die Aufgaben im Unterricht haben müsste. Die Weiterentwicklung zu grafikfähigen Taschenrechnern erweiterte den Umfang der enthaltenen Programme und schafft die Möglichkeit, Sachverhalte grafisch darzustellen. Näherungsverfahren zur Ermittlung konkreter Lösungen auch komplexer Problemstellungen sowie Programme, die Datenkolonnen verarbeiten und Statistiken auswerten können und Programme, die Wahrscheinlichkeitsverteilungen berechenbar machen, erweiterten die Taschenrechnerfunktionen so grundlegend, dass in der Folge die große Hoffnung bestand, dass nun die Schülerinnen und Schüler endlich den Zugang zur Mathematik finden würden. Die Beschwerden über mangelnde Mathematikkenntnisse der Studienanfänger wurden jedoch auch weiterhin formuliert, wie schon 20 Jahre zuvor.[77]

11.1.1 Grafikfähige Taschenrechner im Mathematikunterricht

Durch die grafikfähigen Taschenrechner wird es möglich, sich zusätzlich Graphen zu funktionalen Zusammenhängen anzusehen und Punkte mit bestimmten Eigenschaften, sowie die Eigenschaften von Punkten konkret zu untersuchen. Der Zusammenhang zwischen mathematischer Symbolik, Grafik und Datensätzen kann sehr bequem und schnell dargestellt werden. Aus gegebenen Rechenvorschriften werden die Daten und Grafiken in festgelegter Schrittweite diskret berechnet.

Die schnelle Ermittlung von markanten Punkten über einfache Tastenkombinationen vereinfacht den Zugang zu zahlenmäßigen Lösungen auch komplexer Problemstellungen. Die schnelle Lösung von realistischen Problemen sollte dem Unterricht so viel Spielraum verschaffen, dass sich die Lernenden intensiv mit den mathematischen Problemen auseinandersetzen könnten. Gleichzeitig sollte die Veranschaulichung der Probleme einen wesentlichen Einfluss auf den effizienten Lernprozess haben, da das Augenmerk mehr auf die Lösung von Anwendungsproblemen gelegt werden könnte, ohne dass wesentliche Unterrichtszeit mit aufwendigen Rechenoperationen algebraischer Art verloren gehen würde. Der grafikfähige Taschenrechner ist darauf ausgelegt, funktionale Sachverhalte diskret zu betrachten. Die interne Rechenauflösung für die Genauigkeit der grafischen Darstellung und der Lösung mathematischer Probleme ist die Fortsetzung der Arbeit mit Tabellenwerken.

Der grafikfähige Taschenrechner ersetzt das aufwendige algebraische Berechnen von Datensätzen und das Nachdenken darüber, welche der berechneten Lösungen zum Beispiel die passenden Eigenschaften eines gesuchten markanten Punktes aufweist.

Durch den durchgängigen Einsatz grafikfähiger Taschenrechner könnte die Notwendigkeit des Nachdenkens über die speziellen Eigenschaften, beispielsweise von Extrempunkten und der Ermittlung von Ableitungsfunktionen oder Integralfunktionen, entfallen.

In der gymnasialen Oberstufe wird die Betrachtung von Funktionen, die über der Menge der Reellen Zahlen definiert sind, allem Anschein nach entbehrlich. Die Infinitesimalrechnung könnte sich damit erübrigen. Das müsste schließlich dazu führen, dass die Kenntnisse der Studienanfänger wesentlich zurückgehen, wenn nicht auf andere Weise gegengesteuert würde. Rechnerfreie Prüfungsteile im Abitur sind das Druckmittel, welches Lehrkräfte und Lernende gleichermaßen dazu zwingt, Mathematik auch noch ohne Hilfsmittel zu erarbeiten. Durch diese knappe Darstellung wird schon deutlich, dass die Einführung neuer Technologien im Mathematikunterricht zur Verschiebung der Schwerpunktsetzung im Unterricht führen muss.

---

77 Vgl. Lembach, A. (1996): Manche Erstsemester überleben nur mit Nachhilfe. VDI-Nachrichten, VDI-Verlag, Düsseldorf, 15.11.1996.

11.1.2 Computer-Algebra-Systeme im Mathematikunterricht

Ich habe die Erfahrung gemacht, dass mir die Nutzung des Computer-Algebra-Systems ermöglicht, auf sehr unterschiedliche Weise die Kompetenzen der Schülerschaft zu fördern.

Schülerinnen und Schüler, deren bisherige Erfolge im Fach „Mathematik" eher spärlich waren, können durch die geeignete Auswahl eines CAS-Rechners dazu motiviert werden, Rechenaufgaben zu bearbeiten. Dafür sollte der CAS-Rechner die mathematisch korrekte Syntax verwenden. Wenn es möglich ist, Rechenaufgaben mit einem Hilfsmittel genauso zu lösen, wie es auch ohne dieses Hilfsmittel gemacht würde, dann muss man sich nicht mehr damit abmühen und kann dem Unterricht losgelöst von den eigenen Rechenschwierigkeiten folgen. Meine Erfahrungen zeigen, dass Lernende, die diesen Druck und die Ängste vor Rechenaufgaben loswerden, gerade durch die Nutzung des CAS Mut schöpfen, sich mit ihren Schwierigkeiten auseinanderzusetzen. Diese Schülerinnen und Schüler trauen sich, nach den richtigen Lösungsstrategien zu fragen, ihre eigenen zurechtgelegten Strategien zu hinterfragen und ein neues mathematisches Grundgerüst zu erbauen. Damit ist auch die nächste Forderung an das Rechnerprogramm deutlich. Die Ausgabe muss so aussehen, wie sie nach einer handschriftlichen Rechnung aussehen würde.

Im Folgenden sind einige Beispiele für Rechenaufgaben dargestellt, die mit und ohne Taschenrechner lösbar sind. Sie sollen sowohl mit, als auch ohne Hilfsmittel bearbeitet werden. Durch den Einsatz des CAS wird den Schülerinnen und Schülern deutlich, wie sie erstens sauber mit Klammern arbeiten müssen und wie zweitens Klammerrechnung in Bezug auf die Differenz oder Summe funktioniert.

Vereinfache den Term:

$(3a + 2b) - (2a - b) = 3a + 2b - 2a + b = a + 3b = 3a - 2a + 2b + b$

$(3a + 2b) + (2a - b) = 3a + 2b + 2a - b = 5a + b = 3a + 2a + 2b - b$

Erkenntnisse:

- Wenn ich ein Minus vor der Klammer habe, muss ich die Klammer setzen.
- Wenn ich die Klammer dann auflösen will, erhalte ich als Rechenoperation für die einzelnen Elemente die Gegenoperation zum Vorzeichen der Elemente. Aus 2a = +2a wird durch das Minus vor der Klammer −2a und aus −b wird +b.
- Steht kein Vorzeichen vor dem Element, dann ist das Vorzeichen automatisch positiv und die Klammer kann weggelassen werden.
- Steht ein Plus zwischen den Klammern, so kann ich die Klammern komplett weglassen.

$2a + 3a^2 - 4a - b = -2a + 3a^2 - b$

- Zusammenfassen kann man nur Elemente, die gleichartig sind.
  Äpfel zu Äpfeln, Birnen zu Birnen oder a zu a und a^2 zu a^2 und b zu b. Man kann ja auch nicht Längen in Metern zu Flächen in Quadratmetern addieren.

$\sqrt{81} = 9$

- Die Wurzel aus 81 ist 9. Da $9 \cdot 9 = 81$. Zwar ergibt auch $-9 \cdot (-9) = 81$, der Taschenrechner gibt trotzdem nur den positiven Zahlenwert aus, weil er ja nicht wissen kann, ob die 81 aus der Multiplikation zweier positiver oder zweier negativer Zahlen entstanden ist. Danach wird in der dargestellten Aufgabenform auch nicht gefragt.
- Multipliziert man zwei negative Zahlen, so erhält man genauso ein positives Ergebnis, als wenn man zwei positive Zahlen multipliziert.
- Multipliziert man eine negative und eine positive Zahl, so ist das Ergebnis negativ. Die Reihenfolge der Multiplikation spielt hierbei keine Rolle. (Erkenntnis durch Probieren der Multiplikationen!)

$4 \cdot (m+3) \quad = 4m + 12$
$(3x+2y) \cdot (2x+y) \quad = 6x^2 + 7xy + 2y^2$

- Multipliziert man einen Klammerausdruck mit einer Zahl, so muss man jedes Element in der Klammer mit der Zahl multiplizieren.
- Multipliziert man zwei Klammern miteinander, muss man jedes Element der ersten Klammer mit jedem Element der zweiten Klammer multiplizieren. Es reicht nicht, das erste mit dem ersten und das zweite mit dem zweiten zu multiplizieren!!!

Abbildung 142: Beispiele für den Einsatz des CAS im Mathematikunterricht zur Förderung grundlegender Rechenkompetenz

Diese Erkenntnisse müssen mit den Schülerinnen und Schülern gemeinsam formuliert werden, damit sie sich derer bewusst werden. So kommen dann auch Lösungsvorschläge in der folgenden Form:

$4(m+3) = 4m + 12$ *wahr*
$\Leftrightarrow 4m = -12 \quad \Leftrightarrow m = -3$ *falsch*

Abbildung 143: Unterschied Termumformung und Gleichung

Wieso ist der erste Teil der Umformung richtig, der zweite jedoch falsch?

Aus der Termumformung (erste Zeile in Abbildung 143) wird fälschlicherweise eine Gleichung erstellt (zweite Zeile in Abbildung 143). Den Lernenden, die solche Lösungen anbieten, ist nicht klar, was der Unterschied zwischen einer **Termumformung** und einer **Gleichung** ist. Sie gehen ohne Nachdenken direkt zum Gleichungslösen nach m über, da sie der Meinung sind, dass sie immer nach der „Unbekannten" auflösen müssten. Sie bemerken nicht, dass sie fälschlicherweise auf der linken Seite des Gleichheitszeichens die Null ergänzen. Dieser Schritt wird ja nicht notiert!

$0 = 4m + 12$

An solchen Fehlern wird deutlich, dass die Schülerinnen und Schüler auf eine bestimmte Vorgehensweise trainiert wurden und nicht verstanden haben, was sie machen. Das Training bezog sich auf das Lösen von Gleichungen, nicht auf das Umformen von Termen. Gleichungslösen wurde immer und immer wieder exerziert.[78]

Wenn nun das Umformen eines Terms gefragt ist, wird aus der Not heraus gedanklich die Null auf der einen Seite des Gleichheitszeichens ergänzt, wodurch das Auflösen nach m möglich wird. Diese Denkweise, etwas scheinbar Fehlendes durch die Null zu ersetzen, ist manchmal hilfreich, jedoch ist dieser Lösungsansatz immer wieder zu hinterfragen, weil er nicht immer richtig ist, wie in diesem Fall. Die genaue Unterscheidung zwischen Term, Gleichung und Funktionsgleichung ist immer wieder erforderlich, gerade wenn in vorausgegangenen Unterrichtseinheiten jeweils nur eines davon verwendet wurde. Der Vergleich der Begriffe und der zugeordneten mathematischen Gebilde schafft für die Lernenden Sicherheit. CAS-Rechner bieten hier die Möglichkeit der direkten Unterscheidung durch die Befehle:

78 Lesen Sie dazu auch: Leuders, T. (2005): Qualität im Mathematikunterricht der Sekundarstufe I und II. Cornelsen Verlag Scriptor GmbH & Co. KG, S. 83.

Term	Umformung (vereinfache, fasse zusammen, multipliziere aus, ...)
Gleichung	Auflösen nach ... (Solve)
Funktion	Die Möglichkeit der grafischen und analytischen Untersuchung

Abbildung 144: Beispiel für die Klärung von mathematischen Fachbegriffen mittels CAS-Nutzung

Beispielhaft möchte ich noch drei ausgesuchte Aspekte des Mathematikunterrichtes für die Anregung von innermathematischen Fragen nennen.

- Nutzt das Programm beispielsweise die pq-Formel zur Lösung einer quadratischen Gleichung, so sollte in der Lösung auch die Wurzel auftauchen und dies mit dem Wechsel der Verknüpfung zwischen plus und minus.

$solve(0 = 2x^2 + 9.7x + 5,x)$

$$\left\{x = \frac{-3 \cdot \sqrt{601}}{40} - \frac{97}{40}, x = \frac{3 \cdot \sqrt{601}}{40} - \frac{97}{40}\right\}$$

Abbildung 145: Lösung einer quadratischen Gleichung mittels CAS zur Verdeutlichung der pq-Formel

Dadurch wird der dahinterstehende Algorithmus deutlich und es gibt keinen Bruch zwischen der handschriftlichen Berechnung und der Berechnung mittels Rechner. Die Analyse der vom Rechner ausgegebenen Lösung kann rückwärts auch die Frage aufkommen lassen, mit welchem Algorithmus der Taschenrechner arbeitet, sodass es einen Anlass gibt, diesen selber herzuleiten. Die Initiierung mathematischer Fragen sollte durch die Nutzung des CAS-Systems zu einem wesentlichen Bestandteil des Mathematikunterrichtes werden.

- Das Thema „Zahlenmengen" kann aus der Ausgabe des CAS entwickelt werden. Wurzelausdrücke, deren Lösungen irrationale Zahlen sind, die sowohl als Wurzelausdruck, als auch als Dezimalzahl ausgegeben werden, oder Wurzeln aus negativen Zahlen, die als Komplexe Zahlen ausgegeben werden, regen das Fragenstellen der Schülerschaft direkt an.

$solve(0 = 2x^2 + 9.7x + 12,x)$

$$\left\{x = -\frac{97}{40} - \frac{\sqrt{191} \cdot i}{40}, x = -\frac{97}{40} + \frac{\sqrt{191} \cdot i}{40}\right\}$$

Abbildung 146: Darstellung der Lösung einer quadratischen Gleichung mit komplexen Lösungen

- Die Darstellung der 1. Ableitung durch die Aufforderung zu differenzieren, welche vom Taschenrechner mittels Differentialquotient angegeben wird, weckt die Frage nach der Herleitung der Differentialrechnung mittels Grenzwertbetrachtung.

$diff(g(x), x)$

$$\frac{d}{dx}(g(x))$$

Abbildung 147: Befehl zu differenzieren und Antwort des Rechners mit Differentialquotient

Selbst wenn die Differentialrechnung zuvor bereits hergeleitet wurde, erzeugt die Nutzung des CAS immer wieder Gesprächsanlässe, welche die Schülerinnen und Schüler in dem Moment zum Lernen nutzen können, in dem sie selber das Lernbedürfnis empfinden.

Schließlich ist festzustellen, dass die Rechenfähigkeit der Schülerinnen und Schüler dadurch grundlegend gefördert werden kann, dass die Lehrkraft ein hohes Maß an Flexibilität und Geduld mitbringt. Sie muss die Schülerinnen und Schüler als Individuen wahrnehmen und einplanen, dass das Lernen sehr individuell stattfindet. Das Ausräumen grundlegender Rechenschwierigkeiten ermöglicht eine gemeinsame vertiefte Betrachtung der Mathematik, die für die gesamte Klasse befriedigend ist.

11.1.3 Vergleichende Überlegungen zum Einsatz unterschiedlicher Taschenrechnertechnologien

Ich möchte anhand des Beispiels der gebrochenrationalen Funktionen aus Abbildung 149 zeigen, dass der grafikfähige Taschenrechner durchaus seine Grenzen hat, wenn es darum geht, nicht nur Lösungen zu erhalten, sondern diese auch im Zusammenhang zu verstehen. Im Fokus soll die systematische Erarbeitung der Lage von Asymptoten stehen.

Die folgenden Schlüsse habe ich aufgrund eines beobachteten Unterrichtes gezogen. Die Schülerinnen und Schüler, die mehrere Funktionen mit ihrem GTR untersuchten, konnten in kurzer Zeit die wichtigen Eigenschaften benennen. Begründen konnte sie diese jedoch nicht. Schon eine kleine Variation der Darstellung führte die Schülerinnen und Schüler in die Irre. Im Falle der Funktion p (siehe Abbildung 148) bedeutete dies, dass sie fälschlicherweise annahmen, die Asymptote läge bei 10. Für eine genauere Untersuchung von gebrochenrationalen Funktionen ist die Polynomdivision eine Rechenhandwerkskunst, die Türen zur Erkenntnis eröffnet. Diese kann entweder mittels CAS-Rechner oder algebraisch erfolgen.

Im Folgenden wird die Berechnung zur Funktion p vorgestellt:

Gebrochenrationale Funktion mit Restterm:

$$p(x) = \frac{20x+3}{7x-50} + 10$$

Mithilfe der Termumformung oder des CAS-Rechners kann der Ausdruck auf einen Nenner gebracht werden.

$$p(x) = \frac{90x-497}{7x-50}$$

In dieser Form sind nach dem Schema aus Abbildung 67 in Kapitel 4.4 die vier wichtigen Informationen direkt ablesbar:

$S_y\left(0 \mid \frac{497}{50}\right)$, $N\left(\frac{497}{90} \mid 0\right)$, Polstelle $x = \frac{50}{7}$ und Asymptote $a(x) = \frac{90}{7}$

Nachweis der Asymptote mittels Polynomdivision:

$$(20x+3):(7x-50) + 10 = 10 + \frac{20}{7} - \frac{79}{7(7x-50)} = \frac{90}{7} - \frac{79}{49x-350}$$

$$\underline{-20x + \frac{100}{7}}$$

$$-\frac{79}{7} \quad \text{Restterm}$$

Abbildung 148: Berechnungen an einer gebrochenrationalen Funktion mit Restterm

Die Umformung des Funktionsterms mittels CAS-Rechner bietet eine schnelle Möglichkeit, auf die charakteristischen Werte für den Graphen zu schließen. Der grafikfähige Taschenrechner zeigt die korrekte Asymptote an und bestätigt damit nicht die Schülererwartungen. Das müsste zu einem kognitiven Konflikt führen. Eine weitere Untersuchung der Funktion ist mit dem GTR nur eingeschränkt möglich. Die Polynomdivision ist zur genauen Bestimmung der Asymptotenfunktion unerlässlich, diese bietet der GTR nicht. Anhand der auf diese Weise gewonnenen Darstellung der Funktion ist nicht nur die Asymptote ablesbar. Auch der weitere Kurvenverlauf wird jetzt durch den negativen, gebrochenrationalen Restterm ersichtlich. Der Graph muss sich für große Werte von x von unten an die Asymptote annähern. Für große, negative Werte von x sind seine Funktionswerte größer als 90/7. Mit dem grafikfähigen Taschenrechner erhält man schnell ein gutes Bild des Graphen. Der CAS-Rechner eröffnet zusätzliche Perspektiven auf die Zusammenhänge. Diese regen zum Nachdenken an und damit zum Lernen über gebrochenrationale Funktionen. Auf die algebraische Umformung der Funktionsterme kann verzichtet werden, wenn der Taschenrechner diese Aufgabe übernimmt. Computer-Algebra-Systeme können dies leisten, da sie mit Algorithmen analytisch arbeiten. Die Funktion wird nicht nur als Algorithmus zur Bestimmung von Datenpaaren genutzt, sondern mit ihr weiter gerechnet. Der Funktionsterm kann faktorisiert werden, vereinfacht oder ausmultipliziert. Damit kann er beliebig umgeformt werden, um versteckte Informationen herauszuziehen. Tatsächlich wird mithilfe des CAS eine intensive Auseinandersetzung mit den Eigenschaften der gebrochenrationalen Funktionen erreicht, die unter der Nutzung des GTR in dieser Form nicht möglich ist.

Das handschriftliche Bearbeiten der Problematik ist natürlich ein geeigneter Weg zur Erkenntnis. Er wird jedoch mehr Zeit in Anspruch nehmen und einige Schülerinnen und Schüler, aufgrund des für sie großen Aufwandes durch die Polynomdivision, von der Entdeckung der speziellen Eigenschaften ausschließen. Der gezielte Einsatz des CAS ermöglicht hingegen einen individualisierten Unterricht und die Förderung mathematischer Erkenntnisse trotz didaktisch reduzierter, rechnerischer Kompetenzen. Ich konnte inzwischen vielfach die Beobachtung machen, dass die Arbeit mit dem GTR im Unterricht eine geringere Tiefe der Auseinandersetzung mit mathematischen Phänomenn erlaubte, als die Arbeit mit einem Computer-Algebra-System. Dies liegt meines Erachtens daran, dass durch den Einsatz CAS-fähiger Rechner funktionale Zusammenhänge nicht als Zusammenfassung endlich vieler Punkte aufgefasst werden, sondern über den Reellen Zahlen definiert betrachtbar sind. Hinzu kommt, dass die Algorithmen, die der Berechnung zugrunde liegen, im Unterricht thematisiert werden können. Dieses herauszuarbeiten und tatsächlich mathematische Konzepte zu entwickeln und zu entdecken, erfordert von der Lehrkraft, dass sie in ihrer Unterrichtsplanung eben genau für die Diskussionen über mathematische Zusammenhänge Zeit und Impulse einplant.

Die Nutzung jedweden Taschenrechners scheint in der Vergangenheit die Mathematikkompetenzen der Schülerschaft nicht wirklich gefördert zu haben. Daher habe ich Unterricht erprobt, in dem ich sehr unterschiedliche Rechnertechnologien eingesetzt habe. Der Unterricht ganz ohne Taschenrechner hat die Schülerschaft dazu gezwungen, beispielsweise Funktionsgleichungen anhand der Parameter zu interpretieren und aus den Funktionen zu lesen. Damit konnten sie zunächst ein geschätztes Bild ihrer Graphen und der Lage und Art der markanten Punkte entwickeln. Diese Fähigkeit des Schätzens und des genauen Hinsehens erscheint mir eine unerlässliche Grundkompetenz zu sein, die eine angehende Studentin oder ein angehender Student zwingend mit ins Studium bringen sollte. Der Aufwand, geeignete Funktionsgleichungen zu finden, die vollständig ohne den Einsatz von Taschenrechnern zu analysieren sind, stellte sich als erheblich heraus. Hinzu kommt, dass dadurch nur solche Probleme im Unterricht bearbeitet werden können, die ganzzahlige Lösungen oder wenigstens Lösungen mit didaktischem Zahlenmaterial haben. Reale Probleme, die diese Eigenschaften besitzen, sind jedoch ausgesprochen selten und für die Lehrkraft schwer zu finden. Solche

Anwendungsbeispiele müssen meist künstlich erzeugt werden und sind mit großer Wahrscheinlichkeit nicht wirklich nah an der Realität. Hinzu kommt, dass der Rechenaufwand zur Analyse einer einzigen Funktion schon recht aufwendig ist und wenig zeitlicher Raum im Unterricht verbleibt, sich mit komplexen Sachzusammenhängen auseinanderzusetzen.

Dies gelingt schon wesentlich besser, wenn ein wissenschaftlicher Taschenrechner eingesetzt wird. Leider greifen die Schülerinnen und Schüler dann so schnell zum Taschenrechner, um selbst einfachste Rechenaufgaben damit zu lösen, auch weil sie ihren eigenen Fähigkeiten nicht mehr vertrauen. Ich musste für das Unterrichten der Analysis feststellen, dass komplexere Problemstellungen Rechenmethoden, wie z. B. die Nullstellenberechnung, erforderten, die sehr zeitaufwendig sind. Polynomdivisionen mussten z. B. für die Analyse der Funktionen mehrfach hintereinander durchgeführt werden. Dies förderte diese Fertigkeit gezielt. Für Klausuren mussten die Problemstellungen anschließend sehr aufwendig konstruiert werden, da das jeweilige Kalkül nicht mehr als einmal abgeprüft werden sollte. Zugegebenermaßen waren die Schülerinnen und Schüler dann intensiv darin trainiert, innermathematische Zusammenhänge schnell zu überblicken, jedoch war es schwierig, tatsächlich alle Lernenden gleichermaßen fachlich mitzunehmen. Viele Schüler waren so sehr damit beschäftigt, Lösungen mittels Rechenmethoden zu finden, dass sie den Überblick über die mathematischen Zusammenhänge, die Problemlöseansätze, die Begründungen für die Suche nach bestimmten markanten Punkten unterdessen verloren oder nicht finden konnten. In Klausuren konnten sie ihre Fähigkeiten nur dann zeigen, wenn genau die erlernten Rechenmethoden abgefragt wurden. Nur wenige Schülerinnen und Schüler waren tatsächlich in der Lage, zusätzlich zu ihren Rechenfähigkeiten auch ihre Problemlösefähigkeiten zu entwickeln. Die Anforderung aus der niedersächsischen BBS-Verordnung, den Unterricht handlungsorientiert zu gestalten, konnte ich damit nur sehr schwer erfüllen. Mein eigener Anspruch besteht ja darin, möglichst allen Schülerinnen und Schülern den Zugang zur Mathematik zu ermöglichen und den Unterricht effektiv für alle Teilnehmer einer Lerngruppe zu gestalten.

In der Hoffnung, mehr Lernende für die Mathematik zu begeistern, setze ich daher sowohl in der gymnasialen Oberstufe, als auch in der Erwachsenenbildung zur Erreichung der Hochschulreife Rechner mit einem Computer-Algebra-System ein. Dieses erlaubt mir sowohl die Nutzung des grafikfähigen Taschenrechners, als auch des Computer-Algebra-Systems. Die Nutzung der grafischen Fähigkeiten des Taschenrechners ermöglicht es mir, ohne die Einführung von Rechenmethoden oder der Differentialrechnung, Probleme aus Naturwissenschaft, Wirtschaft und Technik mit den Schülern zu analysieren und zu lösen. Mathematik wird als interessant wahrgenommen. Die kritische Auseinandersetzung mit Informationen aus der Presse und die Lösung von im beruflichen Alltag vorkommenden Problemen motiviert die Schülerschaft und animiert sie, aktiv am Unterricht teilzunehmen. Vornehmlich die Schülerschaft mit technischem Schwerpunkt fordert anschließend an die schnelle, grafische Lösung auch die Entwicklung der Rechenmethoden und der innermathematischen Zusammenhänge, da sie sich eben nicht einzig auf die Technik verlassen will. Gerade diese Schülerinnen und Schüler zeigen immer wieder das Bedürfnis, Probleme technikunabhängig zu lösen. In diesen Klassen fiel es mir leicht, im Anschluss an die Problemlösung mittels grafischer Lösung auch die dahinterstehende Mathematik zu erarbeiten. Dazu muss jedoch deutlich gesagt werden, dass dadurch zwei völlig unterschiedliche Herangehensweisen an das Problemlösen genutzt werden müssen. Der GTR löst Probleme näherungsweise, abhängig von der internen Rechenauflösung. Diese Herangehensweise entspricht meiner Meinung nach häufig derjenigen von Wirtschaftsunternehmen, die aufgrund ihrer Datensätze mittels Tabellenkalkulation und weiterer Datenverarbeitung auf Problemlösungen kommen. Hierfür ist möglicherweise die Nutzung von Funktionen, jedoch selten die Kenntnis der Differentialrechnung erforderlich.

Viele Zusammenhänge in Naturwissenschaften und Technik hingegen werden durch Differentialgleichungen beschrieben. Während deren Lösungen nur über die kompetente Nutzung der Infinitesimalrechnung ermittelt und interpretiert werden können, werden Datensätze in wirtschaftlichen Zusammenhängen gerne mittels meist frei wählbaren Funktionen modelliert. Dies bedeutet für den Unterricht, dass je nach beruflicher Fachrichtung, der Zugang zur Mathematik sehr unterschiedlich sein muss.

In meinen Wirtschaftsklassen wurde daher der GTR als sehr geeignetes Werkzeug zur Problemlösung empfunden, jedoch hatte nicht die gesamte Schülerschaft eine intrinsische Motivation, sich mit den im Kerncurriculum geforderten innermathematischen Inhalten zu befassen. Ich war sehr gefordert, eine extrinsische Motivation zu erzeugen. Immer wieder empfand ich es als Bruch, wenn die durchaus geeignete grafische Lösung mittels mathematischer Fachkompetenz erneut ermittelt werden sollte. Ich löse das Problem, indem ich berufliche Probleme in die Lernsituationen integriere, die nicht die Kostentheorie betreffen. Berufliche Probleme können immer von verschiedenen Seiten aus betrachtet werden und enthalten im allgemeinen auch wirtschaftliche Problematiken. Schülerinnen und Schüler aus den Wirtschaftszweigen setzen sich gerne mit beruflichen Problemstellungen auseinander, die nichts mit der Kostentheorie zu tun haben. Solche Problemstellungen unterstreichen die Notwendigkeit einer genauen Lösung mit den Mitteln der Analysis.

11.2 Kriterien für die Auswahl geeigneter technologischer Unterstützung für den Mathematikunterricht

Im vorangehenden Kapitel habe ich bereits Vor- und Nachteile in Bezug auf die eingesetzte Rechnertechnologie im Mathematikunterricht dargelegt. Im Folgenden steht die Frage im Mittelpunkt, welche Technologie und welche Software eingesetzt werden sollte, um die Ziele des Mathematikunterrichtes zu erreichen.

Jedem Unterrichtskonzept muss eine tiefgehende Analyse der erforderlichen Kompetenzen zugrunde liegen. Der Unterricht müsste zwangsläufig jedes Mal, wenn die eingesetzte Technologie weiterentwickelt wird, überdacht und verändert werden.[79]

Die Kommunikation kann heute auch digital erfolgen. Das Wissen ist im Internet frei zugänglich und für jeden verfügbar. Die Hoffnung besteht nun darin, dass dadurch ein intensiverer Austausch und eine umfangreichere Anregung von Lernprozessen in Gang gesetzt werden könnten. Man erhofft sich ebenfalls, dass dadurch, dass im Unterricht Medien eingesetzt werden, das Interesse der Lernenden für die fachlichen Inhalte automatisch geweckt werden kann. Neue Tools sollten eingesetzt werden, jedoch sollten damit verbunden auch die angestrebten Kompetenzen überdacht werden. Meiner Meinung nach wird der Lernprozess der Schülerinnen und Schüler nicht durch eine bestimmte Methodik, Technologie oder Software angeregt. Erkenntnis erwächst erst aus dem Bedürfnis, dass man etwas dazulernen will.

Staunen und Stutzen sind Auslöser für das Lernen. Daher können kognitive Konflikte Lernen in Gang setzen. Dafür, diese zu erzeugen und wahrzunehmen, sind die Lehrkräfte gefragt, die die Technologie gezielt auswählen und geeignet einsetzen.

79 Vgl. Zierer, K. (2017): Lernen 4.0 Pädagogik vor Technik. Möglichkeiten und Grenzen einer Digitalisierung im Bildungsbereich. Schneider Verlag Hohengehren GmbH.

Der Lehrkörper hat konkrete Ziele, die durch die Curricula festgelegt sind. Diese muss er gezielt verfolgen und den Lernprozess der Schülerinnen und Schüler dahingehend in Gang setzen. Lernspiele, Videos, Apps können den Lernprozess sicherlich unterstützen. Gerade für den Mathematikunterricht werden vielfältige Anwendungen empfohlen, die das Einüben und Trainieren von Rechenaufgaben beinhalten. Dies kann aus meiner Sicht jedoch nicht ausreichen, um mathematisches Begreifen und Zusammenhanglernen zu fördern.[80]

Hierfür ist die gedankliche Auseinandersetzung im Gespräch für fast alle Lernenden unerlässlich. Das selbstständige und neugierige Stellen von Fragen, das Zweifeln, das Aufstellen von Thesen und Hypothesen, das Formulieren von Annahmen, das eigenständige, kreative Wählen von mathematischen Modellen zur Beschreibung von beruflichen Situationen, das Untersuchen, Nachprüfen, Herleiten, Beweisen sind Grundlagen für die Entwicklung komplexer Denkvorgänge, die zur Entwicklung mathematischer Kompetenz führen. Hierbei sind ganz analog die Prozesse im Gehirn und die direkte Kommunikation zwischen lebendigen Menschen erforderlich. Gespräche in Gruppen über das Internet können ebenfalls hilfreich sein, wenn es keine Möglichkeit gibt, sich direkt zu treffen. Aus meiner Erfahrung heraus ist dies dann besonders gut geeignet, wenn sich die Gesprächspartner persönlich kennen und wenn sie bereits ein hohes Maß an Abstraktionsvermögen erreicht haben. Der klassische Austausch im Klassenplenum hat jedoch den Vorteil, dass sich alle Beteiligten mit allen Sinnen wahrnehmen können. Dies unterstützt in besonderem Maße das gemeinsame Arbeiten und die Entwicklung der sogenannten Softskills[81]. Die Lernenden können sich direkt untereinander durch Zwiegespräche und Körpersprache austauschen und die Lehrkraft hat die gesamte Bandbreite der Kommunikation zur Verfügung, um ihre Schülerschaft wahrzunehmen und zu fördern. Auf Einzelbedürfnisse kann im Präsenzunterricht speziell Rücksicht genommen werden.

Um **Kopfrechnen** zu trainieren, ist der Einsatz des wissenschaftlichen Taschenrechners im Allgemeinen nur dann hilfreich, wenn er zur Kontrolle der eigenen Lösung eingesetzt wird. Das Gleiche gilt sicherlich für alle höherwertigen Taschenrechner. Computerspiele und Anwendungen können einen Reiz auf die Lernenden ausüben, wenn durch ihre Nutzung viele kleine Erfolgserlebnisse erzeugt werden, die dann einen Belohnungseffekt erzeugen. Der wissenschaftliche Taschenrechner ersetzt das aufwendige **Arbeiten mit Tabellen.** Will man jedoch Datenkolonnen im Ganzen betrachten und untersuchen, nutzt der wissenschaftliche Taschenrechner wiederum nichts. Die Übersichtlichkeit für solche Anwendungsfälle ist entweder durch den Papierausdruck oder durch das Arbeiten am Bildschirm gegeben. Auch grafikfähige Taschenrechner oder Computer-Algebra-Systeme, Tablets und Smartphones haben im Allgemeinen zu kleine Bildschirme, sodass sie für diesen Anwendungsfall weniger geeignet sind. Dies spricht insbesondere für den Einsatz von Computern in Form von Laptops aufgrund der größeren Bildschirme. Es bliebe noch, die Tabellen über die elektronische Tafel oder den Beamer vergrößernd an die Wand zu werfen. Die Flexibilität, auf unterschiedliche Lerntempi eingehen zu können, würde durch den sich daraus ergebenden Frontalunterricht wiederum verloren gehen. Möglicherweise ist das Papier, auf dem man gemeinsam intensiv arbeiten kann und auf dem die Schriftgröße angemessen gewählt werden kann, nicht die schlechteste Wahl. Mithilfe ihrer Smartphones oder Tablets können die Lernenden schnell auf das Internet zugreifen, sie können ihre Ergebnisse digital speichern und dadurch auch teilen. Sie haben Zugriff auf Lernvideos, Diskussionsplattformen und kollaborative Systeme, die eine eigenständige Auseinandersetzung mit Mathematik sowie das gemeinsame Arbeiten und **Darstellen von Problemen** und **Problemlösungen** ermöglichen. Sie können Hilfe aus der „Community" erhalten. Damit wird eine über den Klassenraum erweiterte Kommuni-

80 Lesen Sie auch: Achmus, A. (2018): Lernen 4.0 im Mathematikunterricht. Casioforum, Casio Europe GmbH, Norderstedt, Ausgabe 2/2018.

81 Softskills: z. B. Selbstkompetenz mit Selbstwahrnehmung, Selbsterkenntnis, Selbstorganisation und Motivation, Stressresilienz, Teamfähigkeit, Fremdwahrnehmung, Kommunikationskompetenz

kation ermöglicht. Das Wissen wird teilbar. Die kritische und gezielte Nutzung dieser Möglichkeiten führt dazu, dass die Lehrkraft nicht mehr die einziege Expertin oder der einzige Experte für alle Fragen des Mathematikunterrichtes sein muss und eine Entlastung erfahren kann. Jedoch wird es auch erforderlich, dass die Fachkompetenz und die didaktische Kompetenz der Lehrkräfte sehr hoch ausgeprägt sind, da die Ergebnisse aus den Schülerrecherchen gemeinsam kritisch hinterfragt werden müssen, um geeignete Informationen von falschen oder unvollständigen zu unterscheiden. Um diese Stufe im Unterricht zu erreichen, müssen die Lehrkräfte eine Haltung entwickeln, die mehr Freiheiten für die Selbstverantwortung der Schülerschaft lässt und sich von eng vorstrukturierten, lehrerzentrierten Unterrichtsabläufen löst.

MERKE

Es ist eine Haltung der Lehrkräfte erforderlich, die der Schülerschaft mit Respekt und Zutrauen begegnet.

Die Lehrkraft muss nicht mehr alles können und wissen, vielmehr geht sie offen und transparent mit ihrem eigenen Streben nach neuen Erkenntnissen um. Sie nutzt gezielt das Wissen, die Erfahrungen und Ideen, die die Schülerinnen und Schüler in den Unterricht mitbringen, auch um selber dazuzulernen. Sie lässt die Schülerinnen und Schüler ihre sehr individuellen Vorkenntnisse zu Inhalten und Technologie einbringen und hat die Aufgabe, den kritischen Umgang mit Informationen und Technologie vorzuleben und mit den Lernenden zu reflektieren. Die Förderung der Eigenverantwortung und des Selbstbewusstseins jeder Schülerin und jeden Schülers wird auf diese Weise in besonderem Maße gesteigert und damit der Lernwille deutlich erhöht. Ein Unterricht auf Augenhöhe verändert seine Effektivität durch die Steigerung der intrinsischen Motivation der Lernenden. Meiner Meinung nach muss durch den schnellen Wandel der Technologien auch die Lehrkraft zur Lernenden werden. Sie muss eine große Flexibilität und Offenheit mitbringen, um mit den Veränderungen mithalten zu können.

Neue Wege der Arbeit, Lösung und Kommunikation werden in Zukunft genutzt werden. Daher muss ein Unterrichtskonzept für den Mathematikunterricht entwickelt werden, das **dem analogen Lernen** der Schülerinnen und Schüler Rechnung trägt, also weiterhin alle Sinne anspricht:

- Schreiben,
- zeichnen
- begreifen,
- selber denken,
- diskutieren,
- sich mitteilen,
- kritisch hinterfragen,
- schlussfolgern,
- selber entdecken,
- begründen

müssen unterstützt werden, damit die entsprechenden Teile des Gehirns weiterentwickelt werden. Gleichzeitig sollte die für die Schülerinnen und Schüler aus ihrer Lebenswelt schon weitgehend normale Nutzung von Internet und digitalen Kommunikationswegen sinnstiftend einbezogen werden. Die Lehrkraft ist dafür zuständig, eine kritische, zielgerichtete und zeiteffiziente Nutzung von Technologie im Unterricht zu entwickeln.

Klassische Unterrichtsmethoden müssen auch weiterhin in den Unterricht eingebunden und dazu ein neues didaktisch-methodisches Konzept entwickelt werden, bei dem das Erfassen und Begreifen der an sich abstrakten mathematischen Zusammenhänge durch intensiven Austausch unter den Lehrenden und Lernenden gefördert wird. Eine erfolgreiche Kompetenzentwicklung erfordert in der Oberstufe, dass die dem Unterricht zugrundeliegenden Probleme möglichst auf realen, beruflichen Situationen beruhen sollten. Diese Situationen erfordern in ihrer Komplexität die Nutzung digitaler Medien, so wie es im beruflichen Alltag selbstverständlich sein wird. Das heißt, dass gezielt Informationen aus dem **Internet** gezogen werden und auch konkrete Nachfragen bei Fachleuten z. B. über **E-Mail,** selbstverständlich werden müssen. Die **direkte Kommunikation** kann und darf jedoch nicht ersetzt werden. Der zwischenmenschliche direkte Kontakt und Austausch ist auch im Berufsleben essentiell und Softskills werden in Zukunft immer wichtiger. Die didaktischen und methodischen Konzepte, die für schülerzentrierten Mathematikunterricht bereits entwickelt wurden, sollten weiter ausgeschöpft werden und durch den Einsatz hochwertiger Technologie dahingehend erweitert werden, dass alle Schülerinnen und Schüler einer Klasse die Sinnhaftigkeit des Lernens erfassen und in jeweils individueller Weise ihre fachlichen, prozessbezogenen und zwischenmenschlichen Kompetenzen zu erweitern bestrebt sind.

Die Verwendung des **CAS** sollte es ermöglichen, die Schülerschaft mit algorithmischem Denken vertraut zu machen und das Programmieren und das Nutzen von **Programmen** in den Mathematikunterricht zu integrieren. Dies gelingt unter anderem dadurch, dass die ausgegebenen Lösungen und Umformungen auf die dahinterstehenden Algorithmen deuten. Des Weiteren sollte es möglich sein, eigene kleine Rechenprogramme zu entwickeln und zu programmieren.

Schon die Eingabe eines Funktionsterms, eines Vektors oder einer Matrix und die dazugehörige Festlegung des jeweiligen Namens und, wenn nötig, der verwendeten Variablen sind Teile einer Programmierung des CAS, sodass die Unterprogramme jeweils auf die „programmierten" Gebilde angewendet werden. Man bedenke, dass die CAS-fähigen Taschenrechner der diversen Hersteller über unterschiedliche Syntax verfügen und zur Lösung bestimmter Aufgaben unterschiedliche Algorithmen verwenden.

Die Auswahl eines CAS für den eigenen Unterricht obliegt den Fachkollegien, die sich hierüber genaue Gedanken machen sollten. Allein eine schöne grafische Ausgabe sollte nicht das schlagende Argument für die Auswahl sein. Es sollte darauf geachtet werden, dass die für den Unterricht ausgewählte **Rechnersoftware** oder der ausgewählte Taschenrechner eine Eingabe erfordert, deren Syntax der korrekten mathematischen Schreibweise entspricht. Hierdurch wird zum einen von den Schülerinnen und Schülern gefordert, die Syntax genau zu lesen und zu übernehmen, zum anderen muss nicht die mathematische Symbolik in eine andere Form übersetzt werden, wodurch die Lernenden nicht gleichzeitig zwei neue „Fremdsprachen" erlernen müssen. Es erscheint mir wenig hilfreich, wenn die Schülerschaft eine Taschenrechnersprache zusätzlich zur Mathematik erlernen muss. Die verwendete Syntax, die Möglichkeit, Mathematik von Grund auf zu entdecken und selber zu entwickeln sowie die Möglichkeit, dass jede Schülerin und jeder Schüler selber darüber verfügen kann und das Programm sowohl in allen Fächern, in der Schule, Zuhause und auch in Prüfungssituationen nutzen kann, sind wichtige Entscheidungskriterien. Ob dafür ein Taschenrechner oder eine App eingeführt wird, hängt von den finanziellen Möglichkeiten der Schule und der Schülerschaft ab und von den Möglichkeiten, einen Modus für Prüfungen zu verwenden, ohne dass Lehrkräfte auf private Endgeräte zugreifen müssen, die dem Datenschutz unterliegen.

Die geeignete Nutzung eines CAS im Mathematikunterricht ist ein wichtiger Bestandteil der Nutzung digitaler Medien, an dem sich der kritische und lernende Umgang mit Technologie einüben lässt. Heutige CAS haben mit ihren Unterprogrammen viel Ähnlichkeit mit **Programmen der Office-Pakete. Tabellenkalkulation, Statistikprogramme, Textverarbeitung, Datenverarbeitung,**

Messwerterfassung, grafische Darstellungen, Möglichkeiten der Programmierung, **Finanzprogramme,** genauso wie Funktionen wie Kopieren, Löschen, Einfügen sind bereits Bestandteile der Systeme, die im Mathematikunterricht verwendet werden können.

Trotzdem stehen noch viele weitere digitale Medien für den Unterricht zur Verfügung, die gezielt eingesetzt werden sollten, wenn sie dem Lernen dienlich sind. Aufgrund der Tatsache, dass diesbezüglich ein schneller Wandel zu erwarten ist, möchte ich an dieser Stelle den Blick in die Zukunft nur sehr vorsichtig wagen.

Alle Medien, die haptischer Natur sind, sollten auch weiterhin im Unterricht verwendet werden. Eine Tafel, sei sie weiß oder grün, kann von Hand beschrieben werden. Die Schrift jedes Menschen ist individuell und man erinnert sich, wenn man das Tafelbild zu einem späteren Zeitpunkt betrachtet, automatisch auch an den Prozess der Entstehung. Das individuelle handgeschriebene Tafelbild beinhaltet damit Reize, welche die Erinnerung verstärken und dadurch das Lernen erleichtern. Die Ergänzung eines handschriftlichen Unterrichtsproduktes durch einen selbst geschriebenen Text, der mit einem Textverarbeitungsprogramm geschrieben wurde, ermöglicht eine sehr saubere Aufbereitung der unterrichtlichen Arbeit. Hierfür ist es notwendig, das Tafelbild, das Plakat oder eine besprochene Schülerlösung auf einem irgendwie gearteten Medium zu digitalisieren, indem es z. B. fotografiert wird. Es gibt **Apps,** mit denen Dokumente gescannt werden können. Die auf diese Weise aufgenommenen Bilder lassen sich sehr gut weiterverarbeiten und teilen. Die **Smartphones** der Schülerschaft sind sowohl für das **Fotografieren,** als auch für das Teilen und auch für das jederzeitige Abrufen geeignet. Damit wird jede und jeder allzeit Zugriff auf die gemeinsamen Ergebnisse haben. Es lässt sich jetzt schon beobachten, dass Schülerinnen und Schüler nicht mehr ohne das aufgeladene Smartphone unterwegs sind. Damit verfügen sie über die Möglichkeit, unterschiedlichste Apps, das Internet und das **Intranet** der Schule zu nutzen. Inwieweit die zusätzliche Anschaffung von Tablets für den Unterricht erforderlich ist, ist genauso zu diskutieren, wie die Anschaffung eines Taschenrechners oder alternativ die Nutzung einer **Taschenrechner-Applikation.**

Digitale Medien haben gegenüber der Papierversion den Vorteil, dass man weniger tragen muss. Dadurch, dass man erforderliche Materialien aus dem Netz herunterladen kann, kann sehr flexibel auf die Bedürfnisse der Lernenden und die Weiterentwicklung der Technologie reagiert werden.

Für das Training der Rechenfähigkeiten gibt es bereits ein großes Angebot an Aufgabensammlungen. Lernprogramme bieten ebenfalls auf unterschiedlichste Art die Möglichkeit des gezielten Trainings mit gezielter Rückmeldung über den Stand des Trainings. Lernspiele werden angeboten, die die Motivation, sich mit Übungsaufgaben zu befassen, möglicherweise deutlich erhöhen können. **Lernvideos** werden in immer größerer Zahl angeboten, deren Qualität aufgrund der Fülle kaum noch bewertbar ist. Die Schülerinnen und Schüler sollten angeregt werden, diejenigen, die sie als hilfreich herausgefunden haben, im Unterricht vorzustellen, sodass sie dort konkret gemeinsam bewertet werden können. Dies ist ein Beitrag zum kritischen Umgang mit dem Internet.

Für einen gelungenen Unterricht sollte der gesamte Arbeitsprozess nachvollziehbar dokumentiert werden. Dafür könnte ich mir vorstellen, dass die digitalisierte Dokumentation so strukturiert abgelegt werden kann, dass daraus die wichtigen Aspekte für die Erstellung eines Lerntagebuches oder eines Portfolios herausgenommen und kommentiert werden können. Das Lerntagebuch sollte von den Schülerinnen und Schülern individuell erstellt werden können. Es sollte möglich sein, dieses der Lehrkraft zu zeigen, sodass diese eine Rückmeldung zur Vollständigkeit und Fehlerfreiheit geben kann. Auch die Möglichkeit, die eigenen Eintragungen mit der Klasse zu teilen, empfinde ich als wünschenswert. Ein **digitales Lernprozessprotokoll** würde ich mir so wünschen, dass die Informationen, die aufgeworfenen Probleme, die Lösungsideen und die mathematischen Erkenntnisse darin abzuspeichern wären, unabhängig davon, ob sie digital oder aber in haptischer Form entstanden sind. Auch eine Dokumentation der Rechnernutzung wäre hilfreich, insbesondere, wenn auch auf die Arbeitsschritte zurückgegriffen werden könnte und die Überlegungen, z. B. durch Parametervariationen, wieder aktiv durchgeführt werden könnten. **Lernmanagementsysteme** bieten bereits viele der hier genannten Möglichkeiten und gehen auch darüber hinaus.

Meine derzeitigen Schüler haben schon angefragt, ob wir nicht alle Tafelbilder, Texte und Materialien in einer Cloud auch für die folgende Schülergeneration greifbar ablegen wollten. Ich habe mich dafür ausgesprochen, die Materialien mit der begrenzten Gruppe zu teilen. Sie jedoch weiter zu veröffentlichen, empfand ich als wenig hilfreich, da folgende Schülergenerationen ebenfalls in den Genuss kommen sollten, ihre eigenen Lösungswege und -gedanken zu entwickeln und damit individuelle Lernwege einzuschlagen. Ich habe hier tatsächlich Sorgen, dass eine übertriebene Fülle an Datenmaterial erzeugt wird, welche nie wieder gesichtet und aussortiert wird und lediglich unnötig Speicherkapazität benötigt. Die Materialien, welche aus Schülersicht weiterzugeben sind, sind dafür freigegeben. Diejenigen, die ich selber für wieder einsetzbar halte, digitalisiere ich und nutze sie im folgenden Jahr, soweit angebracht, und gebe dann so viel Material an die folgende Schülergeneration weiter, wie diese zusätzlich zum Unterricht benötigt. Damit habe ich immer noch die Möglichkeit, Materialien weiterzuentwickeln, zu verändern, zu verbessern oder auch wieder zu verwerfen, wenn ich z. B. feststelle, dass sie nicht mehr aktuell sind.

12 LEISTUNGSBEWERTUNG

Zum Abschluss der Überlegungen zur Weiterentwicklung des Mathematikunterrichtes dürfen die Überlegungen zum Thema Bewertung nicht fehlen. Auch wenn der Unterricht in Form von Lernsituationen durchgeführt wird und diese nicht mit Leistungssituationen verwechselt werden dürfen, sind die Lehrkräfte weiterhin dafür verantwortlich, am Ende eines Lehrgangs Noten festzulegen. Das Erreichen der angestrebten Kompetenzen soll dazu bewertet werden.

12.1 Klausuren

In Form von Klassenarbeiten kann nachgeprüft werden, inwieweit die Schülerinnen und Schüler in der Lage sind, die gestellten Aufgaben zu bearbeiten. Anhand der z. B. für die Vektorrechnung vorgestellten Mindmap können die Aufgaben derart zusammengestellt werden, dass konkret das dort aufgeführte Fachwissen abgeprüft wird, indem dieses direkt zur Lösung der Aufgabenstellungen erforderlich ist. Es ist sinnvoll, sich die Mindmap neben den selbsterstellten Erwartungshorizont zu legen und abzugleichen, welche der dort verzeichneten Fachkompetenzen für die Lösung erforderlich sind. Je genauer nach den einzelnen Rechenschritten gefragt wird, desto enger sind die Aufgaben gefasst, desto einfacher kann im Anschluss über richtig und falsch gewertet werden. Diese Vorgehensweise bietet sich für Aufgaben mit niedrigerem Niveau an. Sie leiten die Prüflinge eng durch den Lösungsweg und geben wenig Freiraum für eigene Lösungsideen. Es sollte darauf geachtet werden, dass die Aufgaben unabhängig voneinander gestellt werden. Andernfalls verhinderte eine erste ungelöste Aufgabe, dass die folgenden Aufgaben gelöst werden können. Die Prüflinge könnten das Gelernte nicht in vollem Umfang zeigen. Sie geben eventuell zu früh auf, weil sie zu keinem für sie plausiblen Ergebnis kommen. Ein vorgegebenes Ergebnis nachweisen zu lassen oder die Angabe von Zwischenergebnissen können hier helfen. Die Aufgaben einer Klausur sollten auch berücksichtigen, dass die Note „ausreichend" tatsächlich mit einer ausreichenden Leistung erreichbar ist. Daher richtet sich der Anteil der Bewertungseinheiten für grundlegende Aufgabenstellungen nach dem angelegten Bewertungsmaßstab. In Niedersachsen erhält beispielsweise ein Schüler oder eine Schülerin in der gymnasialen Oberstufe ab 45 % die Note 4. In anderen Schulformen der berufsbildenden Schulen gilt die Grenze 50 %. Um eine sehr gute Note zu erhalten, müssen die Schülerinnen im Gymnasium 85 % erreichen, in den anderen Schulformen der BBS mindestens 92 %. Hier wird der Unterschied besonders deutlich, den es bei der Erstellung der Aufgaben und der Festlegung des Bewertungsmaßstabes zu beachten gilt. Je offener die Aufgaben gestellt werden, desto anspruchsvoller wird ihre Lösung, desto mehr Zeit muss für die Ideenfindung eingeplant werden. Solche Aufgaben sollten nur in dem prozentualen Umfang in die Bewertung eingehen, in dem die beste Note vergeben wird: in den Berufsschulklassen in Niedersachsen also nur mit 8 % der Gesamtleistung.

Um Klarheit über die geforderte Leistung zu schaffen, sollten die Aufgaben mittels Operatoren formuliert werden. Hierfür sind die Bedeutungen in den Kerncurricula definiert und sie sollten in dieser Form durchgängig für Tests und Klausuren verwendet werden, sodass die Schülerschaft sich an die Form der Fragestellungen gewöhnen kann. Die Frage „Welche Koordinaten hat der Hochpunkt?", kann mit einer kurzen Antwort durch die Angabe der Koordinaten gegeben werden. Der Auftrag „Ermittle Lage und Art des Extremums!" ist da wesentlich umfangreicher. Es reicht nicht mehr aus, sich mittels GTR die Koordinaten anzeigen zu lassen und diese zu protokollieren. Die Vorüberlegungen müssen dokumentiert werden. Die Ansätze und die Lösungsgänge sowie die Antwort müssen dargelegt werden. Die Lehrkraft sollte im Unterricht auch deutlich machen, welche Lösungsschritte für eine vollständige Dokumentation erforderlich sind. So ermöglicht der Prüfling durch das Dokumentieren seiner Überlegungen und des Rechenweges der Lehrkraft, vielleicht Folgefehlerpunkte zu geben, falls der Lösungsgedanke oder Lösungsweg wenigstens teilweise korrekt ist. Damit zeigt der Prüfling, ...

- dass er die Eigenschaften eines Hochpunktes von den Eigenschaften eines Tiefpunktes unterscheiden kann,
- dass er weiß, dass man die 1. Ableitung verwendet, um mittels ihrer Nullstelle die Extremstellen zu ermitteln und
- dass man entweder anhand der 2. Ableitung oder aber anhand der Untersuchung des Funktionsverlaufes und des Randverhaltens die Art des Extrempunktes feststellen und begründen kann.

Dieses kleine Beispiel soll anregen, die Aufgabenstellungen genauer zu hinterfragen und sich über die Zielsetzung genau bewusst zu sein.

Ein langer Text, der eine Vorgeschichte zur erforderlichen Berechnung erzählt, ist für den Unterricht und die Lernsituation geeignet. Für eine Klausur jedoch sollten die verwendeten Texte so kurz und präzise gehalten werden, dass ein Scheitern in der Klausur nicht auf mangelndes Textverständnis zurückzuführen ist. Sich während einer Prüfung auf eine Fantasiereise begeben zu müssen, um dann mathematische Probleme zu lösen, wird häufig zeitlich nicht berücksichtigt. Wenn die Schülerschaft darauf trainiert wird, die ‚Geschichte' zu überlesen und gezielt aus der Textfülle nur die passenden Daten für die Bearbeitung von Routineaufgaben herauszulesen, dann hat dieses mit handlungsorientierten Aufgabenstellungen nicht mehr viel zu tun. Wollten wir in Prüfungen tatsächlich die Handlungsfähigkeit abprüfen, so müssten die Nutzung des Internets, die Kommunikation mit Fachleuten und alle möglichen Nachschlagewerke zugelassen werden. Im beruflichen Alltag muss meist unter Zeitdruck gearbeitet werden. Häufig werden Vorlagen verwendet, sobald Probleme ähnlicher Art bereits aufgetreten sind. Es gibt aber keine Beschränkungen bezüglich der Informationsbeschaffung. Klausuren sind da gänzlich anders geartet. Es gibt klare Beschränkungen in der Informationsbeschaffung, die Zeitvorgaben sind eng und strikt einzuhalten und ein Erwartungshorizont liegt schon vor, weil der Lehrer bzw. die Lehrerin bereits weiß, wie die optimale Lösung aussehen soll. Das alles weiß der Prüfling. Daher ist es möglich, die Problemstellung kurz und klar darzustellen und die sich daraus ergebenden Fragestellungen vorzugeben. Im handlungsorientierten Unterricht, in dem das selbstständige Handeln erlernt werden soll, sollten die Schülerinnen und Schüler die Fragen selber aufwerfen und die Lösungswege anhand der vorhandenen Möglichkeiten weiterentwickeln. In der Prüfung soll der Prüfling seine **Fachkompetenz** unter Beweis stellen. Er soll auch gewisse **prozessuale Kompetenzen** nachweisen, wie die sichere Nutzung der mathematischen Fachsprache oder der mathematischen Symbolik. Er soll auch zeigen, dass er mathematisch argumentieren kann und dass er ein Problem mathematisch modellieren kann, indem er begründet ein Modell auswählt. Es kann in Klausuren Aufgaben auf höherem Niveau geben, die von dem Prüfling das Lösen eines komplexen Problems erwartet. Für die Korrektur solcher Klausurteile ist jedoch zu bedenken, dass die Vielfältigkeit der Lösungen, auch möglicher Teillösungen zu beachten ist. Das Niveau, welches jeweils nachzuweisen ist, hängt von dem angestrebten Abschluss ab. Einige der prozessbezogenen Kompetenzen kann der Prüfling jedoch innerhalb einer Klausur nicht nachweisen und sollte dieses auch nicht. Er sollte nicht kommunizieren und sich im sozialen Gefüge präsentieren. Das sind Kompetenzen, die der Prüfling innerhalb des Unterrichtes nachweisen muss.

In der folgenden Tabelle sind einige Hinweise für die Vorbereitung, das Schreibenlassen und die Korrektur von Klausuren aufgeführt.

Vorbereitung der Klausur	Klassenarbeiten zusammenstellen	Durchführung der Klausur	Vorgaben für die Bearbeitung der Klausur
• Stellenwert der Leistung für die Zensur angeben • Umfang so, dass ein/-e ‚durchschnittliche(r)' Schüler/-in die Klausur ohne Hektik lösen kann Multiplikation der eigenen Lösungszeit mit Zeitfaktor der Lehrkraft • Klausurtermine ansagen (mindestens eine Woche vorher, besser zu Beginn des Halbjahres), mit der Klasse abstimmen, Terminüberschneidungen vermeiden (Termine sind rechtzeitig im Klassenbuch und in den Terminkalender einzutragen) • Stoffrahmen, Anforderungsniveau und Aufgabenformen bekanntgeben • Wiederholungen, Zusammenfassungen, Strukturieren und Üben als Vorbereitung im Unterricht • Hinweise für das häusliche Lernen geben • Hinweise zur Taschenrechnernutzung sollten frühzeitig gegeben und vor der Klausur wiederholt werden • Sonderformen (Bsp. Lückentexte, Ankreuztests) vorher ‚proben'	• Liste der abzuprüfenden Erkenntnisse erstellen • Die Aufgaben verständlich formulieren • Die Art der zu erbringenden Lernleistung mit den im Unterricht angestrebten Lernzielen abgleichen • Aufgabenformen variieren • Geschlossene und offene Aufgabenformen berücksichtigen • Innermathematische und angewandte Aufgaben stellen • Die Leistungsbedingungen in Betracht ziehen • Die Bearbeitungszeit einschätzen • Den Schwierigkeitsgrad einzelner Aufgaben einschätzen • Den einzelnen Aufgaben Punktwerte zuordnen • Überwiegend Aufgaben stellen, die mit den Aufgaben im Unterricht vergleichbar sind • Unabhängigkeit der Teilaufgaben berücksichtigen • Zwischenergebnisse einfügen • Lernziele nicht mehrfach in gleicher Form abprüfen • Die Aufgaben in eine sinnvoll erscheinende Abfolge bringen • Operatoren verwenden • Hinweise für den Taschenrechnereinsatz geben • Die Auswertungsökonomie bedenken (→ je unklarer und offener die Aufgaben formuliert sind, desto größer ist der Korrekturaufwand!)	• Klausurkopf mit Schullogo, Platz für Name und Bewertung auf dem Aufgabenblatt vorsehen • Aufgabenblätter liegen vervielfältigt in ausreichender Zahl vor, Kopien auch für die Kolleg/-innen • Seitennummerierung und der Seitenrand sind mit den Schüler/-innen festzulegen. • ‚Spielregeln' der Klausur sind bekanntzugeben. • Hilfsmittel und Zeitumfang werden auf dem Aufgabenblatt vermerkt. • Die Modalitäten zum Verlassen des Raumes werden geklärt. • Problem des Nachschreibens nicht anwesender Schüler/-innen beachten • Sitzordnung bei Bildung mehrerer Arbeitsgruppen (z. B. Aufgaben A und B) beachten. • Nach der Ausgabe der Aufgabenblätter sollte den Schüler/-innen eine kleine Lesepause eingeräumt und danach Gelegenheit zur Klärung evtl. auftretender Fragen gegeben werden. Danach Fragen nur noch in Ausnahmefällen zulassen. • Abgabetermin an der Tafel vermerken. • Die Punktverteilung kann, muss aber nicht auf dem Aufgabenblatt offengelegt werden. • Nach der Klausur rasch einsammeln, Vollzähligkeit prüfen • Vorschlag: Kein/-e Schüler/-in verlässt vorzeitig den Klassenraum. So wird verhindert, dass Schüler/-innen, nur um einen Bus zu erreichen, zu wenig Anstrengung in die Bearbeitung der Klausur stecken. Erst nach dem Einsammeln der Arbeiten dürfen die Schüler/-innen ihre Sachen packen, Smartphones zurücknehmen und gehen.	• Rand von 5 bis 7 cm nicht beschreiben • Nur einspaltig arbeiten • Zeichnungen mit Bleistift (spitz, HB) • Keine Berechnungen in die Zeichnungen schreiben • Übersichtlich und strukturiert arbeiten: Überschriften mit dem Ziel der Berechnungen Ansätze notieren Lösungsideen formulieren Lösungswege aufschreiben Antworten und Interpretationen der Ergebnisse entsprechend der Aufgabenstellung • Was darf ich mit dem Rechner bearbeiten, was muss ich ohne rechnen? Z. B.: Markieren der Operatoren mit unterschiedlichen Farben • Kontrolle der Vollständigkeit der Bearbeitung, z. B. durch Markieren in der Aufgabenstellung mit Textmarker • Falsche Rechnungen nur an der Seite entwerten durch: „bitte nicht werten" (b. n. w.); das „nicht" kann notfalls wieder gestrichen werden, falls der Gedanke doch richtig oder zielführend war.

Abbildung 149: Zusammenfassende Hinweise für Klausuren (BHOM)

12.2 Mitarbeit

Die Haltung und die Haltungsänderung sollten während des Unterrichtes beobachtet werden und bewertet werden. Hier wird die Aufgabe für die Lehrkraft diffizil. Einerseits sollen im Unterricht Lernsituationen das Lernen fördern. Dazu gehört, dass es eine gute Fehlerkultur gibt, die Fehler nicht nur zulässt, sondern als hilfreich für das gemeinsame Streben nach Wissen, Können und Haltung wertet. Diese Freiheit des Denkens, die auch Irrwege und Fehler zulässt, kann sehr schnell durch die Verschiebung der Lernsituation in eine Leistungssituation verloren gehen. Kreatives Denken wird eingeschränkt, wenn es bewertet werden soll. Daher bietet es sich an, bestimmte grundlegende Bewertungsregeln mit der Schülerschaft im Voraus zu klären. Dazu gehört z. B. die Erwartungshaltung der Lehrkraft an die Arbeitsweise der Schülerinnen und Schüler. Pünktlichkeit, Vollständigkeit der Materialien, Ordnung der Materialien, der regelmäßige intensive Versuch, die Hausaufgaben zu bearbeiten sind z.B. Aspekte, die unabhängig davon bewertet werden können, wie die Schülerschaft im Unterricht „performt". Die Aktivität, in der sich jede oder jeder in den Unterricht einbringt, hängt stark von der Persönlichkeit der Lernenden ab. Ein stiller Schüler ist nicht automatisch schwächer als sein lärmender Nachbar. Daher ist die Anzahl der Meldungen sicherlich ein schwaches Bewertungsmittel. Die geschickten Fragen, die den Unterricht und die Gedankengänge der Mitschülerinnen und Mitschüler voranbringen, können hingegen sehr wertvoll sein. Bruchstückhafte Antworten und dahingeworfene Fachbegriffe sind hingegen eher schwache Leistungen. Ich neige daher dazu, gerade in Plenumsgesprächen, in denen offen über die eigenen Gedankenansätze gesprochen wird, keine Bewertung durchzuführen oder wertende Kommentare zu äußern. Diese Unterrichtsphasen sollen so druckfrei sein, wie nur möglich. In diesen Unterrichtsphasen werden lediglich Störungen als solche gekennzeichnet, das Lernen jedoch soll unbeschwert stattfinden. Das Gleiche gilt auch für die Arbeit in anderen Sozialformen, die dem Lernen dienen sollen. Anders sieht es aus, wenn die Schülerinnen und Schüler ihre Arbeit vorstellen. Dann werden die eigenen Ergebnisse so gut wie möglich dargestellt und es kann wiederum Kriterien geben, die das Bewerten von Vorträgen, Plakaten, Lösungen und anderen erstellten Materialien ermöglichen. Diese sollten mit den Schülerinnen und Schülern erarbeitet oder zumindest besprochen worden sein, sodass die Bewertung transparent erfolgt. Die gemeinsame Bewertung in der Gruppe erhöht das Bewusstsein der Einzelnen in Bezug auf Anforderung und Leistung. In dieser Phase kann soziales Miteinander geübt werden, denn gerade die gegenseitige Bewertung muss als unabhängig vom Beziehungsgefüge in der Klasse wahrgenommen werden. Für die Bewertung der Mitarbeit ist es hilfreich, die folgenden Kriterien in ihren Abstufungen zugrunde zu legen:

Bewertung der Mitarbeit

- Aufmerksamkeit
- Auffassungsgabe
- Selbstständigkeit beim Erschließen unbekannter Inhalte
- Eigenständigkeit der begründeten mathematischen Modellierung
- Eigenständigkeit des Lösens abhängig von der Komplexität der Problemstellungen
- Arbeitsgeschwindigkeit
- Expert/-innenstatus, Niveau der mathematischen Argumentation
- Niveau der Kommunikation, Anwendung von Fachsprache und Bildungssprache
- Fachliche Richtigkeit, Genauigkeit und Sauberkeit der Dokumentation
- Selbstständiger, sinnvoller Umgang mit Technologie und Software
- Vollständigkeit der Materialien
- Anfertigen der Hausaufgaben
- Pünktlichkeit und Regelmäßigkeit der Anwesenheit

Abbildung 150:Zusammenstellung der Bewertungskriterien für die Mitarbeit im Unterricht

Diese Liste kann verändert und erweitert werden und soll eine Basis für die individuellen Bewertungsmaßstäbe für die Mitarbeit im Unterricht sein. Abhängig von den eingesetzten Methodenkonzepten im Unterricht, wird auch die Bewertung jeweils angepasst werden müssen.

Die Bewertung der Schülerleistungen sollte den gesamten Notenspielraum berücksichtigen. Sehr gute Leistungen sollten auch mit 15 von 15 Punkten bewertet werden. Dafür gibt es diese Note in der Schule. Auch 0 Punkte müssen auf mangelhafte Leistungen dann gegeben werden, wenn die Lücken so groß sind, dass ein Aufholen in absehbarer Zeit nicht möglich sein wird.

Steht eine Schülerin oder ein Schüler mit seiner Leistung insgesamt zwischen zwei Noten, so ist die Vergabe der besseren Note zumeist die motivierende Version. Die Vergabe der schlechteren aus Gründen der Hoffnung auf spätere bessere Leistungen führen hingegen zu Frustration und dem Gefühl, ungerecht behandelt worden zu sein. Wenn der gesamte Unterricht darauf ausgelegt ist, alle Schülerinnen und Schüler zu motivieren und für Mathematik zu begeistern, dann sollten auch diese Möglichkeiten der Motivation nicht ungenutzt bleiben.

13 ZUSAMMENFASSUNG UND FAZIT

Mathematik ist die Kunst des Lernens. Im Mathematikunterricht soll daher beispielsweise ...

- das eigenständige, forschende, fragende und neugierige Denken,
- das Entdecken von Mustern und Zusammenhängen,
- das Entwickeln von Beharrlichkeit bei der Suche nach Problemlösungen,
- die Kooperation mit Mitschülerinnen und Mitschülern und
- die Bereitschaft, das eigene Wissen zu teilen, in der Schülerschaft gefördert werden.

Dazu müssen die Schülerinnen und Schüler, ebenso wie ihre Lehrkräfte, Freude am Nachdenken über Mathematik entwickeln. Sie müssen wieder zulassen, dass sie neugierig werden und dass Lernen Freude bereitet. Die berufliche Handlungsorientierung ist aus meiner Sicht eine Möglichkeit dieses zu erreichen. Dabei ist es nicht ausreichend, nur formale Strukturen des Modells der vollständigen Handlung einzuhalten. Ich habe in diesem Buch versucht aufzuzeigen, wie wir als Lehrkräfte es schaffen können, aus dem ungeliebten Fach Mathematik ein angesehenes zu machen. Ein Fach, dass die Lernenden gerne betreiben, das sie anregt, über das sie im positiven Sinne diskutieren und für das es sich lohnt, den eigenen Kopf anzustrengen, anstatt sich allein auf die Möglichkeiten des World-Wide-Web zu verlassen. Ich bin der Meinung, dass gerade in Zeiten fortschreitender Digitalisierung die Fähigkeit, selbst zu denken, Zusammenhänge zu erkennen und Informationen kritisch zu hinterfragen, immer wichtiger wird. Ich habe versucht, die Kombination aus analogen und digitalen Möglichkeiten für die Optimierung des Unterrichtes darzustellen. Es wurde deutlich, dass gerade das Selberdenken und die vielen kleinen Erfolge, die man durch die Entdeckung von Zusammenhängen haben kann, besonders wenn dies gemeinschaftlich geschieht, zu den grundlegenden Ideen erfolgreichen Mathematikunterrichtes zählen.

Ich habe in diesem Buch meine Erfahrungen aus dem eigenen Unterricht, wie den besuchten Unterrichten meiner Lehramtsanwärterinnen und -anwärter und vielen Diskussionen mit Kolleginnen und Kollegen zusammengetragen. Daraus habe ich versucht, ein komplexes Bild der beruflichen Handlungsorientierung im Mathematikunterricht, von der theoretischen Betrachtung über die Planung, Umsetzung, Bewertung, den Einsatz von Technologie und Digitalisierung und eine kritische Betrachtung möglicher Probleme zu zeichnen. Meine Überlegungen zur beruflichen Handlungsorientierung (BHOM) sind einer ständigen Weiterentwicklung unterworfen, was es mir besonders schwermachte, das Kapitel über die Technologie zu schreiben. Die Digitalisierung führt zu so schnellem Wandel, dass ich die zukünftige Entwicklung noch nicht vorhersehen kann. Die berufliche Handlungsorientierung ist jedoch aus meiner Sicht die geeignete Unterrichtskultur, um sicher an den Weiterentwicklungen teilzuhaben und aktiv daran mitzuwirken. Der Unterricht kann und darf nicht stehen bleiben. Wie ich dargestellt habe, ändern sich auch durch die gesellschaftlichen und technischen Randbedingungen die Schwerpunkte im Mathematikunterricht. Hierauf eingehen zu können, bedarf einer offenen Haltung. Die entwickelte Lehrerrolle kombiniert Fachkompetenz mit der Neugierde und Bereitschaft, sich immer wieder auf Neues und auf immer wieder neue Schülerinnen und Schüler einzulassen. Dies führt dazu, dass wir den Lernprozess und damit die Interessen der uns Anvertrauten in den Fokus unserer Betrachtung stellen. Wir sollten als Lehrkräfte unsere Schülerinnen und Schüler nicht unterschätzen und ihnen etwas zutrauen, damit sie selbstbewusst und eigenständig werden. Dieses Vertrauensverhältnis fördert die Lernbereitschaft und das Arbeitsklima. Es erleichtert der Lehrkraft, die Schülerinnen und Schüler für die Mathematik zu begeistern. Der Energieaufwand, die Anwesenden zu Lernenden zu machen, wird dadurch minimiert.

Ich möchte mit diesem Buch aufzeigen, wie es möglich ist, mit Freude zu unterrichten und selber als Lehrkraft den Lernerfolg der Schülerinnen und Schüler zu fördern.

Als ich selber mit dem Unterrichten begann, überlegte ich, wie ich jedes Jahr von Neuem die Energie aufbringen sollte, die Schülerinnen und Schüler dahingehend zu beeinflussen, dass sie gemeinsam mit mir den Mathematikunterricht mit Interesse gestalten und tragen. Die Antwort hatte ich nach wenigen Jahren gefunden. Ich merkte, dass ich jedes Jahr mit neuen Klassen ungefähr bis zum November hin Energie aufbringen musste, da sie sich erst an die veränderte Form des Mathematikunterrichtes gewöhnen mussten. Danach allerdings habe ich immer wieder durch die gemeinsame Arbeit im Unterricht meinen eigenen Energietank auffüllen können. Auf diese Weise konnte ich auch genug Kraft schöpfen, um in schwierigeren Klassen mit Fantasie und positiver Einstellung arbeiten zu können. Ich möchte daher Mut machen, sich auf die von mir vorgeschlagene Unterrichtsform einzulassen und dabei beharrlich zu bleiben, um den eigenen Weg für einen gelungenen Mathematikunterricht zu finden.

Die Lehrkraft, welche ihren Mathematikunterricht auf der Basis der beruflichen Handlungsorientierung umsetzen möchte, wird immer wieder auf Probleme stoßen. Aus den vorangehenden Überlegungen schließe ich, dass Lernsituationen dann als Lern- und Arbeitsstruktur eingesetzt werden können, wenn exemplarisches Lernen möglich ist. Unterricht nach dem Prinzip der beruflichen Handlungsorientierung ist ein Idealkonzept, welches für jede Klassenstufe, Schulform und Klasse individuell angepasst werden darf und muss. Es soll in den berufsbildenden Schulen in Niedersachsen die Grundlage jeden Unterrichts sein. „Orientierung" bedeutet dabei, dass darauf hingearbeitet wird, dass die Lernenden zu selbstständigen, reflektiert handelnden Bürgern werden.

Dabei sollten die folgenden Aspekte berücksichtigt werden:

MERKE

- **R**eale berufliche Situationen: motivierend, reduziert, begreifbar und fasslich
- **A**ngepasst an die Schülerschaft: Was können sie? Was brauchen sie? Was hilft ihnen? Was müssen sie? Was bringen sie mit?
- **F**reiheit zu eigenem Nachdenken und unbestraften Fehlern: Fehlerkultur, Geduld und Beharrlichkeit
- **F**lexible Verarbeitung von Schülerideen: Kommunikation auf Augenhöhe
- **L**ösung des Problems finden und dokumentieren: Ideen hinterfragen, Plausibilität prüfen
- **E**rkenntnisse absichern, verallgemeinern, strukturieren, üben

Abbildung 151: RAFFLE: Grundlegende Aspekte der beruflichen Handlungsorientierung im Mathematikunterricht (*BHOM*)

Je nach Niveau der Schülerschaft muss dafür die Komplexität, die Exemplarität und die Kompliziertheit an die Schülerschaft und das angestrebte Niveau angepasst werden. Die Schülerinnen und Schüler sollen ihr Selbstwertgefühl entwickeln, Verantwortung übernehmen und strukturiert handeln können. Nicht jede Entwicklung von Erkenntnissen lässt sich jedoch mit einem festgelegten, starren Handlungsschema fördern. Jede Starrheit der Betrachtung widerspricht dem Grundgedanken der Handlungsorientierung, welche die Lernenden anregen soll, eigene Lösungswege zu entwickeln, zu bewerten und Schlüsse zu ziehen. Unterricht muss so gestaltet werden, dass die Individualität und Kreativität aller Beteiligten berücksichtigt wird. Es ist gut, wann immer passend und möglich, Lernsituationen im Unterricht einzusetzen, die Mathematik mit Konkretem zu verbinden und eine berufliche Beratung mitzuliefern. Es finden sich in diesem Buch Lernsituationen und Anregungen für didaktische und methodische Überlegungen. Diese wurden immer wieder in das Konzept der beruflichen Handlungsorientierung eingebunden, aber es wurde auch gezeigt, dass es vom Niveau der Schülerschaft abhängt, wie umfassend die Lernsituationen geplant werden können. Ebenfalls wurde gezeigt, dass nicht für jeden Inhalt und jede Lernschwierigkeit das exemplarische Arbeiten mit einer Lernsituation zu den gewünschten Erkenntnissen führen wird. Die Lehrkräfte müssen sich aus meiner Sicht selbst Handlungsspielräume zugestehen, um ihren Unterricht bezüglich des Lernerfolges aller Schülerinnen und Schüler zu optimieren. Dafür müssen die Lehrkräfte eine universitäre Bildung mitbringen, die sie befähigt, komplexe Zusammenhänge zu erkennen, diese umfangreich zu erkunden, sie konkret auszudrücken und didaktisch wie methodisch Konzepte für den Unterricht zu entwickeln. Sie müssen ihre eigene Art zu lernen hinterfragen und auch andere Lernwege erkennen und fördern können.

Als Voraussetzung für eine gelingende Lehrtätigkeit sollten bereits Studentinnen und Studenten in der Lage sein, selbstständig und eigenverantwortlich, strukturiert und zeitlich wohl geplant zu arbeiten. Das sollten sie durch den handlungsorientierten Unterricht möglichst schon in der Schule gelernt haben. Sie sollten im Studium die Mathematik von einer höheren Warte aus betrachten lernen. Das heißt, dass sie nicht nur das Fachwissen aus verschiedenen mathematischen Bereichen erlernen. Dazu sollten sie mehr als nur Aufgaben lösen oder Beweise führen. Sie sollten die Grundvorstellungen, die den Definitionen, Sätzen und Zusammenhängen zugrunde liegen, reflektieren und wiederum in einen Zusammenhang bringen können. Sie sollten die eigenen Erkenntnisse, die sie auf dem Weg des Lernens sammeln, formulieren lernen, sodass der Lernprozess bewusst abläuft und auch reflektierbar wird. Dazu muss die Kontrolle von Fachwissen weiter greifen, als die reine Kontrolle richtiger Ergebnisse oder richtig aufgeschriebener Lösungswege. Für das Studium des Lehramts für Mathematik wünsche ich mir daher Seminarveranstaltungen, in denen der eigene Lernprozess reflektiert wird, in denen lernpsychologische Kompetenzen mit der mathematischen Fachkompetenz verbunden werden. Besonders die angehenden Berufsschullehrerinnen und -lehrer müssen auf eine große Vielfalt an Unterrichtsniveaustufen vorbereitet werden. Dafür sind Kompetenzen bezüglich der Grundschule sicherlich hilfreich, sonderpädagogische Aspekte zur Förderung von Schülern mit Rechenschwäche, das Unterrichten auf Realschul- und Gymnasialniveau ist ebenfalls anzustreben. Selbst die Förderung Hochbegabter gehört zum beruflichen Alltag des Mathematiklehrers auch in der Berufsschule. Dazu kommt, dass auch die Fachkompetenz der beruflichen Fachrichtung so umfassend sein muss, dass Bezüge zwischen den Fächern geschaffen werden können.

Dieser von mir geforderte Blick über die Schulmathematik hinaus ist erforderlich, um der Schülerschaft im Unterricht Zusammenhänge aufzeigen zu können und Begründungen für Lehrinhalte geben zu können. Dieser Blick ist dringend erforderlich, um höher begabten Schülern gerecht werden zu können, ihre Talente überhaupt entdecken zu können und sie dann auch, so weit möglich, fördern zu können.

Die Ausbildung der Referendarinnen und Referendare sollte auf einer fundierten universitären Bildung aufbauen können. Im Seminar sollten die Lehramtsanwärter lernen, ihren Unterricht so zu planen, durchzuführen und zu reflektieren, dass die Schülerinnen und Schüler entsprechend ihres Niveaus abgeholt und gefördert und gefordert werden können. Dabei sollen sie lernen, die Lernprozesse gezielt für die speziellen Unterrichtssituationen zu analysieren und zu fördern, sodass sie das handlungsorientierte Konzept dabei stets berücksichtigen. Aus dem Vorbereitungsdienst sollten ihnen einige voll ausgearbeitete, erprobte und reflektierte Lernsituationen zur Verfügung stehen, sodass sie mit Freude, Begeisterung und Erfolg als Lehrer tätig werden können.

Inzwischen gibt es schon einige Lernsituationen für den Mathematikunterricht, die sehr individuell von Lehrkräften erstellt und umgesetzt werden. Eine wissenschaftliche Begleitung der Entwicklung hat es bisher noch nicht gegeben. Eine Untersuchung zur Umsetzung der Inklusion mittels Handlungsorientierung und der Förderung von intelligenten Schülerinnen oder Schülern mit ‚Rechenschwäche' (Dyskalkulie) speziell für ältere Schülerinnen und Schüler hat es bisher nach meinem Kenntnisstand auch noch nicht gegeben. Universitäre Untersuchungen zum Thema „Lernen in der Sekundarstufe II im Fach Mathematik", gefördert durch die berufliche Handlungsorientierung, stehen bisher noch aus. Ich sehe hier ein weites Feld für die universitäre Forschung bezüglich der Lernförderung im Fach Mathematik, weit über die Entwicklung von Aufgaben hinaus.

Lernförderung durch kleinschrittige Lernerfolge, die durch die Formulierung von Erkenntnissen ausgedrückt werden, ist die Grundvoraussetzung für erfolgreiches, beharrliches Lernen und Arbeiten. Die berufliche Handlungsorientierung im Mathematikunterricht darf daher nicht nach der Phase 5 enden. Erst die sechste Phase der Reflexion führt tatsächlich dazu, dass (fast) alle Schülerinnen und Schüler im Mathematikunterricht erfolgreich dazulernen und dadurch eine positive Einstellung zu diesem Fach entwickeln können. Die Kooperation zwischen den Universitäten und den Studienseminaren im Unterrichtsfach „Mathematik" halte ich für wesentlich, um die Unterrichtsqualität auch in Zukunft weiterzuentwickeln. Die Ausbildung von angehenden Lehrerinnen und Lehrern in Kooperation zwischen den Fachseminarleitungen und den Ausbildungslehrkräften an den Schulen, das immer wieder kritische Hinterfragen des eigenen Unterrichtes und die offene Diskussion darüber mit Kolleginnen und Kollegen ist wünschenswert. Die kollegialen Gespräche sollten so erfreulich und erbaulich sein, dass das gemeinsame Ziel, die Mathematik als wichtigen Teil der Bildung erfahrbar zu machen, erreicht werden kann. Der Bezug zwischen Mathematik und Beruflichkeit kann durch die berufliche Handlungsorientierung geschaffen werden. Das in diesem Buch vorgestellte Konzept der beruflichen Handlungsorientierung im Mathematikunterricht BHOM sollte mindestens in berufsbildenden Schulen eingesetzt und erprobt werden. Dort ist die Nähe zur beruflichen Wirklichkeit immanent. Auch in allgemeinbildenden Schulen können sicherlich Teile des Unterrichtes in dieser Form durchgeführt werden. Die der beruflichen Handlungsorientierung zugrundeliegende Haltung der Lehrkräfte -Wertschätzung, Anerkennung, Vertrauen, Respekt, positive Erwartungshaltung und die Begegnung mit den Lernenden auf Augenhöhe- sollte aus meiner Sicht für jede Lehrkraft selbstverständlich sein.

Das Ziel des Mathematikunterrichtes sollte sein, dass sich die jungen Menschen nicht nur im Klassenraum aufhalten **müssen,** sondern dies auch gerne tun, weil sie Freude und Erfolge genießen dürfen, sie ihre Lebenszeit sinnvoll nutzen und dies auch selber so empfinden. Wir Lehrkräfte können dies direkt beeinflussen und sollten das auch um unserer selbst Willen tun.

14 QUELLEN UND LITERATUR

ACHMUS, A./EDELER, H. (2018): *Die Biegelinie*. In: Mathematik Informationen. Heft 68/2018.

ACHMUS, A. (2020): *Auswertung von Daten zur Corona-Pandemie im Unterricht*. Casioforum, Casio Europe GmbH, Norderstedt, Ausgabe 2/2020.

ACHMUS, A. (2018): *Lernen 4.0 im Mathematikunterricht*. Casioforum, Casio Europe GmbH, Norderstedt, Ausgabe 2/2018.

ARBEITSGEMEINSCHAFT BETRIEBLICHE WEITERBILDUNGSFORSCHUNG E. V (2006): QUEM-Materialien 73, Kompetenzentwicklung durch Induzierung kognitiver Konflikte mittels Internet und Multimedia in der Weiterbildung – Forschungsbericht. http://www.abwf.de/content/main/publik/materialien/materialien73.pdf (abgerufen am 10.07.2022)

BADDELEY, A. (o. J.): *Working Memory*. In: Current Biology. Ausgabe 20, Nr. 4.

BBS-VO, VERORDNUNG ÜBER BERUFSBILDENDE SCHULEN, VOM 10. JUNI 2009 (Nds.GVBl. Nr.14/2009 S.243), geändert durch Art.1 der VO v. 5.10.2011 (Nds.GVBl. Nr.23/2011 S.335), 23.6.2014 (Nds.GVBl. Nr.12/2014 S.171), Art. 1 der VO 13.1.2017 (Nds. GVBl. Nr. 1/2017 S. 8; SVBl. 5/2017 S. 218), 11.1.2019 (Nds. GVBl. Nr. 1/2019 S. 5) und Art. 4 des Gesetzes vom 17.12.2019 (Nds. GVBl. Nr. 25/2019 S. 430) - VORIS 22410 – http://www.schure.de/22410/bbsvo.htm (abgerufen am 25.07.2022

BLUM, W./VOGEL, S./DRÜKE-NOE, C./ROPPELT, A. (2015): Bildungsstandards aktuell: Mathematik in der Sekundarstufe II, IQB (Institut zur Qualitätsentwicklung im Bildungswesen) Diesterweg, Schrödel, Westermann Verlage.

BÖTTCHER, S. (2013): *Das Geheimnis der Entengrütze*. http://www.wildes-berlin.de/das-geheimnis-der-entengruetze/ (abgerufen am 20.06.2022)

BOSTELMANN, M. (2018): *Camcarpets-Alles eine Frage der Perspektive*. In: Casioforum Schul- und Grafikrechner 2018, Ausg. 1

BRUDER, R./LINNEWEBER-LAMMERSKITTEN, H. (2015): *Individualisieren und differenzieren*. In: Handbuch der Mathematikdidaktik. Springer Verlag, S. 513-534

BÜCHTER, A./LEUDERS, T. (2005): *Mathematikaufgaben selbst entwickeln – Lernen fördern – Leistung überprüfen*. Cornelsen Verlag Scriptor.

DIN 1301-1 UND DIN 1313 Deutsches Institut für Normung e. V., externe elektronische Auslegestelle-Beuth-Technische Informationsbibliothek (TIB)

ERGÄNZENDE BESTIMMUNGEN FÜR DAS BERUFSBILDENDE SCHULWESEN (EB-BbS) RdErl. d. MK v. 10. Juni 2009 – 41-80006/5/1 (Nds.MBl. S. 538, SVBl. S. 238), zuletzt geändert durch RdErl. vom 14. 1. 2017 (Nds.MBl. S. 136, SVBl. S. 226) 1. Abschnitt, 7.2. http://www.schure.de/22410/eb-bbs.htm#top (abgerufen am 25.07.2022)

GREEFRATH, G. ET AL. (2013): Mathematisches Modellieren, eine Einführung in theoretische und didaktische Hintergründe. In: *Mathematisches Modellieren für Schule und Hochschule*. Springer Spektrum Verlag, S. 11–37.

GUDJONS, H. (2007): *Frontalunterricht – neu entdeckt, Integration in offene Unterrichtsformen*. Julius Klinkhardt Verlag.

GUDJONS, H. (2008): *Handlungsorientiert lehren und lernen*. 7. aktualisierte Auflage, Julius Klinkhardt Verlag.

HATTIE, J. ET AL (1996): Effects of Learning Skills Interventions on Student Learning: A Meta-Analysis. In: *Review of Educational Research*. Ausgabe 66, Nr. 2 1996, S. 99–136.

HEFENDEHL-HEBEKER, L. (2003): *Erkenntnisgewinn in der Mathematik*. In: Leuders, T. (Hrsg.): Mathematikdidaktik – Praxishandbuch für die Sekundarstufe I und II. Cornelsen Verlag Scriptor GmbH & Co. KG, S. 118.

HENN, H. W. ET AL. (2013): *Von der Welt ins Modell und zurück*. In: Mathematisches Modellieren für Schule und Hochschule. Springer Spektrum Verlag, S. 202–220.

HUSSMANN, S. (2003): *Lerntagebücher- Mathematik in der Sprache des Verstehens*. In: Leuders, T. (Hrsg.): Mathematikdidaktik – Praxishandbuch für die Sekundarstufe I und II. Cornelsen Scriptor Verlag, S. 75.

HUSSMANN, S. (2003): *Umgangssprache-Fachsprache*. In: Leuders, T. (Hrsg.): Mathematikdidaktik – Praxishandbuch für die Sekundarstufe I und II. Cornelsen Scriptor Verlag, S. 68.

NIEDERSÄCHSISCHES KULTUSMINISTERIUM (HRSG.) (2018): Kerncurriculum für das Gymnasium – gymnasiale Oberstufe die Gesamtschule – gymnasiale Oberstufe, das Berufliche Gymnasium, das Abendgymnasium, das Kolleg-Mathematik, S. 12. https://cuvo.nibis.de/cuvo.php?p=download&upload=208 (abgerufen am 11.07.2022)

KRAMER, M. (2016): *Mathematik als Abenteuer Band II, Algebra und Vektorrechnung*. Ernst Klett Verlag.

KRAUTHAUSEN, G./SCHERER. P. (2008): *Einführung in die Mathematikdidaktik – Mathematik Primar und Sekundarstufe*. 3. Auflage, Spektrum Akademischer Verlag.

LEISEN, J. (2013): *Handbuch Sprachförderung – Sprachsensibler Fachunterricht in der Praxis*. Ernst Klett Verlag.

LEMBACH, A. (1996): *Manche Erstsemester überleben nur mit Nachhilfe*. VDI-Nachrichten, VDI-Verlag, Düsseldorf, 15.11.1996.

LEUDERS, T. (2005): *Qualität im Mathematikunterricht der Sekundarstufe I und II*. Cornelsen Verlag Scriptor GmbH & Co. KG, S. 83.

LEUDERS. T. (2003): Problemlösen. In: Leuders, T. (Hrsg.): *Mathematikdidaktik – Praxishandbuch für die Sekundarstufe I und II*. Cornelsen Scriptor Verlag, Berlin, S. 131.

LOOSS, M. (2001): *Von den Sinnen in den Sinn? Eine Kritik pädagogisch-didaktischer Konzepte zu Phänomen und Abstraktion* In: Die deutsche Schule. 93 (2001) 2, S. 186–198. http://www.ifdn.tu-bs.de/didaktikbio/content/personal/documents/looss/Von_den_Sinnen...Internet.pdf (abgerufen am 11.07.2022)

NEIDHARDT. W./RAUCH, U. (2014): *Warum ist minus mal minus plus? – Wieso Schüler immer die selben Fehler machen – und wie man diese vermeiden kann*. Freiburger Verlag.

NEUBERT, S. ET AL. (2001): *Lernen als konstruktiver Prozess*. In: Hug, T. (Hrsg.): Die Wissenschaft und ihr Wissen. Bd. 1. Baltmannsweiler Verlag.

NIEDERSÄCHSISCHES KULTUSMINISTERIUM (HRSG.) (2010): Rahmenrichtlinien für das Fach Mathematik in der Klasse 2 der zweijährigen Berufsfachschule.

NIEDERSÄCHSISCHES KULTUSMINISTERIUM: Schulisches Curriculum Berufsbildende Schulen (SchuCu-BBS) https://schucu-bbs.nline.nibis.de/ (abgerufen am 11.03.2022)

NIEDERSÄCHSISCHES LANDESINSTITUT FÜR SCHULISCHE QUALITÄTSENTWICKLUNG INSPEKTION BBS (2013): *Handlungsorientierung in der beruflichen Bildung*. Ein Konzept zur Umsetzung in der curricularen Arbeit und im Unterricht. https://www.nibis.de/uploads/2bbs-berger/A5_bHO-Gesamtkonzept%20V5.51.pdf (abgerufen am 11.03.2022)

PÄTZOLD, G. (2004): Zur Komplementarität formellen und informellen Lernens in der beruflichen Bildung. In: *Zeitschrift für Berufs- und Wirtschaftspädagogik* 2, 2004, S. 162.

PIAGET, J. (1983): *Meine Theorie der geistigen Entwicklung*. 2. durchgesehene Auflage, Fischer Verlag.

Prenzel, M. et al. (2013): *Pisa 2012*. Fortschritte und Herausforderungen in Deutschland. Zusammenfassung, Waxmann-Verlag.

Reit, X.-R. (2002): Abi18 CamCarpet - Sinnstiftender Mathematikunterricht mit analytischer Geometrie. In: *MNU-Journal*, 2020 Ausg. 1.

Resnick, M. L. et al. (2007): *Communities of Practice: Knowledge Management for the Global Organization*. Proceedings of the 2007 Industrial Engeneering Research Conference, Florida International University.

Schöwe, R. et al. (2019): Mathematik, Berufliches Gymnasium Niedersachsen, Wirtschaft – Gesundheit und Soziales. *Cornelsen Verlag*, S. 109.

Spitzer, M.(2006): *Lernen – Gehirnforschung und die Schule des Lebens*. Spektrum Akademischer Verlag.

Stern, E. (2018): Lern- statt Leistungsorientierung – Fragen an die Lernforscherin Elsbeth Stern. In: *Forschung und Lehre*. Deutscher Hochschulverband, Ausgabe 18 Nr. 7 S. 584.

Verordnung über berufsbildende Schulen (BbS-VO) vom 10. Juni 2009 (Nds.GVBl. Nr.14/2009 S.243), - VORIS 22410 - Anlage 2 zu §33 http://www.schure.de/22410/bbsvo.htm (abgerufen am 27.07.2022)

Vester, F. (1978): *Denken, Lernen und Vergessen*. Deutscher Taschenbuch Verlag.

Wittmann, E. (1974): *Grundfragen des Mathematikunterrichts*. Vieweg Verlag, S. 6f.

Zierer, K. (2017): Lernen 4.0 Pädagogik vor Technik, Möglichkeiten und Grenzen einer Digitalisierung im Bildungsbereich. Schneider Verlag Hohengehren GmbH.

Ratgeber und Praxishilfen

Kreative Impulse und konkrete Unterstützung

Lehrwerkunabhängige Materialien, die Sie im pädagogischen Alltag spürbar entlasten:

- **Ratgeber** zu allen aktuellen Themen rund um Ihren Unterrichts- und Schulalltag
- **Fachliteratur** zur Methodik und Didaktik – für angehende sowie für erfahrene Lehrkräfte
- **Methodenbücher**, (Lern-)Spiele und Rätselsammlungen – für Ihr Fach sowie fachübergreifend
- **Übungen** zum Wiederholen und Festigen von Inhalten
- **Kopiervorlagen** zu allen gängigen Lehrplanthemen, Kompetenzbereichen und für Vertretungsstunden

Online mehr erfahren:
crnl.sn/unterrichtshilfen